建筑工程项目部高级管理人员岗位丛书

项目现场经理岗位实务知识

建筑工程项目部高级管理人员岗位丛书编委会　组织编写

鹿　山　主编

中国建筑工业出版社

图书在版编目(CIP)数据

项目现场经理岗位实务知识/建筑工程项目部高级管理人员岗位丛书编委会组织编写，鹿山主编. —北京：中国建筑工业出版社，2008
（建筑工程项目部高级管理人员岗位丛书）
ISBN 978-7-112-10319-5

Ⅰ.项… Ⅱ.①中…②鹿… Ⅲ.建筑工程-施工现场-施工管理
Ⅳ.TU721

中国版本图书馆CIP数据核字(2008)第141647号

本书是建筑工程项目部高级管理人员岗位丛书的一本，是项目部现场经理的岗位指南，阐述了项目现场经理应该掌握的各种知识和能力，主要从工程项目管理、现场管理、协调管理、目标管理等方面介绍了现场经理应该具备的专业方面的素质。内容包括：工程项目管理专业知识，工程项目现场管理实务，施工现场的协调管理，工程项目目标管理与控制计划，工程项目法规及相关知识等。本书可供项目现场经理岗位培训和平时学习参考使用，也可作为施工企业生产主管人员以及施工员、材料员等生产管理人员的参考用书。

* * *

责任编辑：刘　江　岳建光
责任设计：赵明霞
责任校对：关　健　王金珠

建筑工程项目部高级管理人员岗位丛书
项目现场经理岗位实务知识
建筑工程项目部高级管理人员岗位丛书编委会　组织编写
鹿　山　主编
*
中国建筑工业出版社出版、发行（北京西郊百万庄）
各地新华书店、建筑书店经销
北京天成排版公司制版
北京建筑工业印刷厂印刷
*
开本：787×1092毫米　1/16　印张：18¼　字数：455千字
2008年11月第一版　2009年6月第二次印刷
印数：3,001—5,500册　定价：**38.00**元
ISBN 978-7-112-10319-5
(17122)

《建筑工程项目部高级管理人员岗位丛书》编写委员会名单

主任： 鹿　山　艾伟杰

编委： 鹿　山　张国昌　彭前立　赵保东

艾伟杰　阚咏梅　张　巍　张荣新

张晓艳　刘善安　张庆丰　李春江

赵王涛　邹德勇　于　锋　尹　鑫

曹安民　李杰魁　程传亮　危　实

吴　博　徐海龙　张萍梅　郭　嵩

出 版 说 明

建筑工程施工项目经理部是一个施工项目的组织管理机构，这个管理机构的组织体系一般包括三个层次，第一层是项目经理，第三层是各个担负具体实施和管理任务的职能部门，如生产部、技术部、安全部、质量部等，而第二层次则是一般所称的项目副职，或者叫项目班子成员，包括项目现场经理(生产经理)、项目商务经理、项目总工程师(主任工程师)、项目质量总监、项目安全总监，他们的岗位十分重要，各自分管项目中一整块的工作，是项目经理的左膀右臂，是各个职能部门的直接领导，也是项目很多制度的直接制定者、贯彻者和监督者。除了需要有扎实的专业知识外，他们还需要有很强的管理能力、协调能力和领导能力。目前，针对第一层次(项目经理)和第三层次(五大员、十大员等)的图书很多，而专门针对第二层次管理人员的图书基本没有，因此，我们组织中建一局(集团)有限公司精心策划了这套专门写给项目副职的图书《建筑工程项目部高级管理人员岗位丛书》，共5本，包括：

◇ 《项目现场经理岗位实务知识》

◇ 《项目商务经理岗位实务知识》

◇ 《项目总工程师岗位实务知识》

◇ 《项目质量总监岗位实务知识》

◇ 《项目安全总监岗位实务知识》

本套丛书以现行国家规范、标准为依据，以项目高级管理人员的实际工作内容为依托，内容强调实用性、科学性和先进性，可作为项目高级管理人员的岗位指南，也可作为其平时的学习参考用书。希望本套丛书能够帮助广大项目副职人员顺利完成岗位培训，提高岗位业务能力，从容应对各自岗位的管理工作。也真诚地希望各位读者对书中不足之处提出批评指正，以便我们进一步完善和改进。

中国建筑工业出版社

2008年10月

前　言

随着我国建设事业的迅猛发展，为了加强房屋建筑工程现场管理，提高工程管理专业技术人员素质，规范施工管理行为，组织协调各方关系，保证工程质量和施工安全，保证工程按计划顺利进行，特编制本书，以填补目前国内关于现场经理专业知识培训的空缺。

现场经理作为建筑企业工程项目生产建筑产品的直接执行者，在工程建设全过程中起着十分重要的作用。为了能够更好地从事工程生产活动，现场经理应该具备全方面的能力：技术技能(指能使用施工组织方案结合自身的经验充分而有效的执行能力)、人文技能(指与人、各方单位友好共事的能力和判断力)、管理技能(指了解整个组织及自己在组织中地位的能力，使自己不仅能按本身所属的群体目标行事，而且能按整个企业组织的目标行事的基础上，努力探索企业建设新观念、新机制、新途径、新内容、新作法)。

为了便于现场经理的学习和实践应用，编者根据自身获得国家优质工程的施工经验知识和工程案例编制了此书，本书共包括工程项目管理体系、施工管理策划、工程构造、施工现场综合管理实务、项目质量管理实务、项目安全管理实务、项目物资管理实务、劳务分包管理实务、施工现场的协调管理、工程项目目标管理与控制计划、工程项目法规及相关知识。

本书由鹿山主编，彭前立副主编，赵保东主审，编写人员有曹安民、尹鑫、李杰魁、程传亮、危实、吴博、徐海龙、张萍梅、郭嵩等。在编写时参阅了大量相关的培训教材及有关资料，在此对编者表示谢意。在编写过程中得到了有关同仁的大力支持、热心指点和帮助。仅向所有给予本书关心和帮助的人们致以衷心的感谢！

本书不足之处在所难免，恳请提出宝贵意见。

目　录

第一章　工程项目管理专业知识

第一节　工程项目管理体系

一、工程项目管理体系的建立

系统可大可小，对于企业，大的系统如建筑企业，小的系统如某个建设项目。系统取决于人们对客观事物的观察方式，不同系统的目标不同，从而形成不同的组织观念、组织方法和组织手段。

建设工程项目作为一个系统，它与一般的系统相比，有其明显的特征，如：

● 建设项目都是一次性，没有两个完全相同的项目；

● 建设项目全寿命周期一般由决策阶段、实施阶段和售后服务阶段组成，各阶段的工作任务和工作目标不同，其参与或涉及的单位也不相同，它的全寿命周期持续时间长；

● 一个建设项目的任务往往有多个，甚至很多个单位共同完成，它们的合作多数不是固定的合作关系，并且一些参与单位的利益不尽相同，甚至相对立。

1. 建立工程项目管理体系的步骤

(1) 领导决策

最高管理者亲自决策，以便获得各方面的支持和在体系建立过程中所需的资源保证。

(2) 成立工作小组

最高管理者或授权管理者代表成立工作小组负责建立体系。工作小组的成员要覆盖组织的主要职能部门，组长最好由管理者代表担任，以保证小组对人力、资金、信息的获取。

(3) 人员要求

人员要求经过一定知识培训，经考试合格，并有一定工作经验，了解建立体系的重要性，了解标准的主要思想和内容。根据工作需要把人员分为四个层次，即：

1) 最高管理层；

2) 中层领导和授权管理者代表；

3) 具体建立体系的主管；

4) 普通员工。

(4) 初始状态评审

初始状态评审是对组织过去和现在的自身工程项目管理信息，业主、供应商、分包的信息、状态进行收集、调查分析、识别和获取现有的适用的法律法规和其他要求，进行识别和评价。评审的结果将作为制定管理方案、编制体系文件的基础。

(5) 项目管理的方针、目标和任务

企业项目管理的方针和目标一般都以简明的文字来表述，是企业质量管理的方向目标，反映顾客及社会对工程质量的要求及企业相应的管理水平和服务承诺，也是企业质量经营理念的反映。该方针和目标确定了总的指导方向和行动准则，而且是评价后续活动的依据，并为更加具体的目标和指标提供一个框架。

工程项目施工的项目管理目标应符合合同的要求，同时不仅体现服务于施工方本身的利益，也必须服务于项目的整体利益，它包括：

施工的环境保护、安全文明施工管理目标；

施工的成本目标；

施工的进度目标；

施工的质量目标。

(6) 管理体系策划

管理体系策划就是确定组织机构职责和筹划各种运行程序，制定和落实各种方案。体系文件包括管理手册、程序文件、作业文件。

(7) 文件的审查、审批和发布

2. 工程项目管理体系的运行

(1) 工程项目管理体系的运行是在生产及服务的全过程，按工程项目管理体系文件所制定的程序、标准、工作要求及目标分解的岗位职责进行运作。

(2) 工程项目管理体系的运行的过程中，按各类体系文件的要求，监视、测量和分析过程的有效性和效率，做好文件规定的记录，持续收集、记录并分析过程的数据和信息，全面反映管理水平和过程符合要求，并具有可追溯的效能。

(3) 按文件规定的办法进行项目管理评审和审核。对过程运行的评审考核工作，应针对发现的主要问题，采取必要的改进措施，使这些过程达到所策划的结果并实现对过程的持续改进，更好的满足顾客和自身的需要。

二、工程项目管理组织机构

1. 工程项目管理系统的目标和系统的组织的关系

影响一个系统目标实现的主要因素如图 1-1 所示。

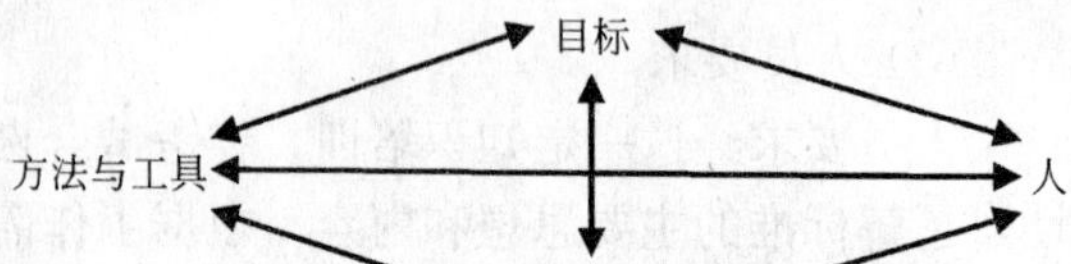

图 1-1　影响一个系统目标实现的主要因素

除了组织以外，还有：

(1) 人的因素，它包括管理人员和生产人员的数量和质量；

(2) 方法与工具，它包括管理的方法与工具以及生产的方法与工具；

(3) 建设单位和该项目所有参与单位的管理人员的数量和质量。

系统的目标决定了系统的组织，而组织是目标能否实现的决定性因素，这是组织论的一个结论。我们把建设项目的项目管理视为一个系统，其目标决定了项目管理的组织，而项目管理的组织是项目管理目标能否实现的决定性因素，由此可见项目管理的组织的重要性。

控制项目目标的主要措施包括组织措施、管理措施、经济措施和技术措施，其中组织措施是最重要的措施。如果对一个建设工程的项目管理进行诊断，首先应分析其组织方面存在的问题。

2. 组织论和组织工具

组织论是一门学科，主要研究系统的组织结构模式和工作流程组织，它是与项目管理学相关的一门非常重要的基础理论学科。

工作流程组织包括：管理工作流程组织、信息处理工作流程组织、物质流程组织。

组织结构模式反映了一个组织系统中各子系统中之间或各元素(各工作部门或各管理人员)之间的指令关系。指令关系指的是哪一个工作部门或哪一位管理人员可以对哪一个工作部门或哪一位管理人员下达工作指令。

其中组织结构模式包括：职能组织结构、线形组织结构、矩阵组织结构。

组织分工反映了一个组织系统中各子系统或各元素的工作任务分工和管理职能分工。

组织分工包括：工作任务分工、管理职能分工。

组织结构模式和组织分工都是一种相对静态的组织关系。

工作流程组织则可反映一个组织系统中各项工作之间的逻辑关系，是一种动态关系。

如工程项目管理工作流程组织对于工程项目而言，指的是项目实施任务的工作流程组织，也可以是工程项目管理实施策划方案。

组织工具是组织论的应用手段，用图或表等形式表示各种组织关系，它包括：

- 项目结构图；
- 组织结构图(管理组织结构图)；
- 工作任务分工表；
- 管理职能分工表；
- 工作流程图等。

(1) 项目结构图

项目结构图是一个组织工具，它通过树状图的方式对一个项目的结构进行逐层分解，以反映组成该项目的所有工作任务。

同一个建设工程项目可有不同的项目结构的分解方法，项目结构的分解应与整个工程实施的部署相结合，并与将采用的合同结构相结合，其相应的项目结构不相同。

如某个建筑群体工程分别发包相应的项目结构和整体作为一个标段发包，其相应的项目结构如图 1-2 所示。

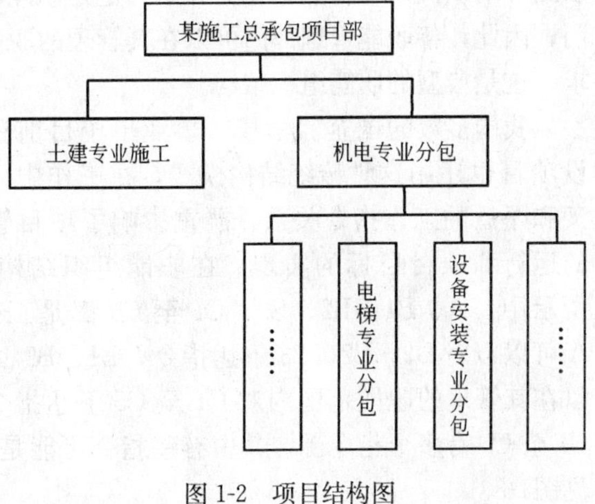

图 1-2　项目结构图

由于项目结构不相同，施工时交界面有区别，对工程的组织与管理区别很大。综上所述，项目结构分解并没有统一的模式，但应结合项目的特点和参考以下原则进行：

1) 考虑项目进展的总体部署；

2) 考虑项目的组成；

3) 有利于项目实施任务(方案设计、施工和物资采购)的发包和有利于项目实施任务的进行，并结合合同结构；

4) 有利于项目目标的控制；

5）结合项目管理的组织结构等。

（2）项目管理的组织结构

1）组织论的三个重要工具项目结构图、组织结构图、合同结构图的区别

项目结构图、组织结构图、合同结构图含义表见表 1-1。

项目结构图、组织结构图、合同结构图含义表 **表 1-1**

结构图名称	表达的涵义	图中矩形框的含义	矩形框连接的表达
项目结构图	对一个项目的结构进行逐层分解，以反映组成该项目的所有工作任务（该项目的组成部分）	一个项目的组成部分	直线
组织结构图	反映一个组织系统中各组成部门（组成元素）之间的组织关系（指令关系）	一个组织系统中的组成部分（工作部门）	单向箭线
合同结构图	反映一个建设项目参与单位之间的合同关系	一个建设项目的参与单位	双向箭线

组织结构模式反映了一个组织系统中各子系统之间或各元素（各工作部门）之间的指令关系。组织分工反映了一个组织系统中各子系统或各元素的工作任务分工和管理职能分工。组织结构模式和组织分工都是一种相对静态的组织关系。而工作流程组织则反映一个组织系统中各项工作之间的逻辑关系，是一种动态关系。在一个建设工程项目实施过程中，其管理工作的流程、信息处理的流程，以及设计工作、物资采购和施工的流程的组织都属于工作流程组织的范畴。

2）职能组织结构的特点及其应用

在人类历史发展过程中，当手工业作坊发展到一定的规模时，一个企业内需要设置对人、财、物和产、供、销管理的职能部门，这样就产生了初级的职能组织结构。因此，职能组织结构是一种传统的组织结构模式。在职能组织结构中，每一个职能部门可根据它的管理职能对其直接和非直接的下属工作部门下达的工作指令，它就会有多个矛盾的指令源。一个工作部门的多个矛盾的指令源会影响企业管理机制的运行。

在一般的工业企业中，设有人、财、物和产、供、销管理的职能部门，另有基建处、后勤等组织机构。虽然基建处并不一定是职能部门的直接下属部门，但要服务于各职能部门，因此，各职能管理部门可以在其管理的职能范围内对基建处下达工作指令以反映其要求，这是典型的职能组织结构。

我国多数的国企、学校、事业单位目前还沿用这种传统的组织结构模式。许多建设项目也还用这种传统结构模式，在工作中常出现交叉和矛盾的工作指令关系，严重影响了项目管理机制的运行和项目目标的实现。在职能组织结构图 1-3 所示中，A、B1、B2、B3、C1 至 C5 都是工作部门，A 可以以对 B1、B2、B3 下达指令；B1、B2、B3 都可以在其管理的职能范围内对 C1 至 C5 下达指令；因此 C1 至 C5 有多个指令源，其中有些指令可能是矛盾的，见图1-3。

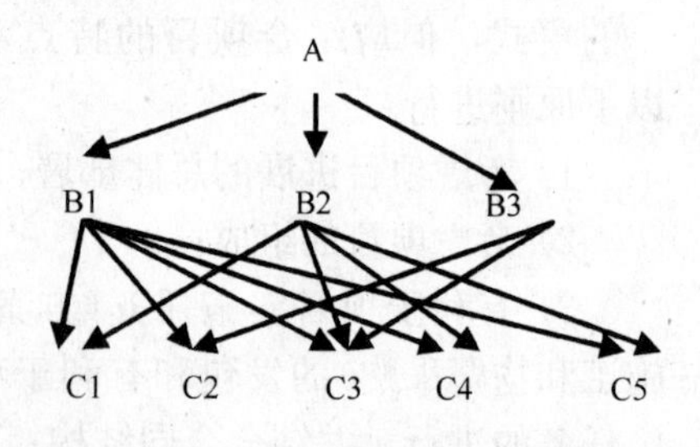

图 1-3 职能组织结构

3) 线性组织结构的特点及其应用

在中小型项目组织系统中，组织纪律非常严格，项目经理、副经理、部门经理、工长、班组长组织关系的指令按逐级下达，一级指挥一级和一级对一级负责。在线性组织结构中，每一个工作部门只能对其直接的下属部门下达工作指令，每一个工作部门也只有一个直接的上级部门，因此，每一个工作部门只有惟一个指令源，避免了由于矛盾的指令而影响组织系统的运行。

在国际上，线性组织结构模式是建设项目管理组织系统的一种常用模式，因为一个建设项目的参与单位很多，少则数十，多则数百，大型项目的参与单位将数以千计，在项目实施过程中矛盾的指令会给工程项目目标的实现造成很大的影响，而线性组织结构模式可确保工作指令的惟一性。但在一个特大的组织系统中，由于线性组织结构模式的指令路径过长，有可能会造成组织系统在一定程度上运行的困难，所以通常采用矩阵组织结构模式。

对于线性组织结构图：

● A 可以对其直接的下属部门 B1、B2、B3 下达指令；

● B2 可以对其直接的下属部门 C21、C22、C23 下达指令；

● 虽然 B1 和 B3 比 C21、C22、C23 高一个组织层次，但是，B1 和 B3 并不是 C21、C22、C23 的直接上级部门，它们不允许对 C21、C22、C23 下达指令。

在该组织结构中，每一个工作部门的指令源是惟一的，见图 1-4。

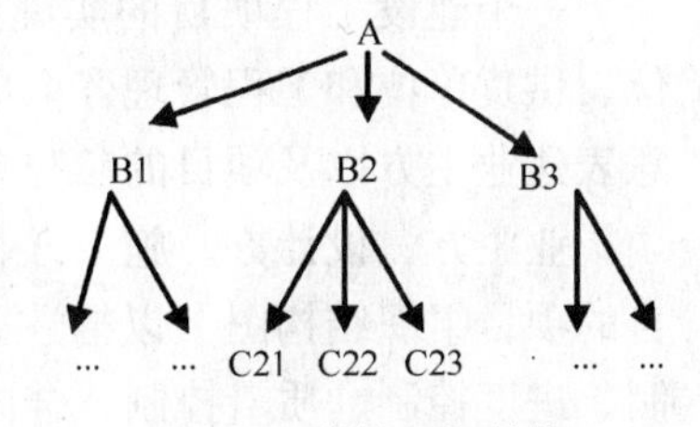

图 1-4　线性组织结构

4) 矩阵组织结构的特点及其应用

矩阵组织结构是一种较新型的组织结构模式。在矩阵组织结构最高指挥者(部门)下和横向两种不同类型的工作部门。纵向工作部门如人、财、物和产、供、销的职能管理部门，横向工作部门如项目经理部等。一个施工企业，如采用矩阵组织结构模式，则纵向工作部门可以是工程管理部、工程技术部、合约部和财务管理部门等，而横向工作部门可以是项目经理部。矩阵组织结构适宜用于大的组织系统，在北京地铁四号线建设时都采用了矩阵组织结构模式。

在矩阵组织结构中，每一项纵向和横向交汇的工作(如投资宣传费的问题)，指令来自于纵向和横向两个工作部门，因此其指令源为两个。当纵向和横向工作部门的指令发生矛盾时，由该组织系统的最高指挥者(部门)进行协调或决策。

在矩阵组织结构中为避免纵向和横向工作部门指令矛盾对工作的影响，可以采用以纵向工作部门指令为主或以横向工作部门指令为主的矩阵组织结构模式，这样也可减轻该组织系统的最高指挥者(部门)的协调工作量，见图 1-5。

5) 项目管理的组织结构图

对一个项目的组织结构进行分解，并用图的方式表示，就形成项目组织结构图(OBS 图 Diagram of Organizational Breakdown Structure)，或称项目管理组织结构图。项目组织结构图反映一个组织系统(如项目管理班子)中各子系统之间和各元素(如各工作部门)之间的组织关系，反映的是各工作部门和各工作人员之间的组织关系。而项目结构图描述的是工作对象之间的关系。

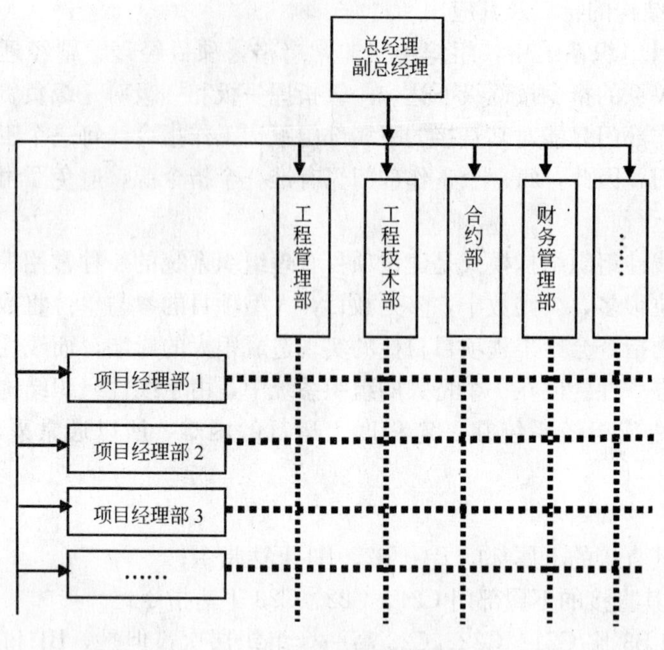

图 1-5　矩阵组织结构

一个建设工程项目的实施除了业主方外，还有许多单位参加，如设计单位、施工单位、供货单位和工程管理咨询单位以及有关的政府行政管理部门等，项目组织结构图应注意表达业主方以及项目的参与单位有关的各工作部门之间的组织关系。

业主方、设计方、施工方、供货方和工程管理咨询方的项目管理的组织结构都可用各自的项目组织结构图予以描述。项目组织结构图应反映项目经理和费用(投资或成本)控制、进度控制、质量控制、合同管理、信息管理和组织与协调等主管工作部门或主管人员之间的组织关系。

图 1-6 是一个线性组织结构的项目组织结构的项目组织结构图示例，在线性组织结构中每一个工作部门只有惟一的上级工作部门，其指令来源是惟一的。如总经理不对项目经理部员工直接下达指令，而是总经理通过项目经理部下达指令；而业主代表也不对施工方等直接下达指令，他通常通过建筑工程总承包方下达指令，否则就会出现矛盾的指令。项目的实施方(如设计方、施工方和甲供物资方)的惟一指令来源是建筑工程总承包方，这有利于项目的顺利进行。

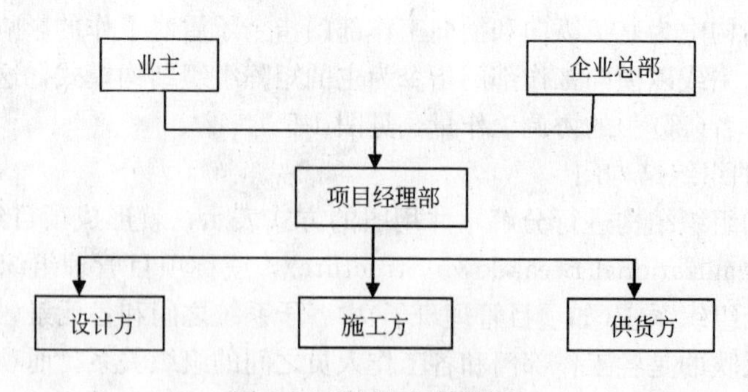

图 1-6　项目组织结构图

三、工程项目现场经理责任制内容

1. 现场经理责任制的作用

现场经理责任制是以现场经理为责任主体的施工项目管理目标责任制度。它是施工项目管理的基本制度之一，是成功进行施工项目管理的前提和基本保证。其作用如下：

(1) 现场经理责任制确定了现场经理在项目经理部中的地位。现场经理是项目经理部在承包的建设工程项目上的现场负责人。

(2) 现场经理责任制是在项目经理责任制确定的基础上建立的。项目经理责任制确定了企业的层次及其相互关系。企业分为企业管理层、项目管理层和劳务作业层。企业管理层应制定和健全施工项目管理制度，规范项目管理；加强计划管理，保证资源的合理分布和有序流动，为项目生产要素的优化配置和动态管理服务；对项目管理层的工作进行全过程的指导、监督和检查。项目管理层应做好资源的优化配置和动态管理，执行和服从企业管理层对项目管理工作的监督、检查和宏观调控。企业管理层与劳务作业层签订劳务分包合同；项目管理层与劳务作业层应建立共同履行劳务分包合同的关系。

(3) 现场经理责任制确定了现场经理在项目管理中的地位。现场经理根据项目经理的授权范围、时间和内容对施工项目自开工准备至竣工验收实施全过程，全面的现场管理，是项目各部门支持和指导下直接完成建筑产品的执行者。因此，现场经理是现场管理的负责人，是项目管理目标的承担者和实现者，对项目的实施进行控制，既要对项目的成果性目标向建设单位负责，又要对承担的效益性目标向项目经理负责。

(4) 现场经理责任制用制度确定了现场经理的基本责任、权限和利益，由项目经理通过“现场经理项目管理目标责任书”确定。

2. 现场经理责任制的内容

现场经理责任制的内容包括：企业各层之间的关系；现场经理的地位和素质要求；现场经理项目管理目标责任书的制定和实施；现场经理的责、权、利。现场经理项目管理的目标责任体系有：现场经理责任制、现场经理所管辖职能部门的目标责任制、现场经理所管辖职能部门各成员的目标责任制。可建立以施工项目为对象的两种类型目标责任制：现场经理目标责任制，班组的目标责任制。

3. 施工现场经理进行项目管理的基本要求

施工现场经理进行项目管理的基本要求：

(1) 根据项目经理的授权范围、时间和内容；

(2) 现场经理负责管理的过程是开工准备到竣工验收阶段；

(3) 现场经理的管理活动应是全过程的，也是全面的现场管理。所谓“全面”，指管理内容是整个建筑产品，包含各个方面。

4. 现场经理项目管理目标责任书

现场经理项目管理目标责任书是项目经理根据施工合同和经营管理目标要求明确规定项目经理部应达到的成本、质量、进度和安全等控制目标的文件。其特点是：

(1) 项目管理目标责任书是项目经理确定的；

(2) 项目管理目标责任书的确定从整个项目的利益和企业的自身利益出发；

(3) 项目管理目标责任书的主要内容是项目经理部应达到的目标，包括进度、质量、安全和成本；组织实现各项目标的执行者就是现场经理的责任。

项目管理目标责任书的内容包括：

(1) 现场经理与项目经理部之间的关系；

(2) 现场所需作业队伍、材料、机械设备等的供应、调配方式；

(3) 应达到的项目进度、质量、安全和成本目标；

(4) 在企业制度规定以外的、由项目经理向现场经理委托的事项；

(5) 企业对项目经理部现场管理人员进行奖惩的依据、标准、办法及应承担的风险；

(6) 现场经理解职和项目经理部解体的条件及方法。

5. 现场经理的责、权、利

(1) 现场经理的职责

1) 是施工现场全面生产管理工作的领导者、组织与指挥者，主管项目生产和安全的工作；

2) 参与编制项目质量、环境、职业安全与健康体系管理计划，并领导整合体系的现场贯彻实施；

3) 参与编制施工组织设计、施工技术方案和技术措施等技术管理文件，领导现场贯彻实施；

4) 参与项目制造成本实施计划的编制与分析工作，参与编制总进度计划及年度、阶段计划，领导编制月、周、日生产计划，组织贯彻实施进度计划；

5) 负责与业主、监理等相关方的现场协调工作，负责生产要素的现场配置和管理，负责机电、土建交叉作业的综合平衡工作，确保工程顺利进行；

6) 对项目安全生产负直接领导责任，组织落实施工现场环境保护、文明施工、安全生产和CI形象管理；牵头组织安全创优和CI达标工作；

7) 组织现场施工质量保证资料的编制工作；

8) 主管项目工程质量管理工作，领导组织有关工程质量问题和质量事故的调查与处理工作；

9) 组织新技术、新产品、新材料、新工艺的现场应用；

10) 参与项目结构验收及竣工验收工作；领导与组织编写工程施工总结工作。

(2) 现场经理的权限

包括参与签订施工分包合同权；负责生产要素的现场配置和管理，负责机电、土建交叉作业的综合组织协调平衡工作，确保工程顺利进行；主持现场工作和组织制定施工现场管理制度权。

(3) 现场经理的利益

可获得基本工资、岗位工资和绩效工资；可获得物质奖和精神奖；未完成“项目管理目标责任书”确定的责任目标并造成亏损的，应接受处罚。

6. 项目经理部

(1) 项目经理部的地位

项目经理部由项目经理在企业的支持下组建、领导、进行项目管理的组织机构，是企业在项目上的管理层。是项目经理的办事机构，凝聚管理人员，形成项目管理责任制和信息沟通系统，使项目经理部成为项目管理的载体，为实现项目目标而进行有效运转。

(2) 项目经理部的设立

1) 设立项目经理部的原则：根据项目管理规划大纲确定的组织形式设立项目经理部；根据施工项目的规模、复杂程度和专业特点设立项目经理部；应使项目经理部成为弹性组织，随工程任务的变化而调整，不成为固化的组织；项目经理部的部门和人员设置应面向现场，满足目标控制的需要；项目经理部组建以后，应建立有益于组织运转的规章制度。

2) 设立项目经理部的步骤：确定项目经理部的管理任务和组织形式→确定项目经理部的层次、职能部门和工作岗位→确定人员、职责、权限→对项目管理目标责任书确定的目标进行分解→制定规章制度和目标责任考核与奖惩制度。

3) 项目经理部的组织形式。组织形式应根据施工项目的规模、结构复杂程度、专业特点、人员素质和地域范围确定。大中型项目宜按矩阵式项目管理组织设置项目经理部。远离企业管理层的大中型项目，宜按项目式或事业部式组织形式设置项目经理部。

4) 项目经理部的职能部门设置和人员配置。项目经理部职能部门的设置应紧紧围绕项目管理内容的需要。可以按专业设置计划、技术、质量、安全、物资、劳务、核算、合同、调度等部门，也可按项目管理任务设置进度、质量、安全、成本、生产要素、合同、信息、现场、协调等部门。项目经理部人员的配置要求有两条：一是“项目经理必须有建造师资质”，二是项目“管理人员中的高级职称人员不应低于10%”。建立规章制度是组织为保证其任务的完成和目标的实现，对例行性活动应遵循的方法、程序、要求及标准所做的规定，是组织的内部法规；有的制度是企业制定的，项目经理部应无条件遵守；当企业现有的规章制度不能满足项目管理需要时，项目经理部可以自行制定规章制度。但是应报企业或其授权的职能部门批准。

(3) 项目经理部的运行和解体

1) 项目经理部应按规章制度的规定运行，并根据运行状况的检查信息控制运行，以实现项目管理目标；项目经理部应按责任制度运行，控制管理人员的管理行为，以实现项目管理目标；项目经理部应按合同运行，通过加强组织协调以控制作业队伍和分包人的行为。

2) 项目经理部的解体：由于项目经理部是一次性组织，故应在其管理任务完成、具备解体条件后解体。项目经理部解体有6项条件，包括：已竣工验收、已结算完毕、已签订质量保修书、已完成项目管理目标责任书、已与企业管理层办完有关手续、现场最后清理完毕。做好解体前的各项工作是项目经理部的重要任务。

第二节 管 理 策 划

一、工程项目管理运行程序

建设项目工程总承包方的工作程序如下(参考《建设项目工程总承包管理规范》GB/T 50358—2005)。

- 项目启动：在工程总承包合同条件下，任命项目经理，组建项目部。
- 项目初始阶段：进行项目策划，编制项目计划，召开开工会议；发表项目协调程序，了解设计基础数据；编制计划：采购计划、施工计划、试运行计划、财务计划和安全管理计划，确定项目控制基准等。

● 方案设计阶段：了解工程设计文件，编制施工设计方案。

● 采购阶段：采买、催交、检验、运输、与施工办理交接手续。

● 施工阶段：施工开工前的准备工作，现场施工，竣工试验，移交工程资料，办理管理权移交，进行竣工决算。

● 试运行阶段：对试运行进行指导和服务。

● 合同收尾：取得合同目标考核证书，办理决算等手续，清理各种债权债务；缺陷通知期限满后取得履约证书。

● 项目管理收尾：办理项目资料归档，进行项目总结，对项目部人员进行考核评价，解散项目部。

工程项目管理运行程序包括工作任务分工、项目管理职能分工、工作流程组织。

1. 项目管理的工作任务分工

业主方和项目各参与方，如设计单位、施工单位、供货单位和工程管理咨询单位等都有各自的项目管理的任务，上述各方都应该编制各自的项目管理任务分工表。

每一个建设项目都应编制项目管理任务分工表，这是一个项目的组织设计文件的一部分。在编制项目管理任务分工表前，应结合项目的特点，对项目实施的各阶段的费用(投资或成本)控制、进度控制、质量控制、合同管理、信息管理和组织与协调等管理任务进行详细分解。在项目管理任务分解的基础上，明确项目经理和费用(投资或成本)控制、进度控制、质量控制、合同管理、信息管理和组织与协调等主管工作部门或主管人员的工作任务，从而编制工作任务分工表。

某大型公共建筑属国家重点工程，在项目实施的初期，公司项目管理部建议把工作任务划分成 26 个大块，针对这 26 个大块任务编制了工作任务分工表，随着工程的进展，任务分工表还不断深化和细化，该表有如下特点：

(1) 任务分工表主要明确哪项任务由哪个工作部门(机构)负责主办，另明确协办部门和配合部门，主办、协办和配合在表中分别用三个不同的符号表示；

(2) 在任务分工表的每一行中，即每一个任务，都有至少一个主办工作部门；

(3) 公司各职能部门参与整个项目实施过程，而不是在工程竣工前才介入工作。

2. 掌握项目管理的管理职能分工

(1) 管理是由多个环节组成的过程，即：

1) 提出问题；

2) 筹划——提出解决问题的可能的方案，并对多个可能的方案进行分析；

3) 决策；

4) 执行；

5) 检查。

这些组成管理的环节就是管理的职能。管理的职能在一些文件中也有不同的表述，但其内涵是类似的。

(2) 以下以一个示例解释管理职能的含义：

1) 提出问题——通过进度计划值和实际值的比较，发现进度推迟了；

2）筹划——加快进度有多种可能的方案，如改一班工作制为两班工作制，增加夜班作业，增加施工设备和改变施工方法，应对这三个方案进行比较；

3）决策——从上述三个可能的方案中选择一个将被执行的方案，即增加夜班作业；

4）执行——落实夜班施工的条件，组织夜班施工；

5）检查——检查增加夜班施工的决策有否被执行，如已执行，则检查执行的效果如何。

如通过增加夜班施工，工程进度的问题解决了，但发现新的问题，施工成本增加了，这就进入了管理的一个新的循环：提出问题、筹划、决策、执行和检查。整个施工过程中管理工作就是不断发现问题和不断解决问题的过程。

(3) 不同的管理职能可由不同的职能部门承担，如：

1）进度控制部门负责跟踪和提出有关进度的问题；

2）施工协调部门对进度问题进行分析，提出三个可能的方案，并对其进行比较；

3）项目经理在三个可供选择的方案中，决定采用第一方案，即增加夜班作业；

4）施工协调部门负责执行项目经理的决策，现场经理组织夜班施工；

5）现场经理检查夜班施工后的效果。

业主方和项目各参与方，如设计单位、施工单位、供货单位和工程管理咨询单位等都有的项目管理的任务和其管理职能分工，上述各方都应该编制各自的项目管理职能分工表。

管理职能分工表是用表的形式反映项目管理班子内部项目经理、各工作部门和各工作岗位对各项工作任务的项目管理职能分工。管理职能分工表也可用于企业管理。

我国多数企业在建设项目管理中广泛应用管理职能分工表取代过去的岗位责任书，来描述每一个工作部门的工作任务，以使管理职能的分工更清晰、更严谨，并会暴露仅用岗位责任描述书时所掩盖的矛盾。如使用管理职能分工表还不足以明确每个工作部门的管理职能，则可辅以使用管理职能分工描述书。

3. 工作流程组织

包括：管理工作流程组织，如投资控制、进度控制、合同管理、付款和设计变更等流程；信息处理工作流程组织，如与生成月度进度报告有关的数据处理流程；物质流程组织，如某专项工程物资采购工作流程，外立面施工工作流程等。

(1) 工作流程组织任务

每一个建设项目应根据其特点。从多个可能的工作流程方案中确定以下几个：

主要的工作流程组织：

1）设计准备工作的流程；

2）设计工作的流程；

3）施工招标工作的流程；

4）物资采购工作的流程；

5）施工作业的流程；

6）各项管理工作的流程；

7）与工程管理有关的信息处理的流程。

这也就是工作流程的组织任务，即定义工作的流程。

工作流程图应视需要逐层细化。如施工图阶段投资控制工作流程图和施工阶段投资控制工作流程图等。

各家施工单位都有各自的工作流程组织的任务。

(2) 工作流程图

工作流程图用图的形式反映一个组织系统中各项工作之间的逻辑关系，它可用以描述工作流程组织。工作流程图是一个重要的组织工具。工作流程图用矩形框表示工作，箭线表示工作之间的逻辑关系，菱形框表示判别条件。工作流程图也可体现工作和工作的执行者。

4. 掌握合同结构

合同结构图反映业主方和项目各参与方之间，以及项目各参与方之间的合同关系。通过合同结构图可以非常清晰地了解一个项目有哪些或将有哪些合同，以及了解项目各参与方的合同组织关系。

二、工程项目现场实施管理策划

建设工程项目策划指的是通过调查研究和收集资料，在充分占有信息的基础上，针对建设工程项目的决策和实施，或决策和实施中的某个问题，进行组织、管理、经济和技术等方面的科学分析和论证，旨在为项目建设的决策和实施增值。其增值主要反映在以下几个方面，如：

(1) 有利于项目的使用功能和建设质量的提高；

(2) 有利于合理地平衡建设工程项目建设成本和运营成本的关系；

(3) 有利于提高社会效益和经济效益；

(4) 有利于实现合理的建设周期；

(5) 有利于人类生活和工作的环境保护及建筑环境的改善；

(6) 有利于建设过程的组织和协调等。

工程项目策划的过程是专家知识的组织和集成，以及信息的组织和集成的过程，其实质是知识管理的过程，即通过知识的获取，经过知识的编写、组合和整理，而形成新的知识。

工程项目策划是一个开放性的工作过程，它需整合多方面专家的知识，如：

(1) 组织知识；

(2) 管理知识；

(3) 经济知识；

(4) 技术知识；

(5) 设计经验；

(6) 施工经验；

(7) 项目管理经验；

(8) 项目策划经验等。

建设工程项目实施阶段策划是在建设项目立项之后，为了把项目决策付诸实施而形成的指导性的项目实施方案。建设工程项目实施阶段策划的内容涉及的范围和深度，在理论上和工程实践中并没有统一的规定，应视项目的特点而定。

建设工程项目实施阶段策划的主要任务是确定如何组织该项目的建设。建设工程项目实施阶段策划的基本内容如下。

(1) 项目实施的环境和条件的调查与分析

环境和条件包括自然环境、建设政策环境、建筑市场环境、建设环境(能源、基础设施等)、建筑环境(民用建筑的风格和主色调等)等。

(2) 项目目标的分析和再论证

其主要工作内容包括:

1) 投资目标的分解和论证;

2) 项目的规模、组成、功能和标准的定义;

3) 编制项目投资总体规划;

4) 进度目标的分解和论证;

5) 编制项目建设总进度规划;

6) 项目功能分解;

7) 建筑面积分配;

8) 确定项目质量目标;

9) 合同文件及业主的其他要求;

10) 项目其他相关方的要求;

11) 项目设计文件;

12) 工程情况与特点;

13) 适用的法律、法规;

14) 企业资源状况和条件;

15) 类似工程的施工方案;

16) 项目经理的能力和水平。

(3) 项目实施的组织策划

1) 业主方项目管理的组织结构,实施期组织总体方案;

2) 任务分工和管理职能分工;

3) 项目管理工作流程;

4) 建立编码体系。

进行项目策划管理必须实施以下活动:

① 确定项目管理范围;

② 进行项目工作结构分解;

③ 进行项目进度安排;

④ 配备项目所需要的各种资源;

⑤ 测算项目成本;

⑥ 对各个项目管理过程进行策划。

(4) 项目实施的管理策划

其主要工作内容包括:

1) 项目实施各阶段项目管理的工作内容:项目范围管理、项目合同管理、项目人力资源管理、项目采购管理、项目进度管理、项目质量管理、项目职业健康安全管理、项目技术管理、项目环境管理、项目成本管理、项目资金管理、工程价款结算管理、项目信息管理、项目沟通管理、项目风险管理；

2）项目风险管理与工程保险方案。

（5）项目实施的合同策划

其主要工作内容包括：

1）合同策划：项目管理委托、设计、施工、物资采购等；

2）合同文本。

（6）项目实施的经济策划

其主要工作内容包括：

1）资金需求量计划；

2）项目建设成本分析；

3）项目效益分析；

4）编制资金需求量计划。

（7）项目实施的技术策划

其主要工作内容包括：

1）技术方案的深化分析和论证；

2）关键技术的深化分析和论证；

3）技术标准和规范的应用和制定等。

（8）项目实施的风险策划等。

三、有关开工前期准备工作

以下以实例来说明项目前期准备工作。

1. 项目前期内部准备工作是项目施工管理过程中的重要环节，为确保项目施工管理的顺利进行，工程中标后，由工程管理部门牵头组织相关部门、相关分公司召开项目中标研讨会和项目前期准备会。通过两个会议使相关部门及专业公司对项目有一定的了解后，进行项目前期工作。其工作流程见表1-2。

开工前期准备工作流程表　　表1-2

工作程序	输入内容	输出内容
1. 召开中标研讨会，策划生产要素和资源配置	项目基本情况	确定项目领导班子 确定主要分包模式
2. 组建项目经理部	项目大小、特点、难易程度、分包模式	完整的项目经理部
3. 项目前期准备会	工程情况、合同情况、困难、风险	准备会会议纪要
4. 承包合同评审	合同条款	承包合同
5. 项目分包队伍确定	分包招标文件评审/分包队伍招标评审/分包合同评审	分包合同
6. 项目施工组织设计/施工方案	工程情况、合同条件	项目施工组织设计/施工方案

续表

工作程序	输入内容	输出内容
7. 项目现场经费的核定	工程规模/工程难易程度及项目综合管理能力	现场经费总额
8. 项目临建	工程情况	项目临建方案
9. 工程项目管理责任目标委托书（考核）	公司要求、合同条件、项目情况	工程项目管理责任目标委托书 授权委托书
10. 项目开工	开工报告	工程管理部向其他相关部门转发项目开工报告
11. 进入项目实施阶段	落实各项责任目标	考核结果

项目前期准备主要工作事项见表1-3。

主要工作事项表 **表1-3**

工作事项	准备材料
1. 工地食堂办理卫生许可证	工人身份证复印件、工资表、花名册
2. 授权去城管大队办事	企业营业执照，身份证复印件、授权委托书申请备案表
3. 去区劳动局处理民工工资相关事宜	企业资质、营业执照、安全生产许可证、三个认证盖章、授权委托书申请备案表
4. 卫生培训	职务证明、身份证复印件
5. 路政局施工排水申请、防汛职责状	企业资质证书、营业执照、安全生产许可证、申请表
6. 处理项目资金贷款	项目申请表
7. 借款申请	项目申请表
8. 项目兑现考核	项目兑现考核申请表
9. 自律保证书	自律保证书文函
10. 授权分公司对项目进行履约管理	授权委托书申请备案表
11. 接修排水户线开工核准表	企业资质证书、营业执照、安全生产许可证、申请表
12. 项目管理班子变更情况报告表	子公司上报变更项目管理人员申请表
13. 开工申请表	企业资质证书、营业执照、安全生产许可证、渣土销纳方案
14. 关于项目履约的承诺函	子公司(项目部)提交履约保证书
15. 质量监督备案登记表	提供备案人员清单和申请表
16. 授权去建委处理安全隐患问题	填写授权委托书申请备案表
17. 施工申请劳务中心备案表	填报申请表和施工申请备案表
18. 授权子公司对项目质量问题处理	填写授权委托书申请备案表

(1) 召开工程中标研讨会，确定生产要素和资源配置

1）公司工程管理部牵头，召开工程中标研讨会，主管项目副总经理、工程技术部、人力资源部、合约部、党委工作部、群众工作部参加。

2）工程管理部介绍项目大小、特点、难易程度、资金情况、风险大小等项目实际情况。

3）会议讨论解决如下问题：

① 项目领导班子的组成，项目定员数量；

② 土建、装饰、机电分包模式；

③ 主要材料和机械的采购模式；

④ 业主合同交底；

⑤ 明确各专业公司在项目上应做的工作；

⑥ 公司各部门就前期准备工作提出计划和意见；

⑦ 其他需要解决的问题。

4）会议讨论的决议由工程管理部负责落实。没有达成决议的问题也由工程管理部会后负责解决和落实。

（2）组建项目经理部

1）项目人员的确定

根据中标研讨会的决议，由工程管理部和人力资源部提出定员方案，报主管项目的公司领导及相关领导审定实施。

中标会上此项没有达成具体的决议，由工程管理部会同人力资源部根据公司相关文件和本项目施工工期、建筑面积、施工难易程度等情况进行评估，然后由工程管理部和人力资源部提出定员方案，报项目主管领导及相关领导审定后实施。

2）项目领导班子的确定

根据中标研讨会的决议，由工程管理部和人力资源部组织考核，考核合格后按干部任免程序由相关领导审批后行文聘任。

中标会上此项如没有达成具体的决议，则项目班子成员的配备由工程管理部组织策划实施，采取项目经理和相关业务部门推荐，工程管理部和人力资源部组织进行考核。考核合格后按干部任免程序由相关领导审批后行文聘任。

3）机电人员的确定

工程管理部和机电工程部、人力资源部，组织会议，根据机电承包方式确定安装管理人员配备。

4）其他人员的确定和日常调配

其他项目员工的确定和日常调配由工程管理部根据岗位需求情况组织调配。项目经理部在公司提供的专业人才满足不了工作需要的前提下，可向社会招聘专业人才，但须经公司人力资源部认可。项目经理部自行聘用人员须与公司签订聘用合同。公司人力资源部按照国家及地方相关规定签订聘用合同、办理各项统筹等手续。

5）人员的调整

由工程管理部和人力资源部定期到各项目经理部对各类人员的搭配、工作状况、施工进展等情况进行调查、分析，作为各项目的定员调整提供依据。项目经理部根据不同施工阶段，随时向工程管理部和人力资源部提交人员调配计划，工程管理部和人力资源部根据项目需要及公司整体考虑统筹安排。

6）项目经理部机构的设立和制度的确定

项目基本人员确定后，正式建立项目经理部各项制度

项目经理部的设立：在人员基本确定以后，由人力资源部下文确认，单位代码及印章事务由工程管理部协调处理。

项目经理部所属部门的设立：由项目经理部本着机构精简、提高工作效率、避免重复劳动的原则，结合项目实际及对接业主、监理单位的需要自行设立，但需经工程管理部审批后，报人力资源部备案。

项目主要部门设置一览：

① 工程部——具体负责施工管理。

② 质量部、安全部——具体负责项目质量、安全、文明施工、消防保卫及各类体系认证管理。根据项目情况可与工程部合并办公。

③ 技术部——具体负责项目技术管理。

④ 物资部——具体负责项目物资管理。

⑤ 机电工程部——具体负责项目各类安装施工管理。

⑥ 商务部——具体负责项目合同、经营、成本、资金管理。

⑦ 办公室——具体负责项目行政、后勤管理。

⑧ 项目工会联合会——具体负责项目工会会员健康福利生活。

描绘项目经理部组织机构图：根据项目部门设置情况及领导班子分工，项目经理部绘制“项目经理部组织机构图”。

项目经理部的规章制度包括下列各项：

① 项目管理人员岗位责任制度；

② 项目技术管理制度；

③ 项目质量管理制度；

④ 项目安全管理制度；

⑤ 项目计划、统计与进度管理制度；

⑥ 项目成本核算制度；

⑦ 项目材料、机械设备管理制度；

⑧ 项目现场管理制度；

⑨ 项目分配与奖励制度；

⑩ 项目例会与施工日志制度；

⑪ 项目分包及劳务管理制度；

⑫ 项目组织协调制度；

⑬ 项目信息管理制度。

(3) 项目前期准备会

1) 召集项目前期准备会：由公司工程管理部牵头组织，在中标研讨会之后一周内，召集项目前期准备会。需参加会议的部门人员包括项目经理及经理部相关人员，公司合约部、财务管理部、资金部、机电工程部、工程技术部、人力资源部、质量部、安全部、市场部、党委工作部、群众工作部、主管领导等人。

2) 工程情况介绍：由项目主跟踪人和公司市场部介绍项目的承接情况。合约部介绍项目的合同条款、承包范围、质量要求、让利、承诺、垫资情况、收益率预测分析、各种风险等情况。工程技术部介绍工程特点难点、技术要求、工期、资源配置、投入等情况。

表式：工程情况调查表或中标交底书。

编制：市场部、合约部、技术部。

项目前期需解决问题：项目经理或公司合约部负责将项目目前需要解决的困难向会议进行通报，工程管理部根据会议决议明确各部门分工，在规定期限完成相应的施工前期准备工作。

表式：项目策划会会议纪要。

编制：工程管理部。

(4) 承包合同评审

1) 承包合同评审——总包合同评审

合同评审概念：本处合同评审对象是总包合同，是指收到“中标通知书”后至正式合同签订之前，公司相关部门对合同条款进行的评审工作。对于特殊条件下的工程，如“三边”工程及其他先开后议的工程项目，合同评审可分为两个步骤进行，首先完成对前期进场协议的初步评审，待正式合同签订时，再进行合同评审。

对于新增工程的承包合同，召开评审会，由几个主要部门及人员：合约部(机电工程部)、工程管理部、法律部、办公室按评审要求进行评审。

2) 承包合同评审——分包合同评审：

① 分包合同评审是指给中标单位发出“中标通知书”后至正式分包合同签订之前，为使合同内容更加规范、合法和严谨，公司相关部门对分包合同条款进行的评审工作。

② 对于特殊条件下的分包工程项目，如“三边”工程及未同业主签订承包合同的工程项目，分包合同评审可分为两个步骤进行，首先完成对前期进场协议的初步评审，待正式分包合同签订时，再进行分包合同评审。

③ 合同评审牵头单位为：

对于合约部直接组织招标的土建专业分包工程由合约部合约经理牵头组织进行；

对于公司合约部授权项目经理部组织招标的土建专业分包工程由项目经理部商务经理牵头组织进行。

④ 评审方式：

对于合约部直接组织招标的土建专业分包工程：由合约经理组织合同评审，合约部经理或分管领导担任评审主持人，由合约部合约主办负责填写评审表，工程管理部、合约部、法律部、项目经理部及相关专业的主管人员分别对分包合同的相关条款进行评审，评审意见填写在评审表上，分包合同最后须由评审主持人签署评审意见后，由总经济师或总经理其他授权人批准签署后，方可到公司合约部加盖公司合同专用章。评审表留在合约部存档。

对于公司合约部授权项目经理部组织招标的分包工程：由项目经理部商务经理负责填写评审表，工程管理部、合约部、法律部、劳务公司、资金部、项目经理部及相关专业的主管人员分别对分包合同的相关条款进行评审，评审意见填写在评审表上，分包合同最后须由评审主持人签署评审意见后，方可到公司合约部加盖公司合同专用章。评审表留合约部存档。

对于重大复杂的分包合同应征求公司法律部的意见。

评审主持人综合各评审人的评审意见，根据分包工程具体情况决定是否予以采纳；需要更改分包合同条款的，要与分包方达成一致意见，评审主持人应要求原评审表填表人将分包合同条款进行改动后再行签订，评审主持人对分包合同内容全面负责。

劳务分包合同评审程序详见劳务管理办法的相关内容。

(5) 项目分包队伍的确定

1) 分包队伍的确定

招标评标原则：公开、公平、公正。

分包队伍的选择必须在合约部(机电工程部)和劳务公司登记管理的合格分包方范围内进行。项目经理部或其他单位、个人在平时或分包招标期间均可推荐分包方，但需经合约部、工程部和劳务公司考察确认为合格分供方，方可参加投标。

① 推荐：分包投标队伍统一由工程管理部与合约部(机电工程部)和劳务公司共同推荐，具体由合约部和劳务公司首先提出初步推荐意见，项目经理与其他单位也可参与推荐，合约部在综合各推荐意见的基础上，在劳务公司管理注册的合格分包方范围内，向招标工作组提出正式的投标队伍的推荐名单。

② 组织：分包招标工作由合约部牵头组织，公司授权项目经理部进行的招标工作由项目经理牵头组织，总部各部门予以配合。

③ 评审：由合约部经理组织招标评审，主管或分管领导为主持人，项目管理部、项目经理部、工程技术部参加，合约部将招标结果分别报总经济师和生产副总经理在达成共同意见的基础后上报常务副总经理，如有分歧意见最终由总经理决策。

④ 机电工程部组织招标的机电专业分包招标：由机电工程部经理组织招标评审，合约部、工程管理部、项目经理部、工程技术部、主管项目的副总经理根据评审意见决策中标队伍。重大工程的分包招标评审应有总经理参与。

⑤ 公司授权项目经理部牵头组织的招标工作：由项目经理部组织招标评审，项目经理为主持人，合约部、工程管理部、工程技术部参与评审，机电类分包招标，应有机电工程部参与。项目经理(项目商务经理)根据评审意见决策中标队伍，合约部经理具有一票否决权，机电类的分包招标，合约部在合理范围内对价格有否决权，工程管理部和机电工程部应对使用的队伍具有否决权。重大工程的分包招标评审应有总经理参与。

根据分包招标评审的结果，公司合约部具体组织分包的招标、评标工作。确定中标人，发放“中标通知书”。

2) 对分包方管理的职责

① 劳务公司负责

协助分包队伍办理在京施工所需的全部资质条件及各种必备手续，使其具备项目施工的合法手续：在北京市建委外管处办理工程或劳务注册手续，在北京市职业介绍服务中心办理《北京市外来人员就业证》等手续。

② 项目经理部管理职责：

代表公司签订或履行专业分包和劳务分包合同。

具体负责合约部委托进行招标的分项工程的分包招标。

参与项目分包方式的确定与投标单位的确定。

项目经理部须设专(兼)职分包队伍管理人员。

负责对所使用分包队伍的日常管理。

负责对所使用分包队伍在质量、工期、安全、文明施工、环境等方面进行控制与管理，并对其管理资源、劳动力资源及其他各项生产要素负责管理调配。

项目经理部须每季度末向劳务公司报(现场)分包队伍动态表。

项目经理部负责检查监督分包队伍的务工手续(外地施工队伍进京施工许可证、队伍花名册、《外来人员就业证》等)。

项目经理部根据《分包队伍考核办法》定期对分包队伍进行考核，合同结束后进行有实效的具体评估，考核与评估表报劳务公司。

项目经理部负责分包队伍的入场、安全、环保等教育与培训。

③ 承包方与分包方的沟通

项目经理受总经理委托全权负责分包合同的履行。

在分包合同履行过程中，由于承包方要求或其他客观因素影响，需要变更原分包合同文件的某项要求时，项目经理根据变更影响程度分别处理：

工程分包合同在履约过程中发生变更，由项目经理部书面向合约部(机电工程部)通报有关情况，总部达成一致意见后，合约部(机电工程部)负责一并与分包进行谈判，根据谈判结果报主管副总经理书面审批，双方签订分包合同补充协议，并下发项目管理部、资金部、物资部、项目经理部以及相关部门，原件留合约部(机电工程部)存档。

项目经理部负责填写《修订分包合同文件登记表》后，并报公司合约部(机电工程部)存档。

对于在项目建设过程中出现的分包方履约不力、劳动力不足等等，项目经理部要做好积极帮助和调整，同时细致地做好反索赔纪录，作为项目最终分包结算的合同依据。

发生下列情况之一，公司可以与分包队伍解除协力合作、合约关系或暂停与其合作关系：

分包队伍违反了国家法律或北京市的有关规定；

分包队伍已不具备进一步的履约能力(包括劳动力保证能力、技术保证能力、质量安全保证能力、资金保证能力等)，或者破产、降级不再具备原有资质；

分包队伍不能按要求完成项目施工任务或施工质量严重不合格；

分包队伍不按所签合约施工，严重违反了合同约定，经协商仍不能解决的，可以与其解除合同关系；

经半年、年度、竣工考核，实际管理、施工水平达不到公司要求，不具备相应资质的；

其他原因，造成双方无法继续协作的，经双方协商，可以解除协作关系。

(6) 施工组织设计/施工方案

公司要求做好施工组织设计/施工方案在编制职责、审核审批、传递发放、存档备案、执行和修改等管理方面工作。

1) 投标施工组织设计：为承揽工程项目，根据招标文件的要求，结合工程的特点、重点和难点，在投标阶段应编制的施工组织设计。该施工组织设计具有双重作用：一是为承揽工程项目，二是在项目中标之后为项目经理部完善和细化施工组织设计提供指导性文件的依据。

2) 整体工程施工组织总设计：在设计图纸和设计文件齐备的前提下，在投标施工组织设计的基础上进行补充、细化和完善，使其更具针对性、可操作性和经济性，它包括工程整体施工组织设计的各个方面(不再另行编制专项施工组织设计)。

3）专项施工组织设计：在设计文件不全或边设计边施工或业主有特殊要求的情况下，某一个或某几个分部工程应分阶段编制的施工组织设计（诸如结构工程、装修工程、机电工程、幕墙工程等）。但所有专项施工组织设计均作为整体工程施工组织设计的一个组成部分，最终形成完整的工程施工组织总设计。

（7）项目现场经费的核定

项目消费基金主要包括：现场经费、临建设施费用。

1）核定内容：

① 工资总额；

② 工资附加费：职工福利费、教育经费、工会经费；

③ 统筹费用：住房、养老、失业、工伤、基本医疗、大额互助；

④ 其他管理费：办公费、交通差旅费、劳动保护费、劳动保险费、低值易耗品摊销、诉讼费、业务招待费等。

2）核定标准及审批程序：

① 执行《项目现场经费核定细则》。根据工程规模、工程难易程度及项目经理的综合管理能力等因素由公司统一确定项目经理岗薪标准；项目经理以外的员工，执行按单位工程核定消费基金总额，并在控制的总额内实行浮动式岗薪制。公司根据项目年度工期及不同施工过程所核定的定员人数及消费基金人均预算标准进行总额下达后，由项目经理根据员工的工作能力等自行确定项目员工的岗薪标准。

② 由项目经理针对所属项目员工的岗位职能和就位情况，确定项目员工的岗薪标准，实行定岗定薪发放。

（8）项目临建

1）临建及办公开办设施包括的内容：

① 临建包括：

办公室、加工场、工具房、仓库、塔式起重机基础、小型临时设施、各种标牌、施工现场道路、围墙、临水临电及消防设施、文明施工及环境保护设施、临时宿舍等。

② 办公开办设施包括：

行政办公用具：计算机及配套外设、打印机、复印机、电话机、传真机，办公桌椅、文件柜、保险柜、会议桌，空调、电风扇、电暖器、饮水机、电开水器以及消毒柜、电冰箱等厨房用具。

宣传教育器材：电视机、摄像机、投影仪、普通照相机、数码相机等。

2）《临建方案》中各项内容必须符合公司企业形象。

3）计量器具：

合格计量器具名录，定期计量检测；

明确常用计量器具报废标准。

4）项目经理部组建后，由工程管理部根据项目的规模以及公司现有资产状况核定项目资产购置及调配类型、数量、价格，并经合约部、财务管理部复核同意后，由工程管理部以书面形式下达至项目，同时抄报资产投资部。项目经理部依照开办费批复单及资产调配确认单正式办理资产的购买与调拨手续。

5）项目经理部必须按照公司核定计划购置资产，不得超量、超价和串项，项目购置资产后由成本员持报销说明单(附原始发票)及所购资产明细表到资产投资部备案，资产投资部严格按照开办费审批计划核对数量、价值、型号等(过程中将到现场与实物核对)，审核无误后签字确认，项目成本员持资产投资部签字确认单至财务管理部报销。

6) 项目资产在具体使用过程中应遵循项目经理总负责，项目行政办公室进行实物管理，项目成本员负责登记台账并核查管理的原则。

7) 测量及试验设备的购置：根据公司项目分包模式的调整，项目经理部在施工过程中需要的试验设备、测量设备等资产时，公司相关部门及项目经理部购置年度计划内的固定资产计量器具，应由使用单位计量管理人员填写《固定资产购置计划表》，定期上报公司相关部门审核、审批；计划外临时增购的固定资产计量器具，由项目计量管理人员填写《固定资产购置计划表》并及时上报公司工程技术部，由公司财务管理部、资产投资部负责审批。

(9) 工程项目责任目标管理考核

1) 适用范围

本细则适用于公司所属项目，其考核结果须报公司备案。

2) 管理机构及具体职责

① 公司总经理

最终确认和批准项目竣工考核的结果；批准项目特别奖励；签发训诫令；批准对项目经理部的其他处罚措施。

② 主管项目管理的副总经理。

在总经理授权下审批项目《项目策划书》，与项目签订《工程项目管理责任目标委托书》。领导工程项目管理责任目标考核工作的实施，监督考核过程，最终确认和批准季度考核、阶段考核和年度综合考核的结果，审核项目竣工考核的结果。审批或审核年度考核、阶段考核、竣工考核兑现的分配方案。

③ 工程管理部

工程项目责任目标管理考核的牵头管理部门。组织或牵头编制重点项目《项目策划书》，审核项目的《项目策划书》，审核并组织签订《工程项目管理责任目标委托书》；负责牵头确定项目工期目标；审核临建及办公开办设施方案；核定办公开办费用；指导项目履约管理工作；参与项目预算制造成本的核定工作；牵头确定项目经理薪酬等级系数及项目工资总额难度系数。主要负责对项目工期管理、专业劳务招标管理等各项考核工作。

④ 合约部

组织编制项目预算制造成本，测定项目收益率，审定工程项目预算制造成本实施计划，指导项目合约及成本管理工作。主要负责项目成本管理、合同管理、结算管理等商务工作的考核，参与专业劳务招标、物资采购的考核。

⑤ 机电工程部

负责组织项目机电工程预算制造成本核定的相关工作；负责机电工程技术文件审核或审批工作；指导、管理项目机电工程专业、劳务招标工作；主要负责项目机电管理工作的考核，参与机电工程专业、劳务招标管理和物资管理的考核工作。

⑥ 质量部、安全部

评审确定工程项目质量安全管理目标，审批项目三标一体运行计划并指导、监督实施工作，下达安全生产、文明施工、质量管理目标。主要负责对项目质量、安全、三标一体运行情况的考核。

⑦ 工程技术部

牵头组织工程项目技术管理文件的审核或审批工作；牵头制定项目技术管理目标；主要负责对项目技术管理工作的考核。

⑧ 财务管理部

负责项目预算制造成本中现场经费的核定，下达业务招待费控制指标。负责项目成本核算工作，参与对项目成本管理的考核。负责项目竣工清算工作。

⑨ 资金部

牵头制定资金回收率指标，对项目资金管理工作进行考核。

⑩ 人力资源部

牵头核定项目经理岗薪标准，下达项目工资总额控制指标。

3)《项目策划书》及管理责任目标的制定

① 由项目投标主策划人在中标后规定时间内，对负责制定项目策划书的责任部门进行书面交底。

② 项目策划书应在接到中标通知书后规定时间内完成。紧急情况，项目策划书的主要内容应在相应业务工作决策前完成。

4) 签订《工程项目管理责任目标委托书》

根据项目策划的结果，由工程管理部牵头组织有关部门制定《工程项目管理责任目标委托书》，按照程序完成审核和审批工作。在总经理授权下由公司主管项目管理副总经理与项目经理签订《工程项目管理责任目标委托书》。

5) 项目管理责任目标考核的依据

① 公司同项目经理部签订的《工程项目管理责任目标委托书》。

② 公司合约部下达给项目经理部的项目预算制造成本以及项目经理部据此编制并经合约部审定的项目预算制造成本实施计划。

③ 公司财务管理部下达给项目经理部的现场经费和业务招待费控制指标。

④ 公司人力资源部下达给项目经理部的工资总额控制指标。

⑤ 公司资金部下达的资金回收率指标。

⑥ 公司总部下达的工程质量目标及由项目经理部编制公司审定的精品工程策划方案和《质量、环境和职业安全健康体系管理计划》。

⑦ 公司总部下达的工期指标。

⑧ 公司总部下达的安全生产、文明施工、CI 管理指标。

⑨ 项目经理部提供的供检查的主要资料：

(A) 项目经理部按期(季、年度、竣工)提出的制造成本、预算成本、预算报量及业主确认量等报表以及项目经理部的各项商务台账。

(B) 现场经费、工资总额、业务招待费执行情况的书面说明。

(C) 专业、劳务分包招标执行情况说明及相关的招标文件、分包合同、评审记录等。

(D) 物资采购招标执行情况、物资现场使用管理情况说明及相关的招标文件、评审记录、合同等。

(E) 施工组织设计、施工方案、技术措施的编制、审批以及实施情况的书面说明。

(F) 工程技术资料和各类质量管理台账、记录等。

(G) 安全生产、文明施工及环保管理的各类台账、记录等。

(H) 质量、环境、职业安全与健康三标一体运行中的相关记录资料。

(I) 施工技术总结的编制情况。

6) 项目管理责任目标各阶段的考核并制定相应措施。

2. 项目对外联络准备工作

(1) 现场地盘交接

项目经理部进驻现场后，应马上办理现场地盘交接，并填写《地盘交接单》。现场地盘交接内容如下：

1) 红线范围及红线与建筑物轮廓线的关系；

2) 红线桩、水准点、位置及有关数据；

3) 水源、电源及施工道路的位置；

4) 场地平整情况；

5) 场内障碍物情况(原有建筑物、树木、地下管线、人防等)；

6) 除将简要情况在表内说明外，还应绘制平面图，将上述有关内容在平面图中标明；

7) 其余需说明事宜可在备注中予以补充说明。

本表一式四份，业主、监理、工程管理部、项目经理部各一份。

地盘交接后，经理部应根据现场情况同建设单位协商，落实未完成的工作，组织地下管网的保护或迁移工作。以便尽快具备开工条件。

施工时发现文物、古迹、爆炸物、电缆等，应当停止施工，保护好现场，及时向有关部门报告，按照有关规定处理后方可继续施工。

表式：地盘交接单。

填写：项目经理部。

(2) 规划许可证

规划许可证包括建设用地规划许可证和建设工程规划许可证。在开工前由业主方负责提供给项目经理部，项目经理部将规划许可证报工程管理部备案。

(3) 施工许可证

建设工程开工前，建设单位应当按照国家有关规定向工程地县级以上人民政府建设行政主管部门申请领取施工许可证。

申请施工许可证，应当具备下列条件：

已经承保了“建筑施工人员意外伤害保险”；

已经办理该建筑工程用地批准手续；

在城市规划区内的建筑工程，已经取得规划许可证；

需要拆迁的，其拆迁进度符合施工要求；

已经确定建筑施工企业；

有满足施工需要的施工图纸及技术资料；

有保证工程质量和安全的具体措施；

建设资金已经落实；

法律、行政法规规定的其他条件。

建设单位应当自领取施工许可证之日起3个月内开工。因故不能按期开工的，应当向发证机关申请延期。

在建的建筑工程因故中止施工的，建设单位应当自中止施工之日起一个月内，向发证机关报告，并按照规定做好建筑工程的维护管理工作。

建筑工程恢复施工时，应当向发证机关报告；中止施工满一年的工程恢复施工前，建设单位应当报发证机关核验施工许可证。

(4) 质量监督

工程具备开工条件后，由建设单位携带有关文件，到质量监督站办理质量监督手续及缴纳质量监督费用。

(5) 设计交底及图纸会审

1) 施工合同签订后，项目经理部应索取设计图纸和技术资料，指定专人管理并公布有效文件目录。

2) 设计交底由建设单位组织，可同图纸会审一并进行。设计单位、承包单位和监理单位的项目负责人及有关人员参加。

3) 通过设计交底应了解的基本内容：

建设单位对本工程的要求，施工现场的自然条件(地形、地貌)，工程条件与水文地质条件等；

设计主导思想，建筑艺术要求与构思，使用的设计规范，抗震烈度和等级，基础设计，主体结构设计，装修设计，设备设计(设备选型)等；

对基础、结构及装修施工的要求，对建材的要求，对使用新技术、新工艺、新材料的要求，以及施工中应特别注意的事项等；

设计单位对承包单位和监理单位提出的施工图之中问题的答复；

设计交底应有记录，会后由建设单位或建设单位委托监理单位负责整理；工程变更应经建设单位、设计单位、监理单位、承包单位签认。

4)通过图纸会审应掌握的内容

图纸会审内审：项目经理部接到工程图纸后应按质量程序文件要求组织有关人员进行审查，对设计疑问及图纸存在的问题按专业加以汇总后报建设单位，由建设单位提交设计单位做图纸会审准备。

图纸会审外审：由建设单位负责组织，项目经理部、设计、监理公司参加，重要工程要通知公司总工程师、工程管理部、工程技术部、质量部、安全部及分包施工单位的技术领导和工程负责人等参加。对会审中涉及的所有问题要按专业进行汇总、整理，形成图纸会审记录，记录中要明确记录会审时间、地点、参加单位、参加人姓名、职务、提出问题以及解决问题的办法。

图纸会审记录由设计单位、建设单位、监理单位和施工单位的项目相关负责人签认，形成正式的图纸会审记录。不得擅自在会审记录上涂改或变更内容。

施工图纸会审记录是工程施工的正式设计文件，不允许在会审记录上涂改或变更其内容。

(6) 测量放线

本市行政区域内的单位使用本市基础测绘成果，须持单位公函和有关资格证书等报市规划局批准。

建设单位持规划许可证及规划局审批过的总平面图至测绘院，由测绘院提供红线桩及高程点测量成果。

项目经理部应依据设计文件和设计技术交底的工程控制点进行复测。当发现问题时，应与业主协商处理，并应形成纪录。

承包单位应将施工测量方案、红线桩的校核成果、水准点的引测结果填写《施工测量放线报验表》并附工程定位测量记录报项目监理部查验。

承包单位在施工现场设置平面坐标控制网(或控制导线)及高程控制网后，应填写《施工测量放线报验表》并附基槽验线记录报项目监理部查验。

(7) 施工试验

工程项目均应设标养室，可委托有资质的试验室负责过程试验并出具试验报告。

项目经理部应依据设计文件和设计技术交底向试验室交底，由试验室人员(或有资质的操作人员)负责施工过程中检验批的试块制作、养护、试验，并受委托收集试验报告。

(8) 第一次工地会议

1) 第一次工地会议由建设单位主持，在工程正式开工前进行。

2) 第一次工地会议应由下列人员参加：

建设单位驻现场代表及有关职能人员；

承包单位项目经理部经理及有关职能人员、分包单位主要负责人；

监理单位项目监理部总监理工程师及全体监理人员。

3) 会议主要内容：

建设单位负责人宣布项目总监理工程师并向其授权；

建设单位负责人宣布承包单位及其驻现场代表(项目经理部经理)；

建设单位驻现场代表、总监理工程师和项目经理相互介绍各方组织机构、人员及其专业、职务分工；

项目经理汇报施工现场施工准备的情况；

会议各方协商确定协调的方式，参加监理例会的人员、时间及安排。

(9) 施工监理交底

1) 施工监理交底由总监理工程师主持，中心内容为贯彻项目监理规划。

2) 参加人员：承包单位项目经理部经理及有关职能人员、分包单位主要负责人、监理单位项目监理部总监理工程师及有关监理人员。

3) 施工监理交底的主要内容：明确适用的国家及本市发布的有关工程建设监理的政策、法令、法规；阐明有关合同约定的建设单位、监理单位和承包单位的权利和义务。

4) 介绍监理工作内容：介绍监理控制工作的基本程序和方法；提出有关表格的报审要求及有关工程资料的管理要求。

5) 项目监理部应编写会议纪要，发承包单位。

(10) 动工报审表

承包单位认为达到开工条件应向项目监理部申报《工程动工报审表》。

监理工程师应核查下列条件：

政府主管部门已签发“北京市建设工程开工证”；

施工组织设计经项目总监理工程师审批；

测量控制桩已查验合格；

承包单位项目经理部管理人员已到位，施工人员、施工设备已按计划进场，主要材料供应已落实；

施工现场道路、水、电、通信等已达到开工条件；

监理工程师审核认为具备开工条件时，由总监理工程师在承包单位报送的《工程动工报审表》上签署意见，并报建设单位。

(11) 工程开工报告

《工程开工报告》由施工单位填写一式三份，在开工当日送建设单位签章后送工程管理部一份，双方签章单位各执一份，应注意保存作为交工资料。

由于建设单位变更设计等通知停工，而后经解决再通知复工，亦填写此表。

(12) 施工扰民补偿协议

总包和业主签订施工扰民补偿协议。

建设工程所在地区的建设行政主管部门负责组织公安交通、环保部门和街道办事处、公安派出所单位协助建设单位和施工单位做好工程周围居民的工作，共同维护正常的施工秩序，以保证城市建设工程的顺利进行。在各区、县政府的领导和有关街道办事处的组织下，由街道办事处、居民代表、派出所、建设单位、施工单位参加，共同开展创建文明工地活动。

国家和本市重点工程一般建设项目的土方工程以及按照设计要求必须连续施工的工程，需要在22时至次日6时进行施工的，施工单位在施工前必须向工程所在地区的建设行政主管部门提出申请，经审查批准后到工程所在地区的环保部门备案。未经批准，禁止施工单位在22时至次日6时进行超过国家标准噪声限值的作业。

施工单位在施工前应公布连续施工的时间，向工程周围的居民做好解释工作。

开挖土方量10万m^3以上或者需连续运输土方15日以上的深基础作业，由施工单位提出申请，经工程所在地的建设行政主管部门审核批准后，报公安交通管理部门核发指定行车路线的专用通行证。

居民以施工干扰正常生活为由，对经批准的夜间施工提出投诉的，建设单位、施工单位应当向工程所在地的环保部门申请，由环保部门按国家规定的噪声值标准进行测定。施工噪声超过标准值时，环保部门应当确定噪声扰民的范围，并出具测定报告书。

凡经环保部门测定，并确定补偿范围和签订补偿协议的，签约双方应当按照协议认真执行，不得以任何理由违约。

建设单位对确定为夜间施工噪声扰民范围内的居民，根据居民受噪声污染的程度，按批准的超噪声标准值夜间施工工期，以每户每月30元至60元的标准给予补偿。

因各类抢险施工造成噪声扰民的，对附近居民不予补偿。由抢险工程所在地的政府负责组织有关部门做好抢险工程周围居民的工作，确保抢险工程顺利进行。

建设单位应当在当地建设行政主管部门和街道办事处的组织下与接受补偿的居民签订补偿协议，补偿费由工程所在地的街道办事处组织发放。

(13) 施工现场消防安全许可证

建设工程施工现场的消防安全由施工单位负责。施工单位开工前必须向公安消防机构申报，经公安消防机构核发《施工现场消防安全许可证后》，方可施工。

下列建设工程的施工组织设计和方案，由施工单位报送市级公安消防机构：

国家重点工程；

建筑面积 2 万 m^2 以上的公共建筑工程；

建筑总面积 10 万 m^2 以上的居民住宅工程；

基建投资 1 亿元人民币以上的工业建设工程。

上述范围以外和市级公安消防机构指定监督管理的建设工程的施工组织设计和方案，由施工单位报送建设工程所在地的区、县级公安消防机构。

(14) 项目管理人员安全生产资格证书

1) 建筑企业中项目管理人员必须经过安全资质培训、考核，取得安全资质，持北京市经委统一印制的《安全生产资质证书》后方可上岗。

2) 安全资质培训、考核，统一由公司质量部、安全部负责。

分包单位必须持有《施工企业安全资格审查认可证》方可承揽我公司工程。该证由分包单位自行办理，进场后交项目备案。同时备案的还有：

营业执照(复印件)；

企业技术资质等级证书；

安全管理组织体系；

安全生产管理制度；

外省市进京施工企业的进京许可证。

(15) 分包单位劳务用工注册手续

1) 外地建筑企业来本市施工，到市建委管理办公室办理登记注册必须符合下列规定：

承包建设工程的，持营业执照、企业等级证书和所在地区省级建筑业主管机关的批准证件，办理登记注册。其中参加投标的，必须领有投标许可证，中标后再办理登记注册。注册期限按承建工程的合同工期确定。注册期满，工程未能按期完工的，必须办理延期注册手续。

提供劳务的，持营业执照、企业等级证书和所在地区县以上建筑业主管机关的批准证件，办理登记注册。注册期限按年度确定，每年登记注册一次。

外地建筑企业在本市的营业范围，由市建筑业管理办公室根据该企业等级和曾承建的工程质量等情况核定。外地建筑业应按企业等级和核定的营业范围经营。

由公司劳务公司协助分包单位到社会劳动保障局办理企业职工就业证。

2) 外地建筑企业在本市施工期间，必须遵守下列规定：

向施工所在区、县建委办理施工管理备案，并按规定向市和区、县建委报送统计资料；

按规定向公安机关办理企业职工暂住户口登记，申请暂住证，签订治安责任书；

按规定向劳动部门申领安全生产合格证；

按规定办理企业职工健康证。

四、案例

1. 企业概况

经过半个多世纪的发展，某建筑企业已成长为具有国家特级工程总承包资质，集设计、科研、施工、安装、物流配送、房地产开发于一体，跨行业、跨地区经营的大型多元化建筑企业集团，现有全资企业和控股企业××余家，在国内各区域和主要城市设立子公司、分公司、办事处××多家，市场范围遍及全国，年经营规模在×××亿元以上，并与国外著名建筑公司保持长期合作伙伴关系。作为某建筑企业核心企业的某建筑有限公司，是中国最大房屋建筑承包商、最大建筑房地产综合企业集团、最大国际工程承包商。

2. 企业的安全生产资质

该建筑企业是国家安全生产特级资质企业，它以诚信作为企业的核心价值观，以建筑与绿色共升，发展和生态协调为环境观，奉行“今天的质量是明天的市场，企业的信誉是无形的市场，用户的满意是永恒的市场”的市场理念，追求“至诚至信的完美服务，百分之百的用户满意”。以一贯的高效、优质服务和重合同、守信誉的严谨作风赢得了广大客户、行业主管部门、金融机构的充分信赖，先后荣获全国用户满意施工企业、全国优秀施工企业、北京市守信企业、北京质量效益型企业等荣誉称号，长期拥有 AAA 级信用等级证书，是国内惟一荣获全国质量管理奖、国家质量管理卓越企业的建筑企业。该建筑企业具有强大的科技开发应用能力和设计能力，拥有国家级企业技术中心和国家级建筑节能实验室，建立了完备的企业施工技术方案信息库和价格信息库，取得了一大批有价值的科研成果。

3. 质量、环境、职业安全健康保证体系

该建筑企业推行“总部服务控制、项目授权管理、专业施工保障、社会协力合作”的统一的项目管理模式，以集团实力为后盾，充分发挥总部对项目的支持保障能力和服务控制能力，对项目进行统一的施工方案策划、质量策划、CI 策划，以“只有不同的业主需求，没有不同的项目管理”为标准，全力建设“项目精品连锁店”。该建筑企业恪守“满足顾客、保护环境，珍爱生命，用我们的承诺和智慧雕塑时代的艺术品”的质量、环境、职业安全健康理念并得到质量、环境、职业安全健康三合一体系的认证，不断健全和完善“过程精品、动态管理、目标考核、严格奖罚”的质量运行机制和“目标管理、创优策划、过程监控、阶段考核、持续改进”的创优机制，全力倡导全员全过程“零缺陷管理”的质量文化，打造“精品工程生产线”。

4. 工程业绩

近年来，该企业承建了一大批精品工程，目前在建的工程有世界最高钢筋混凝土结构建筑工程、中国最高钢筋混凝土结构建筑工程等众多标志性工程。累计荣获国家建筑最高奖——鲁班奖××项，国家优质工程奖××项，省部级以上工程质量奖××余项次。某建筑企业集 55 年“建筑铁军”光荣传统和现代经营管理理念于一身，积极建设具有凝聚力和包容性的企业文化，注重与业主的文化交汇和感情融合，以“建一项工程，创一座精品，交一批朋友”为目标，追求在愉悦的合作中与业主的共同促进，共同发展。

5. 管理体系优势

(1) 品牌优势：该公司以强大的实力在世界级国际承包商中位居前列，享有极高的商誉，××品牌已经成为世界建筑业公认的国际知名品牌。作为中国建筑企业的重要骨干企业——该企业为做强做大××集团、创建××品牌发挥了关键性作用。该企业始终致力于“打造具有国际竞争力的现代建筑企业集团”的事业，以务实创新、与时俱进的精神，外拓市场、内强管理，精心浇铸××集团基业，不断提升企业价值。

(2) 经营机制优势：该企业已由过去单一的参与工程承包，发展为合作、合资进行房地产开发、工程总承包、国际贸易合作的新格局，拥有民用商住、市政道路、环保水利、地铁隧道以及现代化设施和功能的综合性群体建筑的总承包能力，具有总承包大型工程的物资管理及仓储运输等综合服务能力，成为具备施工、科研、设计和物资采购四位一体的跨地区、跨行业、跨所有制经营能力的企业集团。

(3) 管理优势：该企业在遵循国际工程承包惯例的基础上，结合我国的国情创立的以“总部服务控制、项目授权管理、专业施工保障、社会协力合作”为内涵的项目管理模式，在市场竞争中显示出充分的优越性。在集团内部管理上积累了规范化、程序化的成熟经验，在方针目标、市场营销、财务资金、人力资源、科研技术、项目施工、质量安全、投标报价、体系贯标、分包分供等10个方面建立了系统性文件化的管理手册，各系统的全过程运行都遵守规范化的程序。

(4) 人才优势：该企业崇尚“留在企业的都是人才”的人才观，最大限度地开发和利用好人力资源。该企业具有健全和完善的人力资源管理体系，从培养、选拔、考核、任用四个环节提高员工的业务素质和工作能力，并通过企业理念和规章制度的培训提升员工对企业的认同感和忠诚度。该企业在人才结构上实施“三化”战略，即特殊人才职业化、专业人才序列化、操作工人技能化，基本完成了建筑企业从劳务密集型向技术智力密集型的转变。人才在某企业能充分实战自身的才华，从而实现企业和个人价值的双赢。

(5) 融资能力优势：该企业以一贯的高效、优质服务和重合同、守信誉的严谨作风，赢得了广大客户、行业主管部门、金融机构的充分信赖，连年被评为信用特级企业，长期持有AAA级信用等级证书。该企业作为华厦银行等商业银行的股东，与金融界建立了良好的协作关系，具备较强的融资能力。

(6) 科技开发优势：该企业依靠科技进步抢占市场竞争的制高点，形成了独具特色的专业技术优势和以技术中心为核心的技术发展体系。具有以建造规模大、技术难度高的群体工程和超深、超高工程及特殊结构工程施工技术为特点的技术体系，在各类工程的结构施工、安装施工、高级装饰施工、施工详图设计、钢结构设计制作安装、高层滑模施工、建筑模板设计与拼装、智能型楼宇自控电子设备安装、机电安装、超高层高速电梯安装、超净化系统安装等领域处于国内领先水平。在清水混凝土、绿色施工、节能技术研究等方面走在国内建筑业的前列。

(7) 规模经营优势：该企业以提高发展质量为主题，努力推动规模与效益的均衡快速增长，各项指标屡创历史最好水平。目前集团年经营规模在150亿元以上，承建了××工程等大批高端领域项目。工程质量、合同履约、利税总额、全员劳动生产率、资产保值增值率等指标连创历史最好水平，在全国同行业中保持领先的地位，企业形象、社会知名度、综合实力稳步提高，是全国建筑行业公认的“王牌”。

(8) 市场开拓优势：该企业承接施工了众多国家、省市优质工程，积累了丰富的工程总承包经验。

(9) 企业信誉优势：该企业以诚信作为企业的核心价值观，奉行“今天的质量是明天的市场，企业的信誉是无形的市场，用户的满意是永恒的市场”的市场观念，追求“至诚至信的完美服务，百分之百的用户满意”，先后荣获全国用户满意施工企业、全国优秀施工企业、北京市守信企业、北京质量效益型企业等荣誉称号，是国内惟一荣获全国质量管理奖、国家质量管理卓越企业的建筑企业。

(10) 资质优势：该企业拥有房屋建筑总承包特级资质企业××家，房屋建筑总承包一级资质企业×家，机电安装总承包一级资质企业××家，专业承包一级资质企业××家，是国内为数不多的双特级资质建筑企业集团。全集团具有××个类别、××项次的施工总承包壹级以上资质，具有××个类别、××项次的专业承包壹级资质。公司具有市政总承包一级、公路总承包二级、化工石油总承包二级等总承包资质；设计院具有设计甲级资质，装饰公司具有装饰设计甲级资质，钢结构公司具有轻钢设计乙级资质。

(11) 资源优势：目前，该企业在以北京为中心的华北区，以大连为中心的东北区，以上海为中心的华东区，以广东为中心的华南区，以合肥为中心的华中区，以成都为中心的西南区，均保持着持续增长的客户群体，并形成向中、西部地区伸展之态势。客户涵盖政府、外资、国有、股份、民间等各个资本领域，服务功能覆盖公共建筑、金融、工业、民用、文化教育、体育、医药卫生、电力电信、环境环卫、机场车站、宾馆商厦等各业经济需求。几十年来，企业发展足迹遍及大半个中国，涉足国民经济发展各行各业，与各地、各时代、各领域客户，共同打造起飞的中国经济。

该企业组织机构图见图 1-7，项目组织机构图见图 1-8。

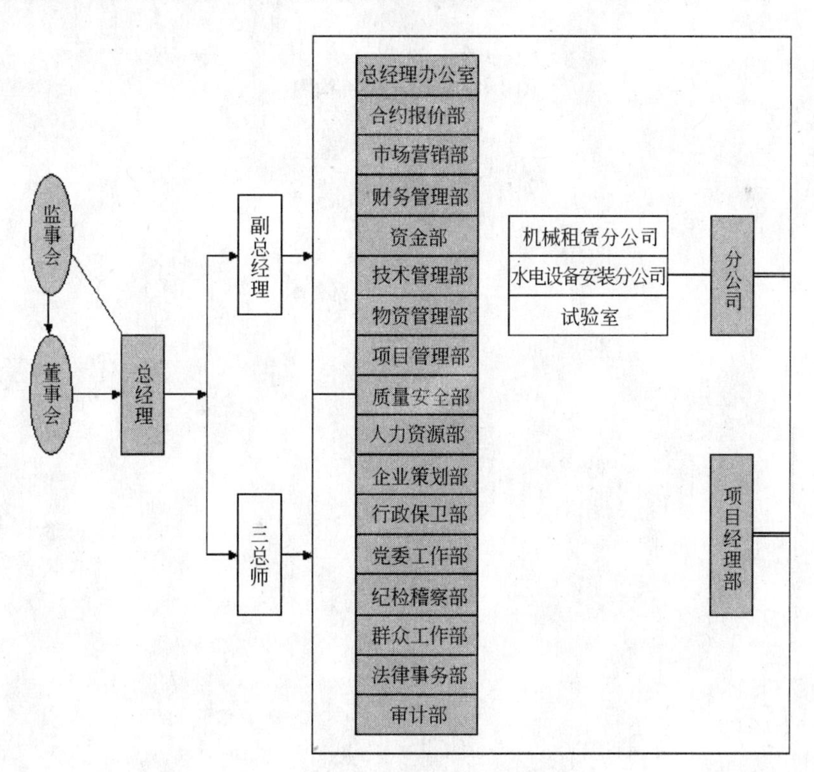

图 1-7 企业组织机构图

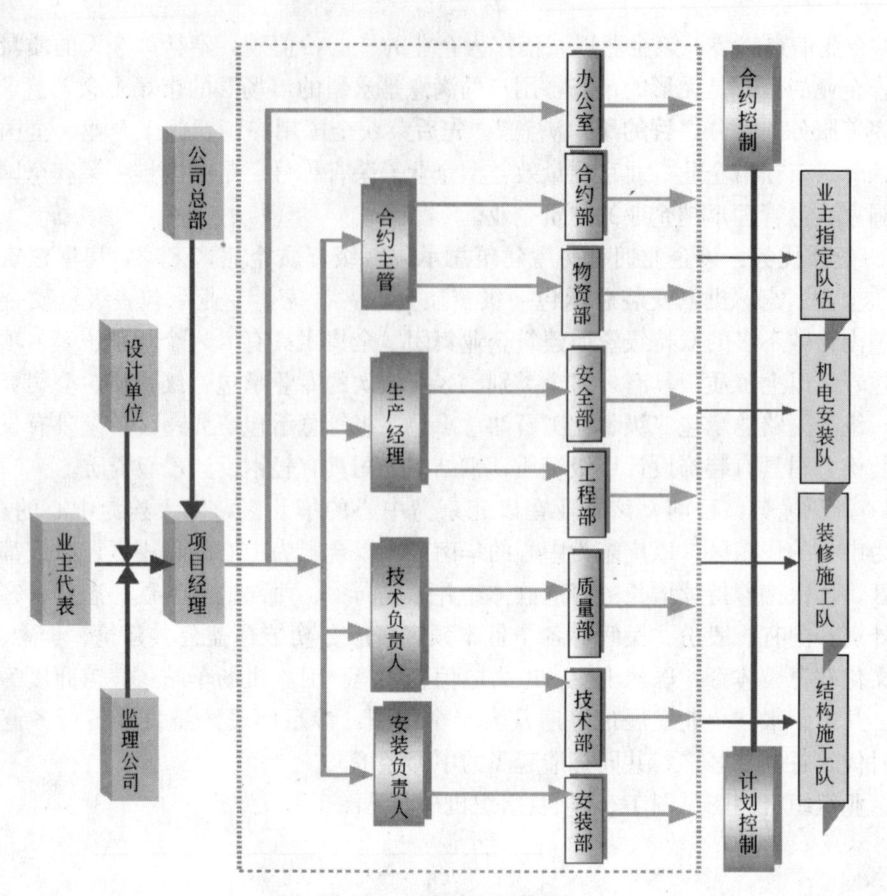
公司总部
设计单位
业主代表
项目经理
监理公司
合约主管
生产经理
技术负责人
安装负责人
办公室
合约部
物资部
安全部
工程部
质量部
技术部
安装部
合约控制
计划控制
业主指定队伍
机电安装队
装修施工队
结构施工队

图 1-8 项目组织机构图

第二章　工程项目现场管理实务

第一节　工　程　构　造

一、工程项目的分类和组成

建筑是根据人们物质生活和精神生活的要求，为满足各种不同的社会过程的需要，而建造的有组织的内部和外部的空间环境。建筑一般包括建筑物和构筑物。满足功能要求并提供活动空间和场所的建筑称为建筑物，是供人们生活、学习、工作、居住以及从事生产和文化活动的房屋，如工厂，住宅、学校、影剧院等。仅满足功能要求的建筑称为构筑物，如水塔、纪念碑等。

1. 建筑物按使用性质分为

(1) 生产性建筑：包括工业建筑和农业建筑。

1) 工业建筑。工业建筑是指供人们从事各类工业生产的房屋。包括各类生产用房和为生产服务的附属用房。如生产车间、辅助车间、动力车间、仓储建筑等。

2) 农业建筑。农业建筑是供人们从事农、牧业生产和加工用的房屋。如种子库、畜禽饲养场、粮食与饲料加工站、拖拉机等。

(2) 非生产性建筑：民用建筑。

民用建筑是供人们工作、学习、生活、居住和从事各种政治、经济、文化活动的房屋，包括居住建筑和公共建筑两大部分。

2. 工业与民用建筑工程的分类及组成

(1) 工业建筑的分类

1) 按厂房层数分

① 单层厂房。指层数仅为一层的工业厂房。适用于有大型机器设备或有重型起重运输设备的厂房。

② 多层厂房。指层数在2层以上的厂房，常用的层数为2～6层。多用于食品、电子、精密仪器工业等生产设备及产品较轻的厂房。

③ 混合层数的厂房。同一厂房内即有多层的厂房称为混合层数的厂房。多用于化学工业、热电站的主厂房等。

2) 按工业建筑用途分

① 生产厂房。它是指进行产品的备料、加工、装配等主要工艺流程的厂房，如机械制造厂中有铸工车间、电镀车间、热处理车间、机械加工车间和装配车间等。

② 生产辅助厂房。它是指为生产厂房服务的厂房，如机械制造厂房的修理车间、工具车间等。

③ 动力用厂房。它是指为生产提供动力源的厂房，如发电站、变电所、锅炉房等。

④ 仓储建筑。它是贮存原材料、半成品、成品房屋(一般称仓库)。

⑤ 仓储用建筑。它是管理、储存及检修交通运输工具的房屋，如汽车库、机车库、起重车库、消防车库等。

⑥ 其他建筑。如水泵房、污水处理建筑等。

3）按厂房跨度的数量和方向分

① 单跨厂房。它是指只有一个跨度的厂房。

② 多跨厂房。它是指由几个跨度组合而成的厂房，车间内部彼此相通。

③ 纵横相交厂房。它是指由两个方向的跨度组合而成的工业厂房，车间内部彼此相通。

4）按厂房跨度尺寸分

① 小跨度。它是指小于或等于 12m 的单层工业厂房。这类厂房的结构类型以砌体结构为主。

② 大跨度。它是指 15～36m 的单层工业厂房。其中 15～30m 的厂房以钢筋混凝土结构为主，跨度在 36m 及 36m 以上时，一般以钢结构为主。

5）按车间生产状况分

① 冷加工车间。这类车间是指在常温状态下，加工非燃烧物质和材料的生产车间，如机械制造类的金工车间、修理车间等。

② 热加工车间。这类车间是指在高温和熔化状态下，加工非燃烧的物质和材料的生产车间，如机械制造类的铸造、锻压、热处理等车间。

③ 恒温湿车间。这类车间是指产品生产需要在稳定的温、湿度下进行的车间，如精密仪器、纺织等车间。

④ 洁净车间。产品生产需要在空气净化、无尘甚至无菌的条件下进行，如药品、集成电路车间等。

⑤ 其他特种状况的车间。有的产品生产对环境有特殊的需要，如防放射性物质、防电磁波干扰等车间。

(2) 单层工业厂房的组成

单层工业厂房的结构组成一般分为两种类型，即墙体承重结构和骨架承重结构。

1）墙体承重结构：是指外墙采用砖、砖柱的承重结构。

2）骨架承重结构：是由钢筋混凝土构件或钢构件组成骨架的承重结构。厂房的骨架由下列构件组成，墙体仅起围护作用：

① 屋盖结构。包括屋面板、屋架(或屋面梁)及天窗架、托架等。屋面板直接铺在屋架或屋面梁上，承受其上面的荷载，并传给屋架或屋面梁。屋架(屋面梁)是屋盖结构的主要承重构件，屋面板上的荷载、天窗荷载都要由屋架(屋面梁)承担，屋架(屋面梁)搁置在柱子上。

② 吊车梁。吊车梁安放在柱子伸出的牛腿上，它承受吊车自重，吊车最大起重量以及吊车刹车时产生的冲切力，并将这些荷载传给柱子。

③ 柱子。柱子是厂房的主要承重构件，它承受着屋盖、吊车梁、墙体上的荷载，以及山墙传来的风荷载，并把这些荷载传给基础。

④ 基础。它承担作用在柱子上的全部荷载，以及基础梁上部墙体荷载，并传给地基。

基础一般采用独立式基础。

⑤ 外墙围护系统。它包括厂房四周的外墙、抗风柱、墙梁和基础梁等。这些构件所承受的荷载主要是墙体和构件的自重以及作用在墙体上的风荷载等。

⑥ 支撑系统。支撑系统包括柱间支撑和屋盖支撑两大部分，其作用是加强厂房结构的空间整体刚度和稳定性，它主要传递水平风荷载以及吊车间产生的冲切力。

(3) 民用建筑的分类

1) 按建筑物的规模与数量分：

① 大量性建筑。单体建筑规模不大，但兴建数量多、分布面广的建筑，如住宅、学校、商店等。

② 大型性建筑。建筑规模大、耗资多、影响较大的建筑，如大型车站、体育馆、航空站、大会堂、纪念馆等。

2) 按建筑物的层数和高度分：

① 低层建筑：1～3 层。

② 多层建筑；4～6 层。

③ 中高层建筑：7～9 层。

④ 高层建筑：10 层及 10 层以上或高度超过 28m 的建筑。

⑤ 超高层建筑；100m 以上的建筑物。

3) 按主要承重结构材料分：

① 木结构。如木板墙、木柱、木楼板、木屋顶等做成的建筑。

② 砖木结构。建筑物的主要承重构件用砖木做成，其中竖向承重构件的墙体、柱子采用砖砌，水平承重构件的楼板、屋架采用木材。

③ 砖混结构。用钢筋混凝土作为水平的承重构件，以砖墙或砖柱作为承受竖向荷载的构件。

④ 钢筋混凝土结构。主要承重构件，如梁、板、柱采用钢筋混凝土材料，非承重墙用砖砌或其他轻质材料做成。

⑤ 钢结构。主要承重构件均由钢材构成。

4) 按结构的承重方式分：

① 墙承重结构。用墙体支承楼板及屋顶传来的荷载。

② 骨架承重结构。用柱、梁、板组成的骨架承重，墙体只起围护作用。

③ 内骨架承重结构。内部采用柱、梁、板承重，外部采用砖墙承重。

④ 空间结构。采用空间网架、悬索及各种类型的壳体承受荷载。

5) 按施工方法分：

① 现浇、现砌式。房屋的主要承重构件均在现场砌筑和浇筑而成。

② 部分现砌、部分装配式。房屋的墙体采用现场砌筑，而楼板、楼梯、屋面板均在加工厂制成预制构件，这是一种既有现砌，又有预制的施工方法。

③ 部分现浇、部分装配式。内墙采用现浇钢筋混凝土墙体，而外墙、楼板及屋面均采用预制构件。

④ 全装配式。房屋的主要承重构件，如墙体、楼板、楼梯、屋面板等均为预制构件，在施工现场吊装、焊接、处理节点。

二、建筑安装工程的构造组成

1. 地基与基础

(1) 地基与基础的关系

基础是建筑物的地下部分，是墙、柱等上部结构的地下的延伸，是建筑物的一个组成部分，它承受建筑物的全部荷载，并将其传给地基。地基是指基础以下的土层，承受由基础传来的建筑物的荷载，地基不是建筑物的组成部分。

(2) 地基的分类

地基分为天然地基和人工地基两大类。天然地基是指天然土层具有足够的承载能力，不需经过人工加固便可作为建筑的承载层，如岩石、砂土、黏土等。人工地基是指天然土层的承载力不能满足荷载要求，经过人工处理的土层。

人工地基处理的方法主要有：压实法、换土法、化学处理法、打桩法等。天然地基施工简单、造价较低，而人工地基比天然地基施工复杂，造价也高。因此在一般情况下，应尽量采用天然地基。

(3) 基础的类型

基础的类型与建筑物上部结构形式、荷载大小、地基的承载能力、地基上的地质、水文情况、材料性能等因素有关。

基础按受力特点及材料性能可分为刚性基础和柔性基础；按构造的方式可分为条形基础、独立基础、片筏基础、箱形基础等。

1) 按材料及受力特点分类

① 刚性基础。刚性基础所用的材料如砖、石、混凝土等，它们的抗压强度较高，但抗拉及抗剪强度偏低。用此类材料建造的基础，应保证其基底只受压，不受拉。由于受地耐力的影响，基底应比基顶墙(柱)宽些。根据材料受力的特点，不同材料构成的基础，其传递压力的角度也不相同。刚性基础中压力分角 α 称为刚性角。在设计中，应尽力使基础大放脚与基础材料的刚性角相一致，以确保基础底面不产生拉应力，最大限度地节约基础材料。受刚性角限制的基础称为刚性基础。构造上通过限制刚性基础宽高比来满足刚性角的要求。

(A) 砖基础。砖基础具有就地取材、价格较低、设施简便的特点，在干燥和温暖的地区应用很广。砖基础的剖面为阶梯形，称为放脚。每一阶梯挑出的长度为砖长的 1/4(即 60mm)。为保证基础外挑部分在基底反力作用下不至发生破坏，大放脚的砌法有两皮一收和二一间隔收两种。两皮一收是每砌两皮砖，收进 1/4 砖长；二一间隔收是砌两皮砖，收进 1/4 砖长，再砌一皮砖，收进 1/4 砖长，如此反复。在相同底宽的情况下，二一间隔收可减少基础高度，但为了保证基础的强度，因此对砂浆与砖的强度等级，根据地区的潮湿程度和寒冷程度有不同的要求。

(B) 灰土基础。灰土基础即灰土垫层，是由石灰或粉煤灰与黏土加适量的水拌合经夯实而成的。灰土与土的体积比为 2∶8 或 3∶7。灰土每层需铺 22～25cm，夯层 15cm 为一步。3 层以下建筑灰土可做二步，三层以上建筑可做三步。由于灰土基础抗冻、耐水性能差，所以灰土基础适用于地下水位较低的地区，并与其他材料基础共用，充当基础垫层。

(C) 三合土基础。三合土基础是由石灰、砂、骨料(碎石或碎砖)按体积比 1∶2∶4 或 1∶3∶6 加水拌合夯实而成，每层虚铺 22cm，夯至 15cm。三合土基础宽不应小于

600mm，高不小于300mm，三合土基础一般多用于地下水位较低的4层以下的民用建筑工程中。

(D) 毛石基础。毛石基础是由强度较高而未风化的毛石和砂浆砌筑而成，它具有抗压强度高，抗冻、耐水、经济等特点。毛石基础的断面尺寸多为阶梯形，并常与砖基础共用，用作砖基础的底层。为了保证锁结力，每一阶梯宜用三排或三排以上的毛石砌筑。由于毛石尺寸较大，毛石基础的宽度及台阶高度不应小于400mm。

(E) 混凝土基础。混凝土基础具有坚固、耐久、刚性角大，可根据任意改变形状的特点，常用于地下水位高，受冰冻影响的建筑物。混凝土基础台阶宽度比为1∶1～1∶1.5，实际使用时可把基础断面做成锥形或阶梯形。

(F) 毛石混凝土基础。在上述混凝土基础中加入粒径不超过300mm的毛石，且毛石体积不超过毛石和混凝土总体积的20%～30%，称为毛石混凝土基础。毛石混凝土基础阶梯高度一般不得小于300mm。混凝土基础水泥用量较大，造价也比砖、石基础高。如基础体积较大，为了节约混凝土用量，在浇灌混凝土时，可掺入毛石，做成毛石混凝土基础。

② 柔性基础。鉴于刚性基础受其刚性角的限制，要想获得较大的基底宽度，相应的基础埋深也应加大，这显然会增加材料消耗和挖方量，也会影响施工工期。在混凝土基础底部配置受力钢筋，利用钢筋抗拉，这样基础可以承受弯矩，也就不受刚性角的限制，所以钢筋混凝土基础也称为柔性基础。在相同条件下，采用钢筋混凝土基础比混凝土基础可节省大量的混凝土材料和挖土工程量。

钢筋混凝土基础断面可做成锥形，最薄处高度不小于200mm；也可做成阶梯形，每踏步高300～500mm。通常情况下，钢筋混凝土基础下面设有素混凝土垫层，厚度100mm左右；无垫层时，钢筋保护层为75mm，以保护受力钢筋不受锈蚀。

2) 按基础的构造形式分类

① 独立基础(单独基础)：

(A) 柱下单独基础。单独基础是柱子基础的主要类型。它所用材料根据柱的材料和荷载大小而定，常采用砖、石、混凝土和钢筋混凝土等。

现浇柱下钢筋混凝土基础的截面可做成阶梯形或锥形，预制柱下的基础一般做成杯形基础，等柱子插入杯口后，将柱子临时支撑，然后用细石混凝土将柱周围的缝隙填实。

(B) 墙下单独基础。墙下单独基础是当上层土质松软，而在不深处有较好的土层时，为了节约基础材料和减少开挖土方量而采用的一种基础形式。砖墙砌在单独基础上边的钢筋混凝土地梁上。地梁的跨度一般为3～5m。

② 条形基础。条形基础是指基础长度远大于其宽度的一种基础形式。按上部结构形式，可分为墙下条形基础和柱下条形基础。

③ 墙下条形基础。条形基础是承重墙基础的主要形式，常用砖、毛石、三合土或灰土建造。当上部结构荷载较大而土质较差时，可采用钢筋混凝土建造，墙下钢筋混凝土条形基础一般做成无肋式；如地基在水平方向上压缩性不均匀，为了增加基础的整体性，减少不均匀沉降，也可做成肋式的条形基础。

④ 柱下钢筋混凝土条形基础。当地基软弱而荷载较大时，采用柱下单独基础，底面积必然很大，因而互相接近。为增强基础的整体性并方便施工，节约造价，可将同一排的柱基础连通做成钢筋混凝土条形基础。

⑤ 柱下十字交叉基础。荷载较大的高层建筑，如土质软弱，为了增强基础的整体刚度，减少不均匀沉降，可以沿柱网纵横方向设置钢筋混凝土条形基础，形成十字交叉基础。

⑥ 筏形基础。如地基基础软弱而荷载又很大，采用十字基础仍不能满足要求或相邻基槽距离很小时，可用钢筋混凝土做成的筏形基础。按构造不同它可分为平板式和梁板式两类。平板式又分为两类：一类是在底板上做梁，柱子支承在梁上；另一类是将梁放在底板的下方，底板上面平整，可作建筑物底层底面。

⑦ 箱形基础。为了使基础具有更大刚度，大大减少建筑物的相对弯矩，可将基础做成由顶板、底板及若干纵横隔墙组成的箱形基础，它是筏形基础的进一步发展。一般都是由钢筋混凝土建造，减少了基础底面的附加应力，因而适用于地基软弱土层厚、荷载大和建筑面积不太大的一些重要建筑物，目前高层建筑中多采用箱形基础。

以上是常见基础的几种基本形式，此外还有一些特殊的基础形式，如壳体基础、圆板基础、圆环基础等。

(4) 基础的埋深

从室外设计地面至基础底面的垂直距离称为基础的埋深。建筑物上部荷载的大小，地基土质的好坏，地下水位的高低，土壤冰冻的深度以及新旧建筑物的相邻交接等，都影响基础的埋深。埋深大于4m的称为深基础，小于等于4m的称为浅基础。为了保证基础安全，同时减少基础的尺寸，要尽量把基础放在良好的土层上。但基础埋置过深，不但施工不便，且会提高基础造价，因此应根据实际情况各选择一个合理的埋置深度。原则是在保证安全可靠的前提下，尽量浅埋，但不应浅于0.5m；靠近地表的土体，一般受气候变化的影响较大，性质不稳定，且又是生物活动、生长的场所，故一般不宜作为地基的持力层。基础顶面应低于设计地面100mm以上，避免基础外露，遭受外界的破坏。

(5) 地下室的防潮与防水构造

在建筑物底层以下的房间叫地下室。

1) 地下室的分类

按功能可把地下室分为普通地下室和人防地下室两种；按形式可把地下室分为全地下室和半地下室两种；按材料可把地下室分为砖混结构地下室和混凝土结构地下室。

2) 地下室防潮

当地下室地坪位于常年地下水位以上时，地下室需做防潮处理。对于砖墙，其构造要求是：墙体必须采用水泥砂浆砌筑，灰缝要饱满；在墙外侧设垂直防潮层。其具体做法是在墙体外表面先抹一层20mm厚的水泥砂浆找平层，再涂一道冷底子油和两道热沥青，然后在防潮层外侧回填低渗透土，并逐层夯实。土层宽500mm左右，以防地面雨水或其他地表水的影响。

另外，地下室的所有墙体都必须设两道水平防潮层。一道设在地下室地墙附近，具体位置视地坪构造而定；另一道设置在室外地面散水以上150～200mm的位置，以防地下潮气沿地下墙身或勒脚渗入室内。凡在外墙穿管、接缝等处，均应嵌入油膏填缝防潮。当地下室使用要求较高时，可在围护结构内侧涂抹防水涂料，以消除或减少潮气渗入。

地下室地面，主要借助混凝土材料的憎水性能来防潮，但当地下室的防潮要求较高时，地层应做防潮处理。一般在垫层与地面面层之间，且与墙身水平防潮层在同一水平面上。

3) 地下室防水

当地下室地坪位于最高设计地下水位以下时，地下室四周墙体及底板均受水压影响，应有防水功能。地下室防水可用卷材防水层，也可用加防水剂的钢筋混凝土来防水。卷材防水层的做法是在土层上先浇混凝土垫层地板，板厚约100mm，将防水层铺满整个地下室，然后于防水层抹20mm厚水泥砂浆保护层，地坪防水层应与垂直防水层搭接，同时做好接头防水层。

2. 主体结构

(1) 墙与框架结构

在一般砖混结构房屋中，墙体是主要的承重构件。墙体的重量占建筑物总重量的40％～45％，墙的造价占全部建筑造价的30％～40％。在其他类型的建筑中，墙体可能是承重构件，也可能是围护构件，但它所占的造价比重也较大。

1) 墙的类型

墙在建筑物中主要起承重、围护及分隔作用，按墙在建筑物中的位置、受力情况、所用材料和构造方式不同可分不同类型。

根据墙在建筑物中的位置，可分为内墙、外墙、横墙和纵墙；按受力不同，墙可分为承重和非承重墙。建筑物内部只起分隔作用的非承重墙称隔墙。

按所用材料，有砖墙、石墙、土墙、混凝土以及各种天然的、人工的或工业废料制成的砌块墙、板材墙等。按构造方式不同，又分为实体墙、空体墙和组合墙三种类型。实体墙是由一种材料构成，如普通砖墙、砌块墙；空体墙也是一种材料构成，但墙内留有空格，如空斗墙、空气间层墙等；组合墙则由两种以上材料组合而成的墙。

墙体材料选择时，要贯彻“因地制宜，就地取材”的方针，力求降低造价。在工业城市中，应充分利用工业废料。

2) 墙体构造

① 墙体材料和砌筑方式

(A) 砖墙材料。砖墙是用砂浆将砖按一定技术要求砌筑成的砌体，其主要材料是砖和砂浆。

(B) 砖墙的组砌方式。砖墙的组砌方式是指砖在墙内的排列方式。为了保证砌块间的有效连接，砖墙的砌筑应遵循内外搭接，上下错缝的原则，上下错缝不小于60mm，避免出现垂直通缝。

(a) 实心砖墙的组砌方法。实心砖墙的组砌方式有：一顺一丁式、多顺一丁式、十字式、全顺式、两平一侧式。一顺一丁式的特点是整体性好，但墙体交接处砍砖较多；多顺式，墙体整体性较好，外形美观，常用于清水砖墙；全顺式只适用于半砖厚墙体，两平一侧式只适用于180mm厚墙体。

(b) 空心砖墙的组砌方法。空心墙的组砌方式分为有眠和无眠两种。其中有眠空心墙常见的有：一斗一眠、二斗一眠、三斗一眠。

② 墙体构造组成：

砖墙厚度有120mm(半砖)、240mm(一砖)、370mm(一砖半)、490(两砖)、620mm(两砖半)等。有时为节省材料，砌体中有些砖砌体，构成180mm等按1/4砖厚进位的墙体。

(A) 防潮层。在墙身中设置防潮层的目的是防止土壤中的水分沿基础墙上升和勒脚部位的地面水影响墙身。它的作用是提高建筑物的耐久性，保持室内干燥卫生。当室内地面均为实铺时，外墙墙身防潮层在室内地坪以下 60mm 处；当建筑物墙体内侧地坪不等高时，在每侧地表下 60mm 处，防潮层应分别设置，并在两个防潮层间的墙上加设垂直防潮层；当室内地面采用架空木地板时，外墙防潮层应设在室外地坪以上，地板木搁栅垫木之下。墙身防潮层一般有油毡防潮层、防水砂浆防潮层、细石混凝土防潮层和钢筋混凝土防潮层等。

(B) 勒脚。勒脚是指外墙与室外地坪接近的部分。它的作用是防止地面水、屋檐滴下的雨水对墙面的侵蚀，从而保护墙面，保证室内干燥，提高建筑物的耐久性，同时，还有美化建筑外观的作用。勒脚经常采用抹水泥砂浆、水刷石，或在勒脚部位将墙体加厚，或用坚固材料来砌，如石块、天然石板、人造板贴面。勒脚的高度一般为室内地坪与室外地坪高差，也可以根据立面的需要而提高勒脚的高度尺寸。

(C) 散水和明沟。为了防止地表水对建筑基础的侵蚀，在建筑物的四周地面上设置明沟适用于降水量大于 900mm 的地区。散水宽度一般为 600～1000mm，坡度为 3%～5%。明沟和散水可用混凝土现浇，也用有弹性的防水材料嵌缝，以防渗水。

(D) 窗台。窗洞口的下部应设置窗台。窗台根据窗子的安装位置可形成内窗台和外窗台。外窗台是防止在窗洞底部积水，并流向室内。内窗台则是为了排除窗上的凝结水，以保护室内墙面。外窗台有砖窗台和混凝土窗台做法，砖窗台有平砌挑砖和立砌挑砖两种做法。表面可抹 1∶3 水泥砂浆，并应有 10%左右的坡度，挑出尺寸大多为 60mm。混凝土窗台一般是现场浇制而成。内窗台的做法也有两种；水泥砂浆窗台，一般是在窗台上表面抹 20mm 厚的水泥砂浆，并应突出墙面 50mm 为好。窗台板，对于装修外窗台外挑部分应做滴水，滴水可做成水槽或鹰嘴形，窗框与窗台交接缝处不能渗水，以防窗框受潮腐烂。

(E) 过梁。过梁是门窗等洞口上设置的横梁，承受洞口上部墙体与其他构件(楼层、屋顶等)传来的荷载，它的部分自重可以直接传给洞口两侧墙体，而不由过梁承受。

过梁可直接用砖砌筑，也可用木材、型钢和钢筋混凝土制作。砖砌过梁和钢筋混凝土过梁采用得最为广泛。

(F) 圈梁。圈梁是沿外墙、内纵墙和主要横墙设置的处于同一水平内的连续封闭梁。它可以提高建筑物的空间刚度和整体性，增加墙体稳定，减少由于地基不均匀沉降而引起的墙体开裂，并防止较大振动荷载对建筑物的不良影响。在抗震设防地区，设置圈梁是减轻震害的重要构造措施。

圈梁有钢筋混凝土圈梁和钢筋砖圈梁两种。钢筋砖圈梁多用于非抗震区，结合钢筋混凝土过梁沿外墙形成，钢筋混凝土圈梁其宽度一般同墙厚，对墙厚较大的墙体可做到墙厚的 2/3，高度不小于 120mm。常见的尺寸为 180mm、240mm。圈梁的数量与抗震设防等级和墙体的布置有关，一般情况下，槽口和基础处必须设置，其余楼层的设置可根据要求采用隔层设置和层层设置。圈梁宜设在楼板标高处，尽量与楼板结构连成整体，也可设在门窗洞口上部，兼起过梁作用。

当圈梁遇到洞口不能封闭时，应在洞口上部设置截面不小于圈梁截面的附加梁，其搭接长度不小于 1m，且应大于两梁高差的 2 倍，但对有抗震要求的建筑物，圈梁不宜被洞口截断。

(G) 构造柱。圈梁在水平方向将楼板与墙体箍住，构造柱则从竖向加强附加梁，与圈梁一起构成空间骨架，提高了建筑物的整体刚度和墙体的延性，约束墙体裂缝的开展，从而增加建筑物承受地震作用的能力。因此，有抗震设防要求的建筑物中须设钢筋混凝土构造柱。

构造柱一般在墙的某些转角部位(如建筑物四周、纵横墙相交处、楼梯间转角处等)设置，沿整个建筑高度贯通，并与圈梁、地梁现浇成一体。施工时先砌墙并留马牙槎，随着墙体的上升，逐段浇筑混凝土。要注意构造柱与周围构件的连接，应与基础与基础梁有良好的连接。

(H) 变形缝。变形缝包括伸缩缝、沉降缝和防震缝，它的作用是保证房屋在温度变化、基础不均匀沉降或地震时能有一些自由伸缩，以防止墙体开裂，结构破坏。

变形缝的构造较复杂，设置变形缝对建筑造价会有增加，特别是缝的两侧采用双墙或双柱时，无论构件的数量与构造都会增加而更复杂；故有些大工程采取加强建筑物的整体性，使其具有足够的强度与刚度，以阻止建筑物产生裂缝，但第一次投资会增加，维修费用可以节省。

(I) 烟道与通风道。烟道用于排除燃煤灶的烟气。通风道主要用来排除室内的污浊空气。烟道设于厨房内，通风道常设于暗厕内。

烟道与通风道的构造基本相同，主要不同之处是烟道道口靠墙下部，距楼地面 600～1000mm，通风道道口靠墙上方，离楼板底约 300mm。烟道与通风道宜设于室内十字形或丁字形墙体交接处，不宜设在外墙内。烟道与通风道不能共用，以免串气。

③ 其他材料墙体

(A) 加气混凝土墙。有砌块、外墙板和隔墙板。加气混凝土砌块墙如无切实有效措施，不得用于建筑物±0.000 以下，或长期浸水、干湿交替部位、受化学侵蚀的环境及制品表面经常处于 80℃以上的高温环境。当用于外墙时，其外表面均应做饰面保护层，规格有三种，长×高为 600mm×250mm、600mm×300mm 和 600mm×200mm；厚度从 50mm 起，按模数 25 和 60 进位，设计时应充分考虑砌块规格，尽量减少切锯量。外墙厚度(包括保温块的厚度)可根据当地气候条件、构造要求和材料性能进行热工计算后确定。加气混凝土墙可作承重墙或非承重墙，设计时应进行排块设计，避免浪费，其砌筑方法与构造基本上与砖墙类似。在门窗洞口设钢筋混凝土圈梁，外包保温块。在承重墙转角处每隔墙高 1m 左右放钢筋，以增加抗震能力。

加气混凝土外墙墙板的规格一般为宽度 600mm。如需小于 600mm，可用板材锯切割。厚度可根据不同地区、不同建筑物性质满足建筑热工要求，达到或优于传统墙体材料的效益，北京地区厚度不小于 175mm。长度可根据墙板布置形式、建筑结构构造形式、开间、进深、层高和生产厂切割机的累进值等综合考虑，尽可能做到构件简单、组合多样。如横向布置墙板主要符合层高和构造要求，可根据层高减去圈梁或叠合层的高度，如 3.0m 层高的框架结构，一般可采用 28m 为主的规格。

加气混凝土墙板的布置，按建筑物结构构造特点采用三种形式：横向布置墙板、竖向布置板和拼装大板。

(B) 压型金属板墙。压型金属板材是指采用各种薄型钢板(或其他金属板材)，经过辊压冷弯成型为各种断面的板材，是一种轻质高强的建筑材料，有保温与非保温型。目前已在国内外得到广泛的应用，如上海宝钢主厂房大量采用彩色压型钢板和国产压型铝板作屋面、墙面，由于自重轻、建筑速度快，取得了明显的经济效果。无论是保温的或非保温的压型钢板，对不同的墙面、屋面形状的适应性是不同的，每种产品都有各自的构造图集与产品目录可供选择。

(C) 现浇与预制钢筋混凝土墙：

(a) 现浇钢筋混凝土墙身的施工工艺主要有大模板、滑升模板、组合钢模板三种，其墙身构造基本相同，内保温的外墙由现浇混凝土主体结构、空气层、保温层、内面层组成。

(b) 预制混凝土外墙板。预制外墙板是装配在预制或现浇框架结构上的围护外墙，适用于一般办公楼、旅馆、医院、教学、科研楼等民用建筑。装配式墙体的建造构造，设计人员应根据确定的开间、进深、高层，进行全面墙板设计。

装配式外墙以框架网格为单元进行划分，可以组成三种体系，即水平划分的横条板体系，垂直划分的竖条板体系和一个网格为一块墙板的整间板体系(大开间网格分为两块板)。三种体系可以用于同一幢建筑。

(D) 石膏板墙。主要有石膏龙骨石膏板、轻钢龙骨石膏板、增强石膏空心条板等，适用于中低档民用和工业建筑中的非承重内隔墙。

(E) 舒乐舍板墙。舒乐舍板由聚苯乙烯泡沫塑料芯材、两侧钢丝网片和斜插腹丝组成，是钢丝网架轻质夹芯板类型中的一个新品种，由韩国研制成功的。芯板厚 50mm，两侧钢丝网片相距 70mm，钢丝网格距 50mm，每个网格焊一根腹丝，腹丝倾角为 45℃，每行腹丝为同一方向，相邻一行腹丝倾角方向相反。规格 1200mm×2400mm×70mm，也可根据需要由用户选定板长。舒乐舍板两侧铺或喷涂 25mm 水泥砂浆后形成完整的板材，总厚度约为 110mm，其表面可以喷涂各种涂料、粘贴瓷砖等装饰块材，具有强度高、自重轻，保温隔热、防火及抗震等良好的综合性能，适用于框架建筑的围护外墙及轻质内墙、承重的外保温复合外墙的保温层、低层框架的承重墙和屋面板等，综合效益显著。

④ 隔墙

隔墙是分隔室内空间的非承重构件。由于隔墙不受任何外来荷载，且本身的重量还要由楼板或墙下小梁来承受，因此设计应使隔墙自重轻、厚度薄、便于安装和拆卸，有一定的隔声能力，同时还要能够满足特殊使用部位如厨房、卫生间等处的防火，防水、防潮等要求。

隔墙的类型很多，按其构造方式可分为轻骨架隔墙、块材隔墙、板材隔墙三大类。

(A) 轻骨架隔墙。轻骨架隔墙由骨架和面层两部分组成，由于是先立墙筋(骨架)后再做面层，因而又称为立筋式隔墙。

(B) 块材隔墙。块材隔墙是用普通砖、空心砖、加气混凝土等块材砌筑而成的，常用的有普通砖隔墙和砌块隔墙。普通砖隔墙一般采用半砖(120mm)隔墙。半砖隔墙用普通砖顺砌，砌筑砂浆宜大于 M2.5。在墙体高度超过 5m 时应加固，一般沿高度每隔 0.5m 砌入 $\phi 4$ 钢筋 2 根，或每隔 1.2～2.5m 设一道 30～50mm 厚的水泥砂浆层，内放 2 根 $\phi 6$ 钢筋，顶部与楼板相接处用立砖斜砌，填塞墙与楼板间的空隙。隔墙上有门时，要预埋铁件或将带有木楔的混凝土预制块砌入隔墙中以固定门框。半砖隔墙坚固耐久，有一定的隔声能力，但自重大、湿作业多，施工麻烦。

为了减少隔墙的重量，可采用质轻块大的各种砌块，目前最常用的是加气混凝土块、混凝土空心砌块、水泥炉渣空心砖等砌筑的隔墙。隔墙厚度由砌块尺寸而定，一般为 90～120mm。砌块大多具有质轻、孔隙率大、隔热性能好等优点，但吸水性强。因此砌筑时应在墙下先砌3～5皮黏土砖。

砌块隔墙厚度较薄，也需采取加强稳定性措施，其方法与砖隔墙类似。

(C) 板材隔墙。板材隔墙是指单板高度相当房间净高，面积较大，且不依赖骨架，直接装配而成的隔墙。目前，采用的大多为条板，如加气混凝土条板、石膏条板、碳化石灰板，蜂窝纸板、水泥刨花板等。

(a) 加气混凝土条板隔墙。加气混凝土由水泥、石灰、砂、矿渣等加发泡剂(铝粉)、经过原料处理，配料浇筑、切割、蒸压养护工序制成。

(b) 碳化石灰板隔墙。碳化石灰板是以磨细的生石灰为主要原料，掺3%～4%(重量比)的短玻璃纤维，加水搅拌，振动成型，利用石灰窑的废气碳化而成的空心板。一般的碳化石灰板的规格为长2700～3000mm，宽500～800mm，厚90～120mm。

(c) 增强石膏空心板。增强石膏空心板分为普通条板，钢木窗框条板及防水条板三种，在建筑中按各种功能要求配套使用。石膏空心板能满足防火、隔声及抗撞击的功能要求。

(d) 复合板隔墙。用几种材料制成的多层板为复合板。复合板的面层有石棉水泥板、石膏板、铝板、树脂板、硬质纤维板、压型钢板等。夹心材料可用矿棉、本质纤维、泡沫塑料和蜂窝状材料等。

复合板充分利用材料的性能，大多具有强度高，耐火性、防水性、隔声性能好的优点，且安装、折卸简便，有利于建筑工业化。

3) 框架结构

由柱、纵梁组成的框架来支承屋顶与楼板荷载的结构，叫框架结构。由框架、墙板和楼板组成的建筑叫框架板材建筑。框架建筑的基本特征是由柱、梁和楼板承重，墙板仅作为围护和分隔空间的构件。框架之间的墙叫填充墙，不承重。由轻型墙板作为围护与分隔构件的叫框架轻板建筑。

框架建筑的主要优点是空间分隔灵活，自重轻，有利于抗震，节省材料，其缺点是钢材和水泥用量较大，构件的总数量多，吊装次数多，接头工作量大，工序多。

框架建筑适合于要求具有较大空间的多、高层民用建筑、多层工业厂房、地基较软弱的建筑和地震区的建筑。

① 框架类型

按所用的材料分为钢框架和钢筋混凝土框架。前者自重轻，施工速度快；后者防水性能好，造价较低，比较适合我国国情。钢筋混凝土纯框架，建筑物一般不宜超过10层；框剪结构可用于10～25层；更高的建筑采用钢框架比较适宜。

框架按主要构件组成再分为四种类型：

(A) 板、柱框架系统。由楼板和柱组成。板柱框架中不设梁，柱直接支承楼板的四个角，呈四角支承。楼板的平面形式为正方形或接近正方形。楼板可以是梁板合一的大型肋形楼板，也可以是空心大楼板。由于去掉了梁，室内顶棚表面没有突出物，增大了净空，空间体现规整。板柱框架建筑适用于楼层内大空间布置。

(B) 梁、板、柱框架系统。由梁、柱组成的横向或纵向框架，再由楼板或连系梁(上面再搭楼板)将框架连接而成，是通常采用的框架形式。

(C) 剪力墙框架系统。简称框剪系统，是在梁、板、柱框架或板、柱框系统的适当位置，在柱与柱之间设置几道剪力墙。其刚度比原框架增大许多倍。剪力墙承担大部分水平荷载，框架只承受垂直荷载，简化了框架节点构造。框剪结构普遍用于高层建筑中。

(D) 框架—筒体结构。利用建筑物的垂直交通、电梯、楼梯以及各种上下管道竖井集中组成封闭筒状的抗剪构件，布置在建筑物的中心，形成剪力核心。这个筒状核心，可以看成一个矗立在地面上的箱形断面悬臂梁，具有很好的刚度。

② 框架建筑外墙

框架建筑外墙一般采用轻型墙板，但有时由于技术和经济等原因，以加气混凝土砌块、陶粒混凝土砌块或空心砖代替轻板。轻型墙板根据材料不同，又可分为混凝土类外墙轻板和幕墙。

(2) 楼板

楼板是多层建筑中沿水平方向分隔上下空间的结构构件。它除了承受并传递竖向荷载和水平荷载外，还应具有一定程度的隔声、防火、防水等能力。同时，建筑物中的各种水平设备管线，也将在楼板内安装。它主要有楼板结构层、楼面面层、板底天棚几个组成部分。

根据楼板结构层所采用的材料不同，可分为木楼板、砖拱楼板、钢筋混凝土楼板以及压型钢板与钢梁组合的楼板等多种形式。

木楼板具有自重轻、表面温暖、构造简单等优点，但不耐火、隔声，且耐久性较差。为节约木材，现已极少采用。

砖拱楼板可以节省钢材、水泥和木材，曾在缺乏钢材、水泥的地区采用过。由于它自重大、承载能力差，且不宜用于有振动和地震烈度较高的地区，加上施工繁杂，现已趋于不用。

钢筋混凝上楼板具有强度高、刚度好、耐久、防火，且具有良好的可塑性，便于机械化施工等特点，是目前我国工业与民用建筑楼板的基本形式。近年来，由于压型钢板在建筑上的应用，出现了以压型钢板为底模的钢衬板楼板。

钢筋混凝土楼板：按施工方式的不同可以分为现浇整体式、预制装配式和装配整体式楼板。

1) 现浇钢筋混凝土楼板：

在施工现场支模，绑扎钢筋，浇筑混凝土并养护，当混凝土强度达到规定的拆模强度，并拆除模板后形成的楼板，称为现浇钢筋混凝土楼板。

由于是在现场施工又是湿作业，且施工工序多，因而劳动强度较大，施工周期相对较长，但现浇钢筋混凝土楼盖具有整体性好，平面形状根据需要任意选择，防水、抗震性能好等优点，在一些房屋特别是高层建筑中被经常采用。

现浇钢筋混凝土楼板主要分为板式、梁板式、井字形密肋式、无梁式四种。

2) 预制装配式钢筋混凝土楼板

预制装配式钢筋混凝土楼板是在工厂或现场预制好的楼板，然后人工或机械吊装到房屋上经坐浆灌缝而成。此做法可节省模板，改善劳动条件，提高效率，缩短工期，促进工业化水平。但预制楼板的整体性不好，灵活性也不如现浇板，更不宜在楼、板上穿洞。

目前，被经常选用的钢筋混凝土楼板有普通型和预应力型两类。

普通型就是把受力钢筋置于板底，并保证其有足够的保护层，浇筑混凝土，并经养护而成。由于普通板在受弯时较预应力板先开裂，使钢筋锈蚀，因而跨度较小，在建筑物中仅用作小型配件。

预应力型就是给楼板的受拉区预先施加压力，以延缓板在受弯后受拉区开裂时限。目前，预应力钢筋混凝土楼板常采用先张法建立预应力，即先在张拉平台上张拉板内受力筋，使钢筋具有所需的弹性回缩力，浇筑混凝土并养护，当混凝土强度达到规定值时，剪断钢筋，由钢筋回缩力给板的受拉区施加预压力。与普通型钢筋混凝土构件相比，预应力钢筋混凝土构件可节约钢材30%～50%，节约混凝土10%～30%，因而被广泛采用。

3）装配整体式钢筋混凝土楼板

装配整体式钢筋混凝土楼板是将楼板中的部分构件预制安装后，再通过现浇的部分连接成整体。这种楼板的整体性较好，可节省模板，施工速度较快。

① 叠合楼板。叠合楼板是由预制板和现浇钢筋混凝土层叠合而成的装配整体式楼板。预制板既是楼板结构的组成部分，又是现浇钢筋混凝土叠合层的永久性模板，现浇叠合层内应设置负弯矩钢筋，并可在其中敷设水平设备管线。叠合楼板的预制部分，可以采用预应力实心薄板，也可采用钢筋混凝土空心板。

② 密肋填充块楼板。密肋填充块楼板的密肋小梁有现浇和预制两种。现浇密肋填充块楼板以陶土空心砖、矿渣混凝土空心块等作为肋间填充块，然后现浇密肋和面板。填充块与肋和面板相接触的部位带有凹槽，用来与现浇肋或板咬接，使楼板的整体性更好。密肋填充块楼板底面平整，隔声效果好，能充分利用不同材料的性能，节约模板，且整体性好。

（3）楼梯

建筑空间的竖向交通联系，主要依靠楼梯、电梯、自动扶梯、台阶、坡道以及爬梯等设施进行。其中，楼梯作为竖向交通和人员紧急疏散的主要交通设施，使用最为广泛。

楼梯的宽度、坡度和踏步级数都应满足人们通行和搬运家具、设备的要求。楼梯的数量，取决于建筑物的平面布置、用途、大小及人流的多少。楼梯应设在明显易找和通行方便的地方，以便在紧急情况下能迅速安全地疏散到室外。

1）楼梯的组成

楼梯一般由梯段、平台、栏杆与扶手三部分组成。

楼梯段：是联系两个不同标高平台的倾斜构件。为了减轻疲劳，梯段的踏步步数一般不宜超过18级，且一般不宜少于3级，以防行走时踩空。

平台：按平台所处位置和高度不同，有中间平台和楼层平台之分。两楼层之间的平台称为中间平台，用来供人们行走时调节体力和改变行进方向。而与楼层地面标高齐平的平台称为楼层平台，除起着与中间平台相同的作用外，还用来分配从楼梯到达各楼层的人流。

栏杆与扶手：栏杆是布置在楼梯梯段和平台边缘处有一定安全保障度的围护构件。扶手一般附设于栏杆顶部，供作依扶用。扶手也可附设于墙上，称为靠墙扶手。

2）楼梯的类型

按所在位置，楼梯可分为室外楼梯和室内楼梯两种；按使用性质，楼梯可分为主要楼梯、辅助楼梯，疏散楼梯、消防楼梯等几种；按所用材料，楼梯可分为木楼梯、钢楼梯、钢筋混凝土楼梯等几种，按形式，楼梯可分为直跑式、双跑式、双分式、双合式、三跑式，四跑式、曲尺式、螺旋式、圆弧形、桥式、交叉式等数种。

楼梯的形式视使用要求、在房屋中的位置、楼梯间的平面形状而定。

3）钢筋混凝土楼梯构造

钢筋混凝土楼梯按施工方法不同，主要有现浇整体式和预制装配式两类。

① 现浇钢筋混凝土楼梯

现浇钢筋混凝土楼梯是在施工现场支模绑扎钢筋并浇筑混凝土而形成的整体楼梯。楼梯段与休息平台整体浇筑，因而楼梯的整体刚性好，坚固耐久。现浇钢筋混凝土楼梯按楼梯段传力的特点可以分为板式和梁式两种。

(A) 板式楼梯。板式楼梯的梯段是一块斜放的板，它通常由梯段板、平台梁和平台板组成。梯段板承受着梯段的全部荷载，然后通过平台梁将荷载传给墙体或柱子。必要时，也可取消梯段板一端或两端的平台梁，使平台板与梯段板连为一体，形成折线形的板直接支承于墙或梁上。

近年来在一些公共建筑和庭园建筑中，出现了一种悬臂板式楼梯，其特点是梯段和平台均无支承，完全靠上下楼梯段与平台组成的空间板式结构与上下层楼板结构共同来受力，其特点为造型新颖，空间感好。

板式楼梯的梯段底面平整，外形简洁，便于支撑施工。当梯段跨度不大时，常采用它。当梯段跨度较大时，梯段板厚度增加，自重较大，不经济。

(B) 梁式楼梯。梁式楼梯段是由斜梁和踏步板组成。当楼梯踏步受到荷载作用时，踏步为一水平受力构造，踏步板把荷载传递左右斜梁，斜梁把荷载传递给与之相连的上下休息平台里梁，最后，平台梁将荷载传给墙体或柱子。

梯梁通常设两根，分别布置在踏步板的两端。梯梁与踏步板在竖向的相对位置有两种，一种为明步，即梯梁在踏步板之下，踏步外露；另一种为暗步，即梯梁在踏步板之上，形成反梁，踏步包在里面。梯梁也可以只设一根，通常有两种形式，一种是踏步板的一端设梯梁，另一端搁置在墙上；另一种是用单梁悬挑踏步板。

当荷载或梯段跨度较大时，采用梁式楼梯比较经济。

② 预制装配式钢筋混凝土楼梯

装配式钢筋混凝土楼梯根据构件尺度的差别，大致可分为：小型构件装配式、中型构件装配式和大型构件装配式。

(A) 小型构件装配式楼梯。小型构件装配式楼梯是将梯段、平台分割成若干部分，分别预制成小构件装配而成。按照预制踏步的支承方式分为悬挑式、墙承式、梁承式三种。

(B) 中型及大型构件装配式楼梯。中型构件装配式楼梯一般是由楼梯段和带有平台梁的休息平台板两大构件组合而成，楼梯段直接与楼梯休息平台梁连接，楼梯的栏杆与扶手在楼梯结构安装后再进行安装。带梁休息平台形成一类似槽形板构件，在支承楼梯段的一侧，平台板肋断面加大，并设计成L形断面以利于楼梯段的搭接。楼梯段与现浇钢筋混凝土楼梯类似，有梁板式和板式两种。

大型构件装配式楼梯，是将楼梯段与休息平台一起组成一个构件，每层由第一跑及中间休息平台和第二跑及楼层休息平台板两大构件组合而成。

4）楼梯的细部构造

① 踏步面层及防滑构造

楼梯踏步面层应便于行走、耐磨、防滑并保持清洁。通常面层可以选用水泥砂浆、水磨石，大理石和防滑砖等。

为防止行人使用楼梯时滑倒，踏步表面应有防滑措施，对表面光滑的楼梯必须对踏步表面进行处理，通常是在接近踏口处设置防滑条，防滑条的材料主要有：金刚砂、马赛克、橡皮条和金属材料等。

② 栏杆、栏板和扶手

楼梯的栏杆、栏板是楼梯的安全防护设施。它既有安全防护的作用，又有装饰作用。

栏杆多采用方钢、圆钢、扁钢、钢管等金属型材焊接而成，下部与楼梯段锚固，上部与扶手连接。栏杆与梯段的连接方法有，预埋铁件焊接、预留孔洞插接、螺栓连接。

栏板多由现浇钢筋混凝土或加筋砖砌体制作，栏板顶部可另设扶手，也可直接抹灰作扶手。楼梯扶手可以用硬木、钢管、塑料、现浇混凝土抹灰或水磨石制作。采用钢栏杆、木制扶手或塑料扶手时，两者间常用木螺丝连接；采用金属栏杆金属扶手时，常采用焊接连接。

(4) 台阶与坡道

因建筑物构造及使用功能的需要，建筑物的室内外地坪有一定的高差，在建筑物的入口处，可以选择台阶或坡道来衔接。

1) 室外台阶

室外台阶一般包括踏步和平台两部分。台阶的坡度应比楼梯小，通常踏步高度为100～150mm，宽度为300～400mm。台阶一般由面层、垫层及基层组成。面层可选用水泥砂浆、水磨石、天然石材或人造石材等块材；垫层材料可选用混凝土、石材或砖砌体；基层为夯实的土壤或灰土。在严寒地区，为了防止冻害，在基层与混凝土垫层之间应设砂垫层。

2) 坡道

考虑车辆通行或有特殊要求的建筑物室外台阶处，应设置坡道或用坡道与台阶组合。与台阶一样，坡道也应采用耐久、耐磨和抗冻性好的材料。坡道对防滑要求较高或坡度较大时可设置防滑条或做成锯齿形。

3. 装饰装修

(1) 地面构造

地面主要由面层、垫层和基层三部分组成，当它们不能满足使用或构造要求时，可考虑增设结构层、隔离层、找平层、防水层、隔声层等附加层。

1) 面层：面层是地面上表面的铺筑层，也是室内空间下部的装修层。它起着保证室内使用条件和装饰地面的作用。

2) 垫层：垫层是位于面层之下用来承受并传递荷载的部分，它起到承上启下的作用。根据垫层材料的性能，可把垫层分为刚性垫层和柔性垫层。

3) 基层：基层是地面的最下层，它承受垫层传来的荷载，因而要求它坚固、稳定。实铺地面的基层为地表回填土，它应分层夯实，其压缩变形量不得超过允许值。

(2) 阳台与雨篷

1) 阳台：是楼房中人们与室外接触的场所。阳台主要由阳台板和栏杆扶手组成。阳台板是承重结构，栏杆扶手是围护安全的构件。阳台按其与外墙的相对位置分为挑阳台、凹阳台、半凹半挑阳台、转角阳台。

① 阳台的承重构件

挑阳台属悬挑构件，凹阳台的阳台板常为简支板。阳台承重结构的支承方式有墙承式、悬挑式等。

(A) 墙承式。是将阳台板直接搁置在墙上，其板型和跨度通常与房间楼板一致。这种支撑方式结构简单，施工方便，多用于凹阳台。

(B) 悬挑式。是将阳台板悬挑出外墙。为使结构合理、安全，阳台悬挑长度不宜过大，而考虑阳台的使用要求，悬挑长度又不宜过小，一般悬挑长度为 1.0～1.5m，以 1.2m 左右最常见。悬挑式适用于挑阳台或半凹半挑阳台。按悬挑方式不同有挑梁式和挑板式两种。

(a) 挑梁式。是从横墙上伸出挑梁，阳台板搁置在挑梁上。挑梁压入墙内的长度一般为悬挑长度的 1.5 倍左右，为防止挑梁端部外露而影响美观，可增设边梁。阳台板的类型和跨度通常与房间楼板一致。挑梁式的阳台悬挑长度可适当大些，而阳台宽度应与横墙间距(即房间开间)一致。挑梁式阳台应用较广泛。

(b) 挑板式。是将阳台板悬挑，一般有两种做法：一种是将阳台板和墙梁现浇在一起利用梁上部的墙体或楼板来平衡阳台板，以防止阳台倾覆。这种做法阳台底部平整，外形轻巧，阳台宽度不受房间开间限制，但梁受力复杂，阳台悬挑长度受限，一般不宜超过 1.2m。另一种是将房间楼板直接向外悬挑形成阳台板。这种做法构造简单，阳台底部平整，外形轻巧，但板受力复杂，构件类型增多，由于阳台地面与室内地面标高相同，不利于排水。

② 阳台细部构造

(A) 阳台栏杆与扶手。阳台的栏杆(栏板)及扶手是阳台的安全围护设施，既要求能够承受一定的侧压力，又要求有一定的美观性。栏杆的形式可分为空花栏杆、实心栏杆和混合栏杆三种。

空花栏杆按材料分为金属栏杆和预制混凝土栏杆两种。金属栏杆一般采用圆钢、方钢、扁钢或钢管等。栏杆与阳台板(或边梁)应有可靠的连接，通常在阳台板顶面预埋通长扁钢与金属栏杆焊接，也可采用预留孔洞插接等方法。组合式栏杆中的金属栏杆有时须与混凝土栏板连接，其连接方法一般为预埋铁件焊接。预制混凝土栏杆与阳台板的连接，通常是将预制混凝土栏杆端部的预留钢筋与阳台板顶面的后浇混凝土挡水边坎现浇在一起，也可采用预埋铁件焊接或预留孔洞插接等方法。

栏板按材料来分有混凝土栏板、砖砌栏板等。混凝土栏板有现浇和预制两种。现浇混凝土栏板通常与阳台板(或边梁)整浇在一起，预制混凝土栏板可预留钢筋与阳台板的后浇混凝土挡水边坎浇筑在一起，或预埋铁件焊接。砖砌栏板的厚度一般为 120mm，为加强其整体性，应在栏板顶部设现浇钢筋混凝土扶手，或在栏板中配置通长钢筋加固。

栏板和组合式栏杆顶部的扶手多为现浇或预制钢筋混凝土扶手。栏板或栏杆与钢筋混凝土扶手的连接方法和它与阳台板的连接方法基本相同。空花栏杆顶部的扶手除采用钢筋混凝土扶手外，对金属栏杆还可采用木扶手或钢管扶手。

(B) 阳台排水处理。为避免落入阳台的雨水泛入室内，阳台地面应低于室内地面 30～50mm，并应沿排水方向做排水坡，阳台板的外缘设挡水边坎，在阳台的一端或两端埋设泄水管直接将雨水排出。泄水管可采用镀锌钢管或塑料管，管口外伸至少 80mm。对高层建筑应将雨水导入雨水管排出。

2) 雨篷

雨篷是设置在建筑物外墙出入口的上方用以挡雨并有一定装饰作用的水平构件。雨篷的支承方式多为悬挑式，其悬挑长度一般为 0.9～5m。按结构形式不同，雨篷有板式和梁板式两种。板式雨篷多做成变截面形式，一般板根部厚度不小于70mm，板端部厚度不大于50mm。梁板式雨篷为使其底面平整，常采用翻梁形式。当雨篷外伸尺寸较大时，其支承方式可采用立柱式，即在入口两侧设柱支承雨篷，形成门廊，立柱式雨篷的结构形式多为梁板式。

雨篷顶面应做好防水和排水处理。通常采用刚性防水层，即在雨篷顶面用防水砂浆抹面，当雨篷面积较大时，也可采用柔性防水。雨篷表面的排水有两种，一种是无组织排水。雨水经雨篷边缘自由泻落，或雨水经滴水管直接排至地表。另一种是有组织排水。雨篷表面集水经地漏、雨水管有组织地排至地下。为保证雨篷排水通畅，雨篷上表面向外侧或向滴水管处或向地漏处应做有1%的排水坡度。

(3) 门与窗

门和窗是建筑物中的围护构件。门在建筑中的作用主要是交通联系，并兼有采光、通风之用；窗的作用主要是采光和通风。门窗的形状、尺寸、排列组合以及材料，对建筑物的立面效果影响很大。门窗还要有一定的保温、隔声、防雨、防风沙等能力，在构造上，应满足开启灵活、关闭紧密、坚固耐久，便于擦洗、符合模数等方面的要求。

1) 门、窗的类型

① 按所用的材料分：有木、钢、铝合金、玻璃钢、塑料、钢筋混凝土门窗等几种。

木门窗。选用优质松木或杉木等制作。它具有自重轻，加工制作简单造价低，便于安装等优点，但耐腐蚀性能一般，且耗用木材。

钢门窗。由轧制成型的型钢经焊接而成的。可大批生产；成本较低，又可节约木板。它具有强度大，透光串大，便于拼接组合等优点，但易锈蚀，且自重大，目前采用较少。

铝合金门窗。由经表面处理的专用铝合金型材制作构件，经装配组合制成。它具有高强轻质，美观耐久，透光率大，密闭性好等优点，但其价格较高。

塑料门窗。由工程塑料经注模制作而成。它具有密闭性好、隔声、表面光洁，不需油漆等优点，但其抗老化性能差，通常只用于洁净度要求较高的建筑。

钢筋混凝土门窗。主要是用预应力钢筋混凝土做门窗框，门窗扇由其他材料制作。它具有耐久性好、价格低、耐潮湿等优点，但密闭性及表面光洁度较差。

② 按开启方式分类：可分为平开门、弹簧门、推拉门、转门、折叠门、卷门、自动门等。窗分为平开窗、推拉窗、悬窗、固定窗等几种形式。

③ 按镶嵌材料分类：可以把窗分为玻璃窗、百叶窗、纱窗、防火窗、防爆窗、保温窗、隔声窗等几种。按门板的材料，可以把门分为镶板门、拼板门、纤维板门、胶合板门、百叶门、玻璃门、纱门等。

2) 门、窗的构造组成

门的构造组成：一般门的构造主要由门樘和门扇两部分组成。门樘又称门框，由上槛、中槛和边框等组成，多扇门还有中竖框。门扇由上冒头、中冒头、下冒头和边梃等组成。为了通风采光，可在门的上部设腰窗(俗称上亮子)，有固定、平开及上、中、下、悬等形式，其构造同窗扇，门框与墙间的缝隙常用木条盖缝，称门头线，俗称贴脸。门上还有五金零件，常见的有铰链、门锁、插销、拉手、停门器、风钩等。

窗的构造组成：窗主要由窗樘和窗扇两部分组成。窗樘又称窗框，一般由上框、下框、中横框、中框及边框等组成。窗由上冒头、中冒头、下冒头及边梃组成。依镶嵌材料的不同有玻璃窗扇、纱窗扇和百叶窗扇等。窗扇与窗框用五金零件连接，常用的五金零件有铰链、风钩、插销、拉手及导轨、滑轮等。窗框与墙的连接处，为满足不同的要求，有时加有贴脸、窗台板、窗帘盒等。

3）木门窗构造

① 平开木窗构造

窗框。窗框的断面尺寸主要按材料的强度和接榫的需要确定，一般多为经验尺寸。窗框的安装方式有立口和塞口两种。立口是施工时先将窗框立好，后砌窗间墙；塞口则是在砌墙时先留出洞口，以后再安装窗框，为便于安装，预留洞口应比窗框外缘尺寸多20～30mm。窗框的位置要根据房间的使用要求、墙身的材料及墙体的厚度确定。有窗框内平、窗框居中和窗框外平三种情况。窗框与墙间的缝隙应填塞密实，以满足防风、挡雨、保温、隔声等要求。一般情况下，洞口边缘可采用平口，用砂浆或油膏嵌缝。

窗扇。当窗关闭时，均嵌入窗框的裁口内。为安装玻璃的需要，窗芯、边梃、上下冒头均应设有裁口，裁口宽为10mm，深为12～15mm。普通窗一般都采用3mm厚的平板玻璃，若窗扇过大，可选用5mm的玻璃。

② 平开木门的构造

门框。门框的断面形状与窗框类似，但由于门受到的各种冲撞荷载比窗大，故门框的断面尺寸要适当增加。门框的安装、与墙的关系与窗框相同。

门扇。门扇嵌入到门框中，门的名称一般以门扇的材料名称命名，门扇的名称又反映了它的构造。

（4）装饰构造的类别

装饰构造的分类方法很多，这里着重介绍按装饰的位置不同如何进行分类。

1）墙面装饰：墙面装饰也称饰面装修，分为室内和室外两部分，是建筑装饰设计的重要环节。它对改善建筑物的功能质量、美化环境等都有重要作用。墙面装饰有保护改善墙体的热功能性，美观方面的功能。

墙体饰面装修构造：按材料和施工方式的不同，常见的墙体饰面可分为抹灰类、贴面类、涂料类、裱糊类和铺钉类等。

饰面装修一般由基层和面层组成，基层即支托饰面层的结构构件或骨架，其表面应平整，并应有一定的强度和刚度。饰面层附着于基层表面起美观和保护作用，它应与基层牢固结合，且表面需平整均匀。通常将饰面层最外表面的涂料，作为饰面装修构造类型的命名。

① 抹灰类

抹灰类墙面是指用石灰砂浆、水泥砂浆、水泥石灰混合砂浆、聚合物水泥砂浆。膨胀珍珠岩水泥砂浆，以及麻刀灰、纸筋灰、石膏灰等作为饰面层的装修做法。它主要的优点在于材料的来源广泛、施工操作简便和造价低廉。但也存在着耐久性差、易开裂、湿作业量大，劳动强度高、工效低等缺点。一般抹灰按质量要求分为普通抹灰、中级抹灰和高级抹灰三级。

为保证抹灰层与基层连接牢固，表面平整均匀，避免裂缝和脱落，在抹灰前应将基层表面的灰尘、污垢、抽渍等清除干净，并洒水湿润。同时还要求抹灰层不能太厚，并分层完成。普通标准的抹灰一般由底层和面层组成；装修标准较高的房间，当采用中级或高级抹灰时，还要在面层与底层之间加一层或多层中间层。

② 贴面类

贴面类是指利用各种天然石材或人造板、块，通过绑、挂或直接粘贴于基层表面的饰面作法。这类装修具有耐久性好、施工方便、装饰性强、质量高、易于清洗等优点。常用贴面材料有陶瓷面砖，陶瓷锦砖(马赛克)，以及水磨石、水刷石、剁斧石等水泥预制板和天然的花岗岩、大理石板等。其中，质地细腻的材料常用于室内装修，如瓷砖，大理石板等。而质感粗放的材料，如陶瓷面砖、陶瓷锦砖(马赛克)、花岗岩板等，多用作室外装修。

(A) 陶瓷面砖、陶瓷锦砖(马赛克)类装修。对陶瓷面砖、陶瓷锦砖(马赛克)等尺寸小、重量轻的贴面材料，可用砂浆直接粘贴在基层上。在做外墙面时，其构造多采用10～15mm厚1∶3水泥砂浆打底找平，用8～10mm厚1∶1水泥细砂浆粘贴各种装饰材料。粘贴面砖时，常留13mm左右的缝隙，以增加材料的透气性，并用1∶1水泥细砂浆勾缝。在做内墙面时，多用10～15mm厚1∶3水泥砂浆或1∶1∶6水泥石灰混合砂浆打底找平，用8～10mm厚1∶0.3∶3水泥石灰砂浆粘贴各种贴面材料。

(B) 天然或人造石板类装修。这类贴面材料的平面尺寸一般为500mm×500mm、600mm×600mm、600mm×800mm等，厚度一般为20mm。由于每块板重量较大，不能用砂浆直接粘贴，而多采用绑或挂的做法。

③ 涂料类

涂料类是指利用各种涂料敷于基层表面，形成完整牢固的膜层，起到保护墙面和美观的一种饰面做法，是饰面装修中最简便的一种形式。它具有造价低、装饰性好、工期短、工效高、自重轻，以及施工操作、维修、更新都比较方便等特点，是一种最有发展前途的装饰材料。

建筑材料中涂料的品种很多，选用时应根据建筑物的使用功能、墙体周围环境、墙身不同部位，以及施工和经济条件等，选择附着力强、耐久、无毒、耐污染、装饰效果好的涂料。例如，用于外墙面的涂料，应具有良好的耐久、耐冻、耐污染性能；内墙涂料除应满足装饰要求外，还应有一定的强度和耐擦洗性能；炎热多雨地区选用的涂料，应有较好的耐水性、耐高温性和防霉性；寒冷地区则对涂料的抗冻性要求较高。

涂料按其成膜物的不同可分无机涂料和有机涂料两大类。无机涂料包括石灰浆、大白浆、水泥浆及各种无机高分子涂料等，如JH80—1型、JHN84—1型和F832型等。有机涂料依其稀释剂的不同，分溶剂型涂料、水溶性涂料和乳胶涂料等，如812建筑涂料、106内墙涂料及PA1型乳胶涂料等。设计中，应充分了解涂料的性能特点，合理、正确地选用。

④ 裱糊类

裱糊类是将各种装饰性墙纸、墙布等卷材裱糊在墙面上的一种饰面做法。依面层材料的不同，有塑料面墙纸(PVC墙纸)，纺织物面墙纸、金属面墙纸及天然木纹面墙纸等。墙布是指可以直接用作墙面装饰材料的各种纤维织物的总称，包括印花玻璃纤维墙面布和锦缎等材料。

墙纸或墙布的裱贴，是在抹灰的基层上进行，它要求基层表面平整、阴阳角顺直。

⑤ 铺钉类

铺钉类指利用天然板条或各种人造薄板借助于钉、胶粘等固定方式对墙面进行的饰面做法。选用不同材质的面板和恰当的构造方式，可以使这类墙面具有质感，细腻、美观大方，或给人以亲切感等不同的装饰效果。同时，还可以改善室内声学等环境效果，满足不同的功能要求。铺钉类装修是由骨架和面板两部分组成，施工时先在墙面上立骨架(墙筋)，然后在骨架上铺钉装饰面板。

骨架有木骨架和金属骨架，木骨架截面一般为50mm×50mm，金属骨架多为槽形冷轧薄钢板。常见的装饰面板有硬木条(板)、竹条、胶合板、纤维板、石膏板、钙塑板及各种吸声墙板等。面板在木骨架上用圆钉或木螺丝固定，在金属骨架上一般用自攻螺丝固定。

2）楼地面装饰：楼面和地坪的面层，在构造上做法基本相同，对室内装修而言，两者可统称地面。它是人们日常生活、工作、学习必须接触的部分，也是建筑中直接承受荷载，经常受到摩擦、清扫和冲洗的部分。

楼地面装饰构造：地面的材料和做法应根据房间的使用要求和装修要求并结合经济条件加以选用。地面按材料形式和施工方式可分为四大类，即整体浇筑地面、板块地面、卷材地面和涂料地面。

① 整体浇筑地面

整体浇筑地面是指用现场浇筑的方法做成整片的地面。按地面材料不同有水泥砂浆地面、水磨石地面、菱苦土地面等。

(A) 水泥砂浆地面。水泥砂浆地面通常是用水泥砂浆抹压而成。一般采用1∶2.5的水泥砂浆一次抹成。即单层做法，但厚度不宜过大，一般为15～20mm。水泥砂浆地面构造简单，施工方便，造价低，且耐水，是目前应用最广泛的一种低档地面做法。但地面易起灰，无弹性，热传导性高，且装饰效果较差。

(B) 水磨石地面。水磨石地面是将用水泥作胶结材料、大理石或白云石等中等硬度石料的石屑作骨料而形成的水泥石屑浆浇抹硬结后，经磨光打蜡而成。水磨石地面的常见做法是先用15～20mm厚1∶3水泥砂浆找平，再用10～15mm厚1∶1.5或1∶2的水泥石屑浆抹面，待水泥凝结到一定硬度后，用磨光机打磨，再由草酸清洗，打蜡保护。水磨石地面坚硬、耐磨、光洁，不透水，不起灰，它的装饰效果也优于水泥砂浆地面，但造价高于水泥砂浆地面，施工较复杂，无弹性，吸热性强，常用于人流量较大的交通空间和房间。

(C) 菱苦土地面。菱苦土地面是用菱苦土、锯末、滑石粉和矿物颜料干拌均匀后，加入氧化镁溶液调制成胶泥，铺抹压光，硬化稳定后，用磨光机磨光打蜡而成。

菱苦土地面易于清洁，有一定弹性，热工性能好，适用于有清洁、弹性要求的房间。由于这种地面不耐水、也不耐高温，因此，不宜用于经常有水存留及地面温度经常处在35℃以上的房间。

② 板块地面

板块地面是指利用板材或块材铺贴而成的地面，按地面材料不同有陶瓷板块地面、石板地面、塑料板块地面和木地面等。

(A) 陶瓷板块地面。用作地面的陶瓷板块有陶瓷锦砖和缸砖、陶瓷彩釉砖、瓷质无釉砖等各种陶瓷地砖。陶瓷锦砖(又称马赛克)是以优质瓷土烧制而成的小块瓷砖，它有各种颜色、多种几何形状，并可拼成各种图案。

缸砖是用陶土烧制而成，可加入不同的颜料烧制成各种颜色，以红棕色缸砖最常见。

陶瓷彩釉砖和瓷质无釉砖是较理想的新型地面装修材料，其规格尺寸一般较大，如200mm×200mm、300mm×300mm等。

陶瓷板块地面的特点是坚硬耐磨、色泽稳定，易于保持清洁，而且具有较好的耐水和耐酸碱腐蚀的性能，但造价偏高，一般适用于用水的房间以及有腐蚀的房间。

(B) 石板地面。石板地面包括天然石地面和人造石地面。

天然石有大理石和花岗石等。天然大理石色泽艳丽，具有各种斑驳纹理，可取得较好的装饰效果。大理石的规格尺寸一般为300mm×300mm～500mm×500mm，厚度为20～30mm。天然石地面具有较好的耐磨、耐久性能和装饰性，但造价较高。

人造石板有预制水磨石板、人造大理石板等，价格低于天然石板。

(C) 塑料板块地面。随着石油化工业的发展，塑料地面的应用日益广泛。塑料地面材料的种类很多，目前聚氯乙烯塑料地面材料应用最广泛，它是以聚氯乙烯树脂为主要胶结材料，添加增塑剂、填充料、稳定剂、润滑剂和颜料等经塑化热压而成。可加工成块材，也可加工成卷材，其材质有软质和半硬质两种。目前在我国应用较多的是半硬质聚氯乙烯块材，其规格尺寸一般为100mm×100mm～500mm×500mm，厚度为1.5～2.0mm。

(D) 木地面。木地面按构造方式有空铺式和实铺式两种。

空铺式木地面是将支承木地板的搁栅架空搁置，使地板下有足够的空间便于通风，以保持干燥，防止木板受潮变形或腐烂。空铺式木地面构造复杂，耗费木材较多，因而采用较少。

实铺式木地面有铺钉式和粘贴式两种做法。铺钉式实铺木地面是将木搁栅搁置在混凝土垫层或钢筋混凝土楼板上的水泥砂浆或细石混凝土找平层上，在搁栅上铺钉木地板。粘贴式实铺木地面是将木地板用沥青胶或环氧树脂等粘结材料直接粘贴在找平层上，若为底层地面，则应在找平层上做防潮层，或直接用沥青砂浆找平。

木地板有普通木地板、硬木条形地板和硬木拼花地板等。

木地面具有良好的弹性、吸声能力和低吸热性，易于保持清洁，但耐火性差，保养不善时易腐朽，且造价较高。

③ 卷材地面

卷材地面是用成卷的卷材铺贴而成。常见的地面卷材有软质聚氯乙烯塑料地毡、油地毡、橡胶地毡和地毯等。

④ 涂料地面

涂料地面是利用涂料涂刷或涂刮而成。它是水泥砂浆地面的一种表面处理形式，用以改善水泥砂浆地面在使用和装饰方面的不足。地面涂料品种较多，有溶剂型、水溶性和水乳型等地面涂料。

为保护墙面，防止外界碰撞损坏墙面，或擦洗地面时弄脏墙面，通常在墙面靠近地面处设踢脚线(又称踢脚板)。踢脚线的材料一般与地面相同，故可看作是地面的一部分，即地面在墙面上的延伸部分。踢脚线通常凸出墙面，也可与墙面平齐或凹进墙面，其高度一般为120～150mm。

3) 顶棚(天花)装饰：顶棚的高低、造型、色彩。照明和细部处理，对人们的空间感受具有相当重要的影响。顶棚本身往往具有保温、隔热、隔声、吸音等作用，此外人们还经常利用顶棚来处理好人工照明、空气调节、音响、防火等技术问题。

顶棚装饰构造：一般顶棚多为水平式，但根据房间用途不同，顶棚可作成弧形、凹凸形、高低形、折线型等。依构造方式不同，顶棚有直接式顶棚和悬吊式顶棚之分。

① 直接式顶棚

直接式顶棚系指直接在钢筋混凝土楼板下喷、刷、粘贴装修材料的一种构造方式。多用于大量性工业与民用建筑中。直接式顶棚装修常用的方法有以下几种：直接喷、刷涂料、抹灰装修、贴面式装修。

② 悬吊式顶棚

悬吊式顶棚又称吊天花，简称吊顶。在现代建筑中，为提高建筑物的使用功能，除照明、给排水管道、煤气管道需安装在楼板层中外，空调管、灭火喷淋、感知器、广播设备等管线及其装置，均需安装在顶棚上。为处理好这些设施，往往必须借助于吊顶棚来解决。吊顶依所采用材料、装修标准以及防火要求的不同有木质骨架和金属骨架之分。

4. 屋顶

屋顶是房屋顶部的覆盖部分。屋顶的作用主要有两点，一是围护作用，二是承重作用。屋顶主要由屋面面层、承重结构层、保温层、顶棚等几个部分组成。

(1) 屋顶的类型

由于地域不同、自然环境不同、屋面材料不同、承重结构不同，屋顶的类型也很多。归纳起来大致可分为三大类：平屋顶、坡屋顶和曲面屋顶。

平屋顶：平屋顶是指屋面坡度在10%以下的屋顶。这种屋顶具有屋面面积小、构造简便的特点，但需要专门设置屋面防水层。这种屋顶是多层房屋常采用的一种形式。

坡屋顶：坡屋顶是指屋面坡度在10%以上的屋顶。它包括单坡、双坡、四坡、歇山式、折板式等多种形式。这种屋顶的屋面坡度大，屋面排水速度快。其屋顶防水可以采用构件自防水(如平瓦、石棉瓦等自防水)的防水形式。

曲面屋顶：屋顶为曲面，如球形、悬索形、鞍形等等。这种屋顶施工工艺较复杂，但外部形状独特。

(2) 平屋顶的构造

与坡屋顶相比，平屋顶具有屋面面积小，减少建筑所占体积，降低建筑总高度，屋面便于上人等特点，因而被广泛采用。

1) 平屋顶的排水

① 平屋顶起坡方式。要使屋面排水通畅，平屋顶应设置不小于1%的屋面坡度。形成这种坡度的方法有两种：第一是材料找坡，也称垫坡。这种找坡法是把屋顶板平置，屋面坡度由铺设在屋面板上的厚度有变化的找坡层形成。设有保温层时，利用屋面保温层找坡：没有保温层时，利用屋面找平层找坡。第二种方法是结构起坡，也称搁置起坡。把顶层墙体或圈梁、大梁等结构构件上表面做成一定坡度，屋面板依势铺设形成坡度。

② 平屋顶排水方式。可分为有组织排水和无组织排水两种方式。

③ 屋面落水管的布置。屋面落水管的布置量与屋面集水面积大小、每小时最大降雨量、排水管管径等因素有关。它们之间的关系可用下式表示：

$$F=4380D^2/H$$

式中 F——单根落水管允许集水面积(水平投影面积，m^2)；

D——落水管管径(cm，采用方管时面积可换算)；

H——每小时最大降雨量(mm/h，由当地气象部门提供)。

例：某地 $H=145mm/h$，落水管径 $D=10cm$，每个落水管允许集水面积为：

$$F=4380\times10^2/145=302.07(m^2)$$

若某建筑的屋顶集水面积(屋顶的水平投影面积)为 $1000m^2$，则至少要设置 4 根落水管。

并不是说通过上述经验公式计算得到落水管数量后，就一定符合实际要求。在降雨量小或落水管管径较粗时，单根落水管的集水面积就大，落水管间的距离也大，天沟必然要长，由于天沟要起坡，天沟内的高差也大。很显然，过大的天沟高差，对屋面构造不利。在工程实践中，落水管间的距离(天沟内流水距离)以 10～15m 为宜。当计算间距大于适用距离时，应按适用距离设置落水管：当计算间距小于适用间距时，按计算间距设置落水管。

2) 平屋顶防水及构造

平屋顶的防水是屋顶使用功能的重要组成部分，它直接影响整个建筑的使用功能。平屋顶的防水方式根据所用材料及施工方法的不同可分为两种：柔性防水和刚性防水。

① 柔性防水平屋顶的构造。柔性防水屋顶是以防水卷材和沥青类胶结材料交替粘贴组成防水层的屋顶。常用的卷材有：沥青纸胎油毡、油纸、玻璃布、无纺布、再生橡胶卷材、合成橡胶卷材等。沥青胶结材料有：热沥青、沥青玛瑞脂及各类冷沥青胶结材料。

(A) 卷材防水屋面。防水卷材应铺设在表面平整、干燥的找平层上，找平层一般设在结构层或保温层上面，用 1∶3 水泥砂浆进行找平，其厚度为 15～20mm。待表面干燥后作为卷材防水屋面的基层，基层不得有酥松、起砂、起皮现象。为了改善防水胶结材料与屋面找平层间的连接，加大附着力，常在找平层表面涂冷底子油一道(汽油或柴油溶解的沥青)，这层冷底子油称为结合层。油毡防水层是由沥青胶结材料和油毡卷材交替粘合而形成的屋面整体防水覆盖层。它的层次顺序是：沥青胶、油毡、沥青胶……由于沥青胶结在卷材的上下表面，因此沥青总是比卷材多一层。当屋面坡度小于 3%时，卷材平行于屋脊，由檐口向屋脊一层层地铺设，各类卷材上下层应搭接，多层卷材的搭接位置应错开。为了防止屋面防水层出现龟裂现象，一是阻断来自室内的水蒸气，构造上常采取在屋面结构层上的找平层表面做隔汽层(如油纸一道，或一毡两油，或一布两胶等)，阻断水蒸气向上渗透；二是在屋面防水层下保温层内设排汽通道，并使通道开口露出屋面防水层，使防水层下水蒸气能直接从透气孔排出。

保护层是防水层上表面的构造层。它可以防止太阳光的辐射而致防水层过早老化。对上人屋面而言，它直接承受人在屋面活动的各种作用，柔性防水顶面的保护层可选用豆石、铝银粉涂料、现浇或装配细石混凝土面层等。为防止冬季室内热量向外的过快传导通常在屋面结构层之上、防水层之下设置保温层。保温层的材料为多孔松散材料，如膨胀珍珠岩，蛭石、炉渣等。

(B) 柔性防水屋面细部构造。卷材防水屋面必须特别注意各个节点的构造处理。泛水与屋面相交处基层应做成钝角(>135°)或圆弧($R=50$～100mm)，防水层向垂直：面的上卷高度不宜小于 250mm，常为 300mm；卷材的收口应严实，以防收口处渗水。卷材防水檐口分为自由落水、外挑檐，女儿墙内天沟几种形式。

当屋面采用有组织排水时，雨水需经雨水口排至落水管。雨水口分为设在挑天沟底部雨水口和设在女儿墙垂直面上的雨水口两种。雨水口处应排水通畅，不易堵塞，不渗漏。雨水口与屋面防水层交接处应加铺一层卷材，屋面防水卷材应铺设至雨水口内，雨水入口应有挡杂物设施。

② 刚性防水平屋顶的构造。刚性防水就是防水层为刚性材料，如密实性钢筋混凝土或防水砂浆等。

(A) 刚性防水材料。刚性防水材料主要为砂浆和混凝土。由于砂浆和混凝土在拌合时掺水，且用水量超过水泥水化时所耗水量，混凝土内多余的水蒸发后，形成毛细孔和管网，成为屋面渗水的通道。为了改进砂浆和混凝土的防水性能，常采用加防水剂、膨胀剂，提高密实性等措施。

(B) 刚性防水屋面构造。刚性防水层做法参照有关图集。

刚性防水层屋面为了防止因温度变化产生无规则裂缝，通常在刚性防水屋面上设置分仓缝(也叫分格缝)。其位置一般在结构构件的支承位置及屋面分水线处。屋面总进深在10m以内，可在屋脊处设一道纵向分仓缝；超出10m，可在坡面中间板缝内设一道分仓缝。横向分仓缝可每隔6～12m设一道，且缝口在支承墙上方。分仓缝的宽度在20mm左右，缝内填沥青麻丝，上部20～30mm深油膏。横向及纵向屋脊处分仓缝可凸出屋面30～40mm；纵向非屋脊处应做成平缝，以免影响排水。

(3) 坡屋顶的构造

所谓坡屋顶是指屋面坡度在10%以上的屋顶。与平屋顶相比较，坡屋顶的屋面坡度大，因而其屋面构造及屋面防水方式均与平屋面不同。坡屋面的屋面防水常采用构件自防水方式，屋面构造层次主要由屋顶天棚、承重结构层及屋面面层组成。

1) 坡屋顶的承重结构

① 硬山搁檩。横墙间距较小的坡屋面房屋，可以把横墙上部砌成三角形，直接把檩条支承在三角形横墙上，叫做硬山搁檩。

檩条可用木材、预应力钢筋混凝土、轻钢桁架、型钢等材料。檩条的斜距不得超过1.2m。木质檩条常选用Ⅰ级杉圆木，木檩条与墙体交接段应进行防腐处理，常用方法是在山墙上垫上油毡一层，并在檩条端部涂刷沥青。

② 屋架及支撑。当坡屋面房屋内部需要较大空间时，可把部分横向山墙取消，用屋架作为横向承重构件。坡屋面的屋架多为三角形(分豪式和芬克式两种)。屋架可选用木材(Ⅰ级杉圆木)、型钢(角钢或槽钢)制作，也可用钢木混合制作(屋架中受压杆件为木材，受拉杆件为钢材)，或钢筋混凝土制作。若房屋内部有一道或两道纵向承重墙，可以考虑选用三点支承或四点支承屋架。

为了防止屋架的倾覆，提高屋架及屋面结构的空间稳定性，屋架间要设置支撑。屋架支撑主要有垂直剪刀撑和水平系杆等。

房屋的平面有凸出部分时，屋面承重结构有两种做法。当凸出部分的跨度比主体跨度小时，可把凸出部分的檩条搁置在主体部分屋面檩条上，也可在屋面斜天沟处设置斜梁，把凸出部分檀条搭接在斜梁上。当凸出部分跨度比主体部分跨度大时，可采用半屋架。半屋架的一端支承在外墙上，另一端支承在内墙上；当无内墙时，支承在中间屋架上。对于四坡形屋顶，当跨度较小时，在四坡屋顶的斜屋脊下设斜梁，用于搭接屋面檩条；当跨度较大时，可选用半屋架或梯形屋架，以增加斜梁的支承点。

2）坡屋顶屋面

① 平瓦屋面。平瓦有水泥瓦和黏土瓦两种，其外形按防水及排水要求设计制作，平瓦的外形尺寸约为400mm×230mm，其在屋面上的有效覆盖尺寸约为330mm×200mm，每平方米屋面约需15块瓦。

平瓦屋面的主要优点是瓦本身具有防水性，不需特别设置屋面防水层，瓦块间搭接构造简单，施工方便。缺点是屋面接缝多，如不设屋面板，雨、雪易从瓦缝中飘进，造成漏水。为保证有效排水，瓦屋面坡度不得小于1∶2(26°34′)。在屋脊处需盖上鞍形脊瓦，在屋面天沟下需放上镀锌铁皮，以防漏水。平瓦屋面的构造方式有下列几种：

(A) 有椽条、有屋面板平瓦屋面。在屋面檩条上放置椽条，椽条上稀铺或满铺厚度在8～12mm的木板(稀铺时在板面上还可铺芦席等)，板面(或芦席)上方平行于屋脊方向铺干油毡一层，钉顺水条和挂瓦条，安装机制平瓦。采用这种构造方案，屋面板受力较小，因而厚度较薄。

(B) 屋面板平瓦屋面。在檩上钉厚度为15～25mm的屋面板(板缝不超过20mm)平行于屋脊方向铺油毡一层，钉顺水条和挂瓦条，安装机制平瓦。这种方案屋面板与檩条垂直布置，为受力构件因而厚度较大。

(C) 冷摊瓦屋面。这是一种构造简单的瓦屋面，在檩条上钉上断面35mm×60mm，中距500mm的椽条，在椽条上钉挂瓦条(注意挂瓦条间距符合瓦的标志长度)，在挂瓦条上直接铺瓦。由于构造简单，它只用于简易或临时建筑。

② 波形瓦屋面。波形瓦屋面包括水泥石棉波形瓦、钢丝网水泥瓦、玻璃钢瓦、钙塑瓦、金属钢板瓦、石棉菱苦土瓦等。根据波形瓦的波浪大小又可分为大波瓦、中波瓦和小波瓦三种。波形瓦具有重量轻，耐火性能好等优点，但易折断破，强度较低。

③ 小青瓦屋面。小青瓦屋面在我国传统房屋中采用较多，目前有些地方仍然采用。小青瓦断面呈弧形，尺寸及规格不统一。铺设时分别将小青瓦仰俯铺排，覆盖成垅，仰铺瓦成沟，俯铺瓦盖于仰铺瓦纵向接缝处，与仰铺瓦间搭接瓦长1/3左右。上下瓦间的搭接长在少雨地区为搭六露四，在多雨区为搭七露三。小青瓦可以直接铺设于椽条上，也可铺于望板(屋面板)上。

3）坡屋面的细部构造

① 檐口。坡屋面的檐口式样主要有两种：一是挑出檐口，要求挑出部分的坡度与屋面坡度一致；另一种是女儿墙檐口，要做好女儿墙内侧的防水，以防渗漏。

(A) 砖挑檐。砖挑檐一般不超过墙体厚度的1/2，且不大于240mm。每层砖挑长为60mm，砖可平挑出，也可把砖斜放，用砖角挑出，挑檐砖上方瓦伸出50mm。

(B) 椽木挑檐。当屋面有椽木时，可以用椽木出挑，以支承挑出部分的屋面。挑出部分的椽条，外侧可钉封檐板，底部可钉木条并油漆。

(C) 屋架端部附木挑檐或挑檐木挑檐。如需要较大挑长的挑檐，可以沿屋架下弦伸出附木，支承挑出的檐口木，并在附木外侧面钉封檐板，在附木底部做檐口吊顶。对于不设屋架的房屋，可以在其横向承重墙内压砌挑檐木并外挑，用挑檐木支承挑出的檐口。

(D) 钢筋混凝土挑天沟。当房屋屋面集水面积大、檐口高度高、降雨量大时，坡屋面的檐口可设钢筋混凝土天沟，并采用有组织排水。

② 山墙。双坡屋面的山墙有硬山和悬山两种。硬山是指山墙与屋面等高或高于屋面成女儿墙。悬山是把屋面挑出山墙之外。

③ 斜天沟。坡屋面的房屋平面形状有凸出部分，屋面上会出现斜天沟。构造上常采用镀锌铁皮折成槽状，依势固定在斜天沟下的屋面板上，以作防水层。

④ 烟囱泛水构造。烟囱四周应做泛水，以防雨水的渗漏。一种做法是镀锌铁皮泛水，将镀锌铁皮固定在烟囱四周的预埋件上，向下披水。在靠近屋脊的一侧，铁皮伸入瓦下，在靠近槽口的一侧，铁皮盖在瓦面上。另一种做法是用水泥砂浆或水泥石灰麻刀砂浆做抹灰泛水。

⑤ 檐沟和落水管。坡屋面房屋采用有组织排水时，需在檐口处设檐沟，并布置落水管。坡屋面排水计算、落水管的布置数量、落水管、雨水斗、落水口等要求同平屋顶有关要求。坡屋面檐沟和落水管可用镀锌铁皮、玻璃钢、石棉水泥管等材料。

(4) 坡屋顶的顶棚、保温、隔热与通风

1) 顶棚

坡屋面房屋为室内美观及保温隔热的需要，多数均设顶棚(吊顶)，把屋面的结构层隐蔽起来，以满足室内使用要求。

顶棚可以沿屋架下弦表面做成平天棚，也可沿屋面坡向做成斜天棚。吊顶棚的面层材料较多，常见的有抹灰天棚(板条抹灰、芦席抹灰等)、板材天棚(纤维板顶棚、胶合板顶棚、石膏板顶棚等)。

顶棚的骨架主要有：主吊顶筋(主搁橱)与屋架或檩条拉接；天棚龙骨(次搁栅)与主吊顶筋连接。按材质，顶棚骨架又可分为木骨架、轻钢骨架等。

2) 坡屋面的保温

当坡屋面有保温要求时，应设置保温层，若屋面设有吊顶，保温层可铺设于吊顶棚的上方；不设吊顶时，保温层可铺设于屋面板与屋面面层之间。保温层材料可选用木屑、膨胀珍珠岩、玻璃棉、矿棉、石灰稻壳、柴泥等。

3) 坡屋面的隔热与通风

坡屋面的隔热与通风有以下几种方法：

① 做通风屋面。把屋面做成双层，从槽口处进风带走屋面的热量，以降低屋面的温度。利用空气的流动，带走屋面的热量，降低屋面的温度。

② 吊顶隔热通风。吊顶层与屋面之间有较大的空间，通过在坡屋面的槽口下，山墙处或屋面上设置通风窗，使吊顶层内空气有效流通，带走热量，降低室内温度。

5. 水电专业

分为建筑给水排水及采暖、建筑电气、智能建筑、通风与空调、电梯专业。

第二节 施工现场综合管理实务

一、土石方工程施工综合管理实务

以下用工程实例来讲解土方工程的施工综合管理。

1. 工程背景

某门诊楼改扩建工程位于××街，占地大部分为原走廊和前庭，拟建场地西侧为老门诊楼。拟建场地地形略有起伏，西高东低，自然地面绝对标高相当于46.38～48.08m，±0.000＝47.550，西侧高差按－0.405考虑，东侧高差按－0.90考虑。本工程为框架结构，地上4～8层，地下1～2层，基础深度－4.60～－11.06m。由于周边建筑物密集，空间狭窄，经计算土方开挖量约3.5万m^3，为保证本工程基础顺利施工，工期要求35天(含护坡及土方施工)，因此必须进行基坑支护。现场地基坑施工影响范围内的地层从上到下分别为：表层为人工堆积的碎石土①1层，房渣土①2层，黏质粉土—粉质黏土填土①层，厚度3.4～7.5m。以下第四纪沉积的重粉质黏土—粉质黏土②1层，砂质粉土—黏质粉土②2层，粉质黏土—黏质粉土②层；粉砂③1层，中砂③2层，粉质粉土③3层，卵石、圆砾③层；黏土④1层，重粉质黏土—粉质黏土④层；细砂⑤1层，卵石⑤层。

本次勘察共揭露2层地下水，第一层地下水水位标高31.99～32.68m，埋深13.7～15.45m；第二层地下水水位标高30.14m，埋深17.30m。本次施工基槽开挖最大深度为－12.26m，可不考虑管井降水，但应考虑滞水明排措施。因勘探报告为96年冬季编制，考虑北京地区近年水位变化，开工前进行了地下水位调查，可以不考虑管井降水。

以此工程为例分析其基坑支护方案和土方开挖方案。

2. 基坑支护方案

(1) 编制依据

××建筑设计研究院提供的有关设计图纸；

勘察设计研究院《岩土工程勘察报告》；

《建筑地基基础设计规范》GB 50007—2002；

《混凝土结构设计规范》GB 50010—2002；

《建筑基坑支护技术规程》JGJ 120—1999；

《建筑地基基础工程施工质量验收规范》GB 50202—2002；

《建筑工程施工质量验收统一标准》GB 50300—2001；

《建筑安装工程资料管理规程》DBJ 01—03—2003；

《施工现场临时用电安全技术规范》JGJ 46—2005；

《建筑施工手册》(第四版)；

类似工程有关资料。

(2) 技术准备

1) 基坑支护：

① 基坑开挖深度为11.060m。

② 不计静水压力，土体重度统一取为$\gamma=20kN/m^3$。

③ 地面超载按一般情况，考虑为$q=20kN/m^2$。

④ 方案选择：

目前技术比较成熟的护坡方式有护坡桩(或桩锚)、地下连续墙、钢板桩、喷锚支护等类型，地下墙、钢板桩多用于深大基坑或地下水丰富又不宜降水的地区，但其造价远远高于护坡桩常用支护模式，同时其工期相对较长，因采用大型机械对场地有一定要求；护坡桩支护喷锚支护是一种应用比较广泛、施工工艺成熟的支护形式，具有稳定性高、施工界面美观的特点。

护坡设计应考虑后续施工用地及场地情况，在保证基础施工安全的前提下，尽可能降低造价，并最大可能的减小回填量，根据现场实际情况，本施工方案采用桩锚＋喷锚的联合支护方案。

锚拉桩的桩可采用板桩或钢筋混凝土灌注桩，但钢筋板桩除工期稍快外，其余各项并不占优，无论采用冲击法或是振动法成桩，其噪声的影响都是很大的，造价也不菲，随着混凝土灌注桩施工机械和施工方法的不断发展，钢筋混凝土灌注桩的工程优势越来越明显。本工程拟采用长螺旋成孔钢筋混凝土灌注桩，该桩型成孔速度快，噪声低，无污染，施工方便。

喷锚网支护技术是一种先进的新型岩土加固技术，它充分利用原状土体自身的承载能力，通过密布土钉及压力注浆，彻底改善加固区原状土体的力学性能，在边坡原状土体中形成加固区(土钉墙)以抵抗不稳定的侧向土压力；边坡加固施工紧随开挖，迅速封闭开挖面，使得因开挖造成的土层应力释放及时得到控制，从而使边坡土体变形得到有效控制；用土钉将不稳定的土压力引入深层土体中，借助稳定土层自身的承载力，提供有效的锚固力来平衡不稳定的压力。从而形成一种先进的深层承力主动支护体系，与土体共同作用，充分挥土层能量，提高边坡土层的整体性的自身强度自稳定能力，使边坡得以稳定。对于多、高层建筑及特殊使用要求的深度基坑边坡支护，它优于传统的桩、板支护结构，其特点有：喷护结构工程造价相对较低；加固施工与开挖同时进行边开挖边护坡，从而大大缩短基坑施工工期；适于接近直立边坡的加固支护、占用施工场地小，特别适于密集高层建筑区内深基坑边坡的支加固；施工作业快速灵活，对于出现的局部边坡失稳处理和补充加固方便迅速；支护可靠，提供稳定边坡的能力及时，可以解决桩、板支档结构难以解决的特殊地层边坡的支护问题。

⑤ 设计方案

根据现场地质条件及环境条件，参照类似工程经验，经计算土钉墙(喷锚)、锚拉桩可以采用如下护坡方案。

(A) 西侧与老门诊楼交接处，－3.0m 以上土挖除(老门诊楼有地下室，埋深 43.1m，即－4.45m)，－3.0m 以下采用 ϕ800 钻孔灌注桩护坡，间距 1.60m，桩顶设置 800mm×500mm 混凝土帽梁。在－5.2m 处设腰梁一道，其上设 1 道锚杆，一桩一锚。桩、锚参数见表 2-1。

桩、锚参数表 **表 2-1**

支护段长(m)	桩数(根)	桩径(mm)	桩间距(m)	桩长(m)	嵌固深度(m)	钢筋笼长(m)	混凝土强度	桩顶标高(m)	纵向配筋(均匀布筋)
52	34	800	1.6	10.6	3.0	11.0	C25	－3.5	5Φ22＋5Φ20
锚杆	数量(根)	直径(mm)	间距(m)	自由段长(m)	锚固段长(m)	倾角(°)	竖向位置(m)	设计锚力(kN)	1860级 ϕ15 钢绞线
一道	32	150	1.6	3.5	9	15	－5.2	370	3根

锚杆注浆水泥采用原 32.5 级普通硅酸盐水泥，水泥浆水灰比为 0.5～0.6，腰梁位置－5.2m，采用 2[25 槽钢。

桩顶帽梁：护坡桩主筋伸进帽梁400，载面尺寸；500mm×800mm，混凝土C25，梁顶皮－3.0m，主筋4Φ20＋2Φ18＋4Φ20，箍筋Φ6.5@200。

护坡桩箍筋Φ6.5@200，架立筋Φ14@2000。

桩间土处理：用挂网喷射混凝土处理，以防桩间土流失，钢丝网规格为20mm×20mm，喷射混凝土配比体积比1∶2∶3，喷射厚度为20～60mm。

(B) 其余侧按1∶0.15开挖，采用土钉墙(喷锚护坡)。

从上至下共设8排土钉，长度依次为7.5m、9m、9m、9m、7.5m、6m、5.5m、4.5m，纵向间距从上至下为1200mm、1300mm、1300mm、1300mm、1300mm、1400mm、1400mm、1400mm、460mm，横向间距均为1400mm。

1排锚筋1Φ18，土钉倾角5°～10°；2～4排锚筋1Φ20，土钉倾角5°～10°；5～8排锚筋1Φ22，土钉倾角5°～10°。

以上设计土钉横压筋2Φ16通长，竖压筋2Φ16长200mm，与横压筋在土钉端部井字架型焊接。土钉成孔直径不小于100mm；钢筋网片Φ6.5@200×200，现场扎丝绑编；面层喷射混凝土C20，厚度不小于100mm。坡顶喷射混凝土护顶宽度不小于500mm。

因现场地条件限制，护坡尺寸控制要准，因此，施工方要严格控制每步开挖线，并积极配合修坡。基础施工工作面：护坡桩一侧按800mm留设，其余侧面按照500mm留设。

截面图和节点图见图2-1，平面图和坡面构造图见图2-2，护坡剖面图见图2-3，桩配筋图见图2-4。

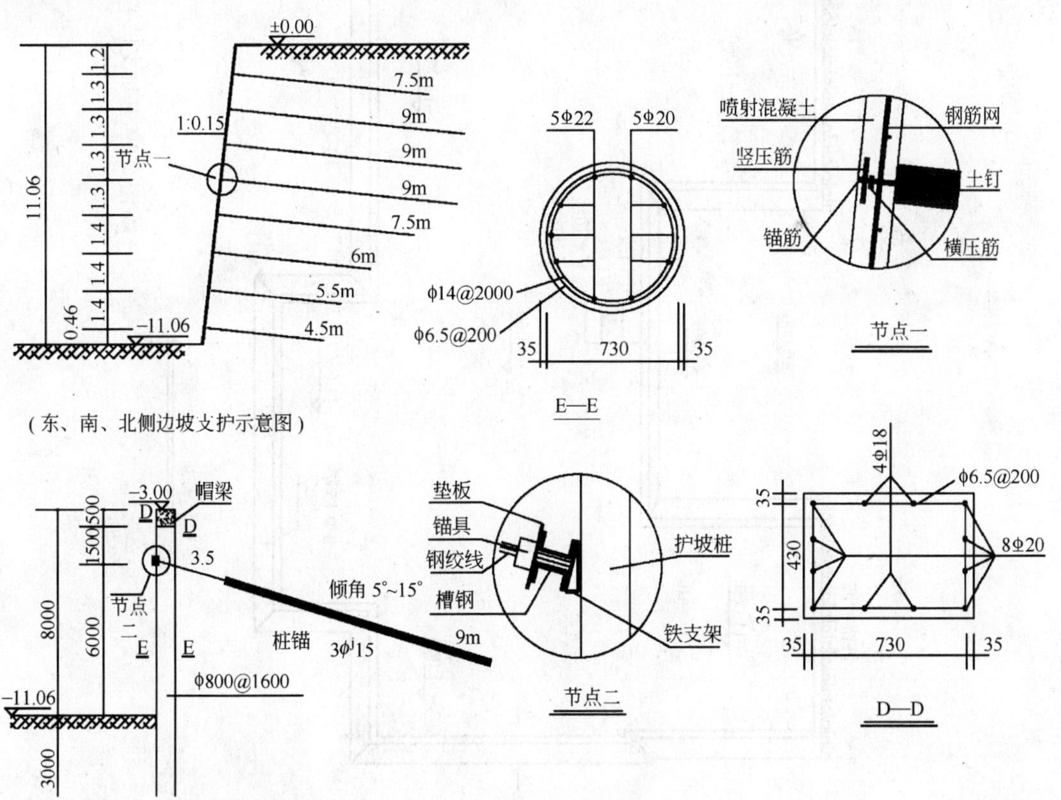

图2-1　东、南、北侧边坡支护横截面图和西侧边坡支护横截面图

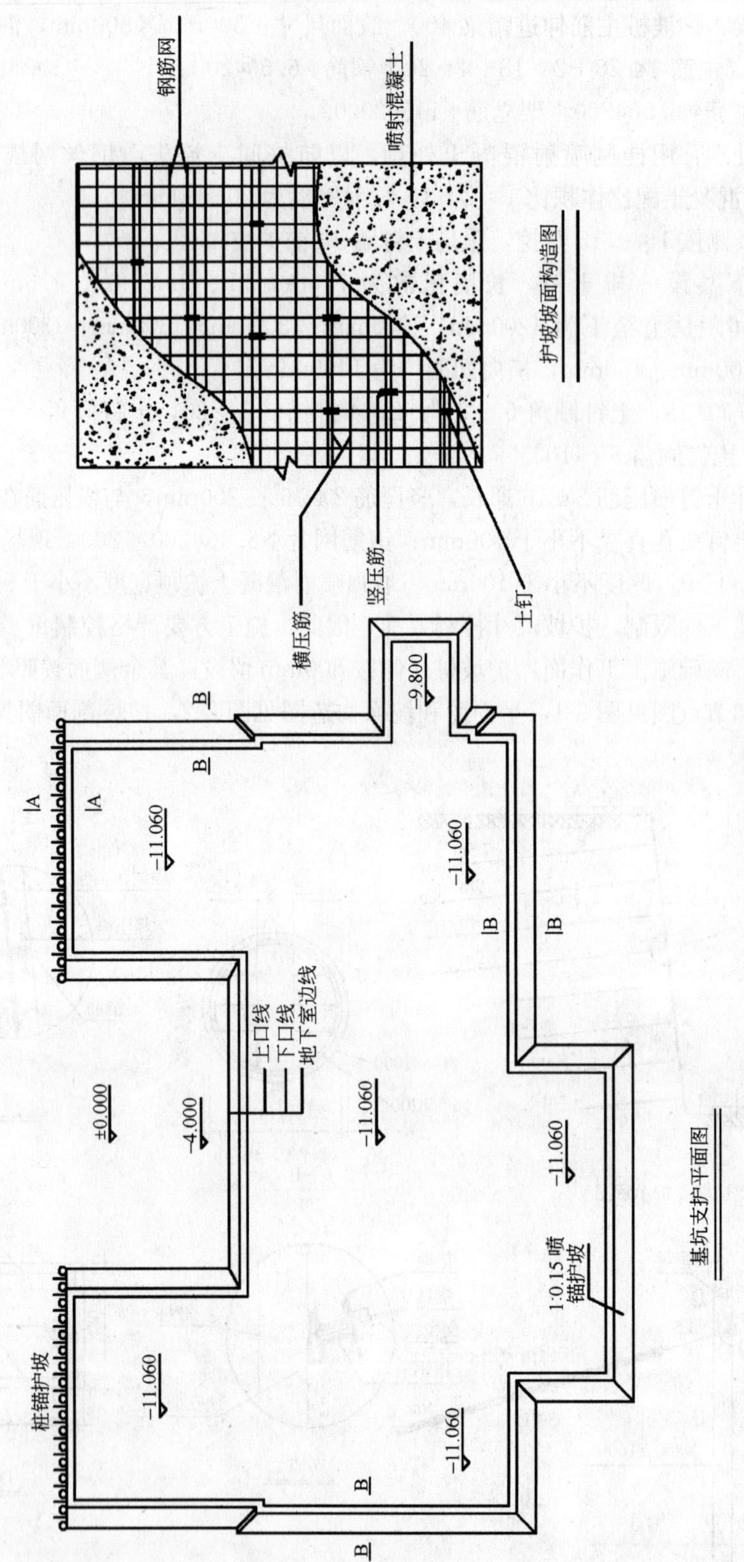

图 2-2 基坑支护平面图和基坑护坡

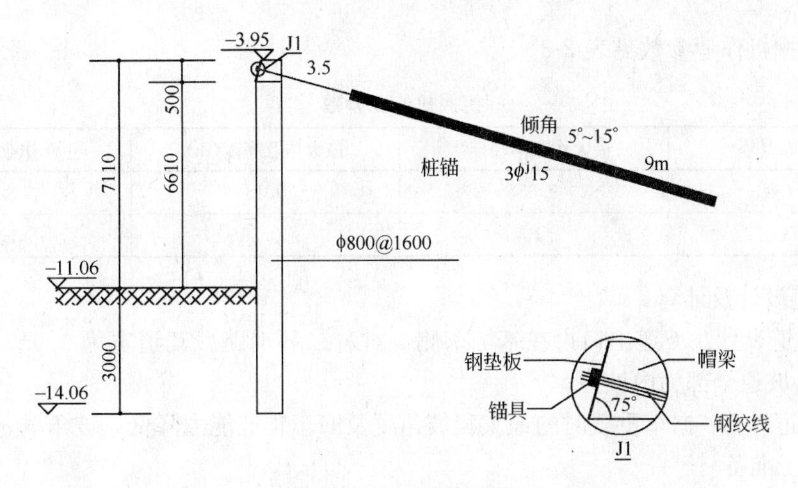

图 2-3　护坡桩剖面图

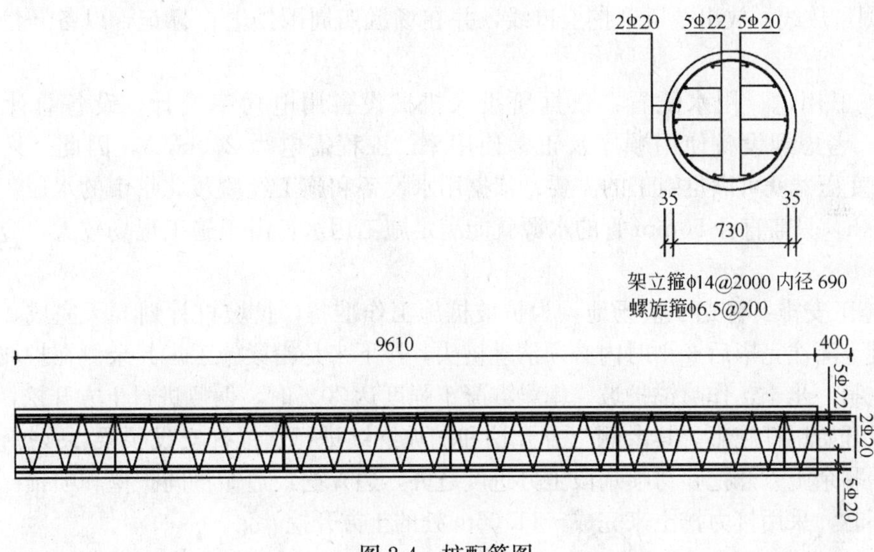

图 2-4　桩配筋图

本工程采取信息法施工，各段土钉的排数、长度、间距应实际情况的地下障碍情况由现场技术负责人及时作出变更和调整。

2）土方开挖：

① 在施工前通知测量队做好技术准备，以保证在施工中的测量需要。

② 施工前施工现场负责人向所有参加施工的人员进行有针对性的技术交底，必须使每个操作者对施工中的技术要求心中有数。

③ 了解施工机械设备的技术参数与性能。

(A) 两种自卸车重载时的最大爬坡角度和车身高度见表 2-2。

机械性能参数表　　**表 2-2**

车　辆　名　称	最大爬坡角(°)	车身最大高度(m)
太拖拉(TATRA)	40	2.945
斯太尔(STERY)	44.7	2.95

(B) 挖掘机作业参数见表 2-3。

挖掘机作业参数　　表 2-3

设备名称型号	最大作业半径(m)	最大作业高度(m)	正常作业高度(m)
小松 PC_{220-5}	9.655	9.15	5.8
日立 EX_{300-3}	10	10.36	5.8

④ 坡道设计及计算

(A) 坡道设计：坡道出口设在基坑东侧，对着二环辅路。其道宽为 9.0m，两侧放坡为 1∶0.7。坡道全部为内坡道。

(B) 坡道计算：据车重载时的最大爬坡角度及旧车爬坡能力降低，坡角取 $\alpha=17°$。

(3) 施工准备

1) 基坑支护：

① 测量放线：放出基坑开挖上口线，并在场区四周围挡上作标记，以备开挖后测放边线。

② 施工用电、用水配置：依据所投入机械设备用电功率统计，设备总计电力约 300kVA，考虑到设备使用顺序及正常使用率，工程需电力 200kVA，因此，只需大于 200kVA 变压器就可满足施工的需要；依据用水设备和施工经验及北京市的水压，需水量 5～10m^3/h，只需直径 50mm 管的水源就能满足施工用水，由于施工现场较大，应多设几处水源。

③ 施工安排：首先平整场地，为护坡桩施工作准备，护坡桩计划 5 天完成，应注意的是混凝土灌注完毕后 3 小时内必须清理桩头，接下来是帽梁施工。其余侧在护坡桩施工时，开挖第一步土，作喷锚护坡。帽梁混凝土强度达 70%时，西侧进行土方开挖，开挖至锚杆位置开始锚杆施工。其余侧土方开挖和护坡继续进行。锚杆安设腰梁、张拉锁定后，西侧开始剩余土方开挖，与喷锚段土方进度赶齐，边开挖，边做桩间护壁和喷锚。挖土至基坑中部时，采用接力挖土来完成－11.06m 处的土方开挖。

2) 土方开挖：

① 学习并审查图纸，核对开挖图平面尺寸和基底标高。

② 查勘施工现场，明确运输道路、临近建筑物、地下基础、管线、地面障碍物和堆积物状况，以便为施工规划和准备提供可靠的资料和数据。

③ 清除地上障碍物，如高压电线、电杆、塔架、电缆、地下原有的水、电、气等各种管、沟做改线处理；对附近原有建筑物、电杆、塔架等采取有效的防护加固措施。

④ 对进场挖土、运输车辆及各种辅助设备进行维修检查，试运转并运至工地就位。做好施工前的维修、保养。

⑤ 配备夜班施工的照明设备。

⑥ 组织并配备土方工程施工所需专业技术人员、管理人员和技术工人；组织安排好作业班次。

⑦ 选定弃土区：孙河渣土消纳场，距现场 20km。

(4) 施工机械配备

1) 基坑支护

考虑到场区内地层情况，设计要求及工期要求，主要施工机械设备选用如下：

① 护坡桩施工主要机械设备：

液压长螺旋钻机　　2～3台
12T吊车　　1台
XU300型锚杆机　　2台
XY—2型锚杆机　　1台
电焊机　　3～4台
钢筋弯曲机　　1台
高压注浆泵　　2～3台
钢筋拔直机　　1台

② 土钉墙(喷锚)施工设备：

空压机　　2台
喷射机　　2台
搅浆桶　　2个
注浆泵　　2台

2) 土方开挖

根据工程量，现场情况和交通状况按双班作业进行机械配备如下：

EX-300挖土机(1.6方)　　2台
20T自卸翻斗车　　20台(斯太尔斗车、太拖拉自卸车)
T140推土机　　2台(现场、弃土区各放置一台)

(5) 劳动力组织

根据所承担的工程量所需劳动力配置见表2-4。

劳动力配置表　　**表2-4**

工　种	机械工	钢筋工	焊　工	电　工	混凝土工	其　他
人　数	20	10	4	1	10	30

(6) 施工工艺要求及施工方法

1) 施工工序

根据各分项工程的设计要求，各分项工程的施工工序安排如下：场地三通一平→西侧护坡桩、帽梁施工→其余侧土方开挖、施工喷锚→西侧开挖、锚杆施工、张拉锁定→土方开挖、桩间土护壁→收坡道。

2) 工艺流程

① 护坡桩施工工艺流程见图2-5。

② 锚杆施工工艺流程见图2-6。

③ 帽梁施工工艺流程见图2-7。

④ 喷锚施工工艺流程见图2-8。

3) 施工方法

① 放桩位线：根据设计图纸的桩位进行测量放线，并经业主及监理验收。

② 钻孔：第一根桩施工时，要慢速运转，掌握地层对钻机的影响情况，以确定在该地

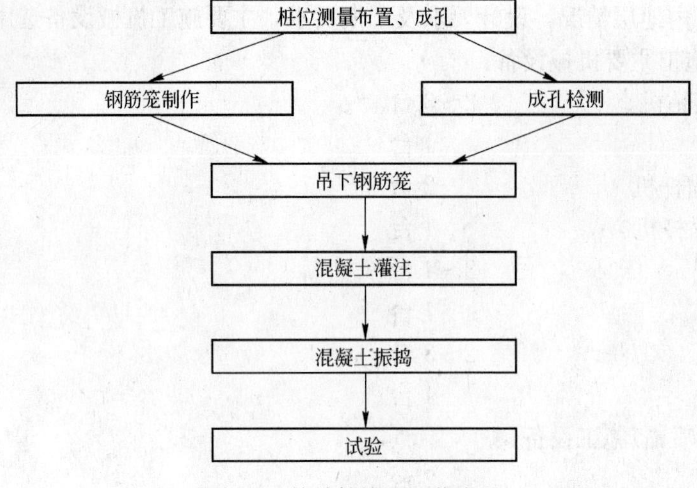

图 2-5　护坡桩施工工艺流程

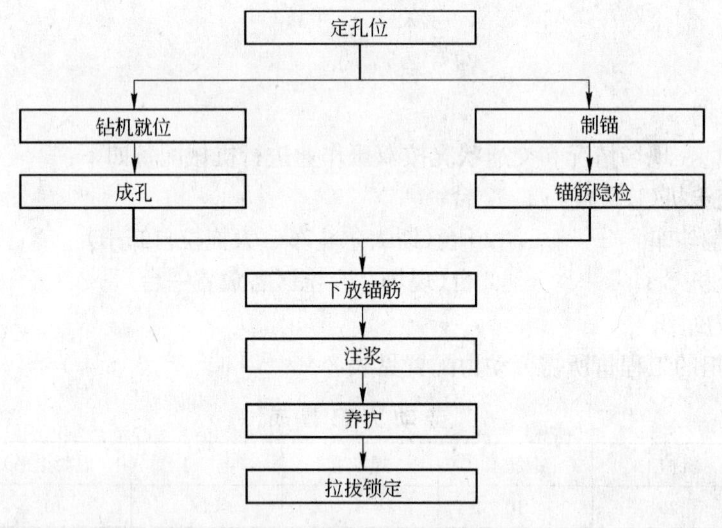

图 2-6　锚杆施工工艺流程

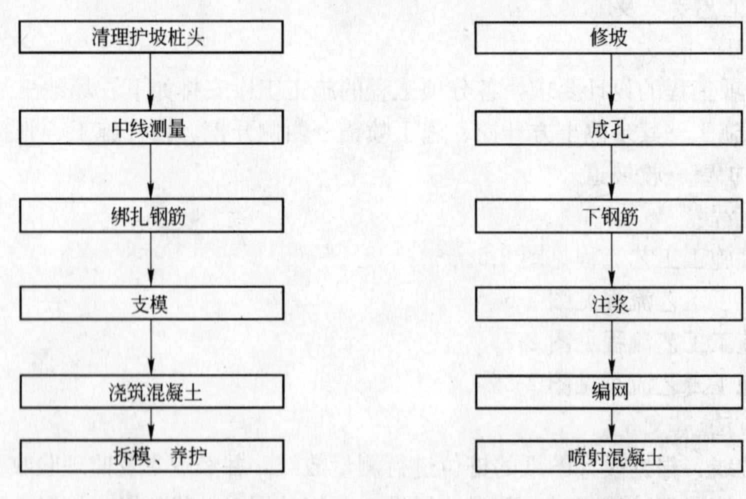

图 2-7　帽梁施工工艺流程　图 2-8　喷锚施工工艺流程

层条件下的钻进参数。

③ 钢筋笼制作及吊放：计算箍筋用料长度、主筋分布段长度，将所需钢筋调直后用切割机成批切好备用。由于切断待焊的主筋、箍筋的规格不尽相同，注意分别摆放，防止错用。将制作好的钢筋笼稳固放置在平整的地面上，防止变形。

④ 钢筋笼起吊：起吊钢筋笼采用扁担起吊法，起吊点在钢筋笼上部架立筋与主筋连接处，且吊点对称。钢筋笼设置 2 个吊点，以保证钢筋笼在起吊时不变形。

⑤ 下放钢筋笼：在下放过程中，吊放钢筋笼入孔时应对准孔位，保证垂直、轻放、慢放入孔。入孔后应徐徐下放，不得左右旋转，若遇障碍停止下放，查明原因进行处理，严禁高提猛落和强制下放。

⑥ 对灌筑混凝土的要求：本工程使用商品混凝土，要求混凝土塌落度为 16～18cm。要求混凝土初凝时间不得低于 3 小时。

⑦ 采用串筒灌筑，5m 以下自重密实，5m 以上用振捣棒振密实。

⑧ 边坡开挖：采用反铲挖土机，预留 20～30cm 人工修坡，开挖深度在土钉孔位下 50cm，开挖宽度保证 10m 以上，以确保土钉成孔机械钻机的工作面。土方开挖严格按设计规定的分层开挖深度按作业顺序施工，在完成上层作业面的土钉及喷混凝土地以前，不得进行下一层土方的开挖。

⑨ 边坡修整：采用人工清理，为确保喷射混凝土面层的平整，此工序必须挂线定位。对于土层含水量较大的边坡，可在支护面层背部插入长度为 400～600mm，直径不小于 40mm 的水平排水管包滤网，其外端伸出支护面层，间距为 2m，以便将喷混凝土面层后的积水排走。

⑩ 定位放线：按设计图纸由测量人员用 ϕ6.5 长 15cm 的钢筋放出每一个土钉的位置。

⑪ 成孔：采用人工洛阳铲成孔，局部可采用 XY-Z 型锚杆机成孔。钻孔后进行清孔检查，对孔中出现的局部渗水塌孔或掉落松土立即进行压浆处理，并及时安设土钉钢筋并注浆。

⑫ 土钉主筋制作及安放：主筋按设计长度加 10cm 下料。主筋每隔 2m 焊对中支架，防止主筋偏离土钉中心。

⑬ 造浆及注浆：采用搅拌机造浆，应严格控制水灰比为 $W/C=0.5$；注浆采用注浆泵，注浆时将导管缓慢均匀拔出，但出浆口应始终处于孔中浆体表面之下，保证孔中气体能全部排出。

⑭ 挂网及锚头安装：钢筋网片用插入土中的钢筋固定，与坡面间隙 3～4cm，不应小于 3cm，搭接时上下左右一根对一根搭接绑扎，搭接长度应大于 30cm，并不少于两点点焊。钢筋网片借助于井字架与土钉外端的弯勾焊接成一个整体。

⑮ 喷射混凝土：喷射混凝土顺序可根据地层情况“先锚后喷”，土质条件不好时采用“先喷后锚”，喷射作业时，空压机风量不宜小于 9m^3/min，气压 0.2～0.5MPa，喷头水压不应小于 0.15MPa，喷射距离控制在 0.6～1.0m，通过外加速凝剂控制混凝土初凝和终凝时间在 5～10min，喷射厚度大于等于设计厚度。

⑯ 养护：根据现在的气温，可采取自然养护。

⑰ 土方开挖：首先进行测量定位，抄平放线，定出开挖宽度，按放线位置分层分块开挖；然后反铲停于沟端，在基槽内由西向东一字后退开挖，同时装翻斗将土运走。对不

同深度基坑交界处，应随挖随测，放出边线，避免超挖、错挖。

⑱ 基坑排水：如果因为上层滞水，使施工现场内产生松软泥浆，可先沿基槽四周挖出一浅槽，四角挖一渗坑(集水井，见图 2-9)，明排水，使基槽干燥后再进行开挖。基坑开挖过程中，在基坑底部应保持中间余土高于两端余土，以保证基坑开挖过程中基坑内不积水，在基槽两侧挖排水沟，以防地面雨水留入基坑槽，同时应经常检查边坡和支护情况，以防止塌方。

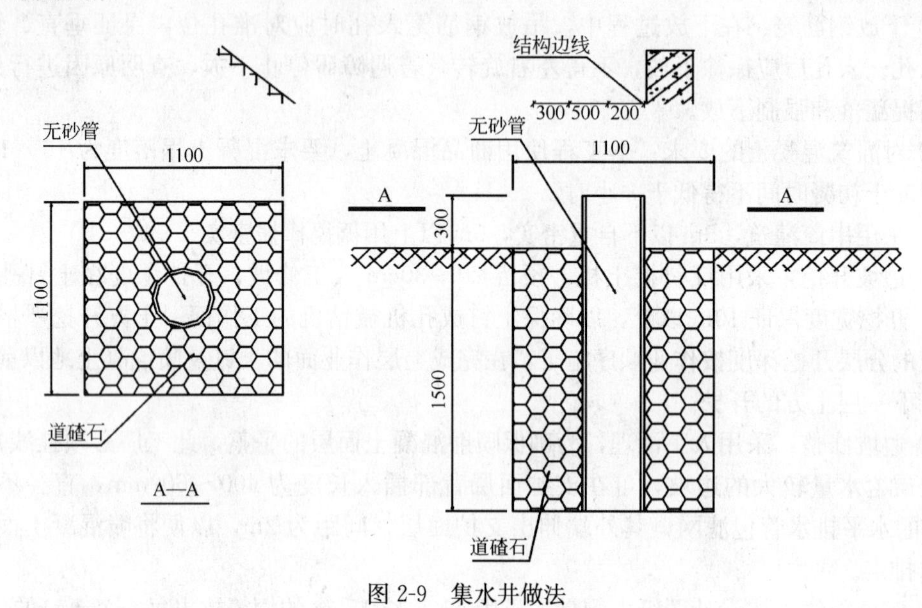

图 2-9　集水井做法

(7) 质量保证措施

1) 质量标准

①《建筑地基基础工程施工质量验收规范》(GB 50202—2002)

②《混凝土结构工程施工质量验收规范》(GB 50204—2002)

③ 土钉墙分项工程质量标准见表 2-5。

土钉墙分项工程质量标准　　**表 2-5**

内　　容	标　　准	内　　容	标　　准
坡面平整度的允许偏差	±20mm	钢筋保护层厚度	≥25mm
孔深允许偏差	±50mm	土钉倾角偏差	±5%
孔径允许偏差	±5mm	挂网时网片距坡面	3～4cm
孔距允许偏差	±100mm		

④ 护坡桩质量标准见表 2-6。

护坡桩质量标准　　**表 2-6**

内　　容	标　　准	内　　容	标　　准
混凝土强度	C25	梁中心偏差	±100mm
桩位偏差	±10mm	钢筋保护层	≥30mm
孔位偏差	±2mm	主筋间距	±10mm
孔距偏差	±100mm	箍筋间距	±10mm

⑤ 预应力锚杆质量标准见表 2-7。

预应力锚杆质量标准 表 2-7

内 容	标 准	内 容	标 准
水泥浆体 28d 强度	20MPa	锚位水平夹角偏差	±1°
水泥浆体 7d 强度	15MPa	孔深偏差	+300～500mm
锚位水平偏差	±100mm	锚索长度偏差	±5%×设计长度
锚位竖向偏差	±50mm	自由段长度偏差	+100mm

2）质量保证措施

① 基坑支护

（A）土钉墙质量保证措施：

（a）修坡时专人进行测量，确保不吃槽。

（b）插入钢筋时由专人检查，若插入深度不足，则继续取土成孔，插入钢筋时要将注浆管绑在距孔底 0.5m 处。

（c）注浆时要严格按配比搅浆，并随成孔随注浆，注浆渗漏较多时，要进行二次、三次补浆直到注满，锚杆注浆后，一定长时间（2h 内）内必须进行二次补浆，以确保锚固段长度。

（d）喷混凝土时，由专人检查网长及标志杆的安装。

（e）在可能出现地面或附近地下管线渗水的地段，护壁上应布设相应的排水管，管后应有塑料窗纱反滤层，防止地层颗粒流失而出现桩后土陷塌。

（f）横竖压筋要双面满焊，不得有气孔、咬肉。

（B）护坡桩质量保证措施：

（a）放桩位线时应有专人验线并作桩位预检记录。

（b）钢筋笼加工严格按设计图纸加工，按批进行验收，合格品做标识。钢筋供应的长度不满足设计要求时，主筋采取搭接焊，按规定做抗拉强度试验。为保证主筋间距和钢筋笼的整体刚度，固定架立筋应与主筋焊牢，箍筋与主筋绑牢，成形后的钢筋笼外形尺寸、主筋位置、数量等应与设计符合。严把钢筋进料关，保证使用产品质量合格的钢材，并做好原材料试验及焊接试验，钢筋笼制作成形后，必须会同有关质检人员及监理人员进行钢筋笼质量检查，护坡桩、锚杆钢筋吊放到位后，还应做钢筋隐检，并认真填写预、隐检记录。

（c）钻孔：钻机就位时，经专人检查桩位的偏差及垂直偏差，符合要求后方可开钻，终孔后经专人检查孔深，桩位不可向坑内偏斜，符合设计要求时经监理签字后退出钻机。

（d）验笼顶标高：混凝土浇灌前，应有专人检查钢筋笼的笼顶标高，符合要求后方可进行浇灌。

（e）浇灌混凝土：混凝土灌注必须连续进行，保证每根桩的灌注时间不得超过初灌混凝土的初凝时间，并不得大于 3h。

（f）钻孔桩施工时，不得相邻两桩孔同时成孔，只有待相邻桩浇灌混凝土并达到初凝后，才可进行成孔施工。

（g）混凝土强度必须符合设计要求，混凝土灌注必须连续进行，混凝土灌注高度应适当高于桩顶标高20～30cm，以便凿去浮浆后浇灌桩顶连梁，并保证桩顶混凝土强度。

(h) 混凝土灌注过程中，距孔口6m必须振捣，以保证桩身混凝土密实，每次振捣时间为20～40s即混凝土表面不出现气泡时停振。

(i) 护坡桩成孔后必须马上下钢筋笼，8h内灌注混凝土，防止塌孔。

(j) 混凝土强度：现场施工时每20根护坡桩制作两组试块，一组标样，一组同条件养护。

(k) 土方开挖前，在护坡桩桩顶(或连梁顶端)设置位移观测标记，并做好位移观测记录。根据业主要求，每15.0m设置一个观测点，需每日进行监测，数日后若无位移或变化不大，3～7日监测一次，并作好监测记录上报业主及监理部门。

(C) 预应力锚杆质量保证措施：

(a) 进场的每批钢绞线和水泥要有出厂合格证并做复试。

(b) 锚杆机就位前应先检查锚位标高，锚具是否符合设计图纸。就位后必须调正钻杆，用角度尺或罗盘测量钻杆的倾角使之符合设计，并保证钻杆的水平投影垂直于坑壁，经检查无误后方可钻进。

(c) 钻孔时遇有障碍物或异常情况应及时停钻、待情况清楚后再钻进或采取措施。钻至设计深度后空钻出土以减少拔钻杆的阻力，然后拔出钻杆。

(d) 下锚索前应检查锚索并做隐蔽工程检查记录，下完锚索时应注意锚索的外露部分是否满足张拉要求的长度。

(e) 注浆要满实，要求对每根锚杆的水泥含量进行记录、评估。

(f) 锚杆隔离架(定位支架)沿锚杆轴线方向每隔1.0～2.0m设置一个，并确保锚杆杆体的保护层不小于20mm。

(g) 注浆管要求绑扎牢固，防止插锚体时滑落。

(h) 锚杆成孔后8h内必须插入锚体注浆，防止塌孔。

(i) 浆液搅拌必须严格按配比进行，不得随意改变。

(j) 注浆由孔底开始，边注边外拉浆管，并缓缓拔管，直至浆液溢出孔口后停止注浆。

(k) 按1%的比例做锚杆的验收试验，以检验锚杆的锚固力是否达到设计要求，以便及时适当地调整设计方案。

(D) 收集、整理好各种施工原始记录、质量检查记录、设计变更、现场签证记录等原始资料，并做好施工日志。

② 土方开挖

(A)(人工清理)：坑底凸凹不超过1.5cm。

(B) 长度、宽度(由设计中心线向两边量)：向外偏移不超过10cm。

(C) 边坡坡度：不应偏陡。按照设计要求放坡，避免塌方。

(D) 边坡面层平整度为＋10mm。

(E) 司机要按照放线工所放灰线开挖。

(F) 要保证随挖随测，避免超挖、错挖。保证槽底土壤不被扰动。

(G) 开挖后应尽量减少对基土的扰动。

(H) 随时注意土质和地下水位情况，避免施工机械下沉。

(I) 夜晚施工要有足够的照明。

(8) 安全措施

1) 安全保证体系：

以项目经理为首，由安全、工程、技术、质量、办公室和基层安全员等各方面的管理人员组成安全保证体系，领导和组织实施安全工作。

2) 安全管理点：

在每个大的施工阶段开始之前，分析该阶段的施工条件，施工特点、施工方法、预测施工安全难点和事故隐患，确定管理点和预防控制措施。

① 在土方施工阶段，护坡桩的防塌是难点，除要有科学的计算依据，良好的施工质量外，还应派专人进行位移检测，并做出切实可靠的安全程度评估。

② 现场所有电气设备均作漏电保护装置，配电线采用三相五线制。

③ 基坑边用架杆搭设 1m 高防护围栏。

④ 各种灌注桩在成孔后，浇混凝土前必须有相应的覆盖及防护设施，防止有人坠入孔内。

⑤ 锚杆注浆前要检查注浆管及接头绑扎是否牢固，防止漏浆喷射伤人。

⑥ 吊放钢筋笼要有专人指挥，要照看前后左右，以免发生事故。

⑦ 钢支撑安装必须牢固，并不得遗留多余金属物件，防止掉落伤人。

⑧ 已挖完的基槽，在雨后要仔细观察土层情况，如发现有裂缝、鼓包、滑动等现象，要及时排除险情后方可施工。

⑨ 工人上下基坑要走人行安全通道。

⑩ 所有参加施工人员，进入现场必须戴好安全帽。

⑪ 车辆进入现场，限速 5km/h。

⑫ 任何人不得向坑底丢弃物品，以免砸伤槽底施工人员。

⑬ 每日收车后，机械设备应停在安全地区，防止意外塌方，造成事故。

⑭ 在土方施工过程中，要严格控制放坡系数。

⑮ 所有参加施工人员，进入现场严禁吸烟。

⑯ 夜晚施工时在挖土机前方设置灯具，便于挖土司机确定位置、高度。

⑰ 土方施工机械和运输车辆在进场前进行彻底的检修保养，确保施工期间车辆的正常运转。

⑱ 施工中禁止向基坑内投掷物品，以免砸伤槽底施工人员。

⑲ 土方开挖后，按现场安全防护要求在基坑的周围搭设安全保护栏杆，避免人员坠落坑中，造成工伤。

⑳ 施工中如遇地下障碍物(包括古墓、各种管道、管沟、电缆)时，立即暂停施工，及时报告业主，待妥善处理后方可继续施工。

3) 安全管理

① 严格执行国家及北京市有关施工现场安全管理条例及办法。

② 开工前，由施工现场总负责人向所有参加施工人员进行书面安全技术交底、制定施工现场安全防护基本标准，如：基坑防护标准，各类洞口及临边地带的防护标准，施工临时用电安全防护标准，各类施工机械和设备的安全防护标准，施工现场消防工作管理标准等。

③ 建立严格的安全教育制度，坚持入场教育、坚持每周召开安全工作会，增强安全意识，使安全工作落到广大群众基础上。

④ 编制安全措施，设计和购置安全设施，设专职安全员，负责现场安全施工。

⑤ 强化安全法制观念，严格执行安全工作文字交底，双方认可，坚持特殊工种持安全操作证上岗制度等。

⑥ 加强施工管理人员的安全考核，增强安全意识，避免违章指挥。

4）安全监测措施

① 采用信息化施工，确保基坑开挖过程中的安全，必须对基坑进行监测，措施如下：

（A）观测点的布置：在土钉墙坡顶每隔 30m 布置一个观测点。

（B）观测精度要求：满足国家三级水准测量精度要求：

水平误差控制＜1.0mm；

垂直误差控制＜1.0mm。

（C）观测时间的确定：基坑开挖每一步都应作基坑变形观测。观测时间间隔每两天一次，必要时连续观测，基坑开挖完 7d 后可停止观测。

（D）场地查勘与记录：施工前对原场地进行全面调查，查清有无原始裂缝和异常并作记录，照相存档。每次观测结果详细记入汇总表并绘制沉降与位移曲线。

② 注意事项：

（A）每次观测应用相同的观测方法和观测线路。

（B）观测期间使用一种仪器，一个人操作，不能更换。

（C）加强对基坑各侧沉降和变形观测，特别对有地下管线地的各边坡可进行重点观测。

（9）文明施工及环保措施

1）合理进行施工现场的平面布置，做到计划用料，使现场材料堆放降到最低值，保证场内道路通畅。

2）运输散装材料时，车厢后封闭，避免撒落，混凝土罐车离场前，派人用水将料槽及车身、轮胎冲洗干净。

3）建立有效的排污设施、二级沉淀池，保证现场和周围环境整洁文明。

4）合理安排作业时间，采用低噪声施工机械设备，减少噪声扰民。

5）夜间灯具集中照射，避免灯光扰民。

6）在现场大门口两侧搭设拍土架子，指派专人将运土车车箱上两侧土方拍实，并用苫布盖好，避免途中遗撒。

7）大门口处设洗车池，用于清洗轮胎上外带土块。在出大门口外马路上铺设草垫，用于扫清轮胎上泥浆。

8）每天收车后，派专人清扫马路，达到环卫要求。

9）所有土方运输车辆进入现场后禁止鸣笛，以减少噪声。

10）根据公司文明施工会议精神要求，现场施工人员统一着装，工地临建办公室采用活动板房按公司标准要求搭设，确保现场整洁。

11）工人宿舍专人或轮流卫生值日，确保室内外整洁、卫生，工地厕所专人清扫，防止蚊蝇滋生。

二、地基与基础工程施工综合管理实务

以下用实例讲解地基与基础工程施工综合管理实务。

1. 编制依据与引用相关文件

××建筑设计研究院设计图纸；

《混凝土结构工程施工质量验收规范》GB 50204—2002；

《建筑物抗震构造详图》；

《建筑施工高空作业安全技术规范》JGJ 80—91；

《建筑机械使用安全技术规程》JGJ 33—2001；

《施工现场临时用电安全技术规范》JGJ 46—2005；

《钢筋机械连接通用技术规程》JGJ 107—2003；

《建筑分项工程施工工艺标准》(第三版)；

《建筑施工手册》(第四版)；

《建筑工程施工质量验收统一标准》GB 50300—2001；

《建筑工程施工现场安全管理标准》。

2. 工程概况

北京某门诊楼改扩建工程位于北京市某医院内，为旧门诊楼改扩建，工程占地面积0.5439hm^2，建筑面积36900m^2，地下二层(局部有管道层)。基础采用钢筋混凝土双向交叉梁基础，局部五级人防，剪力墙抗震等级为二级，框架抗震等级为三级，地下二层至首层为底部加强区，抗震设防烈度8度。基础持力层承载力标准值 f_{ka}=250kPa。

以此工程为例分析其基础施工方案。

3. 施工准备

(1) 现场准备

1) 熟悉周围环境，现场核对总平面图，依据红线桩，对现场标高和平面位置进行测定。

2) 办理施工许可证、环保、卫生、治安消防等手续和证件，同时与周围街道建立联系，就扰民、民扰等可能遇到的不利因素做好各项准备工作。

3) 对现场及周围的地下管网作详细调查，做好施工平面布置，进行现场临电、临水、办公用房及临时道路施工。

4) 对工程所需的机械设备、施工材料进行合理配备，以确保充足的资源，良好的运行。

5) 已拟定进场的操作人员就操作工艺、质量要求、安全、卫生、治安、消防知识进行交底教育，以保证工程质量、安全目标的实现。

6) 在施工现场周边就近解决工人食宿生活设施用房。

(2) 劳动力配置计划见表2-8。

劳动力配置计划表　　**表2-8**

工　种	人　数	工　种	人　数
木　工	60	架子工	10
钢筋工	80	壮　工	20
混凝土工	50		

(3) 施工机械配量

在底板结构施工中分为3个流水段施工，布置1台C7050B塔吊，分包方配置HBT60A拖式混凝土输送泵1台，现场钢筋加工设弯曲机、调直机和切断机各1台，电焊机3台，木工刨床2台，电锯1台。

混凝土采用商品混凝土供应，搅拌站的确定是保证混凝土质量的一个重要条件，特别是基础施工，必须选择两家搅拌站，以保证混凝土的连续供应。另选一家搅拌站备用，以防止在出现搅拌机故障、道路堵塞等意外情况下的混凝土供应困难。搅拌站要求有可靠的施工保证措施，能确保混凝土正常施工的要求。

临水、临电的布置见专项施工方案。

4. 施工部署及现场管理

(1) 施工部署

1) 提前做好测量定位工作。

2) 根据结构布置和工程量合理布置施工流水段，流水段划分见附图(略)。

3) 合理安排各专业的进场时间，以保证正常流水作业。

4) 提前排除障碍，落实各项材料，抓好订货加工的落实。

5) 努力创造机械化施工条件，模板、钢筋预制成型工具化、拼装化，积极推广科技成果，以科学方法推动质量、进度及安全等各项指标的实现。

(2) 现场管理

在技术和质检管理中，突出动态管理，组成以项目现场经理牵头，以一线责任师、质检员为主体的动态管理网络，实施施工人员定点到班组，保证在一线随班作业，对施工中隐患，先制止后汇报。

5. 主要施工方法

(1) 混凝土垫层施工

1) 预留300mm厚的土人工清至基底标高，普遍钎探后组织勘察、业主、设计、监理共同验槽，合格后办理隐蔽。

2) 混凝土垫层定位放线。

3) 根据测设的轴线支好垫层四周模板。

4) 根据已给出的水准点，严格控制基底标高，用钢筋头均匀布置，抄好标高线，以保证混凝土垫层的厚度和垫层表面平整度。

5) 浇筑混凝土垫层前，对干燥处应洒水湿润，但表面不得留有明显积水，垫层随浇随抹光，以达到防水施工的条件。

6) 各集水坑、电梯井坑垫层施工时应先施工底面垫层，待初凝后再用干硬性混凝土做斜坡垫层。

7) 底板防水材料采用APP改性沥青卷材，施工工艺详见《门诊楼基础防水工程施工方案》。

(2) 测量工程

1) 控制轴线的测设：利用业主给出的坐标点和红线位置，采用井字型平面直角控制网做好X方向、Y方向轴线，以便于校核。

控制点之间应通距通视，测点用混凝土墩加以保护，并及时在永久性建筑物上做好后视点。

在防水保护层面上，利用井字型平面直角控制网将轴线投测到基坑内，弹出柱的中心线、柱身线、洞口尺寸线以及墙体位置线。

2）标高：设计封闭水准点确定正负零水平线，构成闭合的场地标高控制网，作为建筑物高程的控制依据。

(3) 钢筋工程

1）一般要求

在防水保护层上弹出每隔五根绑扎钢筋的间距线，用铁红粉弹线，以免与墙体线混淆。

钢筋采用现场集中配料，绑扎成型。

基础底板、基础梁、框架梁水平方向钢筋≥φ20采用套筒冷挤压接头，框架柱、剪力墙暗柱、剪力墙≥φ20的竖向钢筋采用等强度剥肋滚轧直螺纹接头，所有机械连接接头均须达到行业标准JGJ 107—2003中A级接头性能要求。其余采用搭接连接。

根据图纸要求，在墙、梁、柱钢筋外侧绑扎塑料卡，在梁、板钢筋下部绑扎塑料垫块以保证设计要求的保护层厚度。地下室底板、基础梁下铁及外墙外侧钢筋保护层厚度为35mm，框架梁、柱、地下室外墙内侧保护层为25mm，墙、板保护层为15mm，底板保护层垫块采用同强度等级去石子混凝土预制。

2）钢筋的搭接、锚固构造要求

搭接长度：HRB335级钢筋水平、竖向搭接长度45d，剪力墙水平钢筋搭接接头位置应相互错开500mm，剪力墙竖向钢筋搭接接头位置应相互错开45d，同一截面有接头的钢筋面积不大于钢筋总面积的50%，在受拉区域搭接接头在规定的搭接长度任一区段内，有接头的钢筋面积不大于钢筋总面积的25%。

锚固长度：除注明者外，构件支座混凝土强度等级为C25、C30时钢筋锚固长度40d，构件混凝土强度等级C30以上的为35d。端部钢筋90°弯折，平直段不小于10d。梁柱箍筋弯钩135°，弯钩端部直段长度不小于10d。

构造要求：楼板中直径或边长小于300mm的孔洞，不得切断板中钢筋，洞边加筋除注明者外伸入洞边40d；墙体中直径或边长小于300mm的孔洞，配筋时预先考虑洞口尺寸下料，严禁动用电气焊烧割钢筋。梁高大于700mm时应在梁外侧设置腰筋，腰筋直径为φ12，基础梁腰筋φ18，间距≤300，拉筋直径同箍筋间距300。

绑扎接头搭接长度的末端距钢筋弯曲处不得小于10d，两者也不宜位于构件的最大弯矩处。

钢筋的机械连接接头要经过抽样复试检查，合格后方可进入下道工序施工。

3）现场条件

由于该工程施工现场原有柏油路面可以利用，现场设置钢筋加工场。

4）钢筋的订购

钢筋由我公司物资分公司负责采购并运送到现场，钢筋采购严格按ISO 9002质量标准和公司采购程序执行。

钢筋的质量必须符合国家标准，钢筋应有出厂质量证明书及试验报告单，无出厂质量证明书及试验报告单不能运至现场。

5）钢筋的检查验收

一般检查：热扎钢筋出厂时，在每捆(盘)上都挂有不少于两个标牌，印有厂标、钢号、炉(批)号，直径等标号，并附有质量证明或厂方试验报告。热扎钢筋进场时应分批验收，每批由同一截面尺寸和同一炉号同一交货为一批的钢筋组成，重量不大于60t。

外观检查：热扎钢筋表面不得有裂缝、结疤和折叠。钢筋表面允许有凸块，但不得超过横肋的最大高度。

力学性能试验：从每批钢筋中任取两根钢筋，每根(从每一根钢筋距端头不少于500mm处切取)取两个试样送至中建一局四公司中心试验室(北京市一级试验室)，分别进行拉力试验和冷弯试验。如有一项试验结果不符合要求，则从同一批中另取双倍数量的试样重作各项试验。如仍有一个试样不合格，则该批钢筋判定为不合格品。

6) 钢筋的加工

钢筋加工成型严格按经项目经理部审批过的钢筋下料单要求执行。

钢筋的加工包括：调直、除锈、下料剪切、弯曲成型等。

钢筋的调直主要采用调直机用冷拉方法调直，可调直直径为4～12mm的钢筋。粗钢筋可采用扳直的方法进行调直。

钢筋除锈主要采用钢丝刷或机动钢丝刷。带颗粒状或片状老锈的钢筋或除锈后有严重麻坑、蚀孔的钢筋，均不得使用。

钢筋切断采用钢筋切断机，可剪切直径小于40mm的钢筋。

钢筋弯曲采用成型机，可弯曲直径6～40mm的钢筋。HPB235级钢筋末端作180°弯钩时，其弯曲直径≥2.5d(d为钢筋的直径)；HRB335级钢筋作90°或135°弯钩时，弯曲直径≥4d；弯起钢筋中间部位弯折处的弯曲直径≥5d；用HPB235级钢筋制作的箍筋，其弯钩的弯曲直径应大于受力钢筋的直径，且不小于箍筋直径的2.5d。焊接箍筋应按设计要求规定设置，单面焊10d。

鉴于本工程特点和现场条件，对钢筋制作采取现场与加工场集中制作相结合的办法：即底板主筋在现场利用地坑内的变高度处和施工段的划分位置，适当安排就地制作成形，所有底板弯曲钢筋在加工场加工。竖向插筋、箍筋和结构层的梁、板配筋在加工场制作；柱、墙主筋争取在现场制作。

钢筋断料须根据钢筋部位、直径、长度和数量长短搭配，先断长料后断短料，尽量减少或缩短钢筋接头以节约钢材。

7) 钢筋的吊运和存放

成品钢筋在加工场制作成形后，在钢筋加工场内配全规格，分类堆放，附上标识，吊运时应按施工段的钢筋规格分类吊运到使用地点。此项工作要求周密计划、加工及时、上下抬运时前呼后应，协调一致、专人负责，严格按计划分批进行。钢筋在转运和存放时，不得损坏标志，并应按批，按规格，分别堆放整齐，避免锈蚀或油污。

8) 钢筋的接头

机械连接钢筋应符合国家标准《钢筋混凝土用热轧带肋钢筋》的要求，行业标准《钢筋机械连接通用技术规程》的有关规定。

基础底板钢筋、框架柱、墙内暗柱、墙体竖向钢筋连接的位置应避开最大受力部位。梁、板的底部钢筋应避免在跨中搭接或连接，上部钢筋应避免在支座连接。地下室的基础底板钢筋接头位置：上铁接头在支座左右各1000mm范围内，下铁接头在跨中2000mm范围内，接头位置应相互错开 35d 且受力钢筋机械连接接头数量在同一截面内应不大于50%。

基础底板、基础梁、框架梁水平方向钢筋≥Φ20采用套筒冷挤压接头，框架柱、剪力墙暗柱、剪力墙≥Φ20的竖向钢筋采用剥肋滚轧直螺纹接头，其余采用搭接连接。

① 钢筋冷挤压

钢筋冷挤压是在待连接的两根螺纹钢的端部套上钢套筒，用便携式大吨位液压挤压机挤压，使钢套筒产生塑性变形，变形了的钢套筒与钢筋横肋紧紧抱合形成一体的机械连接方法。这种方法克服了接头的脆性和绑扎搭接接头不能承受轴向偏心力的缺陷。

其特点：

接头性能可靠，达到日本建筑中心制定的《钢筋接头性能判定基准》的最优等级SA级。

所用挤压设备操作十分简单，无需专业技工。

无火作业，不受天气和自然环境的影响。

施工速度快。

节能、电功率仅为1.5kW，耗电量只有焊接的1/20～1/50。

可连接钢筋范围广。可连接国产直径18～40mm的各种规格的同径或异径钢筋，也可连接其他焊接性能不好的钢筋及各类进口的变形钢筋。

挤压钳轻便，能可靠连接各个方向的及密集的钢筋。

接头检验方便，用肉眼观察及测量压痕处直径即可判定接头是否合格，无需采用专门的无损探伤。

② 剥肋滚轧直螺纹

钢筋等强度剥肋滚轧直螺纹连接技术是先将钢筋的横肋和纵肋进行剥切处理后，使钢筋滚丝前的柱体直径达到同一尺寸，然后进行螺纹滚轧成型，该技术与直接滚轧直螺纹连接技术相比成型螺纹精度高、滚丝轮寿命长、等强度连接寿命高，其特点：

接头强度达到行业标准JGJ 107—2003中A级接头性能要求。

抗疲劳性好。

螺纹牙型好，精度高，不存在虚假螺纹，连接质量稳定可靠。

应用范围广，适用于直径16～50mmHRB335、HRB400级钢筋在任意方向和位置的同、异径连接。

可调套筒适用于拐铁等不能转动钢筋的连接。

施工速度快，螺纹加工提前预制，现场装配施工。

无污染、施工安全可靠。

节约能源，设备功率仅为3～4kW。

9）钢筋绑扎工艺

① 一般要求

钢筋工程绑扎前应先熟悉施工图及规范，核对钢筋配料表和料牌。核对半成品钢筋的品种、直径、形状、尺寸和数量，如有错漏，应立即纠正增补。由于本工程场地狭窄，存放成品钢筋易混乱，钢筋需按计划进行加工，并要及时做好清料工作，为钢筋绑扎节省时间。

绑扎形式复杂的结构部位时，应先研究逐根钢筋的穿插就位顺序，减少绑扎困难，避免返工，加快进度。

钢筋绑扎采用20～22号钢丝，所需钢丝规格根据钢筋直径而定，并符合有关规定。

根据布筋图，掌握好钢筋穿插就位的顺序及与模板等其他专业的配合先后次序，以减少绑扎困难，提高作业效率。

② 底板

底板钢筋下铁在铺设前应按图纸钢筋间距要求，在防水保护层上放线，先铺底板下层钢筋(一般情况下先铺短向钢筋，再铺长向钢筋)摆放钢筋横平竖直。

底板下铁保护层为35mm，保护层垫块采用预制的同强度等级细石混凝土块规格50mm×50mm×35mm，按1m左右距离梅花形摆放。

底板钢筋支撑采用马凳，马凳采用Φ20的钢筋加工而成，放置间距为1500mm，呈梅花状布置。

双向主筋的钢筋网，需将全部钢筋相交点扎牢。绑扎时应注意相邻绑扎点的钢丝扣要成八字形。

底板的钢筋绑扎时，应上下层同位，以利于混凝土的浇筑。底板的钢筋网片的交叉点应每点绑扎，且钢丝扣成八字形。

底板钢筋施工完毕后，根据施工图将外墙生根钢筋固定就位。

面筋绑扎后铺脚手板作为人行通道，不允许直接踩踏钢筋。

底板钢筋施工时，要及时安排穿插水电预埋管等工作。

③ 墙、柱

墙、柱钢筋绑扎时，应在墙、柱两侧搭设临时脚手架。

内墙、柱施工时，先立柱、暗柱竖向筋，绑扎柱、暗柱箍筋，再立墙体竖向筋，再由下至上绑扎墙水平筋。

墙钢筋的相交点应每点绑扎牢，绑扎时应注意相邻绑扎点的钢丝扣成八字形，以免网片歪斜变形。

柱箍筋弯钩叠合处应交错布置在四角纵筋上，箍筋转角与纵筋交叉点应每点绑扎牢，其他点可间隔扎牢。

墙的钢筋网的弯钩应朝向混凝土内。

在墙的两层钢筋网之间设置支撑铁，以固定钢筋间距，撑钢可用直径6～10mm的钢筋制成，长度等于两层网片的净距，两端涂刷防锈漆，间距为1m，梅花形布置。

墙、柱插筋与底板筋交接处要设定位筋，并与底板筋点焊牢固，防止根部位移；墙、柱插筋与底板上铁网片之间设Φ25的拉结筋，以确保插筋不位移。

墙的保护层用塑料卡保证厚度，塑料卡固定在钢筋上，间距1.0m×1.0m。柱沿四周布置，墙成梅花形布置。

④ 顶板、梁

顶板、梁筋施工时，顶板模板支设完毕后先将梁筋绑扎成型，再绑扎板筋下层铁，待设备预埋管线后，再绑扎上层铁。两层钢筋之间须加钢筋马蹬，以保证上部钢筋的位置。

梁筋应逐点绑扎，板筋除外围两行筋须逐点绑扎外，其余点可交错绑扎；但双向板、负弯矩筋相交点须全部绑扎。

梁筋绑扎时必须保证纵筋位置正确、端头弯钩朝向和保护层，严禁随意切割锚固端弯头以利绑扎。

保护层用塑料垫块保证厚度，间距为1m×1m，呈梅花状布置。

施工中设‘四腿方形’钢筋蹬(Φ18)上铺脚手板作为人行通道，防止上筋被踩踏变形，钢筋蹬高度350mm，浇筑完混凝土后取出，周转使用。

施工缝处应将配筋预埋甩出，甩出的钢筋最小长度应大于600，并大于搭接长度，接头位置错开应符合有关构造要求。

墙或柱与砖墙连接的配筋处理：墙、柱施工时，设置ϕ10贴模箍，且为焊接封闭箍。砖墙内水平拉结筋与贴模箍焊接。

板的下部钢筋不在跨中1/3搭接，上部钢筋不在支座范围搭接。

顶层梁(包括连梁)主筋锚固区全部绑齐箍筋。

梁纵向受力钢筋净距：上铁≥30mm或1.5d(d为上铁最大直径)，下铁净距≥25mm或钢筋直径。

(4) 模板工程

1) 主要材料

墙、连墙柱、梁、板模板主要采用双面覆膜多层板模板，独立柱采用可调截面组合式钢柱模板。

钢模板的材料要求：应为Q235钢，面板厚$\delta=4$mm，主肋板厚$\delta=10$mm，其余肋板厚$\delta=6$mm。

木多层板表面应平整，无脱胶、起皮、开裂等缺陷。

木方应采用平直、无裂纹的木材。

钢管为Φ48×3.5mm规格的，若有严重锈蚀、弯曲、压扁、裂缝等严禁使用。

扣件应符合《钢管脚手架扣件》(GB 15831—2006)的要求，若发现有脆裂、滑丝、变形的应禁止使用。

对拉螺栓采用ϕ12的HPB235级圆钢，外墙、消防水池外墙应用止水螺栓。

2) 模板的选型

① 底板

(A) 根据设计要求，底板垫层伸出底板边100mm，为便于砖胎墙施工，浇筑垫层时，将垫层伸出底板边300mm。

底板侧模采用240mm厚砖墙，砖墙直接砌在混凝土垫层上。导墙概述：基础底板四周有地梁，地梁高出底板1200mm，上表面与地下室外墙相接，故可把地梁看作外墙导墙。

浇筑底板混凝土前，砖胎墙以外回填夯实，外导墙设置钢板止水带，如图2-10所示。

图2-10　外导墙设置钢板止水带、模板

(B) 底板集水坑模板配置见表 2-9。

底板集水坑模板配置　　表 2-9

序号	项　目	内　容	备　注
1	模板面板	15mm 厚胶合板	
2	模板背肋	50×100 木方	局部 100×100 木方
3	支　撑	50×100 木方和可调钢管支撑配合使用	大集水坑用钢管支撑
4	配　重	预制混凝土块做配重	
5	钢 丝 网	用于集水坑底部	钢丝网与钢筋绑牢

底板集水坑模板的支设见图 2-11。

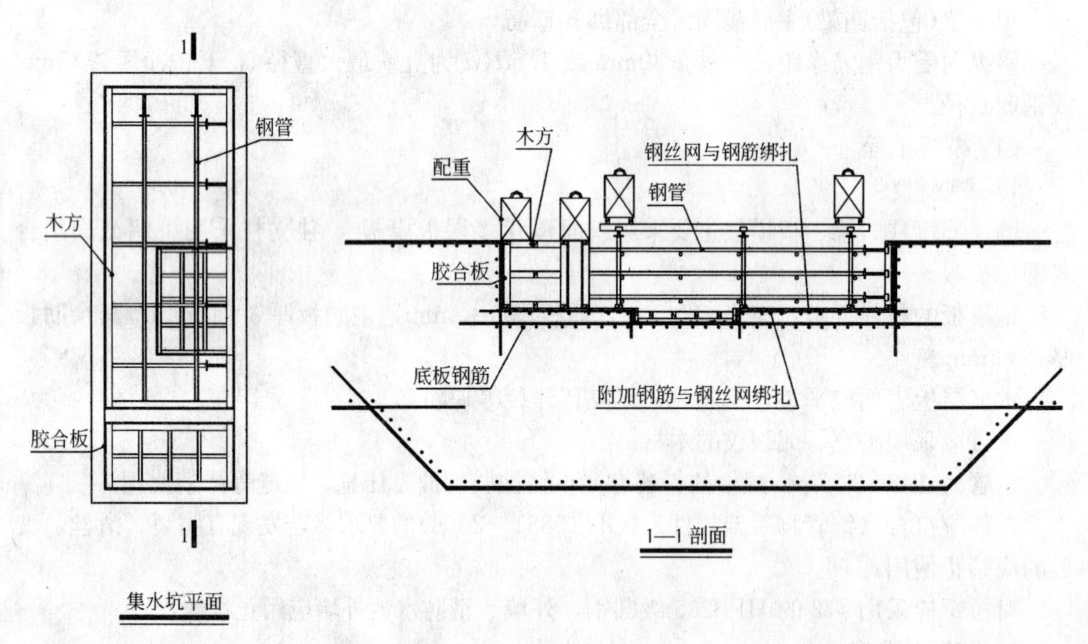

图 2-11　底板集水坑模板的支设

如图 2-11 所示，先铺设集水坑底面的钢丝网两层，钢丝网与集水坑的上层筋绑扎在一起，并保证上部钢筋的保护层厚度。根据集水坑的尺寸将钢丝网每间隔 450mm 剪出一个 ϕ70 洞，以方便振捣混凝土，边侧的振捣洞距集水坑边侧不小于 300。然后在钢丝网上绑扎一排Φ 20@250 钢筋，防止在浇筑混凝土时钢丝网上浮。

将集水坑的侧模按照集水坑位置线支设，侧模的背后设置 50×100 木方做龙骨，再支设横撑和斜撑固定集水坑侧模，并保证集水坑侧模的垂直度。

(C) 基础底板后浇带模板

(a) 后浇带概述：该工程在 G 轴～G1 轴间和 N1 轴～P 轴间各设一道后浇带，后浇带处底板厚度为 2500mm。

(b) 后浇带模板支设：

基础底板后浇带模板采用双层网眼 5mm×5mm 钢丝网后背Φ 16 钢筋，钢筋用钢丝与钢板网绑牢，底板2500mm高，采用钢管支撑，局部用木方支撑。

模板支设见图2-12，底板混凝土浇筑时，混凝土侧压力过大，后浇带模板支好后，须增设配重，防止混凝土浇筑时模板倾覆。

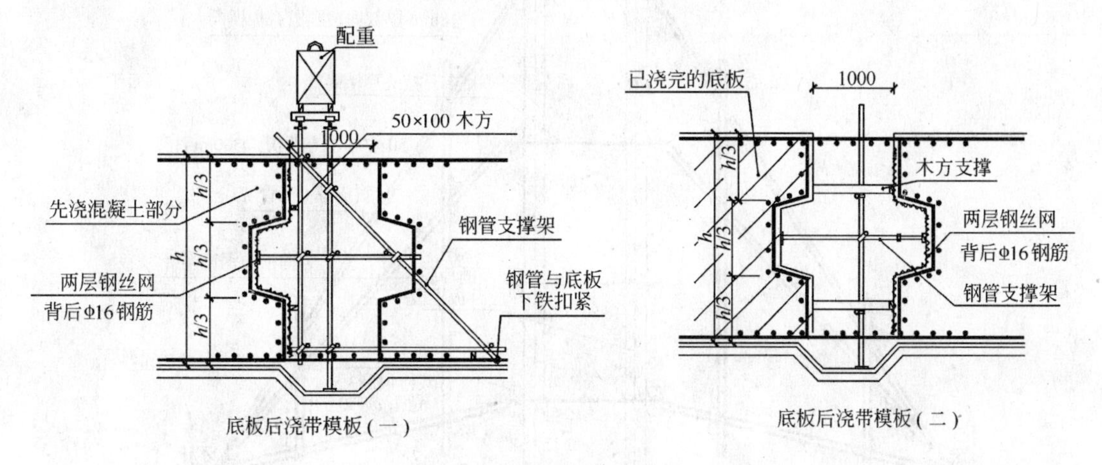

图2-12　底板后浇带模板

② 地下室外墙

施工底板时，导墙浇筑300mm高，外墙模板夹住导墙，下包200mm，模板下部用100×100木方垫起。

地下室外墙墙体模板采用多层板模板，板厚18mm。

模板竖肋采用50×100木方，间距@300mm，木方与面板间以钉子进行连接。

模板横背楞采用双根ϕ45×3.5钢管，钢管间距450mm，最下面一道距底板300mm，即距模板下口200mm。

外墙对拉螺杆采用三节头对拉螺栓，其上必须焊60×60×3厚的止水环。

穿墙螺栓纵横方向间距均为450mm。

模板采用配置标准块模板，以便模板施工完地下室后，可以作为水平模板使用。

③ 地下室内墙

地下室内墙墙体模板采用多层板模板。模板形式同外墙模板。

内墙模板的穿墙螺栓采用对拉螺栓。对拉螺栓采用ϕ12钢筋套丝，加塑料套管，用以提高对拉螺栓周转次数。模板形式如图2-13所示。

④ 柱

独立柱采用可调截面组合式钢柱模板。截面可以从600mm×600mm～950mm×950mm。

模板高度为：2400mm＋900mm＋300mm。

⑤ 顶板、梁

顶板模板为18mm厚多层板。

次格栅为100mm×50mm木方间距@300。

主格栅为100mm×100mm木方，间距@900。

主格栅支撑在碗扣式脚手架上，脚手架顶托间距@900。

梁模板采用18mm多层板支设，采用侧模包底模、楼板模压梁侧模的施工方法。

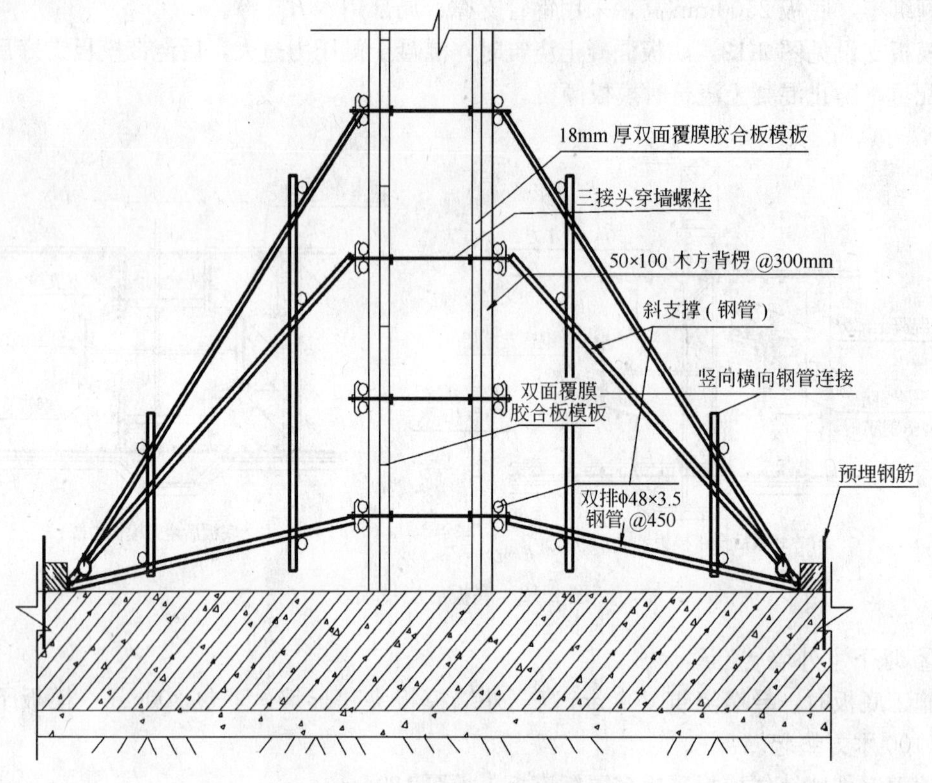

图 2-13 地下室内墙模板

门窗洞口模板采用 18mm 厚的胶合板，底模拼装前先按尺寸在下面放好大样，准确无误后制作；找准水平线、标高，然后安装，并用木方支撑牢固。侧模采用胶合板，侧模立好后，采用钢管或木方做背楞，短钢管做夹具，设置斜支撑，角度为 45°，间距为 400mm 一道，上口夹具采用钢管支撑固定好断面尺寸，固定前必须拉线找直校正。

所有洞口和预留洞口必须按尺寸用胶合板定型制作好，在顶板上放好尺寸线后进行安装。

所有的模板在使用前必须清理干净、校直，并刷脱模剂。在固定前必须先检查轴线、标高、断面尺寸，相符后方可固定。

3）施工准备

在浇筑底板混凝土时，木工应及时在墙、柱周边按照一定间距预埋≥φ 25 的钢筋和一定数量的钢筋环，钢筋外露长度不小于 200mm，其与墙柱的距离为 3/4 墙柱高，做为支设模板的固定点、支撑点及校正点。

木工组应提前熟悉图纸，施工技术队长向作业班组进行详细并有针对性的书面技术和安全交底，并上报总包项目经理部审批。

木工放样人员应当根据施工流水段和图纸中的具体节点，提前进行模板翻样工作以保证支设模板的质量，以便及时发现问题进行更改，为加快施工速度提供可靠保证。

模板工程施工前，墙柱钢筋必须通过隐蔽验收，并放好塑料卡子和钢筋定位撑等。

钢模板进场后，必须按照模板的设计要求进行组装、校正调整，达到标准后认真涂刷脱模剂(严禁使用废机油做脱模剂、严禁在模板就位后涂刷脱模剂)，脱模剂应当涂刷均匀无漏刷现象；多层板进场后必须满刷一层面板保护剂，以增加面板硬度，提高模板的周转使用率，提前配模时必须保证模板具有足够的强度和刚度，并将配制的模板进行编号。

为了保证柱子截面尺寸准确，在模板加工时应使加工尺寸比图纸尺寸小 3～4mm，以便混凝土浇筑成型后的实际尺寸和图纸尺寸的偏差在规范允许的范围之内。

模板支设前应在楼地面上弹好墙柱中心线和截面边线、门窗洞口线、支模控制线，并核对标高找平支模地面。

为防止模板下口跑浆和控制烂根的发生，安装模板前应在模板下口抹 20mm 厚同强度等级水泥砂浆做找平层，但不能吃进墙柱内，此项工作必须在支模前 2～3 天完成，以确保砂浆的强度(墙柱根部焊接限位件，以控制墙柱截面尺寸)。

模板施工前，各种材料(包括对拉螺栓、止水型对拉螺栓、止水钢板)等应当提前进场，经检查合格后方可使用。

4) 模板安装

① 一般要求

安装模板前应再次复核墙柱边线和支模控制线是否准确，无误后方可进行模板的安装工作。

支设模板时(除电梯井墙体外)必须执行负偏差，即比墙体厚度小 4mm，以保证混凝土浇筑成型后的实际尺寸和图纸尺寸的偏差在规范允许的范围之内；而电梯井墙体支模必须执行正偏差，即混凝土施工后的电梯井内筒尺寸应比图纸尺寸大＋4～＋5mm，为下一步的电梯安装提供方便。

地下室外墙模板安装采用止水型的三接头穿墙螺栓，待墙体混凝土施工后，拧除冒出墙面的螺杆后拆除模板，再拧出锥形接头，并用 1∶2 防水砂浆抹平墙面，为下一步做外墙防水创造条件(如图 2-14 示意)。其余墙、梁用的拉杆螺栓形式为对拉螺栓，施工时外面套 PVC 塑料管。所有对拉螺栓均应采用双螺母连接，模板下部分的 5 道(内侧、外侧)水平螺栓应将螺母与螺杆焊接，以确保模板刚度和强度要求。

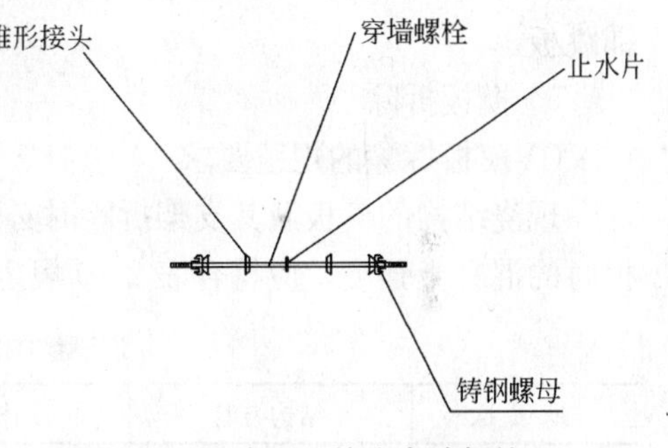

图 2-14　止水型三接头穿墙螺栓

由于层高较大，因此柱墙模板支架搭设必须按照架子搭设安全要求进行施工，必须保证其具有足够的强度、刚度和稳定性，柱模支架必须搭设双立杆形式的，上部有操作平台、护栏，并满铺钢跳板。

钢管支撑架必须使用扣件，水平钢管接头必须使用接头扣，并错开搭接。各杆件相交处，杆件向外伸出的端头应大于 100mm，以防止滑扣。

地下室外墙支撑材料采用 ϕ48×3.5mm 的钢管和 50×100 的木方，外墙的外侧支撑在边坡上，后垫≥50mm 厚的木板；内侧支撑在底板上，模板根部坐落在模板支架上，利用施工导墙时遗留下的对拉螺栓来紧固模板下口以防止胀模。

② 楼梯模板

楼梯模板采用木多层板，根据楼梯几何尺寸进行提前加工，现场组装，要求木工提前放样，局部实测实量，支架采用 $\phi 48\times 3.5$mm 钢管。

楼梯模板质量要求：(A)楼梯各点标高及各部分尺寸必须准确；(B)楼梯底板应平整，上下应顺平；(C)整个楼梯模板必须牢固、稳定；(D)底板和侧帮的拼缝应严密，防止漏浆；(E)楼梯踏步施工应让出建筑做法。

③ 梁板施工

梁模配量应满足流水施工的要求，板缝拼严，以免混凝土跑浆。

支撑用碗扣支撑，间距 900mm×900mm。为提高顶板模板的周转速度，拆模时间，支撑采用快拆柱头，间距 1800mm×1800mm，此柱头要求上下楼层在同一竖向截面上。

采取早拆方法支设顶板模板，养护支撑头拆除时必须待其混凝土达到设计强度的 100%而且上层梁板混凝土已浇筑 3 天后才可以拆除。

梁板采用梁侧模包底模、楼板模压梁侧模的施工方法，并采用早拆工艺，以加快模板周转。

所有梁高≤600mm 时，设一道拉杆螺栓，梁高≥600mm 时设置二道拉杆螺栓。

梁模支架搭设采取双立杆的形式，当梁宽≥1000mm 时，梁下支架为 3 根立杆，以确保支架的承载力满足施工要求。

板模支架搭设必须符合安全要求，以保证其刚度、强度和稳定性，满樘红支架立杆间距≤1.2m，水平横杆步距≤1.4m，底部加扫地杆。因层高较大，必须搭设剪刀撑以满足整体稳定，下层要设置安全通道供施工和检查人员通行方便，另外应当在模板支架的端部设置人员上下的钢管爬梯。

所有架子工操作时必须带好安全帽、系好安全带，施工时必须挂好固定点，工作面满铺跳板。

5）模板拆除

① 模板拆除的规范要求

现浇结构的模板及其支架拆除时必须填写拆模申请单经质量部门批准后方可拆模，拆模时的混凝土强度，应符合表 2-10 规定，且满足下列要求：

现浇结构拆模时所需混凝土强度 **表 2-10**

项次	结构类型	结构跨度(m)	按设计的混凝土强度标准值的百分率计(%)
1	板	≤2	50
		>2，≤8	75
		>8	100
2	梁	≤8	75
		>8	100
3	悬臂构件		100

注：表中"设计的混凝土强度标准值"系指与设计混凝土强度等级相应的混凝土立方体抗压强度标准值。

侧模：在混凝土强度能够保证表面棱角不因拆除模板而受损坏后方可拆除；

底模：当同条件养护的混凝土试块强度符合规定后方可拆除；

后浇带模板：待浇筑完混凝土强度达到混凝土标准值 30%时拆除模板，并将此处的混凝土凿毛，钢丝网将留置于混凝土中。

(A) 基础底板处后浇带防护：在后浇带两侧砌筑三皮砖，砖上覆盖木龙骨、多层板及防水薄膜，砖外侧抹防水砂浆，防止上部雨水及垃圾进入后浇带而腐蚀钢筋，减少日后对后浇带处垃圾清理的难度(见图 2-15)。

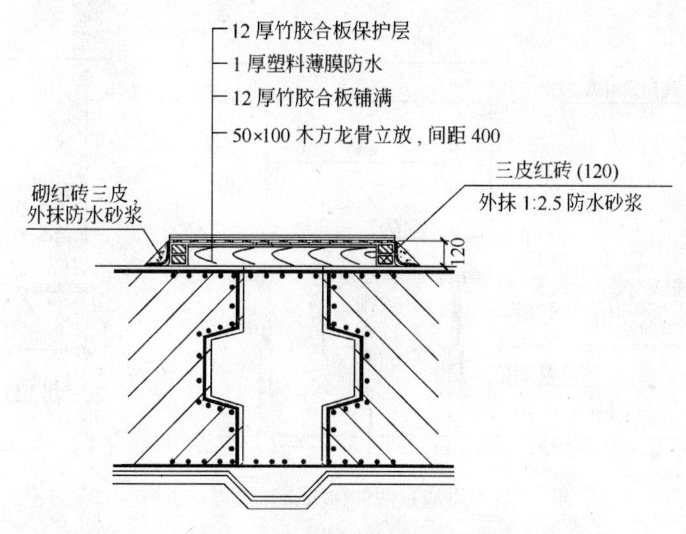

图 2-15　底板后浇带保护示意图

(B) 梁、板处后浇带防护：为保证施工安全，后浇带设置挂网防护，做法如图 2-16 所示。

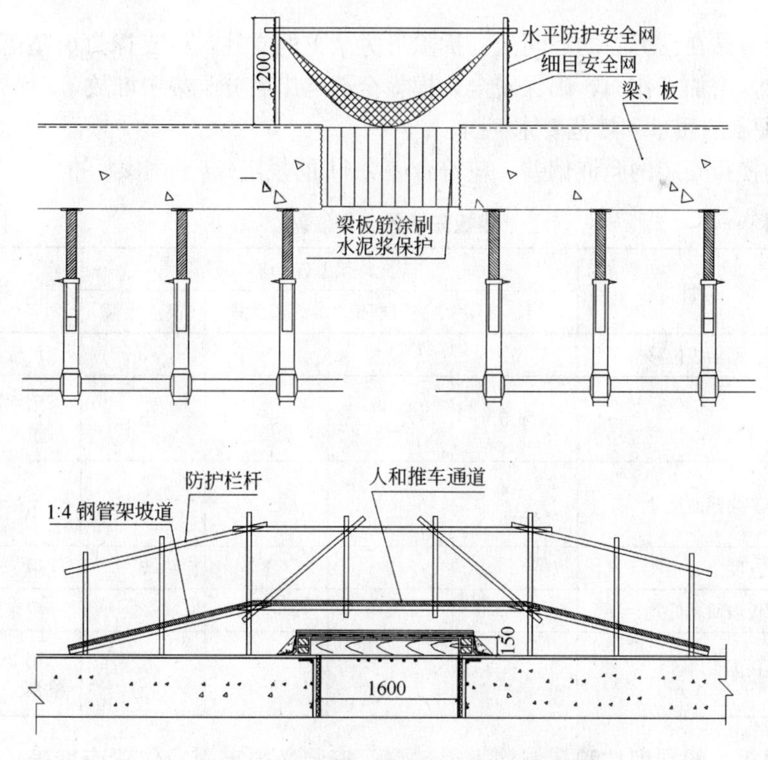

图 2-16　后浇带搭设通道和水平网防护

(C) 后浇带两侧梁板支撑：在后浇带混凝土浇筑之前施工期间，该跨梁板的底模及支撑均不得拆除。当悬挑端长度≤2m时，设置1排支撑；当悬挑端长度>2m时，设置2排支撑，见图2-17。

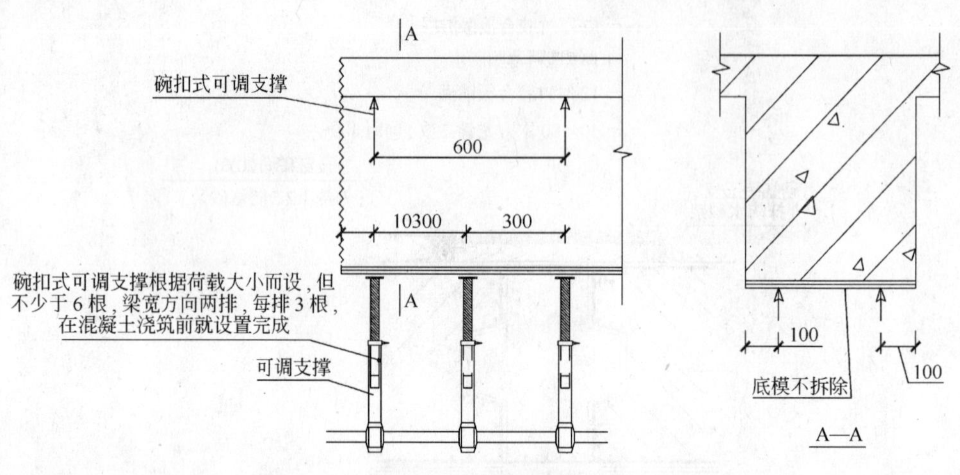

图2-17　后浇带两侧梁板支撑设置示意图

② 楼板、梁模板拆除

在达到拆模强度后，应先拆除梁侧模、阴阳角模板；再拆除楼板模，楼板模应先拆除水平拉杆、竖向支撑，然后拆除楼板模；每根梁留1～2根支撑柱暂不拆，在达到100%强度后再拆除。

操作人员应站在已拆除的空间处。拆除近旁余下的支柱，待支撑自由坠落，拆下的模板要逐块递出，增加工作面，确保安全。模板全部运出后分类集中堆放。

6) 模板配制的质量和规范要求

现浇结构模板安装的允许偏差，应符合表2-11的规定(高于国家标准)。

模板安装的允许偏差　　**表2-11**

项次	项　目	允许偏差(mm)				检查方法
		单层、多层	高层框架	多层大模	高层大模	
1	柱、墙、梁轴线位移	5	3	5	3	尺量检查
2	标高	±5	+2 −5	±5	±5	用水准仪或拉线和尺量
3	柱、墙、梁截面尺寸	+4 −5	+2 −5	±2	±2	尺量检查
4	每层垂直度	3	3	3	3	用2m托线板检查
5	相邻两板表面高低差	2	2	2	2	用直尺和尺量检查
6	表面平整度	5	5	2	2	用2m靠尺和塞尺检查

固定在模板上的预埋件和孔洞均不得遗漏，安装必须牢固，位置应准确，其允许偏差应符合表2-12的规定(高于国家标准)。

预埋件和预留孔洞的允许偏差　　表 2-12

<table>
<tr><th rowspan="2">项次</th><th rowspan="2" colspan="2">项　目</th><th colspan="4">允许偏差(mm)</th><th rowspan="2">检查方法</th></tr>
<tr><th>单层、多层</th><th>高层框架</th><th>多层大模</th><th>高层大模</th></tr>
<tr><td>1</td><td colspan="2">预埋钢板中心线位移</td><td>3</td><td>3</td><td>3</td><td>3</td><td rowspan="6">拉线和尺量检查</td></tr>
<tr><td>2</td><td colspan="2">预埋管、预留孔中心线位移</td><td>3</td><td>3</td><td>3</td><td>3</td></tr>
<tr><td rowspan="2">3</td><td rowspan="2">预埋螺栓</td><td>中心线位置</td><td>2</td><td>2</td><td>2</td><td>2</td></tr>
<tr><td>外露长度</td><td>+10
0</td><td>+10
0</td><td>+10
0</td><td>+10
0</td></tr>
<tr><td rowspan="2">4</td><td rowspan="2">预留洞</td><td>中心线位置</td><td>10</td><td>10</td><td>10</td><td>10</td></tr>
<tr><td>截面内部尺寸</td><td>+10
0</td><td>+10
0</td><td>+10
0</td><td>+10
0</td></tr>
</table>

现浇钢筋混凝土梁、板，当跨度等于或大于 4m 时，模板应当起拱；起拱高度宜为全跨长度的 1/1000～3/1000。

所有木方都用压刨制成相同规格，才能上墙支模，板缝必须拼严，以免跑浆。

(5) 混凝土工程

该工程结构争创“××杯”，所有混凝土面层均以达到清水混凝土为条件。工程采用商品混凝土供应，现场混凝土每小时浇筑量为 60m³，搅拌站要求有可靠的施工保证措施，能确保混凝土连续浇筑的要求。

各部位混凝土的具体施工强度等级详见图 2-13 所示。

各部位混凝土强度等级　　表 2-13

部　位	强度等级	数量(m³)
底板	C35	2400
地下室墙	C40	1200
地下室柱	C55	280
地下室顶板梁	C40	1700

1) 混凝土原材料

混凝土外加剂的性能或种类，必须符合当地建委所规定批准使用的品种和生产厂家，并报监理工程师认可后方准使用。

在施工基础底板时，为了有效地控制混凝土的有害裂缝的产生，降低水泥水化热，充分利用混凝土的后期强度，拟优先选用低水化热的矿渣硅酸盐水泥(42.5R)。

在施工立面墙、柱及顶板、梁的混凝土，优先选用 42.5R 以上的普通硅酸盐水泥和早强型硅酸盐水泥。

细骨料宜选用质地坚硬，级配良好的粗砂，其含泥量不应超过 2%。粗骨料选择 0.5～4.0cm的级配机碎石。

企业中心实验室重点对混凝土的质量进行监控，以确保工程质量。

2) 混凝土配合比的确定

混凝土配合比由混凝土搅拌站根据根据设计要求、施工条件，所使用的原材料种类，通过计算和试配确定各种材料的用量，包括其他外掺剂的用量，如粉煤灰、减水剂、缓凝剂，同时确保混凝土的可泵送性，混凝土的坍落度控制在14～16cm之间，且要求搅拌站满足全部结构工程防止碱骨料反应的要求，采用A种或B种低碱活性骨料(膨胀0.06%)，优先选用低碱水泥，混凝土含碱量不得超过5kg/m³，当采用C种碱活性骨料配制混凝土时，应采用低碱水泥或低碱外加剂，混凝土含碱量不得超过3kg/m³，搅拌站应出具不同强度等级混凝土每m³含碱量的计算书。

3）浇筑前的检查和准备工作

混凝土的浇筑必须各方面协调统一方可顺利施工。混凝土浇筑前由工程部先进行各方面协调、联络和布置，施工时处理各种关系。

在劳动力的配备上充分考虑搅拌、运输、浇筑、换班各个环节因素的影响。

努力通过居委会作好居民工作，取得居民的谅解，争取混凝土浇筑连续进行。

对模板及其支架、钢筋、保护层、预埋件和预留洞进行检查，保证模板内的杂物和钢筋上的油污已清理干净，缝隙和孔洞已堵严。做好模板预检、钢筋评定和隐蔽验收，符合要求后方可开盘。

对施工缝进行处理，清除水泥浮浆和松动的石子以及软弱混凝土层，冲洗干净且不得有明显积水。

泵送混凝土必须保证混凝土泵能连续工作，输送管线宜通直，转弯要缓，接头要严密。管道尽量不向下倾斜，以防止进入空气产生堵塞，泵送混凝土前先用与混凝土配比相同的水泥砂浆润湿泵管内壁，并试泵以保证混凝土能正常施工。

所有混凝土罐车都必须在车上挂出混凝土强度等级牌。

底板混凝土浇筑前应检查柱、墙位置是否正确，是否遗漏相邻部位的插筋，以免造成后患。

搅拌机、手推车、振动棒等机具均应在浇筑前进行检查和试运转，同时要配有专职机修工，随时检修，在混凝土浇筑期间，必须保证水、电、照明不中断。在浇筑混凝土前，模板内的垃圾、木片等杂物应清理干净；封堵柱墙模板中的清扫口以及其他缝隙、孔洞，以防漏浆。

检查安全设施、劳动力配备是否妥当，能否满足浇筑速度的要求。

为保证底板、梁、楼板等混凝土浇筑完毕后的标高符合图纸设计要求，在浇筑前利用钢筋上的标记拉线以便控制浇筑时的标高。

4）混凝土的运输和浇筑

① 混凝土的运输：

混凝土在运输过程中，应保持其匀质性，做到不分层、不离析、不漏浆。混凝土运至浇灌地点时，应具有规定的坍落度。同时应保持现场运输道路的通畅。

场内混凝土施工时采用地泵和塔吊配合作业。

② 浇筑时间和振捣机具：

为尽可能防止扰民和保证混凝土运输条件，浇筑时间尽可能安排在周末进行。振捣棒拟采用德国进口低噪声振捣棒，尽可能减少噪声污染。

③ 振捣方式：

最大段底板平面约43.6mm×43.2m，各段根据施工部位由西向东，再由南向北按顺序推进。

由于泵送混凝土坍落度大，混凝土斜坡摊铺较长，故混凝土振捣由坡脚和坡顶同时向坡中振捣，振捣棒必须插入浇筑层底。

④ 混凝土温度控制

根据混凝土温度应力和收缩应力的分析，必须严格控制各项温度指标在允许范围内，才不使混凝土产生裂缝。

控制指标：

温升值在浇筑入模温度的基础上不大于35℃；

混凝土里外温差不大于25℃；

降温速度不大于1.5～2℃/d；

控制混凝土出罐和入模温度；

拆模时混凝土表面温度与环境温度差不大于15℃；

浇筑间歇时间：混凝土浇筑允许间歇时间(单位：min)见表2-14。

混凝土浇筑允许间歇时间(单位：min)　　**表2-14**

混凝土强度等级	气温	
	≤25℃	＞25℃
≤C30	210	180
＞C30	180	150

5）混凝土的振捣

混凝土浇筑时要按照有关规定分层浇筑、分层振捣，螺旋式上升。梁板混凝土应同时浇筑，施工中混凝土严禁加水。

在浇筑工序中，应控制混凝土的均匀性和密实性，混凝土拌合物运到浇筑地点后，应立即浇筑入模。

混凝土自吊斗口下落的自由倾落高度不得超过2m，浇筑高度如超过3m时，采用串筒措施。

浇筑过程中，设专人观察模板、支架、钢筋、预埋件和预留洞的情况，发现情况及时处理。

施工缝位置，宜沿次梁方向浇筑楼板混凝土，施工缝应留置在次梁跨中间的1/3范围内。施工缝的表面应与梁轴线或板面垂直，不得留斜槎，施工缝宜用木板或钢丝挡牢。

振动器采用插入式振动棒，振动棒的操作，要做到“快插慢拔”，在振捣过程中，应将振动棒略为抽动，以使上下振捣均匀。混凝土采用分层浇筑，每层厚度不超过振动棒长的1.5倍即50cm；振捣上一层混凝土要在下层混凝土初凝之前进行，并且振动棒要插入下一层混凝土5cm左右，以消除两层间的接缝。每一插点的振捣时间大约为20～30s即以混凝土表面呈水平不再下沉和出现气泡，表面泛出灰浆为准。

浇筑混凝土应连续进行，如必须间歇，其最大间歇时间不得超过210min(包括运输和浇筑时间)，且应在前层混凝土凝结之前将次层混凝土浇筑完毕。浇筑混凝土时，必须留有专人看筋看模，注意钢筋和模板的变化，浇完混凝土后必须立即校正钢筋。

振动器插点均匀排列，采用交错式的次序移动。每次移动位置的距离应不大于振动棒作用半径的1.5倍即不大于50cm。振动器使用时，不应靠近模板，尽量避免碰撞钢筋、预埋件等。

6）底板混凝土的浇筑

底板混凝土施工，要严格控制内外温差，控制降温速度，减小温度梯度，使其温度应力和收缩应力达到其不至于使混凝土块体产生贯穿性的裂缝和表面温度裂缝的宽度不得大于0.5mm。

为了保证底板混凝土的整体性，在施工缝连接处不出现薄弱点，施工缝处采用两层钢网封堵，一层网片为细钢丝网，另一层为钢板网，利用钢筋进行加固，即可保证混凝土之间的有效连接，还可视为模板使用。施工缝断面作成齿形，同时设置加强钢筋，确保该断面处的有效结合。

由于底板侧边防水采用多层板临时保护，浇筑时撤走，浇筑时振捣棒插点距外边不小于40cm以外以免破坏防水。

7）柱的混凝土浇筑

柱子浇筑采用塔吊浇筑，采取分段流水作业方式进行。

柱子浇筑前底部应接5～10cm厚与混凝土配合比相同的减半石子混凝土，柱混凝土分层振捣，使用插入式振捣器时每层厚度不大于50cm，振捣棒不得触动钢筋和预埋件。除上面振捣外下面要有人随时敲打模板。

柱高超过3m时应采取措施可用串筒式在模板侧面开门子洞装斜溜槽分段浇筑，每段的高度不得超过2m，每段浇筑后将门子洞封实，并用箍箍牢。

每层柱子混凝土应一次浇筑完毕，施工缝应设在主梁下边。在浇筑柱子与楼板梁相交处时，节点采用梁板混凝土强度等级。附墙柱混凝土强度等级同墙。

8）梁板混凝土浇筑

由于梁板 体积较大，采用两台地泵连续进行浇筑并由1台塔吊配合。

该工程楼板的梁板应同时浇筑，浇筑方法应由一侧开始用“赶浆法”，即先将梁根据梁高分层浇筑成阶梯形，当达到板底位置时再与板的混凝土一起浇筑，随着阶梯形不断延长，梁板混凝土浇筑连续向前推进。

梁板可用插入式振捣器顺浇筑方向边浇筑边振捣，并用铁插尺检查混凝土厚度。振捣完毕后用长抹子抹平，施工缝处或预埋件、插筋处用抹子找平。浇筑板混凝土时不允许用振捣棒铺摊混凝土。

沿着次梁方向浇筑楼板，施工缝应留置在次梁跨度的中间三分之一范围内，施工缝的表面应与梁轴线或板面垂直，不得留斜槎。

施工缝处必须待已浇筑混凝土的抗压强度不小于1.2MPa时，才允许继续浇筑，在继续浇筑混凝土前，施工缝混凝土表面应凿毛，剔除浮动石子并用水加以充分湿润和冲洗干净，接浆后继续浇筑混凝土，应细致操作振实，使新旧混凝土紧密结合。

9）墙混凝土浇筑

剪力墙浇筑混凝土前，先在底部均匀接一层5cm厚与墙体混凝土同配比的水泥砂浆，并用铁锹入模，不应用料斗灌入模内。

地下室每层外墙的水平施工缝设置在顶板的下底边处。核心筒的施工缝留设与做法同外墙。

10）地梁混凝土的浇筑

混凝土浇筑前必须检查轴线、标高，混凝土宜连续浇筑。

11）混凝土拆模

基础、地梁、墙柱的侧面模板应在混凝土强度能保证其表面及棱角不因拆模而受损时，方可拆除。梁、顶板底模应在与结构同条件养护的试件达到75%强度时，方可拆除。

12）施工缝的留置和处理

在施工缝处继续浇筑混凝土时，已浇筑的混凝土抗压强度不应小于1.2N/mm²；混凝土达到1.2N/mm² 的时间可通过试验利用混凝土试块决定，同时必须对施工缝进行必要的处理。且应清除施工缝处的水泥薄膜、表面上松动的石子和软弱混凝土层，同时应凿毛，用水冲洗干净并充分湿润。施工缝处的钢筋上的垃圾、油污、水泥浆、浮锈表面上松动砂石和软弱混凝土层等杂物应清除，同时钢筋周围的混凝土不得松动和损坏。

在浇筑前，施工缝应先铺上10～15mm厚同配合比水泥砂浆一层。从施工缝处开始继续浇筑时，要注意避免直接靠近缝边下料，机械振捣前宜向施工缝处逐渐推进，并距80～100cm处停止振捣，但应加强对施工缝处的捣实工作，使其紧密结合。另外要做到钢筋周围的混凝土不松动和损坏。

地下室平面、竖向施工缝采用高低‘凹’缝形式，用100×100木方支设。

浇筑间隙不得超过2h，对于接缝处应仔细振捣密实。终凝后，立即进行养护。

13）试块制作

混凝土抗压强度，应以边长150mm的立方体试件，在温度20±3℃和相对湿度为90%以上的潮湿环境或水中的标准条件下，经28d养护后试压确定。试件必须在现场制作。

每个单位工程，每盘且不超过100m³ 的同配合比的混凝土取样不得少于一组，或同配合比的混凝土一次连续浇筑的工程量小于100m³ 时，取样不得少于一组，现浇楼层每层取样不得少于一组；同时留置同条件养护的试件一组，以便检查结构的拆模强度；还应留置试验总次数30%的见证取样试块，试验总次数在20次以下的不得少于6组。

14）现浇混凝土结构质量标准见表2-15(高于国家标准)。

现浇混凝土结构质量标准　　表2-15

项　目		允许偏差(mm)	检验方法
		高层框架	
轴线位移柱、墙、梁		5	尺量检查
标高	层高	±5	用水准仪或尺量检查
	全高	±30	
柱、墙、梁截面尺寸		±5	尺量检查
柱墙垂直度	每层	5	用经纬仪或吊线
	全高	H/1000且不大于20	和尺量检查
表面平整度		8	用靠尺和楔形塞尺检查
预埋钢板中心线位置偏移		10	尺量检查
预埋管、预留孔中心线位置偏移		5	尺量检查
预埋螺栓中心位置偏移		5	尺量检查
预留洞中心线位移		15	尺量检查
电梯井	井筒长宽对中心线	+25～0	吊线和尺量检查
	井筒全高垂直度	H/1000且不大于30	

(6) 脚手架工程

1) ±0.00 以下外墙结构拟采用双排脚手架 Φ48 钢管搭设。

2) 浇筑墙柱用双排脚手架满铺脚手板并可靠支撑，设置护身栏。

3) 所有脚手架搭设完毕后需经安全部门验收合格后方可使用。

4) 梁、顶板采用碗扣式脚手架进行支撑。

(7) 回填土

1) 基槽回填随结构施工同步进行。

2) 建筑物边坡与外墙之间用 2∶8 灰土自下而上回填并分层夯实，掌握好土的最佳含水率。

3) 回填土施工过程中进行干容重的检测，同时作好施工记录。

(8) 冬期施工措施

1) 项目部成立冬期施工领导小组，负责组织、布置、检查，落实等工作。

2) 现场仔细规划，合理利用，确保消防道路通畅。

3) 现场准备足够的阻燃草帘，用于材料、作业面等的苫盖。

4) 冬期施工期间应对机具、机械、电器设备进行全面检查，确保安全运行。

6. 主要管理措施

(1) 技术管理措施

1) 一般要求

① 放样和技术资料管理：放样力求准确，技术资料分档齐全。

② 测量和试验管理：测量确保精确无误，试验做到取样及时，不漏做，不少做。

③ 施工总平面图管理：材料、机具堆放严格按照总平面图布置的位置堆放。

④ 在浇筑墙体混凝土时，由于墙体混凝土对模板的侧压力较大再加上振捣器的振捣很容易造成胀模或跑模现象发生，因此在浇筑混凝土时一定要派专人看护，一旦发生问题及时补救。

⑤ 浇筑混凝土时应注意避免下列问题发生：

搅拌与振捣不足，使混凝土不均匀、不密实，造成局部砂浆过少；

模板接缝不严，浇筑混凝土时严重漏浆；

模板表面未清理刷油，附有水泥浆渣等杂物；

下料过高使石子集中；造成石子与砂浆分层离析。

⑥ 加强成品保护意识，保证钢筋不受油污、锈蚀。交叉施工时，各工种对上道工序的成品、设备必须进行检查和办理书面接交手续。

2) 控制温度和收缩裂缝的技术措施

① 选择低水化热的水泥品种，如矿渣硅酸盐水泥；

② 严格参照专项施工方案执行；

③ 加强施工中的测温工作；

④ 改善约束条件，消减温度应力；

⑤ 提高混凝土的极限拉伸强度。

3) 混凝土裂纹控制措施

底板混凝土中裂纹的产生和发展，应主要从降低混凝土温度应力和提高混凝土的极限抗拉强度来控制，因此确保施工过程的各个环节都是非常重要的，具体措施如下：

① 在满足设计强度要求的基础上，控制水泥用量，以减少混凝土内部温度；

② 混凝土中掺加防冻剂；

③ 严格控制砂、石质量，采用中砂，石子采用 5～30mm 级配石，含泥量控制在 1.5%，可提高混凝土的抗拉强度；

④ 混凝土浇筑终凝后，及时苫盖，以利蓄温，减少混凝土快速收缩而产生的裂纹；

⑤ 浇筑底板混凝土时，预先在底板四周外模上留设泄水孔，在浇筑混凝土前应清理畅通，以使混凝土表面泌水排出；当混凝土浇筑到靠近尾声时，将混凝土泌水排集到模板边，然后排出；混凝土底板浇筑振捣找平标高到位后，待混凝土收水初凝时，用铁抹子将其表面压光两遍，立即严密苫盖塑料薄膜，不留脚印，严格控制不得上人；

⑥ 浇筑过程中混凝土的泌水要及时处理，免使粗骨料下沉、混凝土表面水泥砂浆过厚致使混凝土强度不均和产生收缩裂缝。

(2) 安全管理措施

施工人员进场，必须经过三级安全教育并经考试合格后方可上岗特殊工种必须持证上岗。

预防触电事故发生。电源电箱必须设分级保护，振动棒要设有开关箱，并装有漏电保护器。

人工运输钢筋时避免撞击伤害，现场抬运钢筋时，注意钢筋两端碰伤其他人员，放筋时口令一致。

脚手架、机具设备必须经验收合格后方可使用。

振捣手应穿胶鞋和戴绝缘手套。

所有临时用电必须由电工接至作业面，禁止非专业人员私搭乱接。机电设备操作人员按规定使用好个人防护用品，其他非操作人员禁止操纵机电设备。

电焊机外壳应做接地或接零保护，一次线长度应不大于 5m，二次线长度应不大于 30m，且接线牢固，并安装好可靠防护罩。

为绑扎底板、墙、柱钢筋搭设的脚手架，必须经过安全员验收合格后方可使用；作业人员必须认真戴好安全帽、系好安全带；底板上层筋未铺满之前，操作人员要在跳板上行走，以防坠落。

吊运底板上层筋时，每捆筋要先放在架子上，再逐根散开，不得将整捆筋直接放置在支撑筋上，防止荷载过大而导致支撑筋失稳。

实行用火审批制度，作业人员在作业前应检查周围作业环境，设专人看火，灭火器材齐备后，方可作业。

氧气瓶、乙炔瓶使用时，氧气瓶、乙炔瓶、用火点之间距离保证大于 10m。

安全员及时检查，制止违章作业，及时发现、消除隐患。

合理调配好劳动力，防止操作人员疲劳作业，严禁酒后或带病操作，以防发生事故。

夜间作业，作业面应有足够的照明；同时，灯光不得照向场外，影响马路交通安全及居民休息。

夜间浇筑混凝土时，应有足够的照明。

(3) 质量管理措施

1）组织措施

加强质量控制，把施工质量管理的重点放在质量预控上，加强工序、质量的检查验收，实行总包质量总监、责任工程师监督指导班组，发现问题凡不符合设计要求、施工规范和施工方案的，总包质量总监、责任工程师按质量控制程序责令分包整改。严格执行“三按”、“三检”和“一控”：

① 三按：严格按图、按工艺、按规范施工；

② 三检：自检、互检、交接检；

③ 一控：自控正确率、一次验收率。

隐蔽工程实行先自检，项目部复检，甲方、监理工程师综合验收，使用统一表格，做好隐蔽工程验收记录，并及时归档。

2）人员素质保证

施工前技术人员、工长、班组长必须认真熟悉、消化图纸，图纸中有疑问的地方，必须施工前提出解决；作业人员要经过详细的技术交底，特殊工种如钢筋的焊接、机械连接等作业人员要持证上岗；加强对作业人员的质量意识教育，实行岗位责任制，认真执行质量奖罚制度。

3）材料质量控制

材料质量必须符合设计要求及有关规定，进场材料必须有出厂证明、合格证及复试报告，不合格的材料不得使用于本工程上。

4）机具质量控制

钢筋连接所用设备、电焊机、切断机、弯曲机、木工压刨等机具经检测合格后方可使用，并安排专人做周检、维修保养，保证机具质量。

5）施工过程质量控制

施工过程中严格执行程序化、标准化、规范化的科学管理制度，严格按公司 ISO—9002 标准执行。

经理部责任工程师、质检员，要认真对分承包方施工管理人员及施工班组进行监督管理，严格按施工规范、工艺规程及作业指导书进行施工。

对钢筋接头的检查，经理部专职质检员、监理公司验收后分别打上不同颜色的标记，确保每一个接头都为合格品。

墙板上的预留洞位置要准确，预埋刚、柔性套管时，要与洞边筋焊牢，固定好洞边的加筋不得遗漏。

钢筋绑扎成形后，认真执行三检制度，对钢筋的规格、数量、接头位置、锚固长度、预留洞口的加固筋、构造加强筋等都要逐一检查核对，以及骨架的轴线、位置、垂直度都必须实测检查，经质检员检验合格后报请监理公司验收，做好隐蔽验收记录，质量达到合格水平。

6）成品保护

① 绑扎完的梁、板钢筋，要设钢筋蹬上铺脚手板作人行通道；

② 要防止板的负弯矩筋被踩下；

③ 绑扎完的墙、柱钢筋，人员上下要经过脚手架，禁止攀爬；

④ 已调好模板支撑，严禁随便松动扣件及紧固件；

⑤ 绑扎钢筋时，严禁随便撬支模板；

浇筑混凝土时，泵管应用钢管架起，不允许直接铺放在绑好的钢筋上；

浇筑混凝土时，应设专人看钢筋，以防钢筋跑位。

(4) 文明施工管理

1) 施工污水和生活污水经沉淀池排入市政污水管线，杜绝到处乱流，污染环境，现场厕所设专人保洁；

2) 现场严禁吸烟，电气焊严格执行用火申请制度；

3) 建立义务消防队，配备足够的灭火器材；

4) 小型工具、用具不乱丢乱放，用后及时送交仓库保管；

5) 不得将钢筋放置在脚手架、临边、洞口上，对用剩的钢筋要及时清理、运走，扎丝不乱丢乱放；

6) 各类钢筋半成品分类、分规格堆放整齐；

7) 工地夜间必须有足够的照明；

8) 制定文明施工制度，划分环卫包干区，做到责任到人；

9) 班组长对班组作业区的文明现场负责；坚持谁施工，谁清理，做到工完场清。

三、主体结构工程施工综合管理实务

这里用实例来讲解主体结构工程施工综合管理实务。

1. 钢筋工程管理实务

(1) 工程概况

1) 钢筋规格、工程量见表2-16、表2-17。

标准层主要部位钢筋规格一览表　　**表2-16**

序号	所在部位	钢筋规格		备　注
		主　筋	箍　筋	
1	梁	Φ32，Φ28，Φ25，Φ22，Φ20，Φ18 Φ16，Φ32，Φ28，Φ14	Φ12，Φ10，Φ8，Φ6	
2	板	Φ14，Φ12，Φ10，Φ8，Φ6		
3	柱	Φ32，Φ25，Φ16，Φ12，Φ28	Φ12，Φ8，Φ6	
4	剪力墙	Φ25，Φ22，Φ20， Φ18，Φ16，Φ12		

钢筋工程主要工程量　　**表2-17**

项目	钢筋量(t)		接头(个)	
	A栋	B栋	A栋	B栋
首　层	170	100	2000	2200
二　层	170	110	2200	2200
三　层	165	105	1950	2200
设备层	85		1950	
标准层	100	90	2000	800

2）施工条件

A栋钢筋在现场进行加工，加工场地位于现场南侧；B栋小直径钢筋在二场地加工，大直径钢筋在现场加工，加工场地位于施工现场北侧。

(2) 施工总体安排

1）施工准备

① 施工中的测量放线控制：

根据平面控制网线，在楼板上放出该层平面控制轴线，并弹出墙、柱外皮线及模板控制线。根据弹线检查下层甩出钢筋的位置是否准确，对所有不到位钢筋校正完毕后，方可进行钢筋绑扎。待竖向钢筋绑扎完成后，在每层竖向钢筋上部标出标高控制点。

② 人员配备(表2-18)。

人员配备　　**表2-18**

部位 / 项目	A栋		B栋	
	首层～设备层	四层以上	首层～三层	四层以上
钢筋工数量	80人	100人	120人	130人
进场时间	7月5日	8月15日	7月5日	8月10日

钢筋工必须按计划进场，进场后由分承包方管理人员对其进行技术、安全交底，交底应有文字记录；钢筋直螺纹连接工必须由直螺纹厂家进行培训，合格后持证上岗，证件应在有效期内。

③ 机械设备配置(表2-19)

机械设备配置　　**表2-19**

序号	设备名称	数量		用途
		A栋	B栋	
1	钢筋切断机	两台	两台	钢筋断料
2	无齿锯	四台	两台	钢筋及其他型材断料
3	钢筋弯曲机	两台	三台	钢筋弯曲成型
4	直螺纹连接机械	四套(首层～设备层) 两套(四层以上)	两套	钢筋连接
5	卷扬机		一台	
6	冷挤压连接机械	四套	一套	首层～三层局部钢筋连接
7	运输车辆		一辆	钢筋运输

④ 材料进场计划

由分承包方根据工程进度提出材料进场计划，经技术部审核后，上报物资部，由物资部联系钢筋生产厂家按时进场。

⑤ 审图

施工前认真查阅图纸、方案及相关规范，找出较难摆放的梁柱节点、柱墙截面变化处，仔细研究钢筋穿插绑扎顺序，注意施工要点，发现问题提前与设计联系，在施工前给予解决。

⑥ 管理人员及劳务人员培训

技术部按规定对项目相关部门及分承包方进行方案、措施交底，交底应有文字记录。

2）施工工艺流程(见图 2-18)

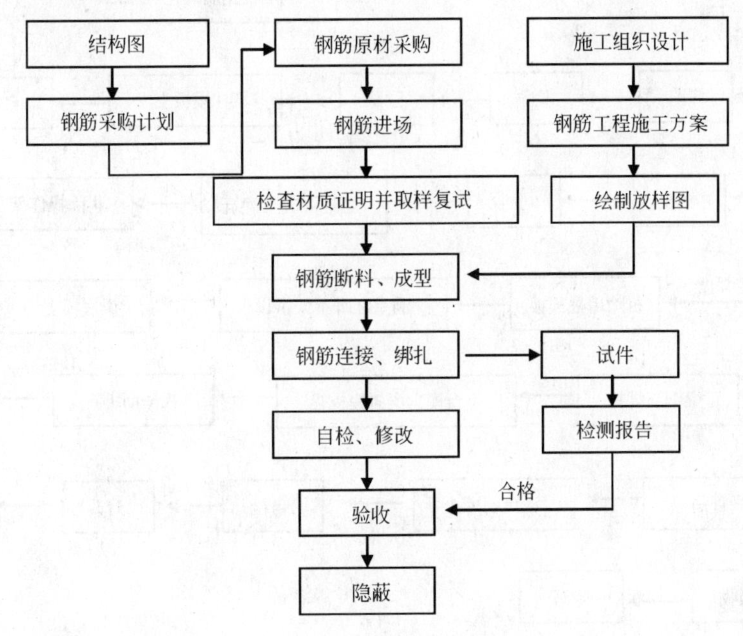

图 2-18　施工工艺流程

(3) 主要施工方法

1）施工准备

① 核对成品钢筋的钢号、直径、形状、尺寸和数量是否与料单料牌相符；如有错漏，严格纠正增补。

② 准备绑扎用的铁丝、绑扎工具、绑扎架等。所有钢筋保护层均采用塑料卡来保证，梁板等水平构件下面采用塑料垫块，梁侧面采用塑料环圈，墙柱等竖向构件采用塑料环圈，不同厚度、规格塑料卡进场后必须分类装箱存放。

2）施工顺序(见图 2-19)

3）钢筋安装要点

① 柱钢筋绑扎：

(A) 柱主筋排距、箍筋间距应符合设计及规范要求。

(B) 柱箍筋应与受力钢筋垂直设置，箍筋的接头(弯钩叠合处)应交错布置在四角纵向钢筋上；箍筋转角与纵向钢筋交叉点应全部扎牢，绑扎箍筋时绑扣相互间应成八字形。

(C) 柱钢筋保护层塑料卡圈在同一高度上每边两个，竖向间距 1m 摆放。

(D) A 栋柱在 17.43m 处、B 栋柱在 15.23m 处截面及钢筋直径变小，竖向钢筋连接采用变径接头，此处在施工时须给予注意，提前熟悉图纸及规范，以便正确施工。

② 墙钢筋绑扎

(A) 墙体钢筋绑扎先竖向后水平，先芯筒后外墙；竖向钢筋在内，水平钢筋在外；双排钢筋之间用 ϕ6@600 拉筋交错拉接，钢筋一次接长长度应统一，绑扎本层钢筋时，须将

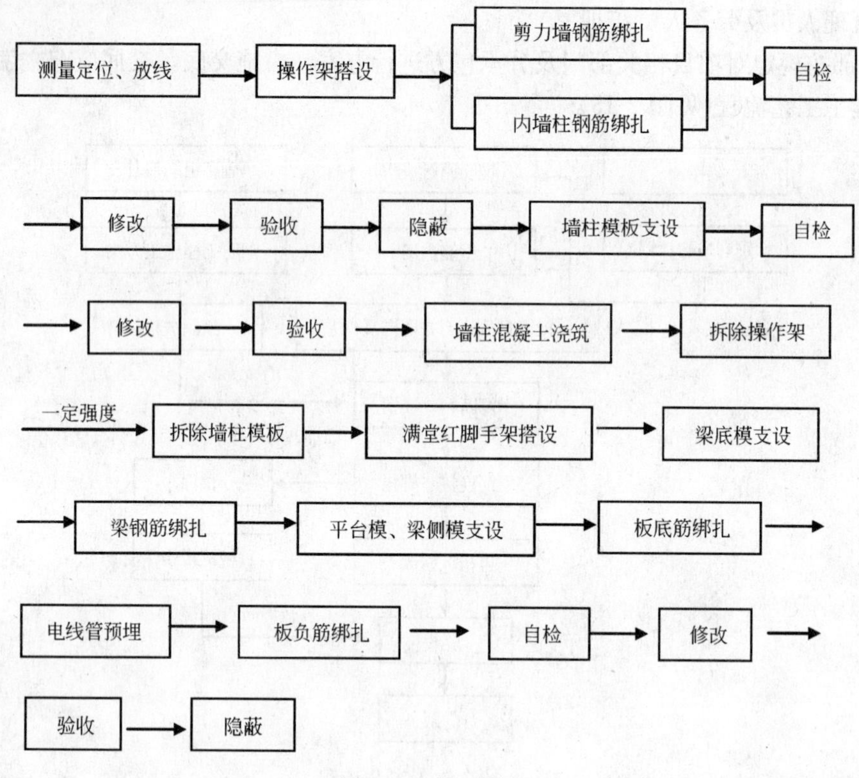

图 2-19 施工顺序

上层钢筋甩出上层地面，甩出高度不小于500mm。A栋在15.23m处墙体截面变小，变截面节点按照图纸要求进行施工。

(B) 钢筋搭接处，应在中心和两端用铁丝扎牢。

(C) 保护层塑料卡圈双向间距1m梅花型摆放。

(D) 剪力墙上非连续洞口，当洞口的每边尺寸≤800mm且＞200mm时，洞口每边附加钢筋面积不小于洞口宽度内被切断钢筋面积的一半，且不小于2根墙体钢筋(以水平筋和竖向筋中大者为准)，该加强筋的锚固长度为$45d$；当洞口任意一边尺寸＞800mm时，洞边须加暗柱，A栋采用同厚度墙体端部暗柱，B栋详见墙体配筋图标注；洞上口均加设过梁，过梁配筋与同宽度门洞过梁相同，当洞口宽度小于1000mm时，按1000mm宽处理；洞下口加设2φ25，附加钢筋锚固长度均为$45d$。

③ 梁与板钢筋绑扎

(A) 梁板钢筋上层弯钩朝下，下层弯钩朝上；板、次梁与主梁交叉处，板的钢筋在上，次梁钢筋居中，主梁钢筋在下；板上部负筋采用马蹬进行支撑，沿负筋长度方向间距1m摆放，以免负筋产生位置偏离；箍筋弯钩叠合处，应沿梁纵向交错布置在两根纵向架立筋上。

(B) 梁钢筋保护层塑料垫块沿梁纵向间距1m摆放，板钢筋保护层塑料垫块纵横向间距1m摆放，垫块与钢筋之间应卡紧，以免钢筋偏离设计位置。

④ 钢筋的交叉点应采用钢丝扎牢，板和墙的钢筋网上钢筋相交点全部扎牢。钢筋绑扎丝的丝头不得触及模板，以免混凝土表面出现锈点；墙柱钢筋绑扎丝头一律朝内，梁板

上钢丝头朝下，下钢丝头朝上。

⑤ 为保证钢筋位置正确，剪力墙顶在浇筑混凝土前安装钢筋定位架和定位卡，控制好柱墙主筋的位置和保护层，定位架和卡子加工的几何尺寸必须准确，责任工程师和质检员必须检查落实，埋入混凝土的定位卡两端必须刷防锈漆。

⑥ 钢筋绑扎安装时还应满足图纸、相关规范要求。

(4) 技术质量保证措施

1) 进场钢筋质量标准及验收

① 原材方面：

(A) 每次进场钢筋必须具有原材质量证明书和原材试验报告单；

(B) 进场钢筋表面必须清洁无损伤，不得带有颗粒状或片状铁锈、裂纹、结疤、折叠、油渍和漆污等，直筋每1m弯曲度≤4mm(用“凹”形尺测量)；

(C) 原材复试符合有关规范要求，且见证取样数必须≥总试验数的30%。

② 配料加工方面：

(A) 配料时在满足设计及相关规范的前提下要有利于保证加工安装质量，要考虑附加筋；配料相关参数选择必须符合相关规范的规定；

(B) 半成品钢筋形状、尺寸准确，平面上没有翘曲不平。

③ 钢筋成型质量要求：

(A) 钢筋末端弯钩的净空直径不小于钢筋直径的2.5倍；

(B) 钢筋弯曲点处不得有裂缝。

2) 钢筋绑扎质量检查

① 检查钢筋的钢号、直径、根数、间距是否正确；检查负筋的位置是否准确。

② 检查钢筋接头位置、锚固及搭接长度是否符合规定。

③ 检查钢筋绑扎是否牢固，有无松动变形现象。

④ 钢筋绑扎不得缺扣、松扣。

⑤ 所有受力主筋不应点焊。

⑥ 预埋件不要漏放或放置不规范。

3) 质量管理与措施

① 较为复杂的墙、柱、梁节点由分承包方技术人员按图纸要求和有关规范进行钢筋摆放放样，并对操作工人进行详细交底。

② 代换钢筋必须征得业主、设计及监理的认可，并符合相关规范规定。

③ 为保证钢筋准确定位，特制作墙、柱钢筋定位卡具；为保证楼板负筋设计位置，在负筋下设马凳，纵横间距1m。

(5) 安全消防措施

1) 钢筋吊运由持证起重工指挥，符合相关安全操作规程。

2) 在现场钢筋连接操作必须有操作架(特别是绑扎、连接梁钢筋时)，操作架上必须铺跳板，绑好防护拦杆。在极特殊情况下(如连接柱筋或墙钢筋的特殊部位)，难以搭设防护架时操作人员应挂好安全带。

3) 钢筋工程的其他操作必须符合相关安全操作规范要求。

(6) 环保与文明施工措施

为减少对工地周围居民的噪声污染，严禁在晚10：00至第二天早6：00在现场卸钢筋。堆料场钢筋由分承包方队伍按计划用塔吊将钢筋运至施工作业面，尽可能减少噪声污染。

2. 混凝土工程管理实务

(1) 工程概况

某工程总建筑面积为26631.2m²，其中地下面积为6814.5m²，地上面积为19816.7m²。该建筑结构外形为“L”形，分为主楼和裙楼，地上10层，地下2层。

该工程结构为现浇混凝土框架剪力墙结构体系。由于施工现场狭窄，整个工程混凝土全部采用预拌混凝土。

(2) 混凝土的技术要求

混凝土原材料和配合比除满足混凝土设计强度与耐久性等一般要求外还要满足泵送要求。

1) 本工程混凝土泵送高度43m，泵管直径125mm，粗骨料最大粒径与输送管径之比，碎石不宜大于1∶3，取40mm，如用卵石不宜大于1∶2.5取50mm。粗骨料应采用连续级配，针片状颗粒含量不宜大于10%。

2) 细骨料应符合国家规定。细骨料宜采用中砂，通过0.315%筛孔的砂不应少于15%。

3) 泌水试验10s时的相对压力泌水率不宜超过40%。

4) 梁、板、柱、墙泵送混凝土的坍落度应在140～180mm。

5) 混凝土最小水泥用量(含粉煤灰)应满足泵送要求。

6) 引气剂掺量不大于4%。

7) 粉煤灰和减水剂掺量经过试配确定。

8) 使用B类低碱活性骨料配制的混凝土，混凝土碱含量不超过5kg/m³。

9) 初凝时间：底板不小于6h，外墙不小于4h，其他不大于3h。

10) 强度及技术性能符合设计及规范要求。

搅拌站应提前提供混凝土配合比经总包审批后才可执行。

(3) 施工准备

1) 劳动力需要

混凝土浇筑高峰期最多需要混凝土工及配合人数见表2-20。

劳动力需要　　表2-20

序号	工种	人数	序号	工种	人数
1	振捣工	20	6	试验员	1
2	混凝土管工	3	7	调度	1
3	钢筋工	10	8	信号工	2
4	瓦工	5	9	力工	5
5	木工	10	10	合计	57

2) 所需机具料具见表2-21。

机具料具表　表2-21

序　号	名　称	数　量	备　注
1	拖式混凝土输送泵	2台	HBT60
2	布料杆	1台	
3	混凝土汽车输送泵	1台	备用
4	振捣棒	20根	ϕ50、5根备用
5	泵管	300m	
6	对讲机	1对	
7	碘钨灯	8盏	夜间照明
8	2m、4m靠尺	5把	

(4) 施工方法和技术措施

1) 混凝土的运输计算：略。

2) 泵送能力验算：略。

3) 混凝土初凝时间验算：略。

4) 泵车的安放和泵管搭设

① 将混凝土泵水平放置在2号大门外，下垫通长木方。支腿、支座用定位销锁住。

② 混凝土泵定位时必须保证轮胎不承受载荷，并用木块卡住轮胎，保证轮胎不能转动。

③ 混凝土泵要保证料斗出料、用水排放方便。

④ 泵车出料口变径弯头部位受力较大，要专门砌砖或浇筑承台。

⑤ 泵管布置原则：距离尽可能短、弯管尽可能少、保证安全施工、便于清洗管道、排除故障和拆装维修。

⑥ 泵管的固定不得直接撑在钢筋、模板及预埋件上，泵管也不能直接与混凝土成品表面接触。

5) 混凝土浇筑的准备工作

① 钢筋及预埋件：混凝土浇筑之前要做好隐检记录，水电安装专业预留预埋完成并验收完毕。

② 门窗洞口模板固定及模板验收：浇筑混凝土前，门窗洞口固定牢固，并且位置准确，模板验收完毕。

③ 楼板走道搭设：楼板钢筋检查完毕后在楼板上铺设浇筑混凝土的走道，防止浇筑混凝土过程中，将楼板钢筋踩乱。

④ 地泵管湿润：使用混凝土同强度等级减石子的水泥砂浆进行润管，墙、柱根混凝土浇筑前充分接浆。

6) 施工缝设置

① 地下结构外墙及水箱间墙：水平施工缝留在梁底和板顶位置，截面留成台阶和凸起状，竖向施工缝用双层密目钢丝网封堵，加设外墙钢板止水带。

② 楼板及梁：沿着次梁方向浇筑楼板，施工缝留置在次梁跨度的中间三分之一范围内，施工缝的表面应与梁轴线或板面垂直，不得留斜槎。

③ 独立柱：施工缝应设在主梁底标高处，浇筑时增加3cm。

④ 墙：水平施工缝留置在梁底标高，浇筑时增加3cm。

⑤ 楼梯施工缝：留置在楼梯向上三个踏步处。

施工缝处必须待已浇筑混凝土的抗压强度不小于1.2MPa(根据同条件试块确定)时，才允许继续浇筑，在继续浇筑混凝土前，施工缝混凝土表面应凿毛，剔除浮浆并用水冲洗干净但不得有明水，先浇一层同配比无石子砂浆5～10cm厚，然后继续浇筑混凝土，应细致操作振实，使新旧混凝土紧密结合。

7) 混凝土的泵送

开始泵送时，混凝土泵应处于慢速、匀速并随时可反泵的状态。泵的速度应先慢后快，逐步加速。同时观察混凝土泵的压力和各系统工作状态，待各系统运转顺利后，方可以正常速度进行泵送。

混凝土泵应连续进行，如必须中断时，要验算裸露混凝土的时间不大于混凝土初凝时间。

泵送混凝土时，如输送管吸入了空气，应立即反泵吸出混凝土至料斗中重新搅拌，排出空气后再泵送。

泵送过程中，如果出现压力升高且不稳定、油温升高、输送管明显振动等现象而泵送困难时，不得强行泵送，应立即停止，查明原因，采取措施排除。

在浇筑墙、柱混凝土时，泵管出口离模板内侧不应小于50mm，且不得向模板内侧直冲布料，也不得直冲钢筋骨架。

浇筑梁板混凝土时，不应在一处连续布料，应在2～3m范围内水平移动布料，且宜垂直于模板。

8) 混凝土的浇筑

根据现场情况，采用墙、附墙柱一起浇筑，梁板一起浇筑、独立柱单独浇筑。

① 独立柱浇筑：独立柱采用泵送或塔吊浇筑，严格控制分层厚度。混凝土分层厚度为450mm。

② 剪力墙浇筑：采用塔吊或布料杆浇筑时要求移动浇筑，用地泵浇筑时，如有可能在泵管口加软管，使移动方便，保证分层厚度在450mm以内。地下二层墙体浇筑高度5.4m，要采用2.5m的串筒以保证混凝土自由倾落高度在2m以内。在浇筑墙体混凝土时，由于墙体混凝土对模板的侧压力较大在加上振捣器的振捣很容易造成胀模或跑模现象发生，因此在浇筑混凝土时一定要派专人看护，一旦发生问题及时补救。

③ 板、梁浇筑：要求拉线控制楼板标高，在木抹子最后一遍找平后，用扫帚沿短向扫毛。在剪力墙处楼板混凝土必须用4m长的刮杠找平，柱处用2m长刮杠找平，标高两侧(4面)标高偏差不大于2mm，以免浇筑上层墙柱时漏浆。

④ 楼梯混凝土浇筑：楼梯采用塔吊浇筑混凝土，从下到上逐段浇筑，每个楼梯踏步的混凝土浇筑到与楼梯梯板模板上口平。

9) 混凝土振捣

墙柱混凝土要分层振捣，分层厚度为450mm，用标尺杆控制。混凝土振捣采用插入式振捣器，振捣混凝土时要求下插到下层混凝土50mm，保证混凝土分层处密实，振捣棒要求快插慢拔，保证振捣棒下插深度和混凝土有充分的时间振捣密实。一些重要的部位如门洞口、柱钢筋密集处要求仔细振捣，保证该处混凝土密实到位，防止局部混凝土过振离析，振捣的标准以观察混凝土表面无气泡，表面产生浆体混凝土不再下沉表面泛浆为准。振捣点的间距严格按照450mm进行控制，在作业面标注振捣点并要求振捣工分区域逐点振捣。注意不要漏振、少振或过振。浇筑混凝土时应当派模板工经常观察模板，发现跑、漏、涨模现象应及时汇报和处理。钢筋工应看护好钢筋，保证钢筋的位置准确。设专人分区域振捣和根据振捣点逐一振捣来控制漏振现象，通过控制分层下料厚度和控制振捣时间来保证不过振和少振。

10）混凝土养护

春季和夏季楼板采用浇水养护，夏天气温高，水分蒸发快，要求浇水及时，养护期间内保持混凝土表面湿润。浇水养护时间要求7天。墙柱拆模后立即涂刷养护剂。

11）混凝土试验

① 按照规范要求制作同条件养护试块和28天强度试块，试块取样必须在浇筑部位。同条件试块要求必须留置在相应的施工部位，按照浇筑部位的养护方式进行养护。同条件试块放在钢筋制作的笼子内进行上锁存放，并做标识。

② 施工期间，做同条件养护试块用于拆模时间的确定。现场留五组同条件试块，分别用于1.2MPa、7.5MPa、3天、7天试压和1组备用。

③ 混凝土现场坍落度测试：到现场的商品混凝土必须检测坍落度，坍落度试验值要求认真记录、存档。现场试验员要每车必查（通过目测）混凝土坍落度，坍落度小于140mm或大于180mm，为不合格。不合格的混凝土必须退场。

（5）模板及支撑拆除

根据同条件养护试块来确定拆墙、柱侧模时间，墙体拆模强度要求达到1.2MPa，保证混凝土表面不因强度不够而粘模，破坏混凝土表面观感质量。

根据现场情况，部分梁板跨在2m和8m之间，拆模强度统一控制在75%，个别梁跨>8m，拆模强度控制在100%，悬臂梁跨度大于2m，拆模强度为100%。

（6）成品的保护

墙体模板拆除后，门窗洞口和墙柱的阳角在拆模后及时用模板护角保护。楼梯踏步待梯板侧模拆除后同样采用模板护角保护。

（7）安全文明施工、雨季施工及环保措施

1）浇捣混凝土操作，应站在脚手架上操作，不得站在模板或支撑上操作，操作时应戴手套、穿胶鞋。

2）泵车下料胶管、料斗都应设牵绳。料斗串筒节间必须连接牢固，使用溜槽时，人员不得站在槽帮上操作。

3）用输送泵输送混凝土，料口卡子必须卡牢，检修时必须先卸压。清洗料管时，严禁人员正对料管口。

4）运输散装材料，车厢后封闭，避免撒落，混凝土罐车撤离现场前，派人用水将下料斗及车身冲洗干净。

5）设立专门的垃圾通道，派专人进行现场洒水，防止灰尘飞扬，保护周边空气清新。

6）建立有效的排污设施，保证现场的周围环境整洁文明。

7）合理安排作业时间，在夜间避免噪声（≤55dB）过大，夜间如必须加工模板时，不允许使用电锯、电刨、台锯。

8）夜间灯光集中照射，避免灯光扰民。

9）雨天施工模板，梁，墙模板必须留设清扫口或出水口，保证混凝土浇筑时模板面无污染，模板脱模剂涂刷后遇雨应覆盖塑料布，以防隔离层被雨水冲掉。

10）电源线不得架设裸线或塑导线，配电箱必须防雨。现场使用的电缆线，电线等严禁浸泡在雨水中或铺设在潮湿的地面上，应当架空安装或埋地下。遇大雨停止一切机电操作，钢筋加工场的总电箱必须关闭电，雨后及时组织检机械，电器的安全性能，大雨天气严禁进行设备的吊运以及人工搬运材料或设备等工作。机械操作人员必须按规定戴绝缘手套。

11）浇筑混凝土时如突然性下雨，对新浇筑混凝土必须及时覆盖，避免由于雨水的冲击，改变混凝土配合比影响混凝土的强度。浇筑混凝土过程中出现突然性雷暴雨，必须暂停施工。

3. 模板工程管理工实务(以某大厦工程为例)

(1) 工程概况(见表 2-22)

工 程 概 况　　表 2-22

项 目	内 容	备 注
建筑投影面积	6904.44m^2	
主体结构形式	框架、钢架、钢筋混凝土结构	
地下结构形式	钢筋混凝土梁板体系，楼板南北向设次梁	(塔楼除外)
塔楼结构形式	组合框架一核心筒剪力墙体系，构件柱及剪力墙为钢筋混凝土内设钢骨，楼板为压型钢板上叠合混凝土组合楼板体系，梁及梁支撑为热轧工字钢梁或组合桁架，剪力墙为钢筋混凝土剪力墙	
地下裙房结构形式	为钢筋抗弯框架结构，梁为热轧工字钢梁，柱为工字钢柱或组合焊接钢柱，楼板为压型钢板上叠合混凝土	
层高(地下部分)	B4＝4.8m、B3＝4.15m、B2＝6.05m(局部 7.00m)、B1＝4.35m(局部 3.40m、4.05m)	
层高(地上部分)	F1＝5.4m、F2～F4＝4.8m、F5＝4.7m、F6～F29＝3.96m、F30=5.0m、F31=15.497m	
护坡形式	地下连续墙(800mm)	
地下室外墙	钢筋混凝土墙(400mm)	
基础结构形式	钢筋混凝土筏基	
后浇带	裙房与塔楼间设两道后浇带	

(2) 不同部位的模板施工要点

1) 墙体模板

① 内隔墙墙体模板

(A) 内隔墙墙体模板概述：地下室墙体模板分为直面墙体模板、弧形墙体模板、墙连柱墙体模板和核心筒墙体模板。

(B) 直面内隔墙模板概述：地下室各层高：B1＝5.35m、B2＝6.15m、B3＝4.15m、B4＝4.8m，地上 F29 有混凝土隔墙，层高 F29＝3.96m，室外竖井高度为 2.6m，为节省材料，地下四层和地下三层内隔墙配 4.8m 高模板，地下二层和地下一层内隔墙配 6.0m 高模板，地上部分墙体因各部分相隔周期长，模板配置高度按墙体实际高度配置。

直面内隔墙模板支设：直面墙体模板标准块宽度为 2440mm（与市场胶合板规格一致），模板与模板之间的连接采用螺栓连接，模板支设见图 2-20。

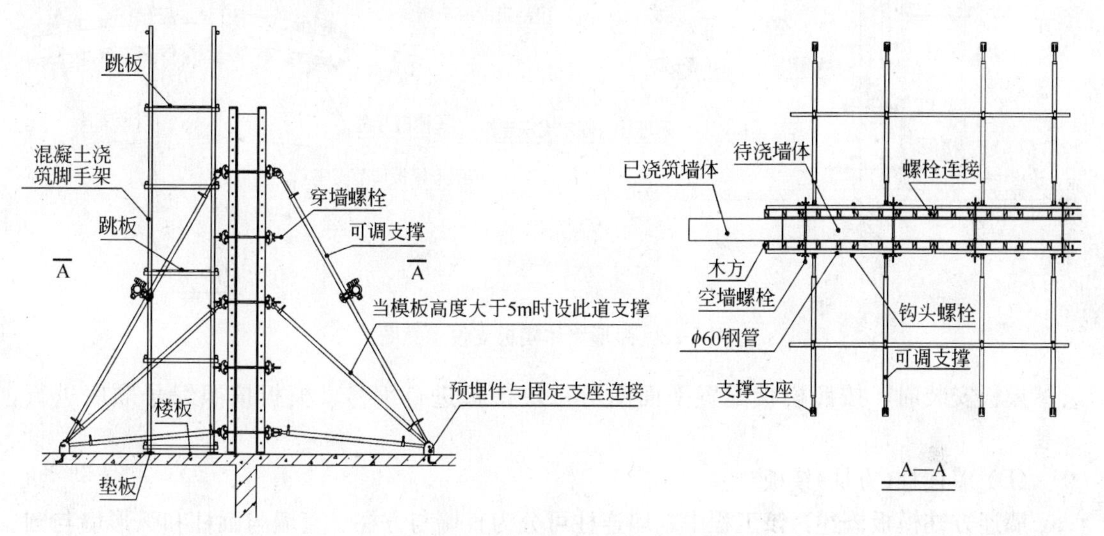

图 2-20　直面墙体模板支设示意图

直面内隔墙阴角、阳角模板支设见图 2-21。

模板安装：按照模板配置平面图（由施工单位根据图纸进行深化设计），采用先安装阴角模模板，然后安装大面模板，最后安装阳角模板的施工顺序。墙体模板拼装时，两块板之间的缝内夹海绵条；拼装后将模板放平，用棉纱蘸脱模剂涂刷板面。

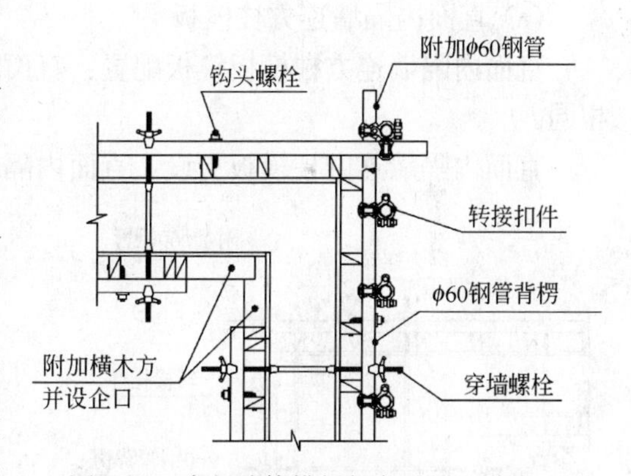

图 2-21　直面墙体模板拐角处施工节点

(C) 弧形内隔墙模板概述：弧形内隔墙布置于汽车坡道处，根据设计图，在与汽车坡道相接的墙面，即弧形隔墙内侧面，模板配置高度与坡道板底平齐，弧形隔墙外侧面，模板配置高度与直面内隔墙配置高度的原则一致，即地下三层和地下四层为 4.8m 高，地下一层和地下二层为 6.0m 高。

弧形内隔墙模板支设：弧形墙体面板为 18mm 厚胶合板，50×100 木方竖向次背楞，后设弧形调节支座和双[10 号槽钢背楞，斜撑采用 ϕ60 可调支撑，斜撑支座与地面通过预埋件连接，见图 2-22。

标准模板体系宽度为 2440，模板与模板之间的采用螺栓连接，当模板高度超过 5m 时，模板附加一道斜撑，两面模板之间用 M12 可拆式穿墙螺栓连接。

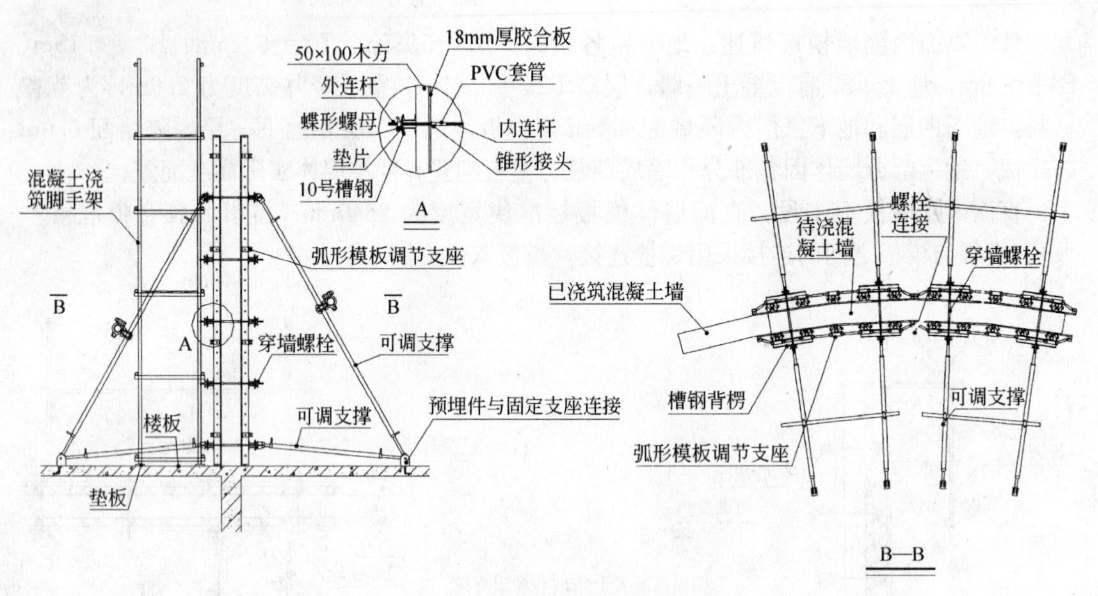

图 2-22 弧形墙体模板支设示意图

模板安装时，按照模板配置平面图对每块模板进行编号，模板按照编号顺序进行安装。

(D) 墙连柱(方柱)模板

墙连方柱模板概述：该工程中，墙连柱可分为直墙与方柱、直墙与圆柱和弧形墙与圆柱三种形式。

(a) 直面内隔墙连方柱模板

直面内隔墙连方柱模板模板配置：直面内隔墙与方柱连接处模板配置与直墙模板配置相同。

直面内隔墙连方柱模板支设：直面内隔墙连方柱模板平面支设见图 2-23。

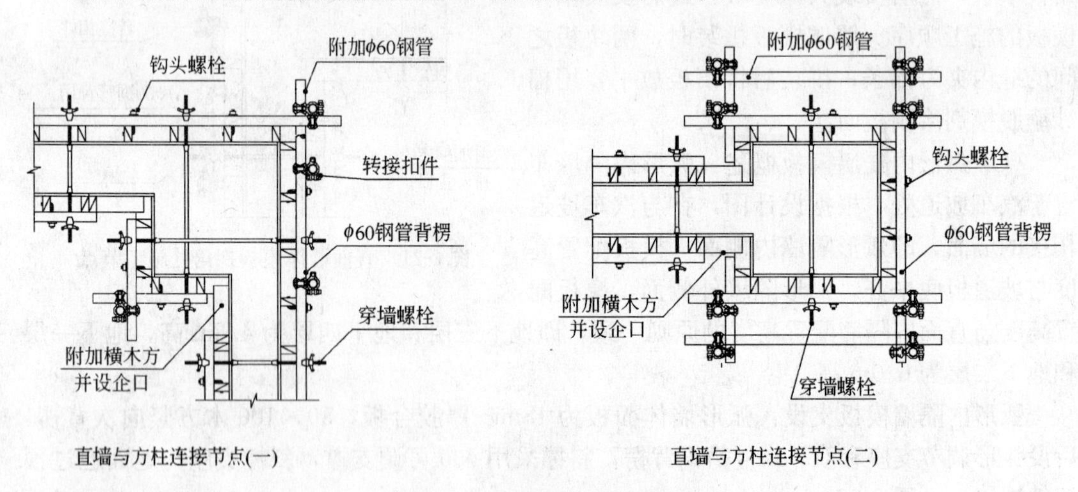

图 2-23 直墙与方柱连接节点

(b) 内隔墙与圆柱连接模板

内隔墙与圆柱连接模板支设：与内隔墙相连的圆柱模板采用木模板。

圆柱弧形模板的原理是将胶合板预先加工成弧形切口，然后与条形多层板和 3mm 厚复合板组成圆柱模板，背楞由木方和钢管组成。

因圆柱内有工字钢，穿墙螺栓在安装时必须躲过工字钢。

(E) 门窗洞及管线洞模板施工

(a) 门窗洞及管线洞概述：内隔墙墙体留洞分圆洞和方洞两种，大小不一。

(b) 门窗洞及管线洞口模板配置见表 2-23。

门窗洞及管线洞口模板配置　　**表 2-23**

洞　形	项　目	内　容	备　注
圆　洞	模板面板	15mm 厚胶合板条与 3mm 厚复合板组合	
	模板背楞	50×100 木方、18mm 厚胶合板	木方同时起支撑作用
方　洞	模板面板	15mm 厚胶合板	
	模板背楞	50×100 木方	

(c) 门窗洞及管线洞口模板支设：门窗洞口及方形管线洞口采用 15mm 厚胶合板和 50×100 木方，并在超过 1500mm 宽门窗洞口模板侧面钻 ϕ15 孔，以形成排气孔。在洞口四周的墙筋上增设附加筋，在附加筋上点焊钢支撑，用钢支撑顶住洞口模板，并且洞口模板设置斜撑，以防止洞口模板的偏移，圆形洞口面板用 3mm 厚复合板，背肋用 50×18 胶合板条，内支撑用木方与胶合板组合支撑，见图 2-24。洞口模板的侧边贴海棉条，用于防止漏浆，见图 2-25。

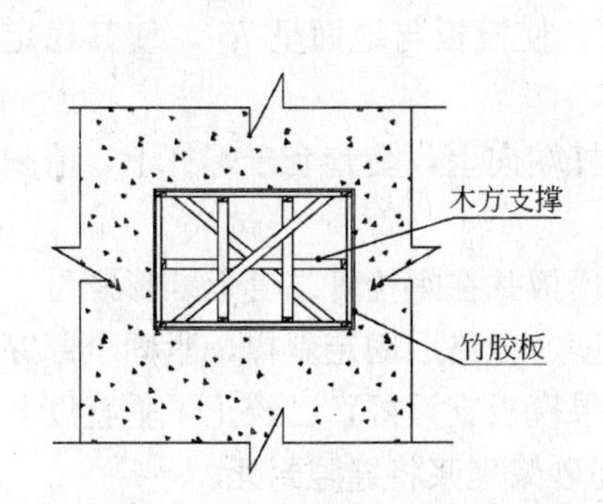

宽度不大于1.5m的方形洞口模板支设示意图

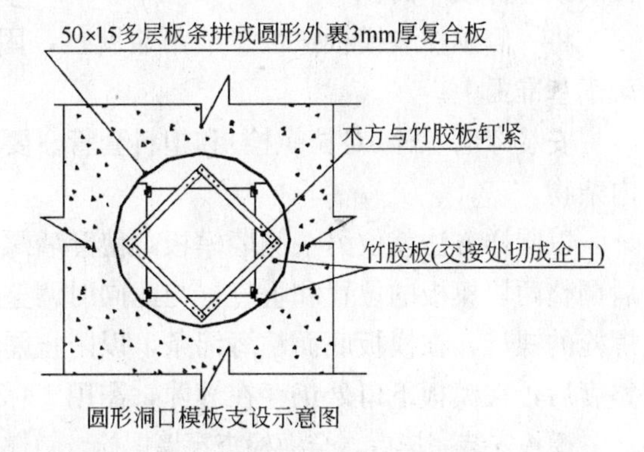

圆形洞口模板支设示意图

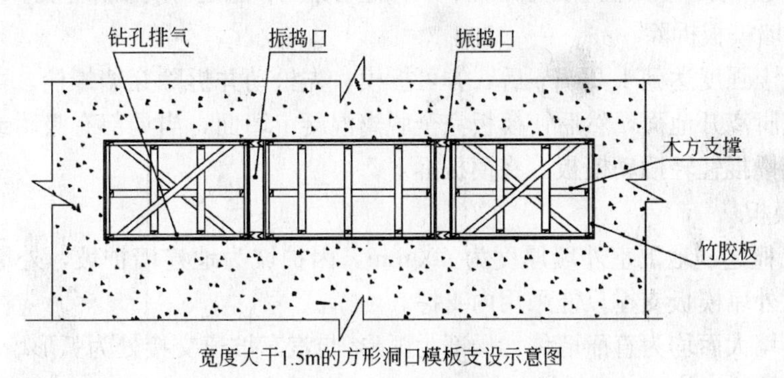

宽度大于1.5m的方形洞口模板支设示意图

图 2-24　洞口模板支设

图 2-25　洞口模板效果

(F) 内隔墙模板安装与拆除

(a) 内隔墙模板安装工艺流程：安装前检查→安装门窗口模板→一侧墙模吊装就位→固定斜撑→插入穿墙螺栓及塑料套管→清扫墙内杂物→安装就位另一侧墙模板→固定斜撑→穿墙螺栓穿过另一侧墙模→调整模板位置→紧固穿墙螺栓→与相邻模板连接。

检查墙模板安装位置的定位基准面墙线及墙模板编号，符合图纸后，安装门窗口等模板及预埋件或木砖。

将一侧预拼装模板按位置线吊装就位，固定斜撑，使模板与地面呈 75°，使其稳定座落于基准面上。

安装穿墙螺栓(对拉螺栓)和塑料套管。要使螺栓杆端向上，套管套于螺杆上，清扫模内杂物。

以同样方法就位另一侧墙模板，使穿墙螺栓穿过模板并在螺栓杆端套上蝶形螺母，然后调整两块模板的位置和垂直，与此同时调整斜撑角度，合格后固定斜撑，紧固全部穿墙螺栓的螺母，在模板底面粘海绵条，以防止漏浆。如果模板支设好，已校正了垂直度和平整度后，在模板下口处仍存在缝隙，需用 1：2.5 水泥砂浆坐浆将缝隙封死。

模板安装完毕后，全面检查穿墙螺栓、斜撑是否紧固、稳定，模板拼缝及下口是否严密。

(b) 内隔墙模板拆除

墙体混凝土强度达到 1.2MPa 后，方可拆模，先松动并拆除穿墙螺栓，再调节三角斜支腿丝杠使底脚离开地面，然后使模板完全脱离混凝土墙面，当局部有吸附或粘结时，可在模板下口用撬棍轻轻撬动模板，将模板拆下。

② 外墙模板

(A) 外墙概述：地下室外墙厚度为 400mm，因护坡为地连墙护坡，外墙与地连墙间有防水层，故外墙模板支撑只能采用内支撑。

地下室外墙大面均为直面墙体，局部为弧形(与汽车坡道交接处为弧形墙面)。

(B) 直面外墙模板：

(a) 直面外墙模板配置见表 2-24。

直面外墙模板配置　　表 2-24

序　号	项　目	内　容	备　注
1	模板面板	大钢模板	由标准模板拼合而成
2	支　撑	三角钢支架	

直面外墙模板面板：墙体模板采用定型大钢模板，面板为 6mm 厚热轧钢板，用 80×40×3 方钢管焊成框架，竖向小楞为 80×40×3 的方钢管，内部横向小肋用∠50×5 的角钢，其主要规格为 1200×3300，1200×2700，1200×1500。

外墙模板配置高度为：B4、B3＝4800mm，B2、B1＝6000mm。拐角处墙板用木模板，相邻大模板之间用螺栓连接。大钢模板拼装见图 2-26、图 2-27。

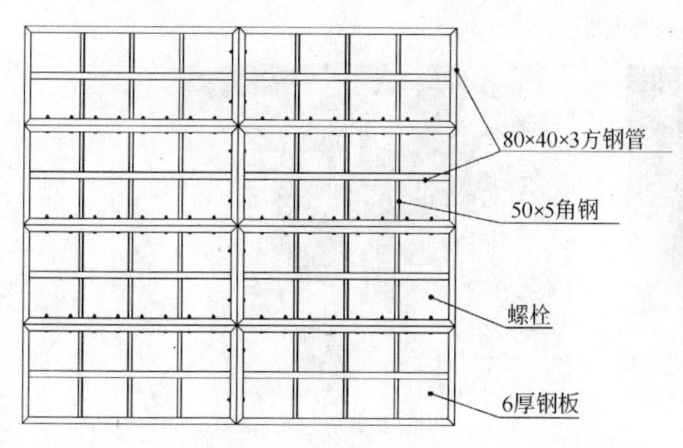

图 2-26　大钢模板拼装图

图 2-27　大模板拼装工程实例

(b) 采用先安装模板，后安装阴角模的施工顺序。墙体大钢模板拼装时，两块板之间的缝内夹海绵条，防止混凝土浇筑时漏浆；拼装后将模板放平，用钢丝刷打磨板面，将板面上的铁锈打磨掉，用棉纱蘸脱模剂涂刷板面，但涂刷不要过厚，防止流淌。

(c) 直面外墙模板支撑：

外墙大钢模支撑用钢架支撑，钢架主梁为双[16a 槽钢，三角支架由双[10 槽钢及方钢管焊成，钢支架分标准节和加高节两部分，见图 2-28、图 2-29。

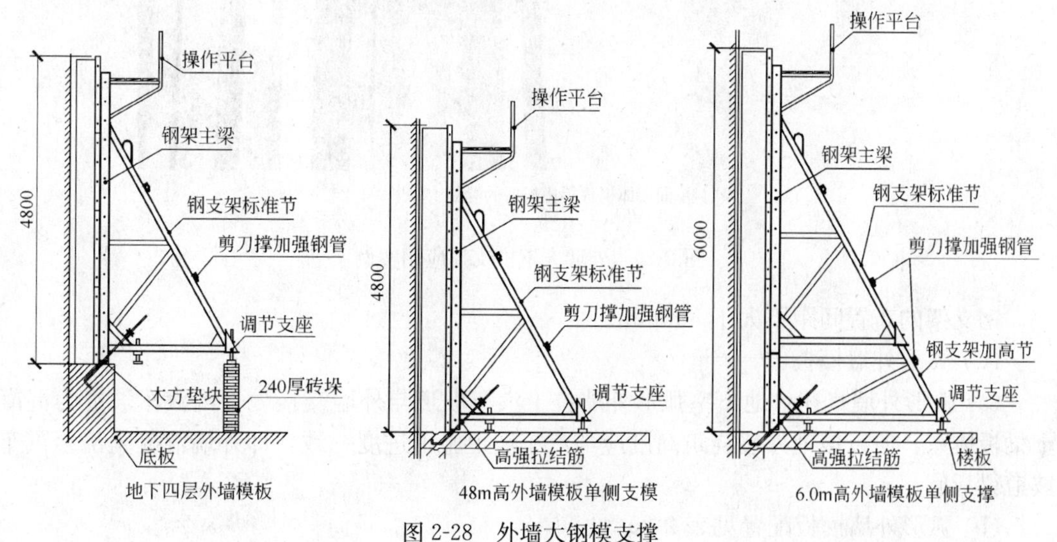

图 2-28　外墙大钢模支撑

支撑效果

单侧支架斜拉杆

单侧支架外支脚

单面墙体模板拆模板后的混凝土效果

图 2-29　外墙大钢模支撑应用实例

钢支架的布置间距不大于 800mm。

(C) 弧形外墙模板：

(a) 弧形外墙概述：地下室弧形外墙位于汽车坡道与外墙交接处，因汽车坡道为混凝土梁板体系，所以该处外墙浇筑高度应与汽车坡道施工进度一致，即外墙混凝土浇至汽车坡道梁板底。

(b) 弧形外墙模板配置见表 2-25。

弧形外墙模板配置　　表 2-25

序　号	项　目	内　容	备　注
1	模板面板	18mm 厚胶合板	
2	次背楞	50×100 木方	
3	主背楞	双槽钢	
4	弧形调节支座		
5	支撑	三角钢支架	

（c）弧形外墙模板支设

弧形外墙模板支设见图 2-30，其中钢支架的布置间距不大于 800mm。

当弧形外墙模板高度大于 4.8m 时，钢支架增加 1.2m 加高节，汽车坡道楼板为倾斜面，钢架支脚下须增加契形垫块，并用胀栓顶住垫块，防止垫块滑移。弧形外墙模板在汽车坡道处，模板展开平面为平行四边形，与坡道的走向一致。

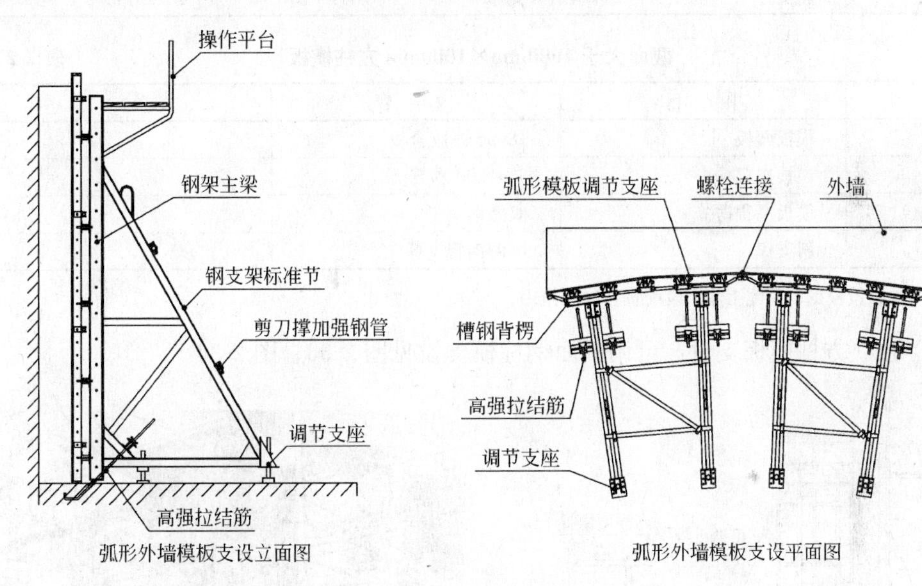

图 2-30　弧形外墙模板支设

图 2-31　弧形模板及调节装置

图 2-32　坡道弧形模板支设

2）独立柱模板

① 独立柱概述：地下室各层独立柱分方形独立钢筋混凝土柱（以下统称独立方柱）和圆形钢筋混凝土柱。

② 独立方柱

（A）独立方柱概述：独立方柱截面形式有五种：800×800、600×600、700×600、800×1600、1000×600、1600×1600，部分独立方柱内含工字钢。

（B）独立方柱模板配置：见表2-26、表2-27。

截面不大于1000mm×1000mm方柱模板　　**表2-26**

序　号	项　目	内　容	备　注
1	模板面板	标准大钢模板	按2700mm＋2700mm和2700mm＋1500mm两种高度配置
2	连接	高强度螺杆连接	
3	斜支撑	可调钢管支撑	

截面大于1000mm×1000mm方柱模板　　**表2-27**

序　号	项　目	内　容	备　注
1	模板面板	18mm厚胶合板	
2	模板次背楞	50×100木方	
3	模板主背楞	双槽钢	
4	斜支撑	可调钢管支撑	

注：柱模数量根据单个施工流水段配置，周转使用。

（C）独立方柱模板支设：可调截面钢柱模支设见图2-33、图2-34。

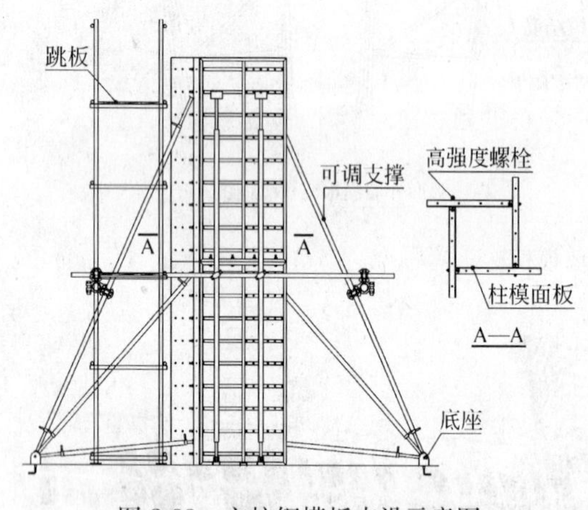

图2-33　方柱钢模板支设示意图

图2-34　可调钢柱模支设效果

可调截面木模板柱模支设见图2-35。该工程截面为1600×1600柱子模板面板采用18mm厚胶合板，竖肋为100×50木方，背楞为双槽钢背楞。

③ 圆形独立柱

（A）圆形独立柱概述：圆形独立柱为内含工字钢钢筋混凝土柱，截面形式有ϕ1500、ϕ1350、ϕ1200三种。

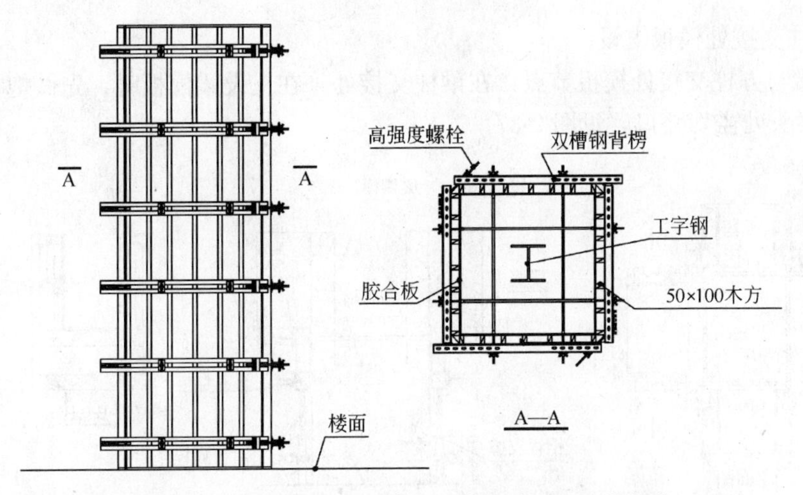

图 2-35　1600×1600 方柱模板示意图(未画出支撑部分)

(B) 圆形独立柱模板配置及拼装：圆形独立柱模板用钢模板配置，模板标准块为高度＝1200mm，弧长为 1/3 倍圆周长；面板及背肋厚度均为 6mm；见图 2-36。

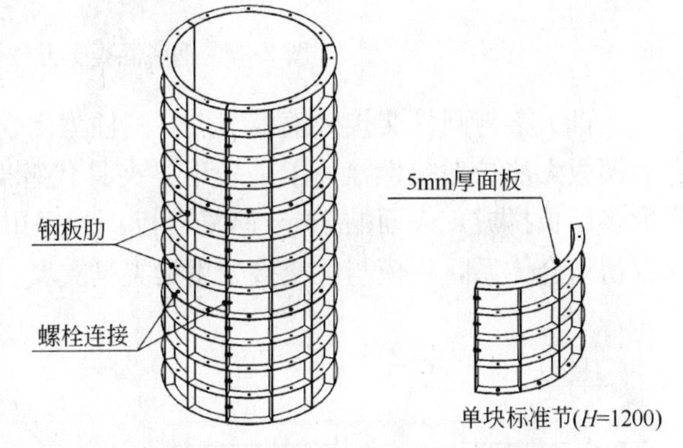

图 2-36　圆柱模板拼装效果图(未含支撑部分)

④ 独立柱模板支设

(A) 工艺流程：弹柱位置线→安装柱模→安装柱箍(木模方柱有柱箍)→安装斜撑→办预检。

(B) 将柱模内清理干净。

(C) 通排柱先安装两排柱，经校正、固定，拉通线校正中间各柱。按柱模板设计图的模板位置，由下至上安装模板，模板之间用螺栓拧紧。为了防止模板底面漏浆，安装柱模前，在柱模定位线外圈先做 2cm 高水泥砂浆并在两块模板间塞海绵条。

(D) 办理柱模预检。

⑤ 独立柱模板的拆除

(A) 地下室独立柱混凝土强度达到 4MPa 时即可拆除柱模板；±0.000 以上柱混凝土强度达到 1MPa 时即可拆除柱模板。

(B) 先松开柱模连接件，然后用撬棍轻轻撬动模板，使模板离开墙体，将模板拆下。

3) 梁板模板

① 模板配置见表 2-28。

梁板模板配置　　**表 2-28**

序　号	项　目	内　容	备　注
1	模板面板	18mm 胶合板	楼板面板为 15mm 厚胶合板
2	主、次背楞	50×100 木方	
3	支撑	可调钢管支撑、钢管	
4	梁夹具		用于有工字钢的梁和相应梁柱节点

② 梁柱交接处模板支设

(A) 梁与方柱交接处模板节点：在梁柱交接处，在支设梁模板时，先做抱柱模板，抱柱模板在梁头处需切豁口，见图 2-37。

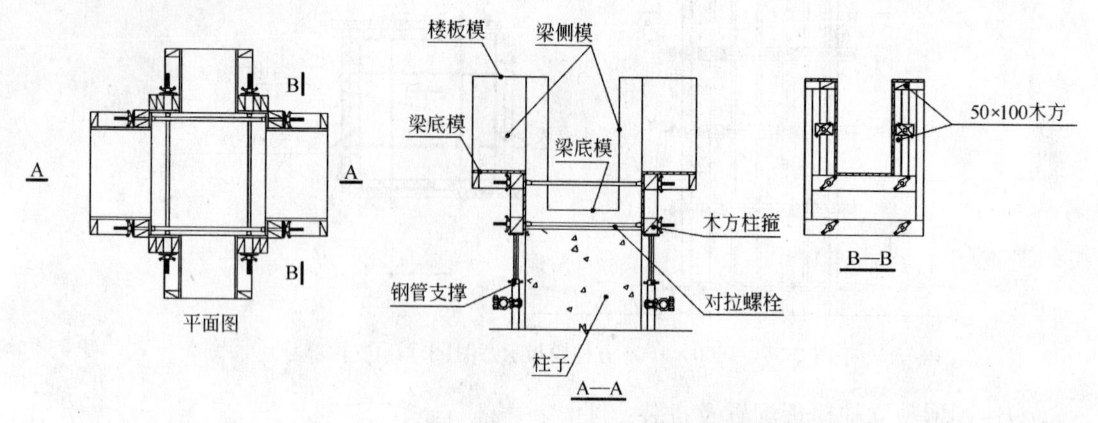

图 2-37　钢筋混凝土方柱与梁交接处模板节点

(B) 梁与圆柱交接处模板节点：圆柱为内含工字钢的钢筋混凝土柱，圆柱与梁交接处的模板无法拉对拉螺栓，于是采用梁夹具代替对拉螺栓，用图 2-38 做法，圆弧面板为条形多层板拼成，表面贴 3mm 厚复合板，背楞用弧形切口多层板或胶合板和可调角度槽钢背楞组合体系，柱模与梁交接处用梁夹具夹紧。

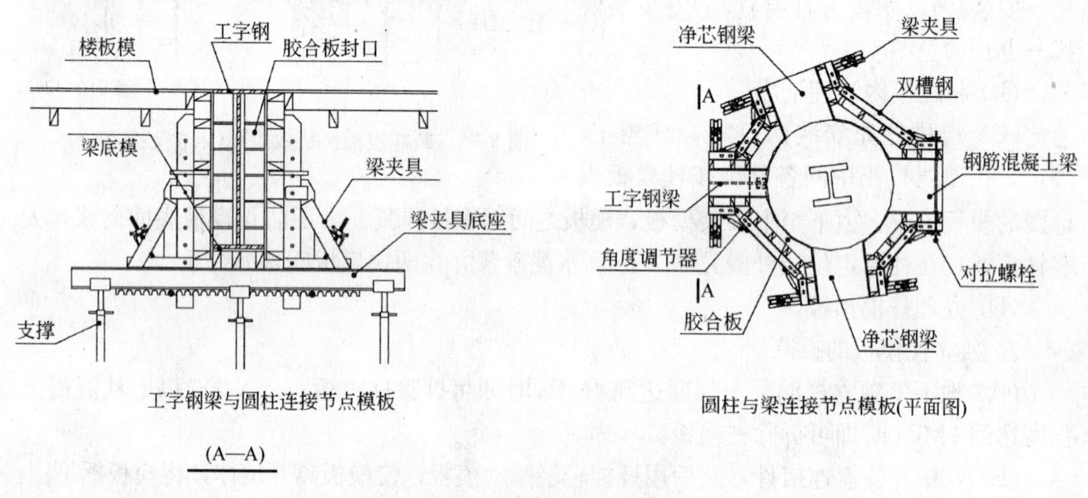

图 2-38　梁与圆柱交接处模板节点

(C) 梁与混凝土墙交接处模板节点：梁与墙交接处，利用上道墙体混凝土浇筑预留在墙的锥形套管，在墙上用穿墙螺栓将两 100×100 木方拉紧，作为梁头节点处模板的支撑，模板面板为胶合板或多层复合板，竖筋为 100×50 木方，背楞用双根 $\phi60$ 钢管，见图 2-39。

该工程混凝土梁可分为钢筋混凝土梁和工字钢钢筋混凝土梁，梁模板均为木模板，工字钢钢筋混凝土梁无法拉对拉螺栓，于是用梁夹具作为工字钢混凝土梁的支撑体系。

(D) 钢筋混凝土梁板模板

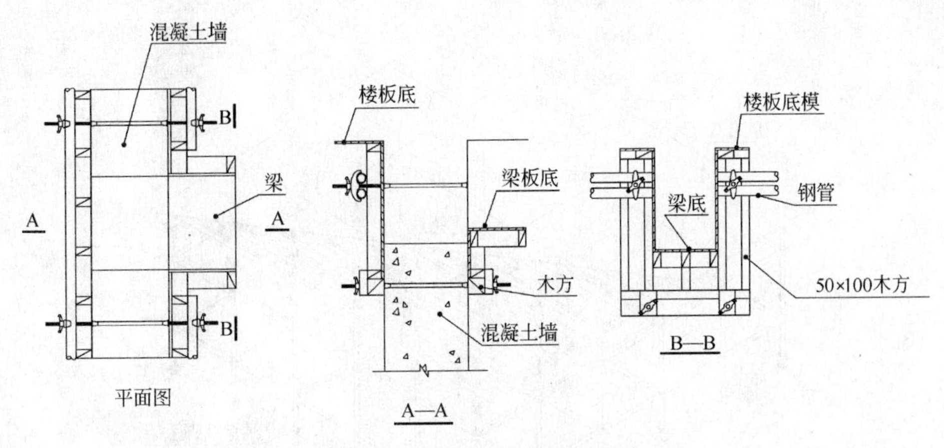

图 2-39　梁与墙交接处模板节点

(a) 板面板为胶合板或复合板，50×100 木方竖肋，背楞用钢管，当梁高大于 600mm 时，增设对拉螺杆。模板支设方法见图 2-40。

(b) 工字钢钢筋混凝土梁与板交接模板：工字钢混凝土梁模板面板为胶合板或复合板，竖肋为 50×100 木方，支撑体系为梁夹具体系，梁内有工字钢，不设对拉螺栓。支设方法见图 2-41。

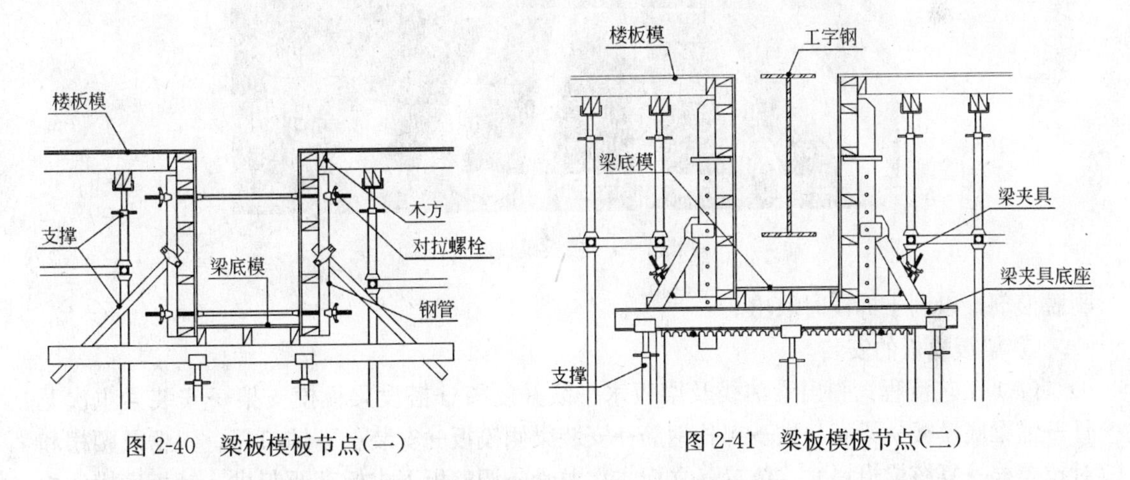

图 2-40　梁板模板节点(一)　　图 2-41　梁板模板节点(二)

③ 楼板模板

(A) 楼面模板面板为 15mm 厚胶合板，主、次背楞均为 50×100 木方，次背楞木方按 300mm 间距均匀布置，主背楞木方按 1200mm 间距均匀布置，支撑采用满堂红脚手架及可调钢管支撑。

(B) 模板背楞的木方与梁或墙的最大距离不得超过 300mm，主背楞木方放在可调支撑的托槽内，木方的悬挑出度最大不得大于 50mm，次背楞木方搁在主背楞木方上，次背楞木方最大悬挑长度不得大于 150mm，并且要求木方两端必须与主背楞木方搭接。楼板模板支设见图 2-42、图 2-43。

④ 梁上预留洞模板

预留洞模板用 50×100 木方与 18mm 胶合板做成定型盒子，合模前放入，盒子放入前

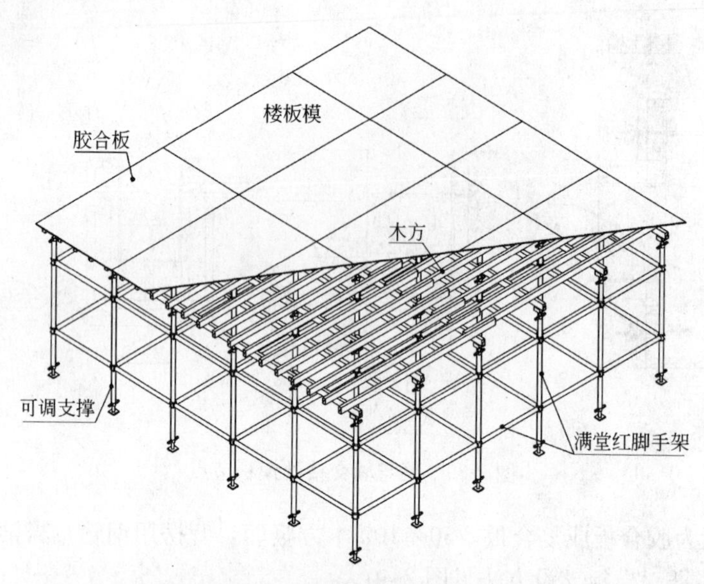

图 2-42　大面楼面模板支设示意图

图 2-43　楼板模板效果

刷脱模剂，以利于拆模时取出。

⑤ 梁板模板的安装

(A) 工艺流程：弹出梁轴线及梁板水平线并复核→搭设梁板模支架→安装梁主次龙骨→铺梁底模板→梁底起拱→绑扎钢筋→安装梁侧模板→安装上下销口楞、斜楞及腰楞和对拉螺栓→复核梁模尺寸、位置→立板主次龙骨→调整板下皮标高及起拱→铺板底模→检查模板上皮标高、平整度。

(B) 截面形状为长条混凝土，梁模板与楼板模板按顺序一次性完成，梁板混凝土同时浇筑。

(C) 板模板支设时调节支撑高度，当梁底板跨度等于及大于 4m 时，梁底应按设计要求起拱，起拱高度为梁跨的 2‰。

(D) 台板铺完后，用水平仪测量模板标高，进行校正，并用靠尺找平。

⑥ 梁板模板的拆除

(A) 拆掉脚手架横杆，然后拆除立杆，每根龙骨留 2 根立杆暂不拆。

(B) 工作人员站在已拆除的空隙，拆去近旁余下的立杆。

(C) 拆除板模板，然后拆除梁模板。

(D) 柱模板拆除时间根据天气温度掌握控制，一般12～24h左右，拆模时不得使用大锤以防止模板碰撞墙体开裂。

(E) 板拆下后及时清理粘结物，涂刷水性脱模剂，拆下的配件及时集中收集管理。

(F) 该工程局部柱跨为9000mm，故梁、板模拆除时混凝土须达到100%设计强度。

4) 楼梯模板施工

楼梯踏板模板采用木模板。先支设平台模板，再支设楼梯底模板，然后支设楼梯外帮侧模，外帮侧模应先在其内侧弹出楼梯底板厚度线，侧板位置线，钉好固定踏步侧模的挡板，在现场装钉侧板。楼梯模板支设详见图2-44。

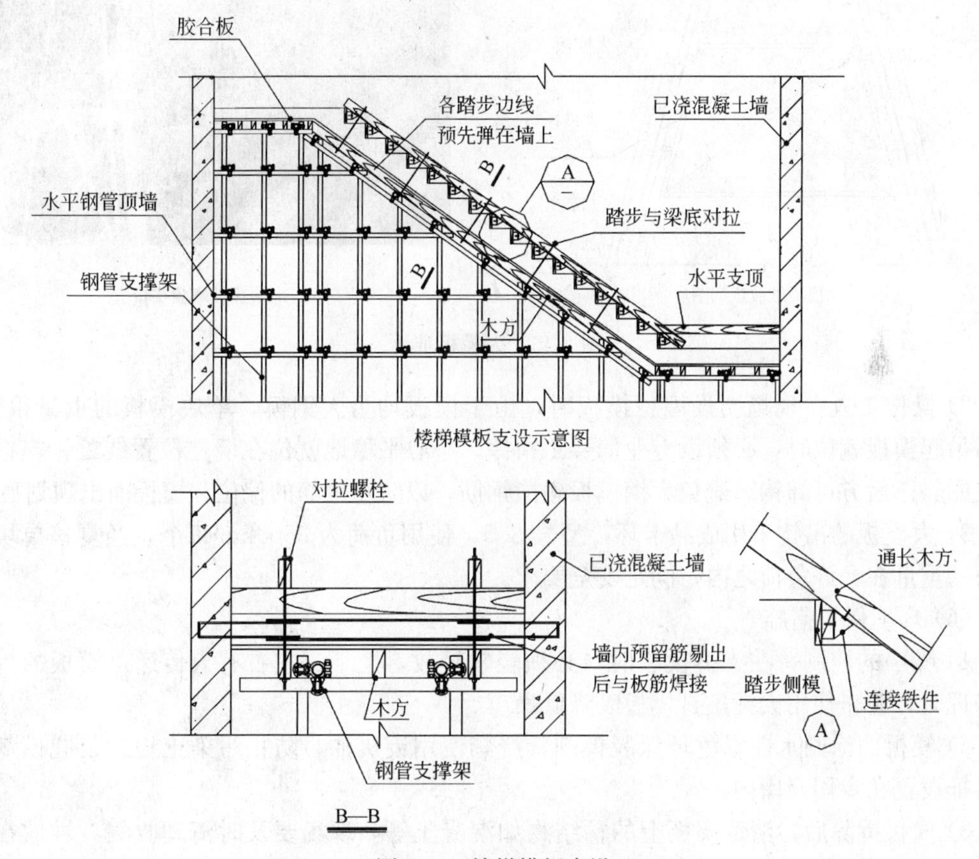

图2-44　楼梯模板支设

(3) 质量控制

1) 模板及支承必须有足够的强度、刚度和稳定性，并不致发生不允许的下沉和变形，接缝严密，不得漏浆。

2) 穿墙螺栓紧固可靠。

3) 预埋件和预留孔洞的偏差控制在规范允许的范围内。

(4) 成品保护

1) 模板安拆时轻起轻放，不准碰撞，防止模板变形。

2) 拆模时不得用大锤硬砸或撬棍硬撬，以免损伤混凝土表面和棱角。

3) 模板在使用过程中加强管理，分规格堆放，及时涂刷脱模剂。

4）支完模板后，保持模内清洁。

5）应保护钢筋不受扰动。

6）搞好大模板的日常保养工作和维修工作。

（5）文明施工

1）大钢模板落地或周转至另一工作面时，必须一次安放稳固，倾斜角符合75°～80°自稳角的要求。模板堆放时码放整齐，堆放在施工现场平整场地上或堆放在施工层上，见图2-45。

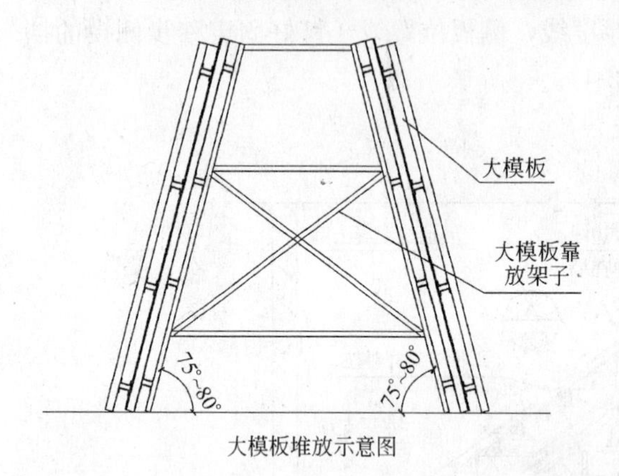

大模板堆放示意图

大模板堆放实景

图2-45　大模板堆放

2）操作工人在现场支设墙柱模板时，由于模板均为大钢模，单块模板的重量很大，塔吊吊起模板就位时，必须设专业信号工指挥，小心平稳地就位在墙柱位置线处，支撑好模板的斜撑后方可卸钩。避免大钢模板碰撞钢筋，以防止钢筋的偏位和模板面出现划痕。

3）大模板的吊钩采用成品卡环，型号3.5，使用负荷为3500kg/每个，经复核单块大模板的重量在允许负荷之内，满足安全要求。

（6）环境保护措施

1）噪声的控制：在支拆模板时，必须轻拿轻放，上下、左右有人传递。模板的拆除和修理时，禁止使用大锤敲打模板以降低噪声。

2）模板面涂刷水性绿色环保脱模剂，严禁使用废机油，防止污染土地。装脱模剂的塑料桶设置在专用仓库内。

3）模板拆除后，清楚模板上的粘结物如混凝土等，现场要及时清理收集，堆放在固定堆放场地，待够一车后集中运到北京市垃圾集中堆放场。

4）梁板模板内锯末、灰尘等不得用高压机吹，而用大型吸尘器吸，然后将垃圾装袋送入垃圾场分类处理。

四、装饰装修工程施工综合管理实务

1. 涂料工程管理实务（以某工程为例）

（1）工程概况

该工程中装饰工程包括石粉涂料施工、油漆工程施工、乳胶漆及过氯乙烯漆施工。石粉涂料施工面积约为42330m²，乳胶漆施工面积约为37000m²，混色油漆施工面积约为150m²，磨退本色清漆施工面积为1210m²，过氯乙烯漆施工面积为550m²。

各种材料所用位置明细表如表 2-29，以此工程为例分析其装修涂料施工方案。

各种材料所用位置明细表 **表 2-29**

楼层	所用材料	房间名称	涂刷部位
地下室人防部分	石粉涂料	人防，人防出入口，防毒通道，滤毒室扩散室，送风机房，排风机房，水源室，库房	墙面和顶棚
地下室部分	石粉涂料	电缆进线室，水泵房，充气机气泵室，水处理间，冷冻机房，生活热水，交换室，男女更衣，主副食库，值班室，污水泵房，空调机房，通风机房，自行车库，自行车坡道，夹层，走道，汽车库 1～7 轴，汽车库 7～15 轴，地下一层 G～1/H 轴的空调机房，库房及人防出口的楼梯间，地下一层 G～1/H轴控制室走道，汽车坡道	
地上部分	石粉涂料	测量室，一层非话机房，八、九层发展机房，二层市话交换机房，四层传输机房，五层汇接交换机房，六层移动程控交换机房，操作维护室，三、七层电力室，二、四、五、六层 7～15 轴专用空调机房，各层空调机房，职工餐厅(仅用于内墙面 02 型滚涂)	墙面和顶棚
地上部分	乳胶漆	消防控制室，中央监控室，电池电力操作维护室，值班休息，更衣，测量管理，1301，会议室，生产班组办公楼层，楼梯，楼梯前室，低压配电室，高压配电室，变压器室，控制室，值班室，刀闸室，电池电力室，操作维护，值班休息，二、四、五、六层值班休息，二层高压配电 G～1/H 轴值班走道	墙面
		各层走廊，电梯机房，维修间，水箱间，楼梯间，其他	墙面和顶棚
	过氯乙烯磁漆	三、七层电池室	墙面和顶棚
地上和地下	混色油漆	整个工程各个部位	钢制门框
	磨退本色清漆	整个工程各个部位	木质门

(2) 施工准备

1) 材料准备

① 石粉涂料：七色石粉的粉料是将各种色度的天然矿石粉磨加工而成。本工程选用细度 325 目的耐水腻子罩底，01 型细度 1250 目和 02 型 2500 目石粉涂料罩面。七色石墙饰粉技术标准见表 2-30。

七色石墙饰粉技术要求 **表 2-30**

项目	外观质量要求	项目	外观质量要求
容器中状态	搅拌混合后无硬块，呈均匀状态	耐洗刷性	洗刷 300 次无破损
施工性	刮涂二道无障碍	耐碱性	无异常
涂膜外观	涂膜外观正常	耐水性	无异常
干燥时间	不大于 2h	涂层耐温变形(10 次)	无异常

② 乳胶漆：采用合成树脂乳液内墙涂料，主要性能见表 2-31。

乳胶漆技术性能　　表 2-31

项目	指标	项目	指标
在容器中状态	搅拌混合后无硬块，呈均匀状态	对比率（白色和浅色）	≮0.93
施工性	涂刷二道无障碍	耐碱性(24h)	无异常
涂膜外观	涂膜外观正常	耐洗刷性	≮300 次
干燥时间	≯2h	涂料耐冻溶性	不变质

③ 过氯乙烯磁漆性能要求见表 2-32。

过氯乙烯磁漆性能要求　　表 2-32

项目	涂层颜色及外观	黏度	附着力
G 52—31(G 52—1)各色过氯乙烯防腐漆	符合标准样板及色差范围，漆膜平整光亮	30～75	≯3

④ 油漆：有混色油漆和清漆。油漆性能要求见表 2-33。

油漆性能要求　　表 2-33

项目	性能要求	项目	性能要求
外观	均匀颜色	干燥时间(表 h)	≤0.5
固体含量，%	≥15	干燥时间(实干 h)	≤2
黏度(S，涂-4 杯)	≥40	粘结强度(MPa)	≥0.5
pH 值	8～9		

⑤ 储运保管与进场检验

(A) 储运保管

涂料、油漆均为易燃物质，各种溶剂多为有毒、易燃液体，挥发出的气体与空气混合很容易成为爆炸气体，因此现场要设置专用库房，并备有灭火器材。

石粉涂料、乳胶漆和油漆要密封保存，库房要阴凉通风干燥，避免雨淋、日晒和受潮，严禁接近火源和热源，避免与化学介质及有机溶剂等有害物质接触。

(B) 进场检验

出厂合格证和检验报告。

2）施工机具的配备

机具配备见表 2-34。

施工机具配备　　表 2-34

机具名称	单位	数量	用途说明
外用电梯	台	2	运输材料
钢片抹子、开刀	把	15	用于石粉涂料施工
海绵滚涂器			
墙用滚刷器	台	4	用于室内墙壁涂刷
空气喷涂机具	套	1	用于内墙和顶棚喷涂，包括供气系统、供漆系统和喷枪
需用手工工具：扫帚、毛刷、各种漆刷、铲刀、砂纸、清洗工具、容器、盛漆桶、涂漆辊子、托盘、手提电动搅拌器、防毒口罩、手套、防护眼镜、工作服等			

3）作业条件

① 对饰面施工有影响的其他土建及水电安装工程均要求已施工完毕，并预先加以覆盖；室内水、暖、电、卫设施及门窗等都需进行必要的遮挡。

② 混凝土及抹灰墙面不得有起皮、起砂、松散等缺陷，正常温度气候条件下，抹灰面龄期不得少于 14d，混凝土基材龄期不得少于 1 个月。

③ 施工环境温度要高于 10℃，相对湿度不大于 60％。

④ 相邻施工环境不得有明火施工。

⑤ 操作前要认真进行交接检查工作，并对遗留问题进行妥善处理。

⑥ 施工前先做样板，经质量部门及监理检查验收后，再组织人员进行大面积施工。

（3）工期控制

依据总进度计划，工期控制见表 2-35。

工 期 控 制 **表 2-35**

序	工 作 内 容	起 止 日 期	日历天数(d)
1	地下室、机房石粉涂料	2000/6/20～2000/11/10	144
2	地上石粉涂料	2000/8/25～2000/11/15	83
3	打底腻子、第一遍乳胶漆	2000/8/25～2000/11/15	83
4	面层乳胶漆	2001/3/16～2001/4/15	31
5	油漆工程(门窗、木作)	2000/9/20～2001/4/10	203

（4）装饰工程施工

1）七色石饰粉涂料施工

① 拌合浆料

粉料包装为内塑外编，重量为 50kg/袋，液料用塑料桶装，重量为 25kg/桶。将粉料和液料以 2∶1 的重量比现场充分搅拌，制成浆料(需现场拌合的浆料只有 325 目的石粉，1250 目和 2500 目石粉不需拌合，进场的产品为已调制好的浆液，现场直接滚涂)。

② 基层处理

施工前，认真检查基层水泥砂浆情况，如基层有表 2-36 中问题，需作处理后方可涂刷，以免影响日后的附着力。

基 层 处 理 **表 2-36**

问 题	处 理 方 法
龟裂、孔洞、接缝	用浆料填充补平
空 鼓	铲去鼓皮
不 平 整	用浆料直接刮抹找平，特别不平整时，用水泥拌合液料刮抹找平

③ 石粉施工

采用滚涂方法施工。

(A) 罩底：用细度 325 目的耐水腻子刮抹，使其遮盖基底，涂膜的厚度约为 0.4～0.5mm，使基底平整。

(B) 找平：第一遍干后(不粘手即可)再用细度为 1250 目(除职工餐厅内墙面刮抹 2500

目外)刮抹第二遍，并与第一遍刮抹方向垂直，刮抹厚度约为0.4～0.5mm，使基底完全平整。

(C) 罩面：待第二遍石粉涂料干后，再滚涂第三遍石粉涂料，并与第二遍方向垂直，厚度约为0.3～0.5mm。第三遍滚涂石粉涂料完成后，达到饰面完全平整，产生细腻的手感和良好的外观。

2) 乳胶漆施工

采用滚涂方法施工。

① 施工顺序：

基层处理→第一遍满刮腻子→第二遍满刮腻子→封底漆→第一遍乳胶漆→第二遍乳胶漆→磨光清扫。

② 基层处理：表面清扫后，采用SG821石膏腻子用水与醋酸乙烯乳胶(配合比为10：1)的稀释乳液将SG821腻子调至合适稠度，用它将墙面麻面、蜂窝、洞眼、残缺处填补好。腻子干透后，先用开刀将多余腻子铲平整，然后用粗砂纸打磨平整。

③ 满刮两遍腻子：第一遍满刮，要求横向刮抹平整、均匀、光滑，线角及边棱整齐。尽量刮薄，不得漏刮，接头不得留槎，注意不要沾污门窗框及其他部位。待第一遍腻子干透后，用粗砂纸打磨平整，磨后用棕扫帚清扫干净。第二遍满刮腻子方法同第一遍，但刮抹方向与前遍腻子相垂直。然后用细砂纸打磨平整、光滑为止。

④ 封底漆施工：封底漆必须在干燥、清洁牢固的表面上进行，采用滚涂的方法施工，涂层必须均匀，不可漏涂。

⑤ 滚涂乳胶漆：乳胶漆如若是浓缩型，施工时要进行稀释处理(根据生产厂家要求而定)。使用前用手提电动搅拌器将涂料充分搅拌均匀，然后倒入托盘，用滚子蘸涂料滚涂第一遍。先横向滚涂，再纵向滚涂。滚涂顺序：从上到下，从左到右，先远后近，先边角、棱角、小面到大面。要求厚薄均匀，防止涂料过多流坠。滚子涂不到的阴角处，需用毛刷补齐，不得漏涂。一面墙面或顶棚要同时涂完，避免接槎、重叠现象，沾污到其他部位的涂料要及时用清水擦净。第一遍施工完后，需干燥6h后再进行下一道磨光工序。磨光：用细砂纸进行打磨时，用力要轻而匀，并不得磨穿涂层。磨后将表面清扫干净。第二遍乳胶漆要比第一遍稠，按生产厂家要求进行配比。施工方法与第一遍相同。如若遮盖差，则需打磨后，再涂一遍。

3) 过氯乙烯磁漆施工

① 工艺流程

基层处理→刷过氯乙烯清漆一道→过氯乙烯底漆两道，磁漆四道，清漆两道。

② 基层处理：混凝土基层或水泥砂浆找平层要坚固、密实、有足够强度。施工前要将基层表面的浮灰、水泥渣及疏松部位清理干净。有污染的部位先用有机溶剂擦去油污并晾干。表面的碱性物质可用5%硫酸锌溶液涂刷再用清水洗至中性。基层要干燥，在20mm深度内含水率不大于6%。基层如有细小裂缝、凹凸不平等缺陷要用腻子刮填磨平。腻子实干后，打磨平整、拭净，再进行底漆施工。

③ 过氯乙烯漆喷涂：基层处理好后，涂刷过氯乙烯清漆一道打底，然后再涂覆过氯乙烯底漆。底漆实干后，再进行各涂层的施工。过氯乙烯漆必须配套使用，按底漆、磁漆、清漆的顺序施工，共喷涂过氯乙烯底漆两道，磁漆四道，清漆两道。过氯乙烯漆施工

采用喷涂。底漆施工黏度应为14～25s，调整稠度的稀释剂采用X-3过氯乙烯漆稀释剂，严禁使用醇类稀释剂或汽油。

在底漆与磁漆或磁漆与清漆之间，要与过渡漆(即底漆与磁漆或磁漆与清漆)一般按1∶1混合使用。每层过氯乙烯漆(底漆除外)都要在前一层漆实干前涂覆。如漆膜已实干，在涂覆后一层前，先用X-3过氯乙烯稀释剂喷润一遍。

喷涂施工按自上而下，先喷垂直后喷水平面的顺序进行。喷枪与基层表面要接近垂直，喷嘴与被喷面的距离为300mm。喷枪沿一个方向来回移动，使雾流与前一次的喷涂面重合一半。喷枪移动要均匀，以保证喷涂层厚度一致，喷涂时要注意涂层不要过厚，以防止流淌或溶剂挥发不完全而产生气泡，同时要使空气压力均匀一致(压力为0.3～0.6MPa)。喷涂完毕后要及时用有机溶剂清洗喷涂用具，漆液要加盖封严，一切工具和容器禁止与水接触。

4) 油漆工程施工

① 木作表面施刷磨退本色清漆施工

(A) 工艺流程：基层表面处理→润油粉→满刮色腻子→磨砂纸→刷第一道清漆→点漆片修色→刷第二遍清漆→刷第三遍清漆至刷第八遍清漆。

(B) 基层表面处理：首先清除木作表面的尘土和油污。如木作表面沾污机油，用汽油或稀料将油污擦洗干净。清除尘土、油污后磨砂纸，大面用砂纸包5cm见方的短木垫着磨。要求磨平、磨光，并清扫干净。

(C) 润油粉：油粉是根据样板颜色用大白粉、红土子、黑漆、地板黄、清油、光油等配制而成。油粉调得不可太稀，应调成粥状。润油粉擦时用麻绳断成30～40cm左右长的麻头来回揉擦，包括边、角等都要擦润到并擦净。线角用牛角板刮净。

(D) 满刮色腻子：色腻子由石膏、光油、水和石性颜料调配而成。色腻子要刮到、收净，不应漏刮。

(E) 磨砂纸：待腻子干透后，用1号砂纸打磨平整，磨后用干布擦抹干净。再用同样的色腻子满刮第二遍，要求和刮第一遍腻子相同。刮后用同样的色腻子将钉眼和缺棱掉角处补抹腻子，抹得饱满平整。干后磨砂纸，打磨平整，做到木纹清，不得磨破棱角，磨完后清扫，并用湿布擦净、晾干。

(F) 刷第一道清漆：涂刷时要横平竖直、薄厚均匀、不流坠，刷纹通顺，不许漏刷，干后用1号砂纸打磨，并用湿布擦净、晾干。以后每道漆间隔时间夏季约6h；秋季约12h；冬季约为24h左右。

(G) 点漆片修色：漆片用酒精溶解后，加入适量的石性颜料配制而成。对已刷过头道漆的腻子疤、钉眼等处进行修色，漆片加颜料要根据当时颜色深浅灵活掌握，修好的颜色与原来的颜色要基本一致。

(H) 刷第二道清漆：先检查点漆片修色，如符合要求便可刷第二道清漆，待清漆干透后，用1号砂纸打磨，用湿布擦干净，再详细检查一次，如有漏抹的腻子和不平处，需要复抹色腻子，干后局部磨平，并用湿布擦净。

(I) 刷第三道清漆：待第二道清漆干后，用280号水砂纸打磨，磨好后擦净，其余操作方法同上。待第三道清漆干后，刷第四道清漆，刷完4～6d后用280～320号水砂纸进行打磨，磨光、磨平，磨后擦干净。循环到刷第八道清漆。

② 钢门框表面施涂混色油漆施工

(A) 工艺流程：基层处理→刮腻子→刷第一遍油漆(抹腻子、磨砂纸)→刷第二遍油漆(刷铅油、擦玻璃、磨砂纸)→刷第最后一遍调合漆。

(B) 基层处理：清扫、除锈、磨砂纸。首先将钢门框表面上的浮土、灰浆等打扫干净。已刷防锈漆但出现锈斑的钢门框表面，须用铲刀铲除底层防锈漆后，再用钢丝刷和砂布彻底打磨干净，补刷一道防锈漆，待防锈漆干透后，将钢门框表面的砂眼、凹坑、缺棱、拼缝等处，用石膏腻子刮抹平整。待腻子干透后，用1号砂纸打磨，磨完砂纸后用潮布将表面上的粉末擦干净。

(C) 刮腻子：用开刀在钢门框表面上满刮一遍石膏腻子，要求刮得薄，收得干净，均匀平整无非刺。等腻子干透后，用1号砂纸打磨，注意保护棱角，要求达到表面光滑、线角平直、整齐一致。

(D) 刷第一遍油漆：铅油用色铅油、光油、清油和汽油配制而成。经过搅拌后过箩。油的稠度以达到盖底、不流淌、不显刷痕为好，铅油的颜色要符合样板的色泽。刷铅油时先从框上部左边开始涂刷，框边刷油时不得刷到墙上，要注意内外分色，厚薄要均匀一致，刷纹必须通顺，框子上部刷好后再刷框下半部。最后刷门扇背面，刷完后用木楔将门扇下口固定，全部刷完后，要立即检查一下有无遗漏，分色是否正确，并将小五金等沾染的油漆擦干净。重点检查线角和阴阳角处有无流坠、漏刷、裹棱、透底等毛病，要及时修整达到色泽一致。

(E) 抹腻子：待油漆干透后，对于底腻子收缩或残缺处，再用石膏腻子补抹一次，要求与做法同前。

(F) 磨砂纸：待腻子干透后，用1号砂纸打磨，要求同前。磨好后用潮布将磨下的粉末擦净。

(G) 刷第二遍油漆：刷法同前。之后，擦玻璃、磨砂纸：使用潮布将玻璃内外擦干净。注意不得损伤油灰表面和八字角。磨砂纸要用1号砂纸轻磨一遍，方法同前，注意不要把底漆磨穿，要保护棱角。磨好砂纸打扫干净，用潮布将磨下的粉末擦干净。

(H) 刷最后一遍调合漆：刷油方法同前。由于调合漆黏度较大，涂刷时要多刷多理，刷油要饱满、不流不坠、光亮均匀、色泽一致。刷完油漆后要立即仔细检查一遍，如发现有毛病，要及时修整。最后用木楔子将门扇固定好。

(5) 质量保证措施

1) 各种饰面涂料配合比要准确，掺加材料要匀，喷、滚手法要一致，涂料厚度一致，并搭设双排脚手架作为操作架，禁止将支杆靠压在墙上，由此避免颜色不均，二次修补接槎明显，影响涂层美观。

2) 在基层处理时，要彻底修补基层的空鼓、开裂的情况，刮抹腻子要均匀，薄厚一致，并保证基面的平整度，这样才能保证面层光滑、平整。

3) 一面墙和一间顶棚涂刷要一次完成，将接槎甩在不显眼的边角处。严禁在中间甩槎，二次接槎施工时注意涂层厚度，避免涂层重叠，形成深浅不一。

4) 在边角及特殊部位(如合页槽、上下冒头、榫头和钉孔、裂缝、节疤以及边棱角残缺处)，要特别注意抹腻子，磨砂纸，防止在这些部位不按工艺标准操作。

5) 在砂纸打磨门框时，要特别注意不要将棱角处磨穿、磨破，磨水砂纸时不要用力过猛，要轻磨，以保持棱角完整。

6）涂刷油漆时，油漆不要太稀，涂刷要均匀，涂层不要过厚，刷时沾油不要过多，避免产生流坠现象。

7）涂刷门框油漆时，操作要细，并及时将小五金等污染处清擦干净，待油漆完成干燥后，再装门锁、拉手和插销，以确保五金洁净美观。

8）涂刷油漆时，选用合适的刷子，并把油刷用稀料泡软后使用，防止刷纹明显。

9）钢门框在进场后，要认真做好除锈工作，涂刷防锈漆，防止出现反锈现象。

10）要严格控制进场的油漆质量，兑配要均匀，降低溶剂的挥发速度，并控制室内温度不要过高，不要加催干剂，以防止起皱纹。

（6）成品保护措施

1）施工前要将不进行喷涂的门窗及墙面保护遮挡好。

2）喷涂完成后，及时用木板将口、角保护好，防止碰撞损坏。

3）拆除架子时严防碰撞墙面涂层。

4）油工施工时严禁蹬踩已施工完部位，并防止将油罐碰翻，涂料污染墙面。

5）刷油漆前首先清理好周围环境，防止尘土飞扬，影响油漆质量。

6）每遍油漆刷完后，都将门窗用挺钩勾住，防止扇框油漆粘结影响质量和美观，同时防止门窗扇玻璃损坏。

7）刷油漆后，立即将滴在地面上的漆擦干净，污染墙上及五金、玻璃上的油漆也要清擦干净。

8）油漆完成后要派专人负责看管，禁止摸碰。

（7）安全文明施工

1）涂料中大部分溶剂和各种稀释剂均具有不同程度的毒性，故施工前应对施工人员进行安全教育。

2）患有皮肤病、支气管炎病、结核病、眼病以及对沥青、橡胶刺激过敏的人员，不得参加操作。

3）按有关规定配给劳保用品并合理使用，操作人员不得赤脚或穿短袖衣服进行作业，手不得直接接触玻璃丝布，接触有毒材料需戴口罩和加强通风。施工现场要设排风扇，现场的有害气体、粉尘不得超过一定的浓度。

4）各种涂料和稀释剂多数属易燃品，在存放的仓库以及施工现场内都要严禁烟火。现场配备灭火器和消防水源，一旦意外着火时可及时灭火。

5）在喷涂顶棚涂料时，用钢管搭设双排架，并搭设马道，马道满铺跳板，设置防滑条，操作面上满铺跳板，并设置斜撑，防止脚手架位移。

6）文明施工

① 施工现场所产生的垃圾、废屑要及时收集，存放在固定地点，统一清运到规定的垃圾集中地。

② 在加工场所作业时，必须按工完场清和一日一清的规定执行。

（8）环保措施

1）粉尘的控制：为了减少切割和磨光饰面砖时的粉尘飞扬，现场要设置苫布遮挡，并及时将粉末清理起来，待统一清运到规定的垃圾集中地。

2）生产垃圾的处理：将作业层中清扫出来的砂浆、杂物，分类存放在固定位置，待统一清运到规定的垃圾集中地。

2. 不锈钢栏杆扶手施工管理实务

以某美院迁建工程教学主楼的楼梯栏杆为例，其均采用扁钢和圆钢为骨架，不锈钢管为扶手。

（1）施工准备

1）主材准备：$D=60$ 和 $D=80$ 的不锈钢圆管，-5×50 的扁钢，-10×50 的扁钢，$\phi16$ 光圆钢筋，用于遮盖不锈钢扶手和扁钢立柱底端的法兰盖，规格尺寸符合设计要求。

2）辅材准备：预埋件，金属膨胀管，电焊条，不锈钢焊条，防锈漆等。

3）机具准备：电焊机，氩弧焊机，切割机，冲击钻，角向磨光机，抛光机，尼龙线，卷尺，线坠，水平仪，小锤，砂纸，刷子等。

（2）作业准备

在加工厂将 -10×50 的扁钢调直，截成略长于图纸要求的立柱，顶端按照图纸要求切出斜边，并加工出与不锈钢扶手连接的圆弧端头。然后以此端头为准，严格按照图纸尺寸向底端顺序打出穿 $\phi16$ 钢筋的圆孔，注意孔径要考虑钢筋斜穿的余量。在加工厂加工好用于不锈钢扶手生根的预埋套管和用于扁钢立柱生根的预埋件，并打好膨胀螺丝孔，刷两道防锈漆。

严格检查楼梯踏步的尺寸是否符合要求，若有问题及时修整，保证每一踏步的高度，宽度等都符合要求。在楼梯间梯跑起步平台和中间休息平台的墙面上弹出 1m 线，并复验合格。

（3）施工节点示意图(图 2-46)

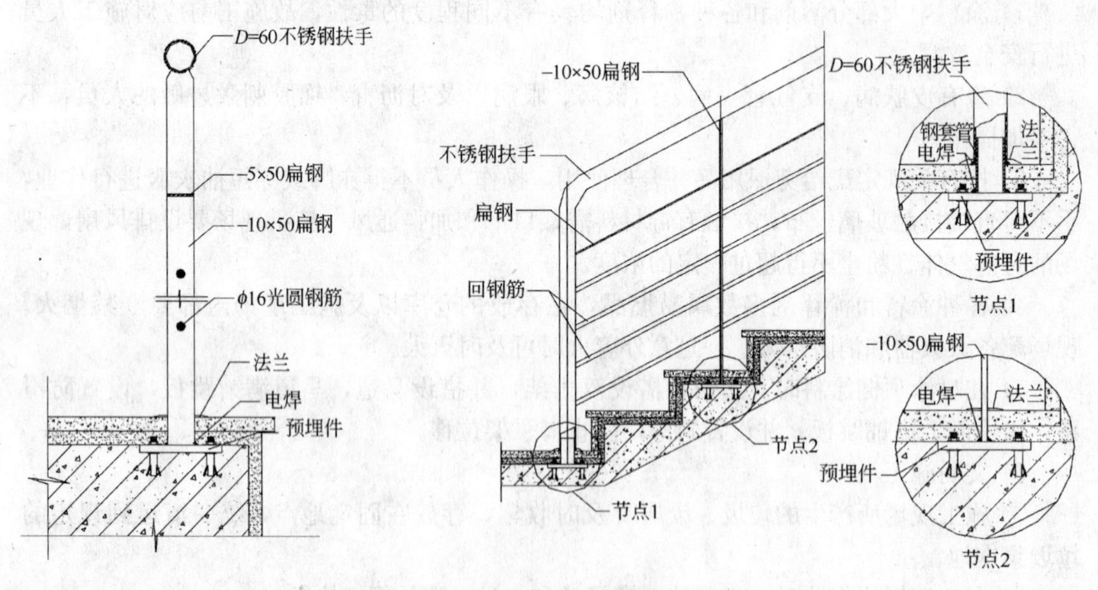

图 2-46　不锈钢栏杆扶手施工节点示意图

（4）施工工艺流程

弹出预埋件控制线→安装预埋件→水磨石施工→安装不锈钢扶手→安装 -10×50 扁

钢立柱→安装－5×50扁钢栏杆→安装ϕ16光圆钢筋→打磨焊口刷防锈漆→修补水磨石→立柱及栏杆油漆→不锈钢扶手抛光。

(5) 施工要求

在楼梯上精确弹出所有栏杆立柱的控制线，确定预埋件的安装位置。

按照放线确定的位置安装预埋件。预埋件要用四根金属膨胀管固定，位置一定要准确，特别是为不锈钢扶手与地面生根而设的预埋套管的位置更要准确，套管要高出水磨石完成面30mm以上。另外要注意金属膨胀管的螺栓高度不能高出水磨石砂浆结合层，以免影响水磨石的铺贴。预埋件安装时要拉线，边安装，边检查。每跑楼梯预埋件完成后都必须再次拉线检验，确保合格后才能进行下一道工序。

水磨石施工。预制水磨石楼梯踏步板在－10×50扁钢立柱的位置要预留50×80的预留孔。现浇水磨石在－10×50扁钢立柱的位置也要留出50×80的预留孔，在不锈钢扶手与地面生根的位置不需要留孔，做到预埋套管根部即可。

水磨石施工完毕后，检验预埋件有无偏差，无误后开始栏杆扶手的安装工作。先将不锈钢圆管扶手用木方临时固定，立柱套在预埋套管上，点焊固定。拉线调整至标高、坡度等都准确后，将扶手端头与预埋套管满焊牢固。将焊口的药皮敲掉，检查焊缝，合格后，刷两道防锈漆。但是中间的临时固定木方不能拆除。避免不锈钢扶手由于自重塌腰变形。注意安装之前要先将圆柱法兰盖套好，并用胶条将其固定在立柱上，避免脱落或影响底口焊接操作。

按照实际尺寸将扁钢立柱半成品从埋地端适当截短，使其尺寸合适。然后用线坠调整，将其点焊在预埋件和不锈钢扶手上，临时固定。之后拉通线调整，使每根立柱垂直度准确，不偏不扭，穿钢筋的圆孔在一条直线上。复验无误后，满焊牢固。将焊口的药皮敲掉，检查焊缝，合格后，刷两道防锈漆。注意安装之前要先将立柱法兰盖套好，并用胶条将其固定在立柱上，避免脱落或影响底口焊接操作。立柱安装完毕后可以将临时固定的木方拆除。

按照设计尺寸拉通线标出－5×50扁钢栏杆的位置，以实际尺寸为准切割－5×50扁钢，并将其点焊在立柱上，再拉通线调整，无误后满焊牢固。

按照实际尺寸切割ϕ16光圆钢筋，以每跑楼梯一整根为最好，若需要对接必须把对接点设在立柱的孔内。钢筋截好后，将其穿入立柱上的孔内，点焊固定，拉通线调整无误后，满焊牢固。

用角向磨光机将所有外露焊口打磨光滑后，所有非不锈钢件均刷两道防锈漆。

用相同颜色的水磨石将立柱下口地面上的预留洞修补好，用磨石手工磨光。

用原子灰将除不锈钢扶手外的栏杆、立柱都修补好，并用水砂纸打磨光滑，然后刷油漆。油漆完成后将法兰盖盖好。

用抛光机将不锈钢扶手重新抛光，特别是弯头焊接部分的光泽度要与其他部分相同。

(6) 质量要求

栏杆、扶手所用材料的品种、规格、型号、壁厚等都必须符合设计要求和国家现行规定。

栏杆、扶手的制作尺寸准确，安装符合设计要求，安装必须牢固。

扶手表面光滑，金属光泽一致，油漆颜色均匀一致，无剥落、划痕，拐角处及接头处的焊口应吻合密实，弯拐角圆顺光滑，弧形扶手弧线自然流畅。栏杆、扶手连接处的焊口表面、形状、平整度、光洁度、色泽同连接件一致。

栏杆排列均匀，竖直有序，与踏步相交尺寸符合设计要求，立柱与踏步埋件及扶手连接处焊接牢固，露明部位接缝密实，打磨光滑，无明显痕迹。扶手安装的坡度与楼梯的坡度一致。

允许偏差项目及检验方法见表 2-37。

栏杆扶手施工允许偏差　　**表 2-37**

项　次	项　目	允许偏差(mm)	检　验　方　法
1	扶手直线度	0.5	拉通线尺量检查
2	栏杆垂直度	1	吊线尺量检查
3	栏杆间距	2	尺量检查
4	弧形扶手栏杆与设计轴心位置差	2	拉线尺量检查

(7) 成品保护

安装栏杆扶手时应保护楼梯踏步面层，楼梯踏步上应有保护措施。不锈钢扶手安装完后，应用塑料布将其包裹保护。

3. 室内地面砖施工实务

某美术学院迁建工程教学主楼的开水间、卫生间以及平面设计室、绷网磨版室、制版室、印刷装订室和 PS 版室均使用彩色釉面砖作为地面装饰材料。

(1) 施工准备

1) 主材材料准备：彩色釉面地砖。地砖到货后，进行随机抽样开箱检查，规格、颜色均符合设计要求，并有出厂合格证。

2) 辅材材料准备：32.5 级水泥，中砂，其含泥量不应大于 3%，立德尔胶等等。

3) 机具准备：云石机，橡皮锤，水平尺，方尺，水平仪，2m 靠尺，尼龙线棉丝，手推车，铁锹，铁抹子，木抹子，开刀，墨斗，钢卷尺等。

(2) 作业准备

室内的防水层完成且泼水或蓄水试验合格。找平层完成，且经检查无空、裂现象，平整度、坡度、坡向均合乎要求。

在室内墙面弹出＋1m 标高线和轴线并校核无误。

按照排砖图对施工部位复核，若发现图纸与现场不符处，应先画出大样图，经设计认可后再按图施工。

选砖。地砖在铺贴前，每一块都要经过检查。先将缺边、掉角、缺釉、不方、不平、翘边、翘角、有色差的砖剔除出去，再用固定好的模具将砖按照不同尺寸分类，把尺寸误差过大的砖剔除，使用时尽量将同类的砖铺贴在同一房间。

将作业基层清理干净，并用塑料布包棉纱或泡沫塑料将地漏等管道、洞口堵好，以免在施工时将管道堵塞。

将挑选好的砖提前一天用清水浸泡，在使用前取出将水控干(阴干)。

(3) 彩色釉面地砖铺贴施工工艺流程

放控制线→地砖试排→素水泥浆扫浆→铺干硬性水泥砂浆→铺贴地砖→灌缝、擦缝→

清理。

(4) 操作要求

放线：按照排砖图和施工大样图在房间内弹出十字控制线。

按十字控制线用素砂铺两条相互垂直的砂带，把地砖在砂带上试排，检查缝隙的大小，注意找好房间边角的关系。特别是与地漏的关系。地漏应处于一块砖中间(图 2-47*a*)或两块砖中间(图 2-47*b*)或四块砖中间(图 2-47*c*)。

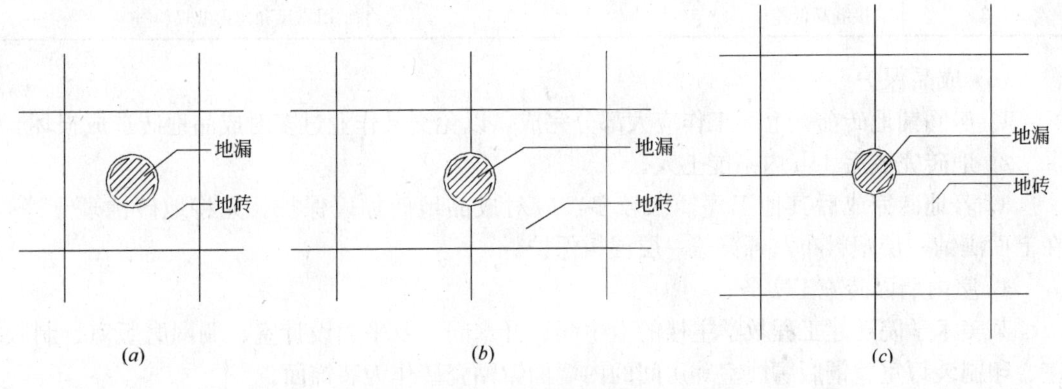

图 2-47　地漏位置

试排满意后进行冲筋，在十字控制线的端头按标高要求先贴一块砖作为标高控制点，并用水平仪检验无误。在地漏边贴一块砖标高为坡度计算最低点，并按此两点拉线作为标高控制线。注意整个地砖装饰面与周围墙面相交处的标高应相同，为找坡的最高点，即建筑图示标高。

在基层扫浆，水灰比为 0.5。扫浆面积不宜过大，应随贴随扫。

在扫好浆的基层上铺 1∶4 的干硬性水泥砂浆结合层，厚度为 25mm。干硬性砂浆以手捏成团，落地开花为宜。用刮杠将砂浆刮平，木抹子拍实找平。

在刮平的干硬性水泥砂浆上铺釉面地砖，用橡皮锤敲击地砖，振实下面的干硬性砂浆，直至地砖表面达到标高要求。

掀起地砖，若发现干硬性砂浆有空虚之处应填补密实。然后在砂浆上满浇一层水灰比为 0.5 的素水泥浆(或撒一层素水泥面，再洒适量清水)，再把地砖小心放好，角上卡入控制缝宽的十字卡(一般地砖使用 3mm 十字卡)，用橡皮锤轻敲地砖，使其粘牢。

房间内铺贴地砖时应顺序从里到外逐步退至门口，铺贴过程中不断检查标高、坡度和平整度。

地砖铺好至少 48h 后开始灌缝擦缝。先将十字卡起出来，用开刀将缝内的灰清理干净，用 32.5 级水泥调成稀水泥浆灌入砖缝内，要饱满。缝隙灌好 1～2h 后，用棉纱或软布蘸原稀水泥浆擦缝与砖面平，之后将砖面清理干净。

对铺好的地砖进行洒清水养护，养护期不得少于 7d。

(5) 质量要求

1) 地砖的品种，规格，颜色必须符合设计要求。面层与基层的结合必须牢固，无空鼓。

2) 地砖表面洁净，接缝均匀，顺直，无错缝，地砖无裂纹、缺边、掉角、缺釉等现象。

3）允许偏差项目及检验方法见表2-38。

室内地面砖施工允许偏差　　表2-38

项　次	项　目	允许偏差(mm)	检　验　方　法
1	表面平整度	2	用2m靠尺和楔形塞尺检查
2	缝格平直	3	拉5m线，不足5m拉通线检查
3	接缝高低差	0.5	用靠尺和楔形塞尺检查

(6) 成品保护

1）房间铺地砖前，上部工作应大部分完成，以免交叉作业过多对成品地砖造成损坏。

2）地砖完成后48h内不能上人。

3）若地砖完成后其他工序插入较多，应对成品地砖加以保护。先将地砖清理干净，在上面满铺一层塑料布，再覆盖一层层板保护。

4. 室内墙面砖施工实务

某美术学院迁建工程教学主楼的卫生间、开水间以及平面设计室、绷网磨版室、制版室、印刷装订室、铜版腐蚀室等房间的内墙面镶贴瓷砖作为装饰面。

(1) 施工准备

1）主材材料准备：墙面瓷砖。瓷砖到货后，要进行随机抽样开箱检查，规格、颜色均必须符合设计要求且与封样相同，出厂合格证等手续齐全。

2）辅材材料准备：32.5级水泥，32.5级白水泥，中砂，其含泥量不能大于3%，立德尔胶LD-816型等。

3）机具准备：瓷砖切割机，云石机，橡皮锤，木抹子，刮杠，尼龙线，方尺，线坠，2m靠尺，拖线板，开刀，水平尺，底尺，水桶，灰盆，棉丝等。

(2) 作业准备

1）墙面抹灰完成且经检验合格，无空鼓、开裂，垂直度、平整度符合要求，阴阳角方正。

2）所有管道完成，墙面开关插座的电盒按照排砖图的位置准确安装好，门、窗框安装完毕且用保护膜保护好。

3）在室内墙面弹出＋1m线和轴线，并且校核无误。

4）按照排砖图对施工部位进行复核，特别是门窗洞口和开关、插座的位置必须准确。若发现图纸与现场不符之处，先提出新的排砖大样图，经设计认可后再按图施工。

5）选砖。瓷砖在镶贴前，每一块砖都要经过挑选，先将缺边掉角、缺釉、不方、不平、翘边、翘角、有色差的砖剔除出去，再用固定好的模具将砖按照不同尺寸分类，把尺寸误差过大的砖剔除，使用时尽量将同类的砖铺贴在同一房间。

6）贴砖基层必须清理干净。

7）将挑选好的砖提前一天用清水浸泡，在使用前取出将水控干(阴干)。

(3) 内墙面瓷砖镶贴工程施工工艺流程

弹控制线→素水泥胶浆扫浆→镶贴标准点→垫底尺→镶贴瓷砖→灌缝、擦缝→清理。

(4) 操作要求

1）放线：按照排砖图在墙面上弹出若干条水平线和垂直线。弹线时要计算好砖的块数并考虑缝宽，使两线之间保持整砖数。特别注意门窗洞口和开关(插座)的位置必须符合图 2-48(*a*)～(*e*)所示原则。

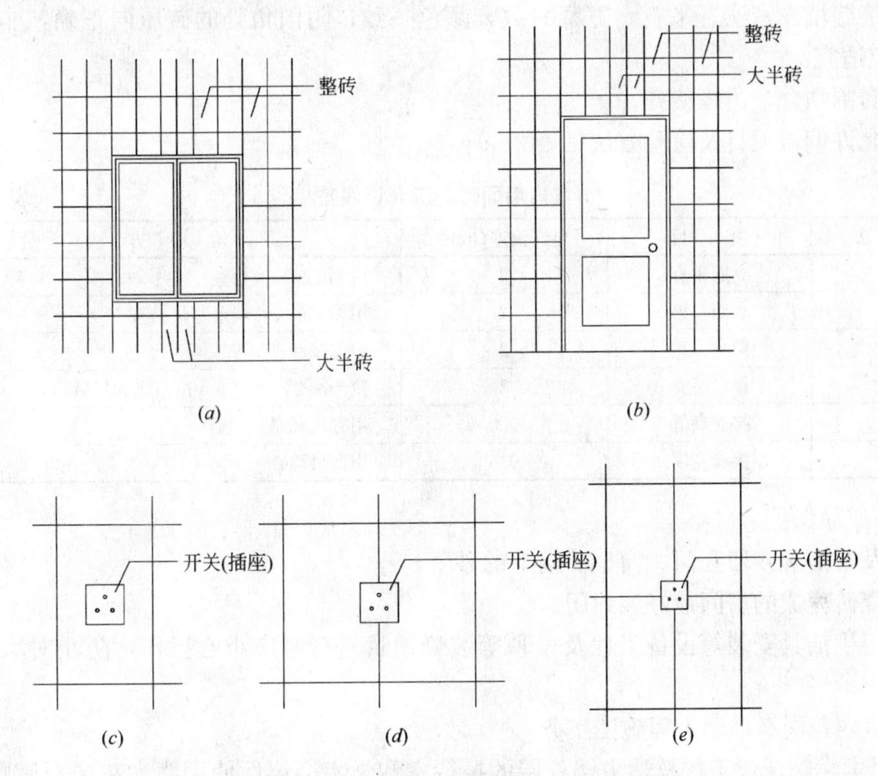

图 2-48　门窗洞口和开关(插座)的位置

(*a*)窗边瓷砖排砖；(*b*)门边瓷砖排砖；(*c*)开关在一块砖中间；(*d*)开关在两块砖中间；(*e*)开关在四块砖中间

2）先扫一道立德尔胶素水泥浆(立德尔胶占水重的 10%)。

3）镶贴标准点：先在控制线的端头镶贴几块瓷砖作为标准点，使标准点瓷砖面正好达到设计要求的墙面厚度，用以控制整个墙面的平整度和垂直度。

4）垫底尺：底尺表面与从下数第二排瓷砖的下口平齐。底尺要支撑牢固，标高准确。

5）瓷砖大面镶贴：墙面瓷砖从底尺上皮即倒数第二排砖开始镶贴，逐排镶贴，自下而上。镶贴时使用立德尔胶(LD-816)：水泥：砂＝1：5：5(重量比)配比即加立德尔胶的水泥砂浆。操作时要求将砂浆满刮在瓷砖背面，再粘贴到墙上，使用橡皮锤轻敲砖面，直至砖面与标准点砖面一平。砖的四周都有砂浆被挤出时才表示砂浆饱满，若不饱满时则必须取下重新刮砂浆。用开刀将四周挤出的砂浆刮干净，在砖角卡入专用的十字卡用以控制缝的宽度(墙面瓷砖一般使用 2mm 十字卡)。镶贴时随时用靠尺和拖线板检查平整度和垂直度。墙面砖完成 48h 后取下底尺和十字卡，再将最下面一排砖镶贴好。

6）灌缝、擦缝：瓷砖全部镶贴完毕，并且自检无空鼓、不平、不直后用白水泥素浆灌缝、擦缝。勾缝前用开刀将砖缝清理干净。白水泥浆要把砖缝填满，再用布将缝擦匀。

7）清理：用棉纱将完成的墙面擦干净。

(5) 质量要求

1）砖的品种，规格，颜色，图案必须符合设计要求。

2）粘贴牢固，无空鼓，无歪斜，无缺棱、掉角、裂缝等缺陷。

3）表面平整、洁净，颜色协调一致。

4）接缝填嵌密实、平直，宽窄一致，颜色一致，阴阳角处的砖压向正确，非整砖的使用部位适宜。

5）套割吻合，边缘整齐。

6）允许偏差项目及检验方法见表2-39。

室内墙面砖施工允许偏差　　表2-39

项　次	项　目	允许偏差(mm)	检　验　方　法
1	立面垂直	2	用2m拖线板检查
2	表面平整	2	用2m靠尺和楔形塞尺检查
3	阳角方正	2	用方尺和楔形塞尺
4	接缝平直	2	拉5m线，不足5m拉通线和尺量检查
5	接缝高低	0.5	用方尺和塞尺检查
6	接缝宽度	0.5	用塞尺检查

（6）成品保护

1）及时清理残留在门、窗框、扇上的砂浆。

2）瓷砖完成的房间最好能封闭。

3）卫生洁具安装等设备工程及吊顶等装修项目进行时应小心操作，防止对墙面瓷砖的破坏。

5. 室内花岗石地面工程施工实务

某美术学院迁建工程教学主楼首层的接待室和学术会议厅使用磨光花岗石铺贴地面，施工工艺为湿贴法。

（1）施工准备

1）主材材料准备：磨光花岗石，规格尺寸颜色符合设计要求。石材进场时要求表面光泽、照亮、纹理均匀，无色差，且无刀痕、旋纹、缺角、掉边。石材的规格≥400mm的板平整度误差要求不大于0.6mm，石材规格≥800mm的板平整度误差要求不大于0.8mm。

2）辅材材料准备：32.5级水泥，中砂，其含泥量不应大于3%。立得尔胶，草酸，蜡等。

3）机具准备：云石机，磨光机，橡皮锤，水平尺，方尺，水平仪，2m靠尺，尼龙线，钢丝刷，棉丝，手推车，铁锹，铁抹子，木抹子，墨斗，钢卷尺等。

（2）作业准备

1）石材进场后，应侧立码放在室内，光面对光面，背面对背面，下垫木方。

2）石材预拼时，将花色不符，裂纹，缺边，掉角的石材剔除。

3）室内50厚的1∶6的水泥焦渣垫层完成且验收完毕，垫层内的设备管线验收完毕。

4）四周墙面弹好+1m标高线和轴线并且校核无误。

5）按照排砖图对施工部位进行复核，若发现图纸与现场不符处，先画大样图，经设计认可后方能施工。

6）基层的杂物必须清理干净。

（3）地面石材湿贴施工工艺流程

试拼→放控制线→石材试排→铺干硬性水泥砂浆→铺贴石材→灌缝、擦缝→清理→打蜡保护。

（4）操作要求

1）放线：按照排砖图在房间地面弹出十字控制线。

2）按十字控制线用素砂铺两条相互垂直的砂带，用预拼合格的石材，在砂带上进行试排，检查板块之间的缝隙，注意找好石材与房间边角、踏步等处的关系。若房间地面有花饰图案时，应先将图案定位，再排其他的部分。

3）试排满意后进行冲筋。在十字控制线的端头先铺一块石材按标高要求冲筋，并用水平仪检验。用尼龙线按标高拉标高控制线。

4）在基层进行扫浆，水灰比为0.4～0.5。扫浆面积不宜过大，随铺随扫。

5）在扫好浆的基层上铺1∶4干硬性水泥砂浆结合层，厚度为30mm。干硬性水泥砂浆以手捏成团，落地即散为宜。用大杠将干硬性水泥砂浆刮平，木抹子拍实找平。

6）在刮平的干硬性水泥砂浆上铺设石材，密缝。用橡皮锤敲击板材，振实下面的干硬性水泥砂浆，直至石材面层达到要求标高。

7）掀起石板，若发现干硬性砂浆有空虚处应填补密实，然后在砂浆上满浇一层水灰比为0.5的素水泥浆(或撒一层素水泥面，再洒适量清水)。再把石板小心放好，用橡皮锤轻击，确认拍实后用水平尺找平。

8）房间内铺贴时应按顺序从里至外逐步退至门口。铺贴过程中要不断用水平仪检查标高，用2m靠尺检查平整度。

9）石材铺好至少48h后开始灌缝。用32.5级水泥调成稀水泥浆后灌入石材缝隙内，灌满1～2h后，用棉纱或布蘸原稀水泥浆擦逢与板平，之后用干净的棉纱将板面擦干净。

10）对铺好的石材要洒清水养护，养护期不少于7d。

11）打蜡前要把石材表面清理干净。用干净的布或棉纱蘸稀糊状的蜡，涂在石材表面上，应均匀，用磨石机压抹，擦打第一遍蜡。用上述同样的方法打第二遍蜡，要求光亮，颜色一致。完成后要将该房间加锁，避免污染。

（5）质量要求

1）石材的品种、质量必须符合设计要求，面层与基层粘结必须牢固，无空鼓。

2）面层表面洁净，图案清晰，色泽一致，接缝均匀，周边顺直，板块无裂纹、掉角和缺棱等缺陷。

3）允许偏差项目和检验方法见表2-40。

花岗岩地面施工允许偏差　　表2-40

项次	项目	允许偏差(mm)	检查方法
1	表面平整度	1	用2m靠尺、楔形塞尺检查
2	缝格平直	0.5	拉5m线，不足5m拉通线和尺量检查
3	接缝高低差	0.5	尺量和塞尺检查
4	板块间隙宽度	≤0.3	用尺量检查

（6）成品保护

1）石材板块存放时，不得淋雨，水泡，长期日晒，一般采用板块立放，光面相对。板块背面垫木条，下垫木方。现场倒运时也应如此。

2）房间内石材施工前其他上部工作大部分完成，减少对成品地面的损害。

3）铺贴石材板块时，操作人员应随铺随擦，擦净石材应该用棉纱或软布。灰刀等工具传递时不应抛掷，随用随放。

4）石材完成后48小时内严禁上人。擦缝的操作人员或检查人员应穿软底鞋轻踏板块中央。

5）结合层完全达到强度后，对石材表面采取覆盖保护。先在清理干净的好石材表面铺一层塑料布，之后再用层板遮盖保护。

6. 内墙面耐擦洗涂料施工实务

某美术学院迁建工程教学主楼对耐擦洗涂料使用量非常大，除卫生间、开水间、演播室、接待室、学术报告厅等房间外，其他房间墙面均使用耐擦洗涂料。本工程使用喷涂法施工。

（1）施工准备

1）主材材料准备：耐擦洗涂料，颜色符合设计要求，必须有产品合格证及使用说明。

2）辅材材料准备：821普通腻子，有产品合格证。

3）主要机具：空压机，气管，喷枪，钢片刮板，开刀，砂纸，小桶，大桶，排笔，刷子，纸胶带，塑料布，高凳，梯子，脚手板等。

（2）作业准备

1）抹灰作业全部完成并通过验收，且充分干燥。

2）洞口、阴阳角、门窗洞口抹灰修补完成，充分干燥。

3）门、窗及玻璃安装完毕。

4）涂料进场后，检查涂料是否为设计要求的品牌、型号和颜色，并有产品合格证。

5）检查墙面抹灰的平整度，垂直度是否符合要求，阴阳角是否方正，是否有空鼓、翻砂等现象，若有要先行进行修补。

6）对吊顶、门窗框、踢脚及地面等用纸胶带和塑料布进行保护。

7）将墙面的浮砂、灰尘等清理干净。

（3）耐擦洗涂料喷涂工艺流程

基层修补→刮腻子及砂纸打磨→喷第一遍涂料→修补腻子及砂纸打磨→喷第二遍涂料。

（4）操作要求

1）仔细检查墙面，用腻子将磕碰处、坑洼处、缝隙处找平，干燥后用砂纸磨平，并把浮尘清扫干净。再重复一遍上述工序，进行二次找补。

2）满刮腻子。刮腻子遍数可由墙面的平整度决定，一般情况为三遍。第一遍腻子用刮板横向满刮，后一刮板压前一刮板，接头不得留槎，每一刮板的最后收头要干净利落。第一遍腻子干燥后用砂纸打磨，将浮腻子和毛刺打磨掉。平面打磨砂纸时要使用砂板（见图2-49*c*），打磨阴阳角时使用特制木方（详见图2-49*d*）。打磨时应一下挨一下，不能漏打。第二遍腻子竖向满刮，所用材料及方法与第一遍相同。干燥后依前法打磨砂纸。将墙面清理干净后再刮第三遍腻子及砂纸打磨。将墙面的浮灰清理干净。

3）仔细检查墙面平整度无误，阴阳角确实方正后，准备喷第一遍涂料。将涂料按照说明的比例稀释，并充分搅拌均匀。先用排笔将门窗洞口，阴角，与顶棚的分界线刷好，宽度在200mm为宜，便于接槎。

4）用排笔将边角处理好后，开始大面积喷第一遍涂料。操作时应按照先上后下的顺序进行。空压机压力要保证在0.4～0.7N/mm^2，排气量为0.6m^3。根据气压、喷嘴直径、涂料稠度调整气节门，以将涂料喷成雾状为佳。喷嘴距墙500mm，角度如图2-49*a*所示。喷枪移动方向应与墙面平行，如图2-49*b*所示。在喷涂时，喷嘴与被喷涂墙面平行移动，运行速度要一致，轨迹呈S形，如图2-49*e*所示。

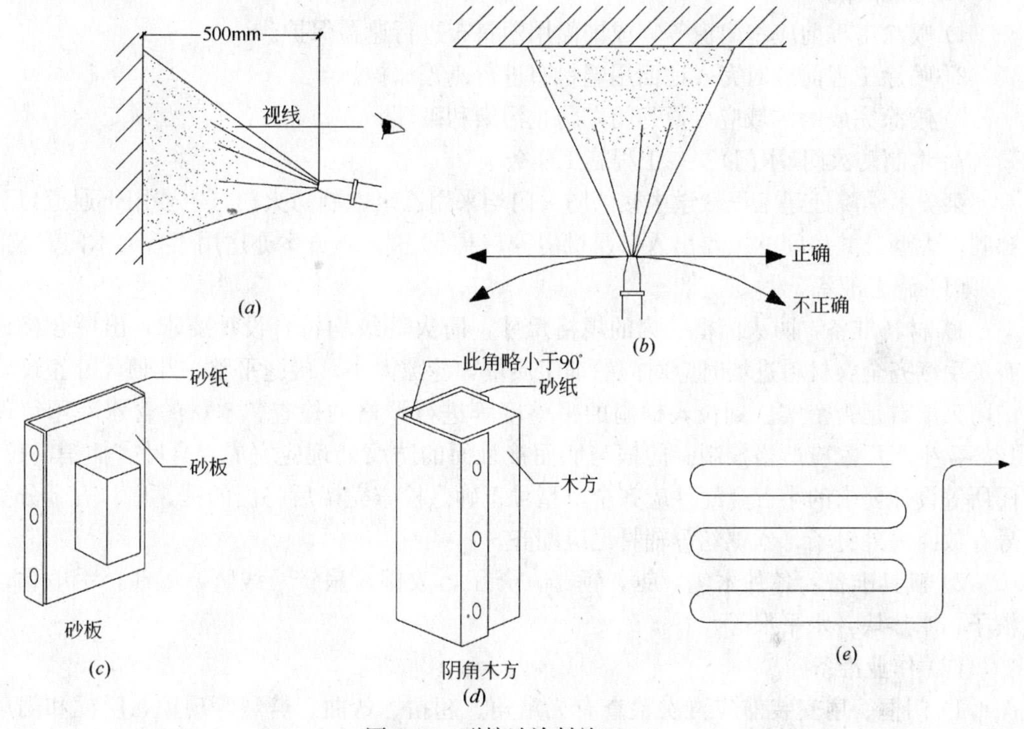

图2-49 耐擦洗涂料施工

5）第一遍涂料充分干燥后，对墙面上的麻点、坑洼、刮痕等用腻子重新找刮平，干燥后用细砂纸轻磨，并把粉尘清扫干净，达到表面光滑平整。

6）与喷第一遍涂料相同的方法喷第二遍涂料成活。

（5）质量要求

1）材料进场时要仔细检验材料的品种、颜色，都必须符合设计和选定样品的要求。

2）质量检验项目及检验方法见表2-41。

耐擦洗涂料施工质量标准 **表2-41**

项次	项 目	质量标准	检验方法
1	掉粉、起皮	无	观察，手摸检查
2	返碱、咬色	无	观察检查
3	漏刷、透底	无	观察检查

续表

项次	项　　目	质量标准	检　验　方　法
4	流坠、疙瘩	无	观察、手摸检查
5	颜色、刷纹	颜色一致，无沙眼，无刷纹	观察检查
6	装饰线分色线平直	偏差不大于1mm	拉5m线，不足5m拉通线检查
7	门窗、玻璃、灯具等	全部洁净	观察检查

(6) 成品保护

1) 喷涂工程前应将门窗等完成饰面用塑料布进行遮盖保护。

2) 喷涂工程前应对完成地面用塑料布进行遮盖保护。

3) 喷涂完成的区域应尽量封闭，防止污染和破坏。

7. 木制防火门(木门)安装工程施工实务

某美术学院迁建工程教学主楼的防火门均采用乙级木制防火门，主要用于通道口、楼梯间、大型公共房间的主要出入口及机房等，共59樘。本方案亦适用于普通木门安装。

(1) 施工准备

1) 材料准备：防火门框、扇的规格尺寸，防火等级均符合设计要求，出厂合格证等有关手续齐全。材料进场时应对门的加工质量如缝隙大小，接缝平整，几何尺寸正确，框扇防火填料是否密实、到位，框扇的平整度等进行严格的检查。木材的含水率不得超过12%，生产厂家应严格控制。门框与墙面接触面的防腐处理应完成。合叶、插销、拉手、门所等设计要求的小五金配件应齐全，型号正确。检查完毕后将门的框、扇、五金分类编号存放。另外钉子、木螺丝等辅材也应配齐。

2) 机具准备：各种木刨，锯，锤子，斧子，改锥，扁铲，线坠，墨斗，手电钻，木楔子，木垫块，水平尺等。

(2) 作业准备

1) 门框、扇安装前应再次检查有无窜角、翘扭、弯曲、劈裂等现象，门框和门扇的防火填料是否填塞密实到位，若有以上情况发生，应先修理或更换。

2) 门框靠墙、靠地的一面应刷好防腐涂料，其他各面及门扇均应涂刷清油一道(硝基)，起保护作用。

3) 存放时不能露天堆放，严禁日晒雨淋。码放时应垫平、垫高，每层之间垫好木条通风。

4) 检查墙体洞口是否方正，预埋木砖位置是否合理准确。

5) 弹出1m标高线和轴线并复验准确。

(3) 木制防火门安装工程施工工艺流程

弹控制线→修整洞口→门框安装→门扇安装→油漆→五金安装。

(4) 操作要求

1) 弹线：按照1m标高控制线和轴线弹出准确的门框位置线，检查洞口位置的准确度。

2) 修整洞口：若洞口有不方、不平或突起要剔凿修理。

3) 门框安装：此道工序应在墙面抹灰和地坪施工之前完成。门框出库前先检查该门框的型号、规格尺寸是否与安装部位的设计要求相同，特别注意门的开启方向要正确。再检查门框是否有变形或严重伤痕。检查无误后方可出库。先用木楔子和木垫块将门框严格按照弹好的控制线临时固定，注意开启方向正确（防火门的开启方向应该是向逃生方向外开），用线坠和水平尺检查门框的垂直度和上框的水平度，用尺量门框对角线检查门框的方正。无误后用钉子固定在预埋的木砖上。两边立框上各固定至少三个点，最上边的固定点距门框上口 250mm，最下边的固定点距装饰地坪 250mm，中间的固定点均分，立框下端要低于地面装饰标高至少 20mm，如图 2-50 所示。固定完毕后在重新检查门框的垂直度和水平度，确保没有问题后，用木方将门框下口用木方撑牢固定，避免门框由于外力碰撞而移位。门框安装完毕后，1.5m 以下的部分用层板包裹保护。墙面抹灰及地面装饰施工时注意不要损坏门框，溅到门框上的灰浆等污物应马上清理干净。

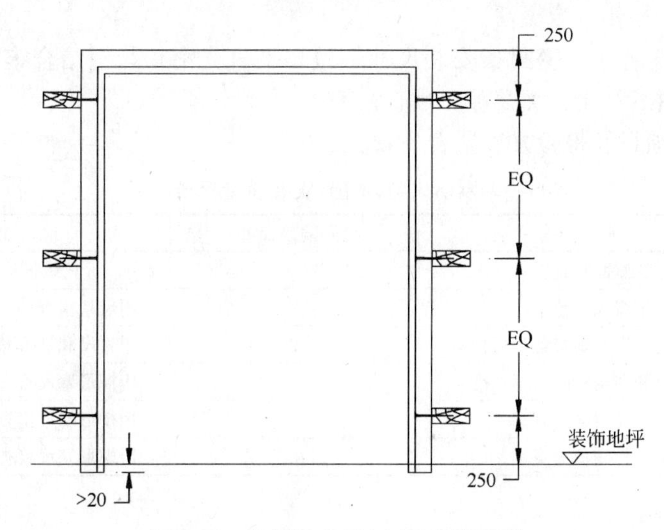

图 2-50　木制防火门（木门）门框安装

4）门扇安装：门扇出库之前也应确认门扇的型号与安装好的门框相一致，开启方向正确，对开门扇扇口的裁口位置开启方向一般右扇为盖口扇。并检查门扇是否有窜角，是否方正。检查无误后方可出库。复查安装好的门框内口尺寸是否正确，边角是否方正，有无窜角，并检查门框是否由于其他作业不慎而造成的损坏或垂直度等误差。检查门口的高度应量门的两侧，检查门口宽度应量门口的上、中、下三点并在扇的相应部位顶点画线。将门扇靠在框上画出相应的尺寸线，根据框的尺寸将门扇大出的部分刨去。第一次修刨后的门扇以能塞入口内为宜。塞好后用木楔子顶住临时固定，按照门扇与口边缝宽适合尺寸，画出第二次修刨线（立缝和上缝为 3mm，下口缝为 5mm），标出合叶槽的位置（距门扇的上、下端各 1/10 处，且避开上下冒头），同时注意口与扇安装的平整。门扇的第二次修刨，使缝隙尺寸合适，然后安装合叶。先按照合叶的大小和上下冒头 1/10 的原则准确画出合叶的位置。剔合叶槽时应留线，不应剔得过大，过深。安装上下合叶时应先拧一个螺丝，然后关上门检查缝隙是否合适，口与扇是否平整。无问题后方可将螺丝上好并拧紧，螺丝帽应平整，合叶面无划伤。双扇门安装时应以中缝为准，修刨四边。

5）门扇安装完毕后开始油漆，注意将合叶保护好，避免污染。

6）当油漆还剩 1～2 道时，开始安装五金。五金安装应按设计要求，不得遗漏。一般门锁、拉手得距地高度为900～1000mm。五金安装要牢固，位置准确，灵活方便，表面无划伤。

7）完成油漆：五金安装完成后用纸胶带和塑料布将其包好，完成最后两道油漆。

交工前将所有保护拆除，将整樘门清理干净。

（5）质量要求

1）门框、门扇安装位置，开启方向，使用功能必须符合设计要求。

2）门框必须安装牢固，隔声、防火、密封作法正确，符合设计要求和消防规范。

3）门扇安装裁口顺直，刨面平整、光滑，无锤印，开关灵活、严密，无回弹、翘曲和变形，缝隙符合有关规定。

4）五金安装牢固，位置适宜，槽深浅一致，边缘整齐，小五金齐全，规格符合要求，木螺丝拧紧卧平，插销关启灵活。

5）盖口条、压缝条、密封条安装尺寸一致，平直光滑，与门结合牢固，盖口条、压缝条压向正确，拼缝严密、无缝隙，顺直。

6）允许偏差项目及检验方法见表2-42。

木制防火门（木门）安装质量标准 表2-42

项次	项目	允许偏差（mm）	检查方法
1	框的正、侧面垂直度	3	用1m托线板检查
2	框的对角线长度差	2	用尺量检查
3	框与扇、扇与扇接触高低差	2	用直尺和楔形塞尺检查
4	扇对口和扇与框间留缝宽度	2	用楔形塞尺检查
5	框与扇上缝留缝宽度	1.5	用楔形塞尺检查
6	门扇与下槛间留缝宽度	5	用楔形塞尺检查

（6）成品保护

1）门框、门扇进场后应库存，垫起离开地面200～400mm，并垫平，按照安装先后顺序码放整齐，每层之间用木条垫起，便于通风。

2）门框安装好后，门框1.5m以下用层板做盒子保护，避免碰撞损坏。

3）安装时应轻拿轻放，防止损坏，整修时不得硬撬，以免损坏扇料和五金。

4）安装门扇时应注意防止碰撞其他成品。

5）安装好的门扇五金未安装时应保持开启状态，用木楔子固定，并派专人护理，防止刮风损坏。

6）五金安装完毕后应用塑料布包裹保护，防止油漆等污染。

7）门扇安装后不得在室内再使用手推车，防止碰撞损坏成品。

8. 室内墙、顶、地面变形缝及外墙变形缝施工实务

（1）施工准备

1）室内材料准备：按照设计加工好的26号镀锌铁皮盖板，20厚岩棉板，五层板，20×40木方刷防腐涂料，按图加工好的木压口线条，401胶，塑料胀管，木螺丝，∟25×25×3角钢，20厚花纹硬橡胶板，5厚钢板。

2）室外材料准备：50厚软质聚氯乙烯泡沫塑料，按照设计图纸加工好的24号镀锌铁皮盖板，冷沥青膏，塑料胀管，镀锌或不锈钢木螺丝。

3) 机具准备：冲击钻，手枪钻，螺丝刀，锤子，锯子，梯子，线坠，墨斗，钢卷尺等。

(2) 作业准备

1) 所有变形缝内必须清理干净。

2) 变形缝两侧墙面光滑平整，垂直度满足设计要求。

3) 材料进场后检验加工尺寸是否准确，品种是否齐全，质量是否符合设计要求。全部检验合格后入库，分类码放。

(3) 外墙变形缝施工方案

1) 外墙变形缝施工工艺流程

清理基层→弹线→填塞泡沫塑料→安装镀锌铁皮。

2) 施工要求(图 2-51)

① 基层清理及修补：将变形缝内部及两侧的墙面清理干净，有凸凹的情况则需要剔凿和抹灰修补，直至墙面光滑平整，使镀锌铁皮盖板能与墙面紧密相贴。

② 弹施工控制线：用线坠和墨斗在变形缝两侧按照镀锌铁皮盖板宽度弹出安装控制线。

③ 填塞并粘结软质聚氯乙烯泡沫塑料板：将 50 厚的软质聚氯乙烯泡沫塑料板切成比变形缝略宽的长条，两侧均匀涂抹冷沥青膏，之后将泡沫塑料板塞入变形缝内，注意泡沫塑料板要塞实并粘结牢固，不得脱落。

④ 安装变形缝镀锌铁皮盖板：把成品镀锌铁皮盖板沿垂直控制线比好，在墙面画出固定螺丝的位置。将镀锌铁皮盖板拿开，用冲击钻在墙面打出螺丝孔，塞入塑料胀管，再把镀锌铁皮盖板按照刚才的位置放好，并用落实固定。镀锌铁皮盖板安装时按照自下而上的顺序，保证都是上一块压下一块，搭接长度不小于 30mm，以确保雨水不会灌入变形缝内。所有螺丝间距相同，横竖都在一条直线上，镀锌铁皮盖板搭接严密，与墙面结合紧密。

3) 质量要求

① 软质聚氯乙烯泡沫塑料填塞密实，无缝隙，无漏填，且粘结牢固，无脱落。

② 镀锌铁皮盖板紧贴墙面，无翘曲，无凹痕，搭接方向正确，搭接长度不小于 30mm 见图 2-52。搭接处无错缝，垂直度满足要求。

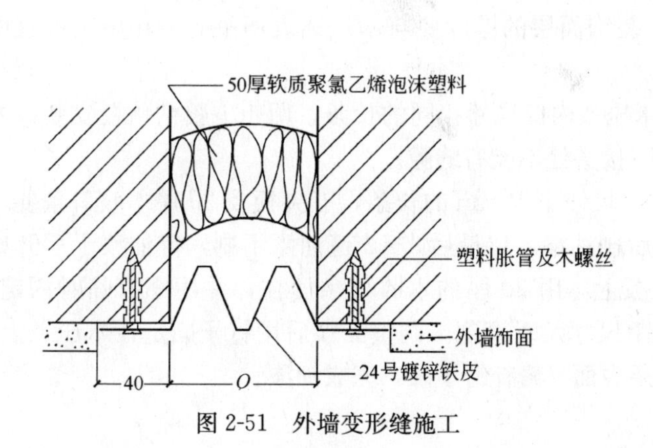

图 2-51　外墙变形缝施工

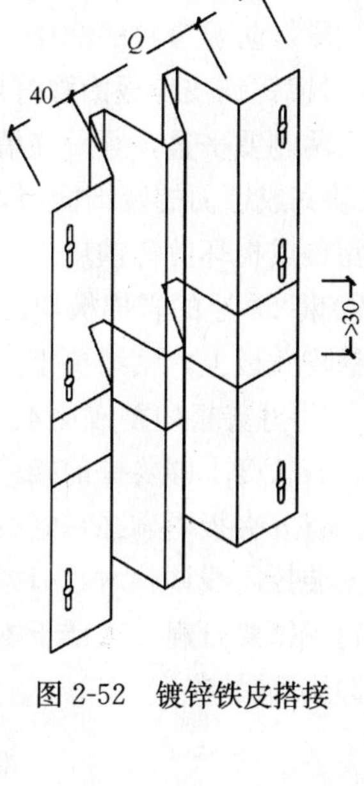

图 2-52　镀锌铁皮搭接

螺丝钉间距均匀，横竖都在一条直线上，螺丝拧紧卧平。

4）成品保护

① 变形缝两侧的装饰面施工时应注意保护完成的变形缝盖板，若有污染应马上清理。

② 外墙脚手架拆除时，应注意不能碰撞成品变形缝盖板。

③ 注意在操作过程中不要将材料和废物落入变形缝内。

（4）室内墙面、顶棚变形缝盖板施工方案

1）室内墙面、顶棚变形缝盖板施工工艺流程

基层清理→弹线→安装镀锌铁皮→墙面装饰层收口→粘贴岩棉板→封五夹板及收口条。

2）操作要求(图 2-53)

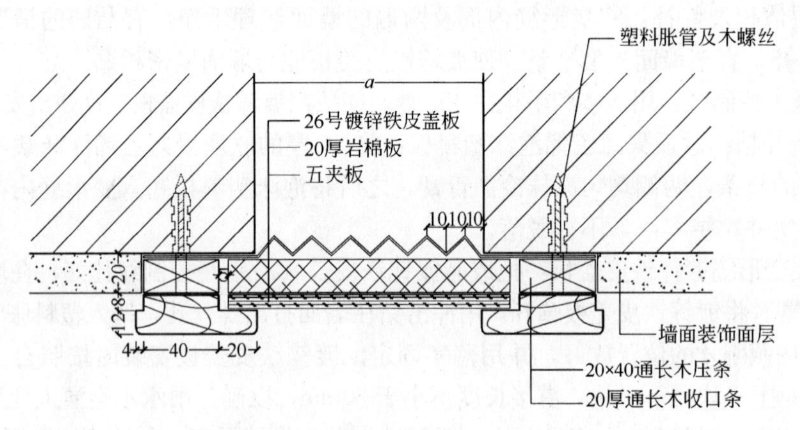

图 2-53　室内墙面、顶棚变形缝盖板施工

① 基层清理及修补：将变形缝内部及两侧的墙面清理干净，有凸凹的情况则需要剔凿和抹灰修补，直至墙面光滑平整，使镀锌铁皮盖板能与墙面紧密相贴。将加工好的 26 号镀锌铁皮盖板两面均刷两道防锈漆，干透后待用。

② 弹施工控制线：用线坠和墨斗在变形缝两侧按照镀锌铁皮盖板宽度弹出安装控制线。用刷好防腐涂料的 20×40 通长木方做压条，用塑料胀管及木螺丝将刷好防锈漆的预制 26 号镀锌铁皮盖板沿弹好的安装控制线固定在墙上，注意木压条一定要垂直，镀锌铁皮盖板两侧要平整，紧贴在墙面上，不能翘曲。

③ 完成墙面的装饰面层，注意装饰面层的厚度要与木压条表面平齐。在施工过程中不要污染或损坏镀锌铁皮盖板。

④ 将 20 厚的岩棉板切割成与木压条内口尺寸相同的长条，用 401 胶粘贴在安装好的镀锌铁皮盖板上，粘结要牢固，上下接头处不能有缝隙。

⑤ 将五夹板切割成比木压条内口尺寸小 10mm 的长条，五夹板及 20 厚木收口条要求通长，若长度不够要提前接好。之后刷油漆，留最后 1～2 道油漆不刷，待油漆干后开始安装。将五夹板紧靠在粘好的岩棉板上，用 20 厚的木收口条压住，并用小钉临时固定，按照安装控制线调整木收口条的间距尺寸及垂直度。调整无误后用钉子固定在木压条上。注意钉子帽要打扁，且低于木收口条表面。修补钉子眼，完成油漆。

3）质量要求

① 预制镀锌铁皮盖板安装平整，岩棉板粘结要牢固。

② 木压条及木收口条的垂直度符合要求，线条顺直，无扭曲、断裂，五夹板表面平整，无缝隙，结构变形时能自由移动。

4）成品保护

① 完成墙面装饰面层时注意不要污染和损坏已经安装好的木压条和镀锌铁皮盖板，若有污染应马上清理。

② 施工时注意不要将材料或废物落进变形缝里。

③ 完成后将变形缝盖板 1.5m 以下部分用层板保护，以免碰撞损坏。

（5）室内地面变形缝施工方案

1）室内地面变形缝施工工艺流程

清理基层→弹控制线→安装角钢→地面装饰层收口→安装镀锌铁皮盖板→安装 5mm 厚钢板→安装 20mm 厚橡胶板。

2）操作要求(图 2-54)

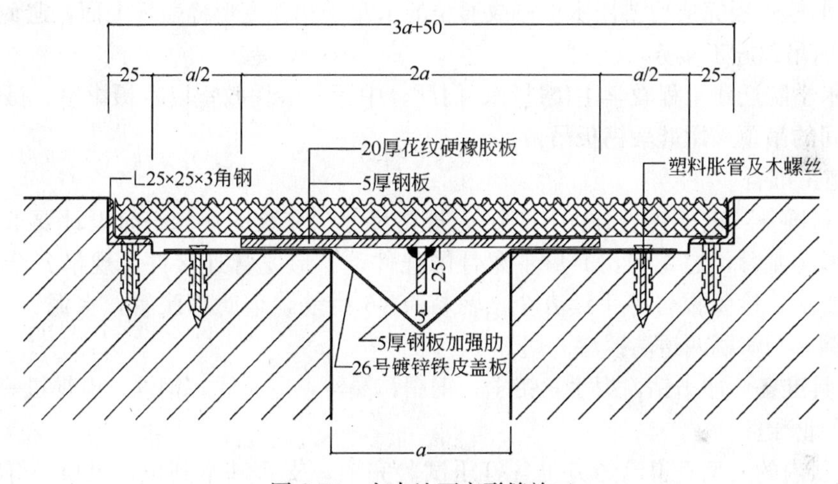

图 2-54　室内地面变形缝施工

① 将预制的 26 号镀锌铁皮盖板双面刷两道防锈漆。

② 将 5mm 钢板切割成条，宽度为变形缝宽度的 2 倍，长度与变形缝的长度相同，背面通长焊一道 25mm 高的 5mm 厚钢板作为加强肋。满刷两道防锈漆。

将∟25×25×3 角钢截断，长度与变形缝长度相同。在角钢的一侧顺序打好直径 4mm 的螺丝孔，并铣出螺丝沉头，两端的孔距端头 30mm，中间的空均匀排列，孔距不大于 250mm，所有的孔必须在一条线上。将角钢刷两道防锈漆。

③ 基层清理及修补：将变形缝内部及两侧的地面清理干净，有凸凹的情况则需要剔凿和抹灰修补，直至地面光滑平整，使镀锌铁皮盖板能与地面紧密相贴。

④ 弹线：在变形缝两端的墙上弹出 1m 标高控制线，在变形缝两边各弹出一条平行控制线，宽度为变形缝宽的 3 倍再加 50mm。

⑤ 安装角钢：沿地面平行控制线用塑料胀管和木螺丝将角钢固定在变形缝两边，角钢的立边上口与地面装饰层表面标高相同。

⑥ 完成地面装饰层与角钢边的收口工作。

⑦ 用木螺丝和塑料胀管将预制镀锌铁皮盖板固定在变形缝上，使镀锌铁皮盖板紧贴地面，不得有翘曲。

⑧ 将加工好的 5mm 钢板居中放在变形缝上，加强肋向下。

⑨ 将 20mm 厚的花纹硬橡胶板切成宽度与角钢内口间距相同的橡胶面板，注意橡胶面板要通长。将橡胶面板平铺在两角钢之间，下用粗砂垫平，使其表面标高与地面装饰面层标高相同。

3）质量要求

① 镀锌铁皮盖板安装牢固，不能有翘曲。

② 角钢收口要与地面装饰面层标高相同，两角钢要相互平行切都垂直于变形缝两端的墙面。

③ 橡胶面板切割整齐，与角钢之间接缝紧密，表面标高与地面装饰面层标高相同。

4）成品保护

① 施工时注意不要将材料或废物落进变形缝里。

② 变形缝盖板完成后要用木板钉成通长的木盒子扣在变形缝盖板上面，避免损坏。

9. 室内吊顶施工实务

某美术学院迁建工程教学主楼过厅、门厅、中厅、阶梯教室以及摄影室、摄影器材室等重要房间的吊顶采用硅酸钙板吊顶。

（1）施工准备

1）材料准备：硅酸钙板（600×600），规格尺寸、花纹图案均符合设计要求。T 形主龙骨，T 形副龙骨，边龙骨，T 形主龙骨吊挂件，T 形龙骨连接件，规格齐全配套，强度，符合要求，检验报告等手续齐全。辅料有 $\phi6$ 吊筋，金属膨胀管，水泥钉，角钢等。吊筋、角钢必须满刷两道防锈漆。

2）机具准备：冲击钻，扳手，钳子，钢锯，墨斗，尼龙线，钢锉，电焊机等。

（2）作业准备

1）吊顶内的大型管道已经完工且打压试验完毕，支管基本到位，风口、灯位、消防喷洒头、烟感报警器等露明设备位置已经确定。

2）室内湿作业工作全部完成。

3）墙面装饰工作基本完成。

4）按照吊顶排板图对房间进行复核，特别是如封口等露明设备的位置关系是否可行，若有问题应按照实际情况对排板图或局部进行修改，报设计审批后方可照图施工。

5）各种材料配套、齐全。

6）操作平台搭设完毕。

（3）硅酸钙板吊顶施工工艺流程

弹线→安装吊筋→设备支管调整→安装龙骨→安装硅酸钙板。

（4）操作要求

1）弹线：在吊顶房间四周墙面上弹出吊顶标高线。按照吊顶排板图将龙骨位置线弹到顶板上，并明确标出吊筋位置，和风口、灯具、烟感报警器、消防喷洒头等露明设备的位置。在弹好的吊顶标高线上也要标出龙骨的分格位置。

2）安装吊筋（图 2-55）：在标明吊筋位置的上楼板上用冲击钻打孔，用金属膨胀管将 $\phi6$

吊筋固定在楼板上。吊筋的间距为800～1000mm，不宜过大。若有设备影响造成间距过大，必须补打吊筋。若有大型风管影响造成连续多根吊筋不能安装，必须在风管下增加角钢，在把吊筋安装在角钢上。吊筋在横竖双向都应在一条直线上，不能斜拉。吊筋必须直接固定在楼板上，严禁将吊筋连接在风管、水管、电管、桥架等设备上或其吊挂件上。

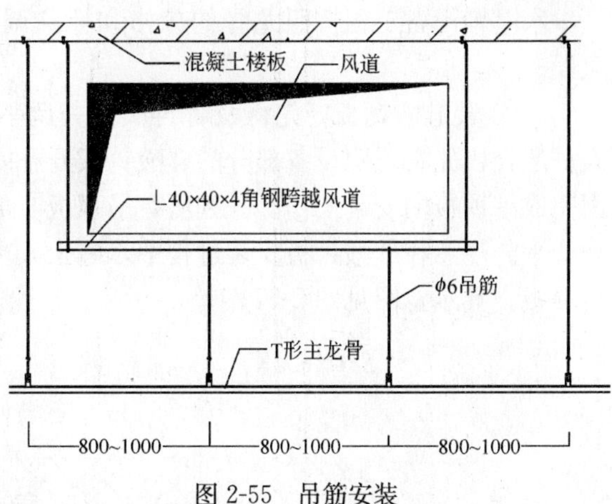

图2-55　吊筋安装

3）安装边龙骨：严格按照弹好的吊顶标高控制线，用水泥钉将边龙骨固定在墙面上，固定间距不得超过200mm。边龙骨转角处要将龙骨锯成45°角，用钢锉将毛刺锉光后对接。

4）T形龙骨安装：先用主龙骨吊挂件将主龙骨安装在吊筋上。主龙骨的接头处必须使用专用的主龙骨连接件，主龙骨的接头要错开，不能全部在一条线上。用尼龙线拉线条平后安装副龙骨。副龙骨的挂钩必须和主龙骨卡紧，不得松动。再次拉线将吊顶调平。若吊顶房间较大时，应将吊顶中央略微调高起拱，使其视觉效果更好。其示意图见图2-56。

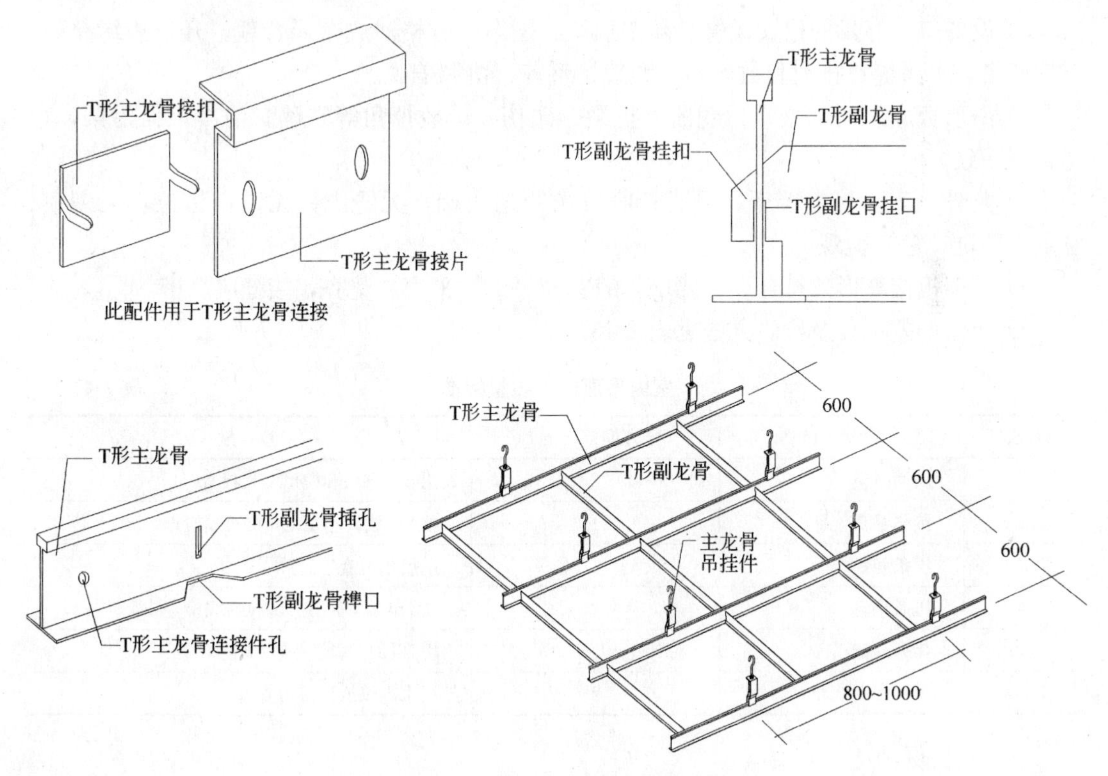

图2-56　T形龙骨安装示意图

水电等设备工程按照龙骨的分格和标高调整与露明设备连接支管的位置，使其准确无误。

5）安装硅酸钙板：先将龙骨再次检查调平，防止设备施工时将其碰撞。与设备安装人员配合，先将露明设备部分的硅酸钙板开孔安装，等到露明设备全部安装完成后，再大面完成吊顶板的安装工作。等到所有吊顶板全部安装完毕之后再次拉线对这个吊顶进行检查调平。注意在硅酸钙板安装过程中，施工人员必须带干净的白手套进行操作，防止污染吊顶板。其示意图见图 2-57。

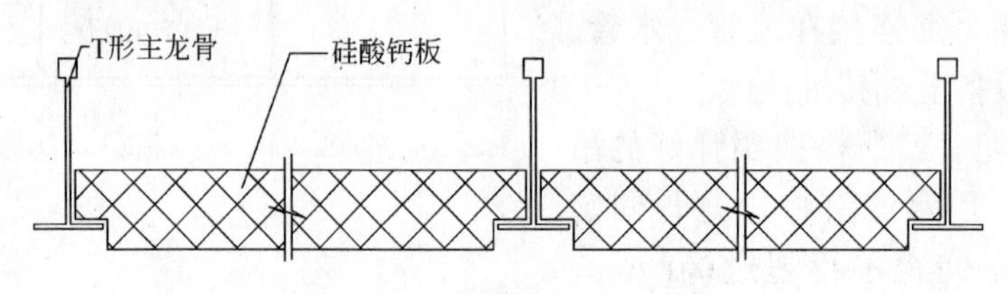

图 2-57 硅酸钙板安装示意图

（5）质量要求

1）吊顶板及龙骨的材质、品种、规格尺寸、颜色、图案、防潮、防火性能以及吊顶的造型、基层构造、固定方法必须符合设计要求。

2）T 形主龙骨、T 形副龙骨、边龙骨、吊筋安装方法及位置正确，连接牢固，无松动。

3）设备口、灯具的位置设置必须按板块、图案、分格对成布局合理。开口边缘整齐，护口严密，不露缝。排列和数均匀、顺直、整齐、协调美观。

4）吊顶板应表面平整、无翘曲、折裂、碰伤、缺棱掉角等缺陷，洁净，无污染，色泽美观一致。

5）龙骨顺直，接缝严密、平直；收口条割向正确，无缝隙，无错台错位，无划痕、麻点、凹坑，色泽美观一致。

6）吊顶板接缝形式符合设计要求，缝宽窄一致，平直，整齐，接缝应严密。

7）允许偏差项目及检验方法见表 2-43。

室内吊顶施工质量标准 **表 2-43**

项次	项　目	允许偏差(mm)	检 验 方 法
1	表面平整	2	用 2m 靠尺和楔形塞尺检查
2	接缝平直	1	拉 5m 线，不足 5m 拉通线检查
3	压条间距	1	用尺量检查
4	压条平直	2	拉 5m 线，不足 5m 拉通线检查
5	接缝高低	0.5	用直尺和塞尺检查
6	收口线高低差	2	用水准仪或尺量检查

（6）成品保护

1）吊顶板及龙骨等材料进场后应库存，严禁露天堆放。使用过程中严格管理，保证不变形、不受潮、不生锈。

2）严禁将吊顶吊筋固定在风管、水管、电管、桥架等设备上或其吊挂件上。施工过程中不能蹬踩其他已经完成的顶内设备、管线。

3）完成的吊顶龙骨不得上人踩踏，其他工种的吊挂件不得与吊顶吊筋或龙骨连接。为了更好地保护成品，吊顶板安装必须在顶内管道、设备的安装、试水、保温等工作全部完成验收后才能进行。

10. 现制水磨石施工实务

某美术学院迁建工程教学主楼地面装饰用量最大的就是现制水磨石，共计约 20000m^2。

（1）施工准备

1）材料准备：现制水磨石所用材料有：石碴，颜色和粒径符合设计要求。颜料，铜条，水泥，沙子等，均要符合设计要求并有合格证及检验报告等。

2）机具准备：本工程水磨石施工量较大，工期较短，填料及粗磨时间共 82 天，考虑不可预见因素扣除 7 天，实际只有 75 天，按此计算所需机具见表 2-44。

施工机具配置　　表 2-44

机具名称	数量	机具名称	数量	机具名称	数量
金刚石磨石机	15	角磨机	6	手持振捣器	6
三角磨石机	6	云石机	2	大手推车	12
振动式磨边机	6	清洗抛光机	4	小手推车	6
铁锹	60	水平尺	10	透明水管	100m
木刮杠	20	铝合金刮杠	10	尼龙线	
二级电箱	4	末级电箱	6	压辊	3
水平仪	1	计量器具	1		

（2）作业准备

1）检查作业面的平整度，基层垫层有无空鼓现象，若有必须用切割机沿空鼓范围切割，再用錾子剔凿后修补，避免造成更大面积的空鼓。完成污水排放系统和沉淀系统。本工程的水磨石量大，污水产生多，为确保工地环境卫生，采用封闭管道排污。

2）在楼梯间天井内设管径大于 100 的污水立管，至一层改为横管，将污水排入沉淀池内。地下室设置集水坑，用污水泵抽出排入沉淀池内。

3）在主楼南北庭院内个设一组三级沉淀池，见图 2-58。一级沉淀池深 2m，长 5m，宽 5m；二级沉淀池深 2m，长 5m，宽 3m；蓄水池深 1.5m，长 3m，宽 3m。沉淀池之间有水沟连接，水沟内设有过滤网。污水经过三级沉淀后再重新利用或排入下水道。

沉淀池要定期清理，否则将降低沉淀效果。清出的泥膏要凉干后才可运出。

材料进场后要分类堆放，水泥、颜料、铜条等要注意防潮，最好能够库存。拌料时所需的计量设备要齐全。

（3）现制水磨石施工工艺流程

弹标高线→基层清理→水泥砂浆找平层→弹分格线→镶栽分格条→装石碴料→压辊碾压→粗磨→刮浆→细磨→刮浆→精磨→上蜡→抛光。

（4）操作要求

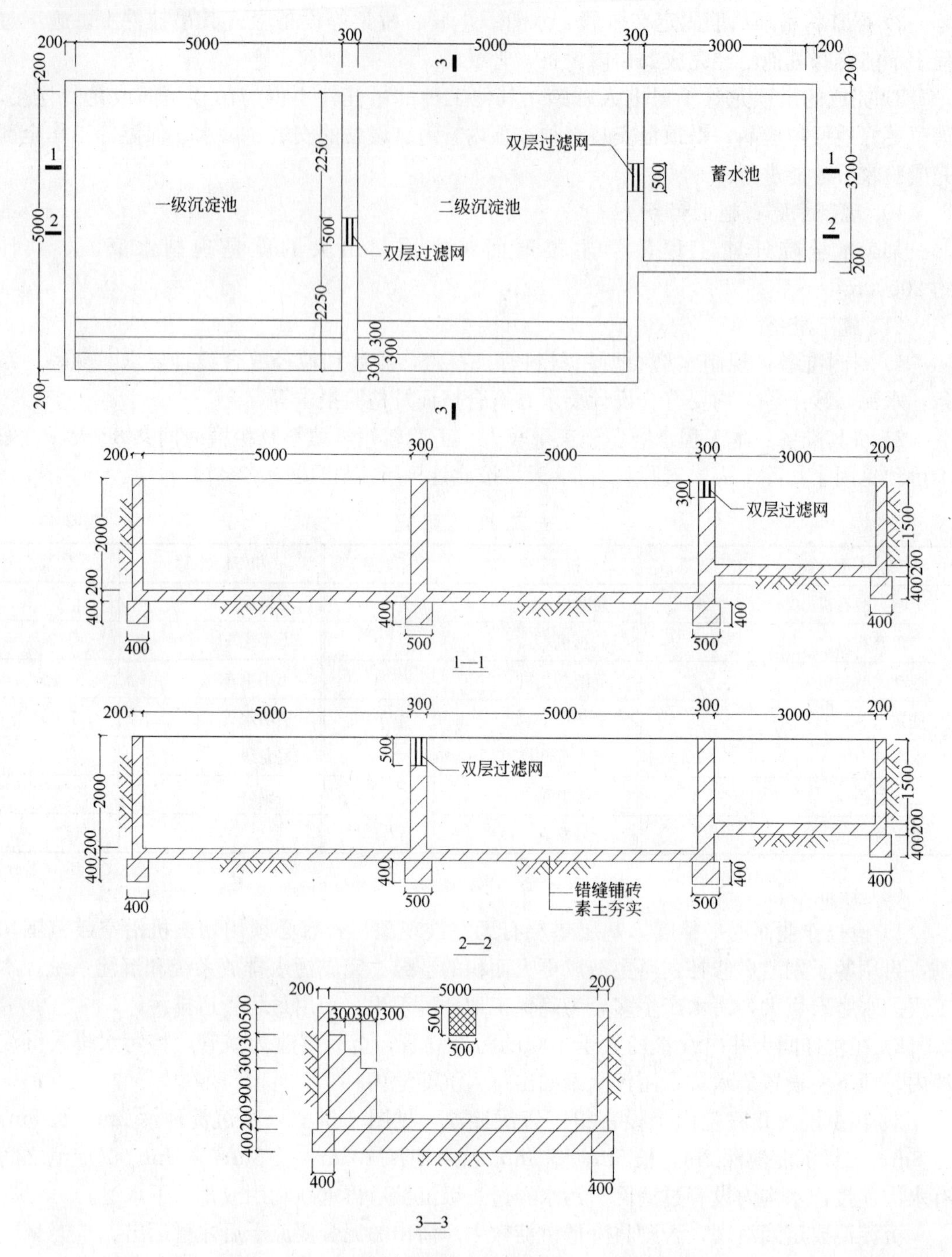

图 2-58　三级沉淀池

1）在操作面四周墙面上弹出 1m 标高线和轴线，并复核准确。用水平仪检查垫层的平整度，若有高低不平的地方，及时修补。

2）将垫层表面的浮浆用剁斧或铲刀清理掉，并清扫干净。

3）水泥砂浆找平层：找平层施工时先作灰饼，用水平仪严格控制灰饼标高。灰饼全部完成后再次用水平仪复核标高，确认无误后开始冲筋。做灰饼和冲筋之前要先用水泥素浆扫浆，保证与基层粘结牢固。冲筋完成 24 小时后才可进行砂浆找平层施工，防止冲好的筋脱落。找平层施工前首先在施工区域刷素水泥浆，防止找平层空鼓。找平层砂浆使用 32.5 级水泥和粗砂搅拌，配合比为 1∶2.5。水泥砂浆找平层的厚度为 20mm，表面用木抹子抹平。水泥砂浆找平层完成后要用清水养护 2 天。

4）弹分格线。水泥砂浆找平层达到强度后，在地面上按照图纸要求，根据墙面上的轴控制线准确弹出分格线。

5）镶栽铜分格条。镶栽铜条时先把四周铜条镶好，用水平仪检查无误，以此为标准拉线镶栽中间的铜条。具体操作时，把铜条仔细沿地面分格线放好，上端拉线调直，侧面用靠尺靠紧，抹水泥八字角固定。水泥八字角高度到铜条高度的一半为宜，决不能超过铜条上口加宽部分的下缘，下口宽为 15mm 左右；铜条相交的交点 20mm 内不抹水泥八字角，防止石碴填料不能填到交点周围而使表面出现石碴不均匀的现象。八字角抹好后用刷子将表面刷毛，防止空鼓。铜条露出部分要洗刷干净，防止磨好后铜条边出现黑色线边。分格条要拉 5m 线检查，偏差不得超过 1mm。铜条八字角要在完成 12 小时后洒清水养护至少 2 天。在此期间要严加保护，此区域禁止通行，以免碰坏。

6）装填石碴料。配置面层浆骨料混凝土。先将石碴清洗干净。若同一区域同时使用几种石碴，要把几种石碴按比例充分搅拌均匀，再掺加水泥和颜料。若石碴规格为大八厘石碴，水泥与石碴的配合比为 1∶3～3.2；若石碴规格为中八厘石碴，水泥与石碴的配合比为 1∶2.5～2.8；若石碴规格为大八厘石碴，水泥与石碴的配合比为 1∶2.2～2.5。配料时要使用计量器具，严格按照设计要求和样板的比例配料。最后加水搅拌均匀。

铺装面层浆骨料前要先用同色的水泥素浆扫浆，保证面层与基层结合紧密。然后将搅拌好的面层浆骨料放入镶栽的铜条分格内，先铺分格条边，再装分格中间，用刮杠找平，用抹子压实抹平。此时浆骨料要高出铜条 5mm。填料时要按照不同的颜色间隔施工，先深色，后浅色。

7）抹平、振捣、滚压。浆骨料摊平抹压后，用振捣器振捣，排除气泡，增加密实度。随即用压辊横竖碾压，使石碴灰浆饱满均匀，并在低洼处撒拌合好的浆骨料找平，压至出浆为止，2 小时后再用铁抹子将压出的浆抹平。此时的浆骨料要高于铜条 1～2mm。面层浆骨料完成后，于次日进行浇水养护，常温下要养护 5～7 天。

8）粗磨：

水磨石养护期满后，开始粗磨。粗磨之前要仔细检查各种洞口是否封闭严密，挡水堰有无漏洞，排水道是否通畅，墙面是否用塑料布保护好，确保没有问题后才能开始。开磨之前要用金刚石磨石机进行试磨，若无石碴脱落，即可正式磨制。

粗磨时使金刚石磨机的机头在地面上走横八字，边磨边加水，随磨随用水冲洗检查，应达到石碴磨平无花纹道子，分格条与石粒全部露出。边角处要用人工磨制成同样效果。粗磨时每磨一段距离就要检查平整度，及时纠正偏差。

全部完成后，用清水冲洗干净，不得有余灰、余浆，再次复查平整度和出石率，若有问题应马上修补并磨制好。

将粗磨好的地面清洗干净以后，满擦一层同色的素水泥浆，将磨出的气泡孔洞补好。次日继续浇水养护 2～3 天。

9）细磨：用120目的三角磨石将表面的水泥浆磨掉并冲洗干净。用240目的三角磨石仔细磨制并冲洗干净，检查平整度，粗磨时的磨痕必须全部消除。将细磨好的地面清洗干净以后，满擦一层同色的素水泥浆，将磨出的微小气泡孔洞补好。次日继续浇水养护2～3天。

养护到期后，可以进行其他专业的施工。但是，其他专业的操作区域和通道必须对磨石面进行保护。在需保护区域的地面上满铺一层塑料布，上面再用层板遮盖。

10）精磨：精磨开始前要做粗磨前同样的保护和检查工作。一切准备就绪后方可开始磨制工作。用240目的三角磨石研磨两遍，将表面素浆和原磨纹全部磨平，随磨随冲洗检查。用500目三角磨石和抛光磨料研磨并冲洗干净，使细磨痕完全消除。最后用草酸彻底清洗干净，之后用锯末将水磨石面清扫干净并晾干。上蜡并抛光。用打蜡机在水磨石面均匀涂蜡，待蜡晾至七成干后，用抛光机抛光。待蜡完全干透后，再用抛光机抛光直至成活。

（5）质量要求

1）水磨石面层强度(配合比)、密实度应符合设计要求和施工规范的规定，试验报告和测定记录要完整、及时、规范。

2）面层与基层结合牢固，无空鼓、裂纹等现象。

3）表面平整光洁，无裂纹、砂眼和磨纹，石粒密实显露均匀一致；色彩图案一致，相临颜色不混色，分格条牢固，顺直清晰，阴阳角收边方正。

4）地面镶边尺寸正确，拼接严密，相临处不混色，分色线顺直，边角齐整光滑、清晰美观。观察检查。

5）打蜡：现制磨石地面烫硬蜡，擦软蜡，蜡洒布均匀不露底，色泽一致，薄厚均匀，图纹清晰，表面洁净。观察、尺量检查。

6）允许偏差项目及检验方法见表2-45。

水磨石地面施工质量标准　　**表2-45**

项　次	项　目	允许偏差(mm)	检　验　方　法
1	表面平整度	2	用2m靠尺、楔形塞尺检查
2	缝格平直	1	用尺量检查

（6）成品保护

1）铺抹找平层和浆骨料时，水电线管、各种设备及预埋件不得损坏。

2）运料时注意保护门口、栏杆等，不得损坏。

3）面层装浆骨料时操作要小心，注意保护分格条，不得损坏。

4）磨制之前要将所有的水电管、洞口封闭严密，防止磨制时有水流入；磨制时泥浆要有专用排水管且畅通，不得直接排入下水口，以防堵塞。

5）磨制区域墙面1.2m以下要用塑料布完全遮盖，磨石机也应设罩板，防止泥浆飞溅污染墙面。

6）细磨完的区域，养护到期后，可以进行其他专业的施工。但是，其他专业的操作区域和通道必须对磨石面进行保护。在需保护区域的地面上满铺一层塑料布，上面再用层板遮盖。

7）打蜡完成的区域应该封闭，禁止人员出入。

11. 装饰板岩石材墙面施工实务

(1) 工程概况

北京某游泳馆工程，根据建设部设计院的设计图纸，本工程要在游泳馆轴1与轴A～轴1/D之间的墙面上装饰板岩石材面层，基层还包括槽钢骨架焊接、玻镁板衬板安装、基层防水等分项工程。

主材板岩石材本身材质的特点是：石材强度较低，石材内部分层明显，层与层之间粘结力相对较差，但是装饰后的墙面自然特色很强。因此本分项工程是整体工程的"亮点"。

板岩墙面施工的施工顺序为：基层槽钢骨架、玻镁板封堵、基层防水层、基层石板湿挂、板岩粘贴、面层防水剂。

板岩墙面工程的施工面积为180m^{2}左右。

(2) 施工准备及施工工艺

1) 施工准备

① 现场准备

(A) 施工现场完成放线工作，弹出墙面的50cm标高控制线、槽钢骨架安装的位置线、基层石材镶贴的分块控制点。

(B) 机电工程完成墙面的穿线工作，同时做好隐蔽验收工作。

(C) 施工现场搭设满足施工操作的双排脚手架，脚手架的搭设应满足规范要求。

② 技术准备

由项目技术负责人制定专项施工方案与业主、监理审批，审批后对施工管理人员进行方案交底；由项目施工管理人员向施工操作人员进行安全技术交底；与机电施工单位配合，处理好机电工程的管线预埋等工作，同时调整好相互交叉施工顺序，做好交接检的技术资料。

③ 材料准备

(A) 钢材：[80槽钢、∟40角钢、ϕ6钢筋，并且具有合格证及检验报告。

(B) 玻镁板：采用10mm厚的玻镁板，并且具有合格证及检验报告。

(C) 防水材料：超弹防挡水防水材料，并且具有合格证及复试报告。

(D) 水泥、砂：水泥采用普通32.5级硅酸盐水泥和普通32.5级白水泥，并且具有出厂证明和复试合格，当出厂超过三个月按试验结果使用；砂采用中砂，使用前要进行过筛，砂子的含泥量不得超过3%。

(E) 石材：基层石材规格为600mm×1200mm×20mm；面层板岩要求按照提供样品颜色供货，石材表面为不规则形状，其他一面要求加工平整，其平整度允许偏差不超过±1mm，石材的强度应符合国家相关的要求。

(F) 粘结胶：粘结胶选用"祝邦"胶，该产品具有固化快、强度高、耐水、耐蚀性能好的特点。

(G) 防水剂：面层防水剂选用"国森"EP—978防水剂，该产品具有防水性能，同时可以增加外表的装饰效果。

(H) 其他材料：焊条采用E43(要求干燥保存)、16号～18号铜丝、矿物颜料、建筑胶、自攻螺丝、纤维布等。

④ 机具准备：电焊机、切割机、电钻、手枪钻、开刀、凿子、锤子、钢丝刷、扫帚、

抹布、台秤、水桶、称料桶、拌料器、滚子、刷子、秤、铁板、半截大桶、小水桶、铁簸箕、平锹、合金钢钻头($\phi5$，打眼)、操作支架、台钻、铁制水平尺、方尺、靠尺板、底尺、托线板、线坠、粉线包、老虎钳子、小铲、盒尺等机具。

2) 施工工艺

① 施工工艺流程图

槽钢骨架弹线定位→安装预埋件→焊接竖向槽钢→焊接横向角钢→安装玻镁板→玻镁板刷防水层→焊接钢筋网→槽钢处防水处理→石材打孔、开槽→安装石材→灌浆→面层板岩安装→板岩粘贴。

② 施工技术措施(图 2-59～图 2-61)

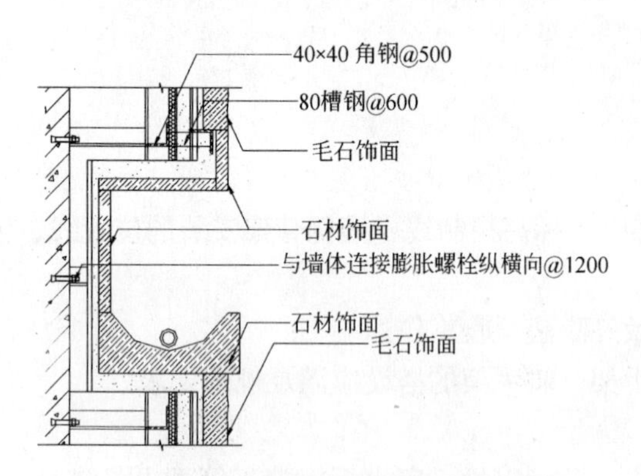

图 2-59 泳池瀑布墙面石材做法大样

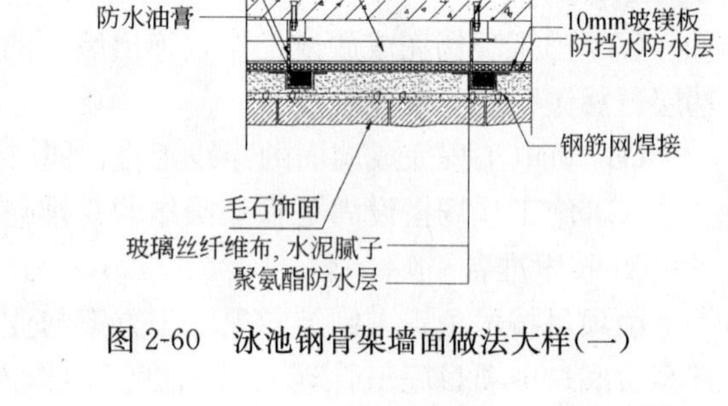

图 2-60 泳池钢骨架墙面做法大样(一)

(A) 槽钢骨架弹线定位：在焊接钢骨架之前，按照设计图纸要求，从轴线控制点引出骨架的控制线，并在地面上在地面墙面和顶面上弹出骨架焊接边线，确定位置。

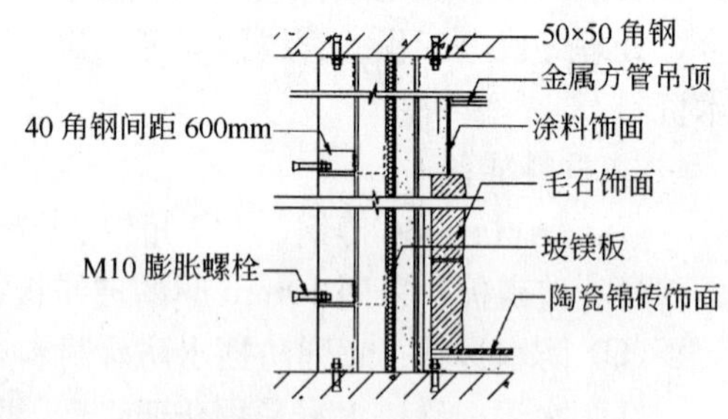

图 2-61 泳池钢骨架墙面做法大样(二)

(B) 安装预埋件：按照弹出的骨架控制线标出墙、地、顶预埋件的位置，依据钢骨架竖向槽钢的间距 600mm，在地面和顶面槽钢的两侧采用∟50 角钢，长度 50mm，角钢一边打孔 12mm 采用 M10 的膨胀螺栓固定；在原结构墙上横、竖向以同样的方法安装预埋件，间距为 1200mm。预埋件在安装之前先刷防锈漆。

(C) 焊接竖向槽钢：主龙骨槽钢采用[80 间距 600mm，与固定的预埋件焊接，要求安装时横向拉控制线，竖向吊垂直线，保证槽钢的垂直度和水平度。焊接要求采用 E43 焊条，要求角钢与槽钢满焊，焊缝的有效高度不得小于 3mm。焊接完成后必须将焊接的焊渣全部清出，并刷两遍防锈漆，注意满刷，不能漏刷。

(D) 焊接横向角钢：横向角钢与竖向槽钢连接的，此角钢采用∟40 角钢，竖向间距 600mm。角钢与槽钢焊接，同样要求满焊，焊渣全部清出，并满刷防锈漆。

(E) 安装玻镁板：玻镁板采用 10mm 厚，裁成规格为 580mm×2400mm，采用自攻螺丝固定在角钢上。安装方法是先在角钢上打孔 $\phi3.2$mm，间距 150mm，边缘处距离角钢 50mm，要求自攻螺丝的间距 150mm，钉帽嵌入板面 1mm，并采用防锈漆将钉帽处理。玻镁板完成后，采用水泥腻子将板与板之间的缝隙、板与槽钢的缝隙填实、填平。

(F) 防水层：在玻镁板上刷(柔性)超弹防挡水防水材料，涂刷时施工人员一字排开，一次涂刷到位，防止漏刷，分段同时进行，施工缝处搭接 100mm。墙面的施工顺序为由上到下，顺序搭接涂刷。施工完毕后，用喷雾器喷水养护，每 5 小时养护一次，养护 2 天。

(G) 焊接钢筋网片：焊接钢筋网片之前先在槽钢骨架上采用 $\phi6$ 钢筋焊接出固定点，钢筋点出槽钢面 30mm，间距 600mm×600mm，要求焊接牢固。钢筋网片选用 $\phi6$ 钢筋，先焊接竖向钢筋(间距 600mm)，然后再焊接横向钢筋(间距 150mm)，第一道横向钢筋焊接在地面完成面以上 230mm 处，做第一层板材的上口固定铜丝，第二道横筋焊接高度比材板上口低 20～30mm 处，按照石材分块尺寸依次向上焊接横筋。在喷泉处上口焊接角钢∟50 托住上部石材。钢筋焊接后要求将焊点处的焊渣清理干净，并在焊接点刷防锈漆。

(H) 槽钢处防水处理：完成钢筋网片焊接后，在竖项槽钢处先用防水油膏将槽钢阴角处封堵，然后在槽钢表面粘贴玻璃丝纤维布，并超过 100mm 宽与玻镁板粘贴，完成后表面采用水泥腻子找平。待水泥腻子干燥后，在表面涂刷两遍超弹防挡水防水层，要求涂刷均匀，涂膜厚度保证在 1mm，不得漏刷。

(I) 石材开孔、固定铜丝：根据石材的材质情况采用钻孔穿铜丝的方法固定，主要是石材纹向为横向不宜采用切口的方法，可以防止在铜丝绑扎点处断裂而造成安全隐患。石材规格为 450mm×150mm×40mm，安装前先将饰面板按照要求在板材上端用台钻打眼，孔位在距离板的两端 1/4(即距边 110mm)打两个孔眼，孔径为 5mm，深度 20mm，孔位距石板背面 20mm。钻孔完成后，用金钢錾子把朝石材背面的孔壁轻剔一道凹槽，深约 5mm 左右，连通孔眼形成象鼻眼，以备埋卧铜丝之用。在打好孔的石材上将备好的铜丝剪成长 200mm 左右，穿在打好的孔内并采用环氧树脂将铜丝固定牢固，并将顶面的铜丝卧入槽内，保证顶面平整备用。

(J) 安装石材基层板：按照部位将编号好的石材板，并顺直铜丝，将板材就位，石板上口外仰，右手伸入石板背面，把石板下口铜丝绑扎在横筋上；绑扎时不要太紧可留余量，只要把铜丝和横筋栓牢即可(灌浆后即可锚固)，把石板竖起，便可绑扎石材板上口铜丝，并用木楔垫稳和调整石材的垂直度和平整度。用靠尺检查调整木楔，再栓紧铜丝，依次将第一层的石材板全部固定在钢筋上。要求石材之间留出 10mm 缝隙，并且错缝安装，即上层的竖缝在下层石材板面的中央。

(K) 灌浆：把配合比为 1∶2.5 水泥砂浆放入半截大桶加水调成粥状(坍落度一般为 80～120mm)，用铁簸箕把浆徐徐倒入，注意不要碰石材面板，边灌边用橡皮锤轻轻敲击石板面使灌入砂浆排气。浇灌高度为 150mm，即为安装每层板安装完成后一次性灌浆到位。灌浆很重要，因为它是锚固石板的上口铜丝又要固定石板，所以要轻轻操作，防止碰撞和猛灌。如发生石板外移错动，应立即拆除重新安装。砂浆达到强度后可进行上一层石材施工，为了防止上层灌浆从缝隙内流出污染石材面，灌浆要求密实。

(L) 面层板岩安装：待基层石材达到强度后，用“祝邦”胶将板岩粘贴在基层石材上，安装要根据效果图的规则，凹凸不平、错落有致。

(M) 面层防水剂：待石材表面修补、清理干净后，用防水剂将板岩外露面涂刷两遍防水剂，第二遍涂刷时，要保证第一遍的涂膜干透。

(3) 成品保护措施

1) 石材墙安装完后，应对所有面层的阳角及时用木板保护；同时要及时清擦干净残留在石材面的砂浆。

2) 饰面板层在凝结前应防止撞击和振动。

3) 石材表面在镶贴完后应及时贴纸或塑料薄膜保护，以保证墙面不被污染。

4) 拆架子时应注意不要碰撞墙面。

(4) 安全措施

1) 管理人员要在施工前对施工人员进行安全教育、技术交底。

2) 现场施工人员必须佩戴安全帽，遵守现场业主、总包的各项规章制度。

3) 现场严禁吸烟、施工部位配备灭火器。

4) 在架子上施工属于高空作业，要求所有施工人员在施工时必须系好安全带，施工脚手架上在操作层必须满铺脚手板，在第一层横管处勾挂安全网，架子的外侧挂密目安全网。

5) 严禁酒后施工作业。

第三节　项目质量管理实务

本节用工程实例来讲解项目质量管理实务。

一、工程简介和质量目标

本工程总建筑面积 26926m^2，共分三个区，其中一、三区建筑面积分别为 10391m^2，二区建筑面积为 6144m^2，一、三区为教学楼，地上七层，地下一层，建筑高度为 27.3m，三区地下一层设有消防池、消防水池及相关泵房、配电室，其他均为库房；二区为附属部分，西侧为三层，东侧为二层，一层为外语图书阅览室及小报告厅，西侧二层为多媒体教室，三层为计算机教室；东侧二层为大报告厅。

结构体系：本工程一、三区为框架剪力墙结构；二区为框架结构，网架屋顶。框架抗震等级为二级，抗震构造措施按八度采用，基础采用交梁基础。

工程质量目标：

确保质量合格，实施过程精品，确保实现省优质工程金奖，创国家建筑工程“鲁班奖”。

竣工一次交验合格率 100%，分项工程优良率 90%以上，不合格点控制在 8%以内。

对单位工程的 10 个分部工程进行目标分解，以加强施工过程中的质量控制，确保分部、分项工程合格率的目标，从而顺利实现工程的质量目标。

以先进的技术，程序化、规范化、标准化的管理，严谨的工作作风，精心组织、精心施工，以 ISO 9002 质量标准体系为管理依托，创“过程精品”，实现对业主的承诺。

二、质量保证体系

1. 项目组织体系与岗位职责

委派具有类似工程施工经验的优秀项目管理人员组建本工程项目经理部，在总部的服务和控制下，充分发挥企业的整体优势和专业化施工保障，按照企业成熟的项目管理模式，严格按照 GB/T 19002—ISO 9002 模式标准建立的质量保证体系来运作，以专业管理和计算机管理相结合的科学化管理体制，全面推行科学化、标准化、程序化、制度化管理，以一流的管理、一流的技术、一流的施工和一流的服务以及严谨的工作作风，精心组织、精心施工，履行对业主的承诺，实现上述质量目标。

根据项目组织体系图，建立项目岗位责任制和质量监督制度，明确分工职责，落实施工质量控制责任，各岗位各负其职，定期对项目各级管理人员进行考核，并与奖金直接挂钩，奖励先进、督促后进。

2. 建立完善的项目质量保证体系

建立由公司宏观控制，项目经理领导，总工程师策划、组织实施，现场经理和安装经理中间控制，专业责任工程师检查和监控的管理系统，形成从项目经理部到各分承包方、各专业化公司和作业班组的质量管理网络。质量保证体系框架图见图 2-62。

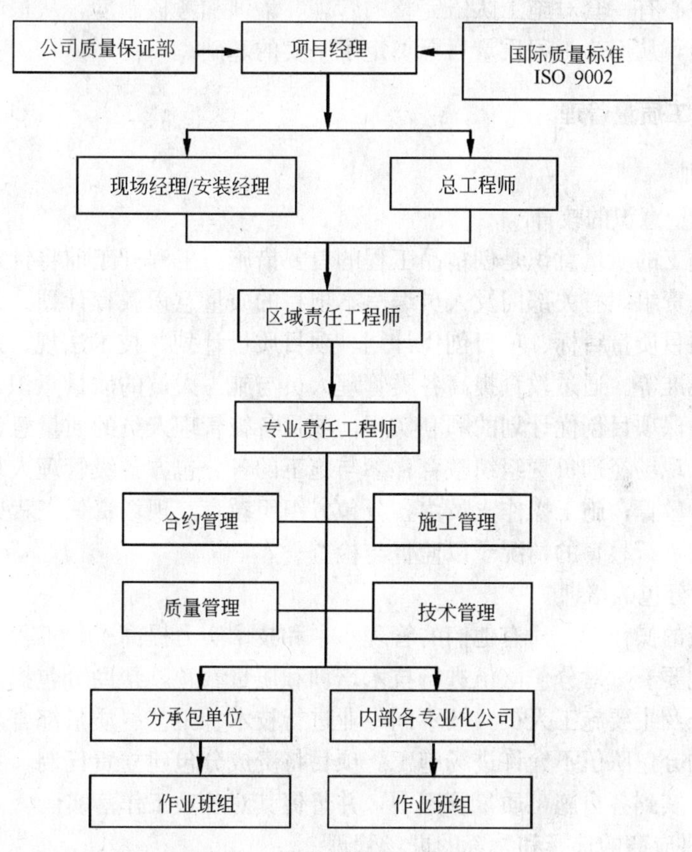

图 2-62　质量保证体系框架图

3. 总部质量保证部对项目的服务控制

公司的质量保证能力由技术保证能力、项目管理能力、服务能力等构成。因此公司的质量保证部确立了以培训、服务拉动项目质量管理的策略，有计划、有系统、有针对性地开展服务工作，以求实创新的思想，全力围绕总部服务控制的职能和 ISO 9002 程序文件要求，为本工程施工提供全方位、高品质的服务。

在本项目开工之初，质量保证部对项目有关管理人员进行创优及 ISO 9002 质量管理体系和 ISO 14001 环境管理体系运行的培训，对技术资料的管理、项目创优计划、质量检验计划、质量计划、环境管理计划的制定和实施进行指导。在项目施工过程中，及时跟踪本项目的质量情况，对项目质量进行考核，同时促进本项目同公司其他创优项目的交流，必要时将对本工程进行现场协助和指导，确保本工程质量目标的实现。

4. 专业施工保证

公司拥有门类齐全的专业化公司作为项目管理的支撑和保障，为工程实现质量目标提供了专业化技术手段。主要包括：装饰公司、安装工程公司、物资公司、混凝土公司、模板架料租赁公司、市政工程公司、大型机械租赁公司、防水公司、建筑制品厂、中心试验室、工程测量分公司等数家专业公司等。

5. 劳务素质保证

本工程拟选择具有一定资质、信誉好和公司长期合作的劳务队伍参与本工程的施工，同时公司劳务中心有一套对施工队伍完整的管理、培训和考核制度，从根本上保证项目所需劳动者的素质，从而为工程质量目标奠定了坚实的基础。

三、工程施工质量管理

1. 全面培训

(1) 进行质量意识的教育

增强全体员工的质量意识是创精品工程的首要措施。工程开工前将针对工程特点，由项目总工程师负责组织有关部门及人员编写本项目的质量意识教育计划。计划内容包括公司质量方针、项目质量目标、项目创优计划、项目质量计划、技术法规、规程、工艺、工法和质量验收标准等。通过教育提高各类管理人员与施工人员的质量意识，并贯穿到实际工作中去，以确保项目创优计划的顺利实现。项目各级管理人员的质量意识教育由项目经理部总工程师及现场经理负责组织教育；参与施工的各分包方各级管理人员由项目质量总监负责组织进行教育；施工操作人员由各分包方组织教育，现场责任工程师及专业监理工程师要对分包方进行教育的情况予以监督与检查。

(2) 加强对分包的培训

分包是直接的操作者，只有他们的管理水平和技术实力提高了，工程质量才能达到既定的目标，因此要着重对分包队伍进行技术培训和质量教育，帮助分包提高管理水平。项目对分包班组长及主要施工人员，按不同专业进行技术、工艺、质量综合培训，未经培训或培训不合格的分包队伍不允许进场施工。项目将责成分包建立责任制，并将项目的质量保证体系贯彻落实到各自施工质量管理中，并督促其对各项工作落实。

2. 对材料供应商的选择和物资的进场管理

结构施工阶段模板加工与制作、混凝土原材料供应商的确定、钢筋原材及加工成品采用，装修阶段、机电安装阶段材料和设备供应商等均要采用全方位、多角度的选择方式，以产品质量优良、材料价格合理、施工成品质量优良为材料选型、定位的标准。同时要建立合格材料分供方的档案库，并对其进行考核评价，从中定出信誉最好的材料分供方。材料、半成品及成品进场要按规范、图纸和施工要求严格检验，不合格的立即退货。材料进场后，对材料的堆放要按照材料性能、厂家要求进行，对于易燃、易爆材料要单独存放。

3. 严格执行施工管理制度

(1) 实行样板先行制度

分项工程开工前，由项目经理部的责任工程师，根据专项施工方案、技术交底及现行的国家规范、标准，组织分包单位进行样板分项施工，确认符合设计与规范要求后方可进行施工。

(2) 执行检查验收制度

1) 自检：在每一项分项工程施工完后均需由施工班组对所施工产品进行自检，如符合质量验收标准要求，由班组长填写自检记录表。

2) 互检：经自检合格的分项工程，在项目经理部专业监理工程师的组织下，由分包方工长及质量员组织上下工序的施工班组进行互检，对互检中发现的问题上下工序班组应认真及时地予以解决。

3) 交接检：上下工序班组通过互检认为符合分项工程质量验收标准要求，在双方填写交接检记录，经分包方工长签字认可后，方可进行下道工序施工，项目专业监理工程师要亲自参与监督。

检查验收流程见图 2-63。

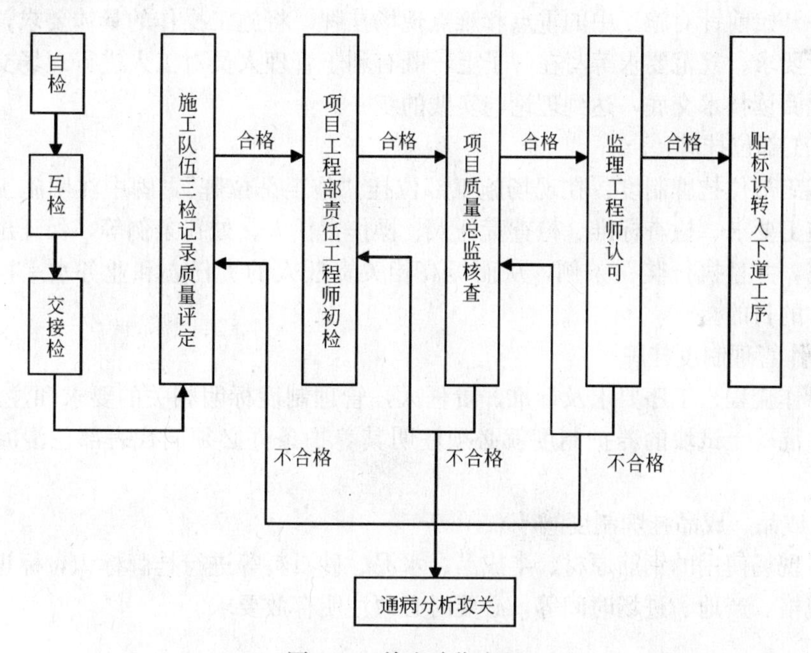

图 2-63　检查验收流程

4. 质量例会制度、质量会诊制度、质量讲评制度

(1) 每周生产例会质量讲评

项目经理部将每周召开生产例会，现场经理把质量讲评放在例会的重要议事议程上，除布置生产任务外，还要对上周工地质量动态作一全面的总结，指出施工中存在的质量问题以及解决这些问题的措施。并形成会议记要，以便在召开下周例会时逐项检查执行情况。对执行好的分包单位进行口头表彰，对执行不力者要提出警告，并限期整改。对工程

质量表现差的分包单位，项目可考虑解除合同并勒令其退场。

(2) 每周质量例会

由项目经理部质量总监主持，参与项目施工的所有分承包行政领导及技术负责人参加。首先由参与项目施工的分承包方汇报上周施工项目的质量情况，质量体系运行情况，质量上存在问题及解决问题的办法，以及需要项目经理部协助配合事宜。

项目质量总监要认真地听取他们的汇报，分析上周质量活动中存在的不足或问题。与与会者共同商讨解决质量问题所应采取的措施，会后予以贯彻执行。每次会议都要作好例会纪要，分发与会者，作为下周例会检查执行情况的依据。

(3) 每月质量检查讲评

每月底由项目质量总监组织分承包方行政及技术负责人对在施工程进行实体质量检查，之后，由分承包方写出本月度在施工程质量总结报告交项目质量总监，再由质量总监汇总，建议以《月度质量管理情况简报》的形式发至项目经理部有关领导，各部门和各分承包方。简报中对质量好的承包方要予以表扬，需整改的部位应明确限期整改日期，并在下周质量例会逐项检查是否彻底整改。

5. 挂牌制度

(1) 技术交底挂牌

在工序开始前针对施工中的重点和难点现场挂牌，将施工操作的具体要求，如：钢筋规格、设计要求、规范要求等写在牌子上，既有利于管理人员对工人进行现场交底，又便于工人自觉阅读技术交底，达到理论与实践的统一。

(2) 施工部位挂牌

执行施工部位挂牌制度：在现场施工部位挂“施工部位牌”，牌中注明施工部位、工序名称、施工要求、检查标准、检查责任人、操作责任人、处罚条例等，保证出现问题可以追查到底，并且执行奖罚条例，从而提高相关责任人的责任心和业务水平，达到练队伍、造人才的目的。

(3) 操作管理制度挂牌

注明操作流程、工序要求及标准、责任人，管理制度标明相关的要求和注意事项等。如：同条件混凝土试块的养护制度就必须注明其养护条件必须同代表部位混凝土的养护条件。

(4) 半成品、成品挂牌制度

对施工现场使用的钢筋原材、半成品、水泥、砂石料等进行挂牌标识，标识须注明使用部位、规格、产地、进场时间等，必要时必须注明存放要求。

四、质量过程控制

1. 钢筋工程

(1) 钢筋直螺纹连接

本工程直径大于25mm的钢筋采用直螺纹连接。对直螺纹接头要检查丝扣的露扣情况，不允许有完整丝扣外露，对出现的完整丝扣外露应采取补焊的措施予以加强，直螺纹还应用扳手检查合格后作标记。只有所有接头验收通过后，才可以开始绑扎。

(2) 钢筋绑扎

钢筋绑扎前要放线，顶板钢筋绑扎前在顶板模上弹线、拉通线控制。

(3) 闪光对焊

外观检查及焊接接头检验抽查数量和方法按《钢筋焊接及验收规程》的要求执行。接头应逐个进行外观检查，强度检验时从每批成品中取三个进行拉伸试验。

(4) 钢筋加工

钢筋在加工前应洁净、无损伤，油渍、漆污和铁锈等应在使用前清理干净。为保证钢筋加工形状、尺寸准确，将制作钢筋加工的定型卡具控制钢筋尺寸。如梯子筋是控制钢筋间距和钢筋保护层的一种有效工具，其效果已经在很多工程实践中得到验证。但是，由于制作梯子筋工人的素质以及管理力度的不同，造成梯子筋的加工质量不同，因此，对钢筋保护层和钢筋间距的控制效果也不同。为了消除这些人为因素，制作梯子筋的加工定型卡具，如图 2-64 所示，通过梯子筋的加工定型卡具定位梯子筋的横撑长度、横撑两端的长度和横撑的间距，并且在梯子筋一批加工完毕后，进行预检，如图 2-65 所示，保证梯子筋符合标准要求。

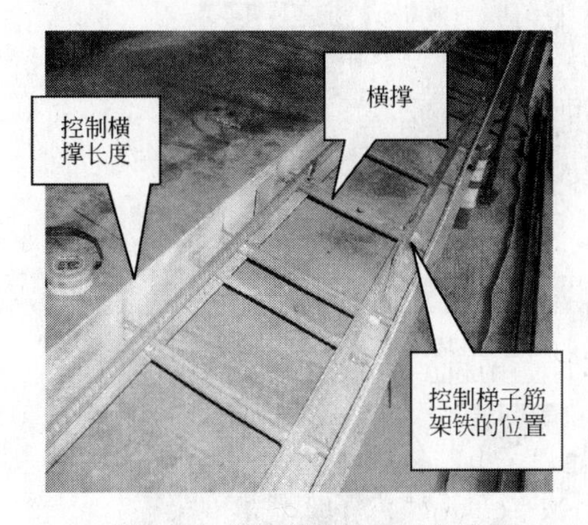

图 2-64　梯子筋加工定型卡具

图 2-65　梯子筋梯棍长度检查

(5) 钢筋保护层控制

钢筋保护层尺寸控制是否准确及钢筋位置是否满足设计要求是工程质量的一项重点内容，也是存在问题较多和不易控制的问题。在钢筋保护层控制及定位措施上，我公司已总结了一套控制钢筋保护层厚度的有效措施，见图 2-66。

(6)“七不准”和“五不验”

在钢筋施工中公司制定了“七不准”和“五不验”制度。

“七不准”：

1) 已浇筑混凝土浮浆未清除干净不准绑钢筋；

2) 钢筋污染清除不干净不准绑钢筋；

3) 控制线未弹好不准绑钢筋；

4) 钢筋偏位未检查、校正合格不准绑钢筋；

5) 钢筋接头本身质量未检查合格不准绑钢筋；

6) 技术交底未到位不准绑钢筋；

7) 钢筋加工未通过车间验收不准绑钢筋。

(a)　(b)　(c)　(d)　(e)　(f)

图 2-66　控制钢筋保护层厚度的有效措施

(a)塑料垫块；(b)墙体钢筋塑料垫块；(c)横向梯子筋定位；(d)竖向梯子筋定位；(e)定位钢板；(f)已安装的定位钢板

"五不验"：

1）钢筋未完成不验收；

2）钢筋定位措施不到位不验收；

3）钢筋保护层垫块不合格、达不到要求不验收；

4）钢筋纠偏不合格不验收；

5）钢筋绑扎未严格按技术交底施工不验收。

(7) 成品保护措施(图 2-67～图 2-69)

2. 模板工程

图 2-67　钢筋套管防止混凝土浆污染

图 2-68　及时清理受污染钢筋

施工前依据新浇筑混凝土的自重或侧压力及施工荷载的有关数据和标准计算，确定模板体系、措施和施工方案。模板设计中必须要有模板体系的计算。除整体的配模要求外，模板设计的重点应放在阴阳角接口、楼层间过渡节点、底部节点，门窗洞口、电梯井筒等一些特殊部位的模板设计上，以保证洞口方正，尺寸准确、层间过渡自然。模板设计中还应注意各种接缝的处理，做到不变形，不跑位，不涨模，不漏浆。对于墙柱模板在配模过程中还应注意穿墙螺栓的布置，应与模板背楞的刚度相配合，特别注意其与上、下口及门窗洞口处间距不宜过大，避免胀模及漏浆的现象。

梁顶板模的起拱应严格执行规范中的起拱要求，采用该类模板时起拱要取高限。支撑下要加垫木方(图 2-70)，支撑立柱根据设计放线确定，并使上下层对齐搭设，确保传力均匀，合理。

图 2-69　定位柱箍

图 2-70　梁、顶板模支撑下加垫木方

为了保证外门窗洞口位置准确，使上下层洞口位置在同一条垂直线上，可在外墙外侧模板上连接一角钢(图 2-71)，用以固定门窗套，在模板两侧加设限位钢筋(图 2-72)，底部设定位钢筋，这样一来就能达到既能控制洞口尺寸，又能保证混凝土在浇筑后的质量。注意洞口模板下要设排气孔，洞口模板侧面加贴海绵条防止漏浆，浇筑混凝土时从窗两侧同时浇筑，避免窗模偏位。

图 2-71　角部角钢

图 2-72　限位钢筋

3. 混凝土工程

(1) 施工前准备

混凝土施工前做好钢筋工程、模板工程的隐预检工作，现场调度管理人员负责现场内混凝土浇筑中大型机械设备的准备工作，并协调好混凝土搅拌站生产设备、运输车辆等。由混凝土责任工程师负责安排分包劳动力准备、对工人的专项措施交底、混凝土泵管支设、马道、溜槽等布置等工作。由试验室负责准备试验委托，填写委托单，准备测试器具、试块模具以及其他有关工具，完成试验准备工作。

(2) 混凝土的分层浇筑

做到按规程、方案和技术交底规定的要求操作，采用测杆检查分层厚度。如 50cm 一层，测杆每隔 50cm 刷红蓝标志线，测量时直立在混凝土上表面上，以外露测杆的长度来检验分层厚度，并配备检查、浇筑用照明灯具，分层厚度应满足规范要求。为了保证柱子的分层浇筑厚度，可计算出各柱子的分层混凝土用量，并根据此量定制相应规格的小灰斗，用以控制每层的浇筑的混凝土量。

(3) 楼板混凝土的施工

浇筑混凝土时，用 4m 刮杠找平，墙体根部采用刮杠找平，并用铁抹子收光，以利于墙体模板支设。混凝土责任工程师监督检查操作工人混凝土楼板的压光，楼板的平整度必须保证控制在质量标准内。每层楼板混凝土浇筑完毕凝固前，必须顺方向用扫帚(帚茬硬度、布置均匀)扫毛，扫毛纹路要清晰均匀、方向及深浅一致。

(4) 混凝土坍落度的测试、泵送、调度

混凝土坍落度必须做到每次浇筑前必测(图 2-73)。

混凝土的泵送必须编制混凝土的泵送方案并进行验算。泵和泵管固定架设，固定措施符合泵送规程的要求。

混凝土责任工程师、夜班值班人员做好混凝土施工时的调度。

(5) 混凝土浇筑后的养护

混凝土养护必须按照措施交底执行，对已浇筑完毕的混凝土，应在 12h 后加以覆盖和浇水。对采用硅酸盐水泥、普

图 2-73　每车必测坍落度

通硅酸盐水泥或矿渣硅酸盐水泥拌制的混凝土，养护时间不得少于7h，对掺用缓凝型外加剂或有抗渗性要求的混凝土，养护时间不得少于14h；浇水次数应能保持混凝土处于湿润状态；在常温下，对立面可以采取涂刷养护剂的办法进行养护，对楼板夏季高温时增加浇水次数并要保证表面湿润，用塑料布覆盖严密，并保持塑料布内有凝结水，严防混凝土裂纹的出现。冬期时加盖保温草帘或岩棉被养护，防止受冻并控制混凝土表面和内部温差。在冬施条件下必须采取冬施测温，监测厚大体积混凝土表面和内部温差不能超过25℃。

(6) 施工缝的处理

施工缝混凝土浇筑前剔除浮浆，露出石子(图2-74)，清理干净，撒水湿润，下次混凝土浇筑时采用同配合比砂浆接浆处理。浇筑前必须接浆处理。采用同配合比减石子砂浆，厚度控制在5～10cm厚。严禁无接浆浇筑混凝土。在施工缝处继续浇筑混凝土时，已浇筑的混凝土的抗压强度不应小于1.2N/mm^2，混凝土应细致捣实，使新旧混凝土紧密结合。

图2-74　施工缝剔凿见石子

(7) 实行拆模申请制度、会诊制度

为保证混凝土强度和养护质量建立拆模申请制度。模板拆除按有关施工规范和方案的规定，结合季节天气情况，由质量总监和工程部经理批准后方可以拆模。拆模时必须参照同条件拆模用试块试压后的强度值。

在每个楼层模板全部拆除后，对拆模后的楼层进行检查，拿出处理措施。

4. 地下室、外墙防水工程

(1) 严把防水材料进场关，卷材的质量、技术性能必须符合设计要求和施工验收规范的规定。所有卷材要有材料准用证、出厂合格证、质量检测报告，防伪标志，材料进厂后要抽样检验，复试合格后方可使用。对防水施工队伍要进行严格的资质审查，严禁非专业施工人员进场施工。

(2) 防水基层不得有积水等现象，如有凸凹不平，脚印等缺陷，必须进行处理，合格后方可进行防水层施工。铺贴防水层的基层应干燥、平整、牢固，并不得有起砂、空鼓、开裂等现象，阴阳角处应做成圆弧形钝角。

(3) 防水卷材铺粘必须牢固、严密、不得有皱折、翘边和封口不严等缺陷。

(4) 卷材必须满面烘烤，以免防水层空鼓。防止烘烤卷材后辊压不及时，在搭接边烘烤不到位，卷材加热温度太低及加热不均匀引起卷材翘边。

(5) 防水卷材存放在库房内应堆码整齐，不要长时间将卷材放置在露天下，搬运卷材时要轻放，不得抛甩卷材和直立卷材抛在地面。

(6) 已铺好的卷材防水层，要设专人看护，采取保护措施，操作人员不得穿带钉鞋作业。

5. 屋面工程

将结构层表面的松散杂物清扫干净，凸出基层表面的硬块要剔平扫净，凹陷部位应用砂浆刮平。雨水口和各种预埋管件根部用豆石混凝土填塞密实，将其根部固定。屋面施工如值雨期，对于施工过程中存在的滞留水问题，必须充分重视。为了使施工正常进行、保证屋面的施工质量，针对“屋面滞留水”形成的原因采取适当的技术措施进行预防和补救。

6. 装修工程

装饰工程是建筑工程的重要组成部分，它具有保护主体、改善使用功能、美化空间和环境的作用。随着人们物质文化生活水平的不断提高，人们更有意识地追求建筑空间的艺术效果，以及回归自然并具有创意的装修设计。完美的装饰设计要通过精心施工来实现，只有通过施工单位的精心设计、合理部署、精心施工，严格控制设计、选材、施工质量、工程进度等各关键环节，保持与业主、设计单位、监理等各方面的密切配合，方能将装饰工程保质、按期地圆满完成，并达到业主及设计师预期的装饰效果。公司对装修工程十分重视，将其作为装修精品工程来抓，依据公司的综合实力、优秀的工程质量，与业主携手合作，共创精品工程。

(1) 粗装修

本工程粗装修内容主要为砌筑和抹灰，且工程量较大。施工中所用的砂浆必须按照配合比进行配合搅拌，所用的水泥必须在出厂合格证或检测报告，并要按规范进行复检。水平灰缝应平直、砂浆饱满，按净面积计算砂浆的饱满度不应底于90%，竖向灰缝应采用加浆方法，使其砂浆饱满。严禁用水冲浆灌缝，不得出现瞎缝、透明缝，其砂浆饱满度不宜低于80%。

抹灰前对基层表面的灰尘、污垢、碱膜等物均应仔细清理干净，在砌体与混凝土结构墙体交接处的基层表面应先铺钉金属网，并绷紧牢固后方可进行施工抹灰；金属网与各类基层搭接宽度不应小于100mm。

砌筑工程用水泥使用前必须按照规范要求做复试，如果出厂日期超过3个月时，应复查试验，并按试验结果使用。不合格产品坚决退场，严禁使用废品水泥。

施工中所需门窗框、插筋、预埋铁件等必须事先作好安排，配合砌筑进度及时送到现场。

1) 砌体尺寸、位置的允许偏差(表2-46)

砌体尺寸、位置的允许偏差　　表2-46

项次	项　目		允许偏差(mm)
1	轴线位置偏移		10
2	垂直度	每层	5
3	表面平整度	混水墙、柱	5
4	水平灰缝平直度	混水墙	7
5	水平灰缝厚度(10皮砖累计数)	混水墙	±8
6	门窗洞口(后塞口)	宽度	±5
		门口高度	+15、(−5)
7	预留构造柱截面(宽度、深度)		±10

2）质量控制的具体措施

① 测量放出主轴线，砌筑施工人员弹好墙线、边线及门窗洞口的位置。

② 墙体砌筑时应单面挂线，每层砌筑时应穿线看平，墙面应随时用靠尺校正平整度、垂直度。

③ 墙体每天砌筑高度不宜超过 1.8m。

④ 横平竖直，砂浆饱满，错缝搭接，接槎可靠。

（2）精装修

1）现制水磨石地面：

① 铜条外露清晰平直，不错位，接缝严密。

② 地面石碴分布均匀，颜色一致。

③ 门口、镶边的分界定位尺寸正确，防止后补降低观感质量。

④ 现制水磨石地面镶边颜色一致、石子分布均匀，与踢脚板相接处平整。

2）地面地毯铺设完毕，尽量减少人员在上走动，如必须进入应在地毯饰面铺设塑料布一层，并应穿拖鞋进入。

3）饰面砖的品种、规格、颜色和图案必须符号设计要求；饰面砖粘贴必须牢固、无歪斜，无缺楞掉角和裂缝等缺陷；饰面砖接缝应填嵌密实、并平直、宽窄均匀、颜色一致、非整砖使同部位适宜。阴角半砖不小于整砖 1/2。阴角砖压向正确。

4）门：

① 门框外边口距墙的缝宽超过 30mm 时应用细石混凝土堵缝；门框外边口距墙的缝宽不足 30mm 时应用较干硬性水泥砂浆堵缝；门框外边与墙的缝宽超过 30mm 时缝内加木砖不少于 2 根钉子，上下错开；固定门框的钉子钉进木砖 50mm(钉帽砸扁)并钉正；木框与墙间缝填堵砂浆、豆石混凝土时两框间加支撑防止木门框受潮走型。木框靠墙一侧做防腐。

② 门扇安装：框与扇、扇与扇接触处高低差允许偏差 2mm；门窗扇对口和扇与框间留缝宽度 1.5～2.5mm；门扇与地面间留缝宽度允许偏差(外门)4～5mm；门扇与地面间留缝宽度允许偏差(内门)3～5mm。

5）吊顶安装偏差要求

① 吊顶起拱高度应为房间短向跨度 1/200，纵横拱度均匀。

② 两边顶板(非整块)尺寸正确、对称无黑缝，与龙骨相接到位不悬空。矿棉吊顶板表面平整允许偏差 2mm。

③ 吸声板压条平直允许偏差 3mm(拉 5m 线检查)。

④ 次龙骨十字交接点应对接齐平、接缝严密。

6）石材地面

① 铺设前选材，要求颜色、花纹对称。

② 十字角处对称平整、无空鼓。

③ 石材切割部位掉角(飞边)，切割边的平直。

④ 防止勾缝污染和石材其他污染，加强成品保护，提高观感质量。

⑤ 石材地面表面平整偏差控制在 1mm 范围内。

7. 钢结构施工

(1) 严格控制材料的进场检验。原材应有材质证明和出厂合格证，进场后由加工厂抽样，进行材料性能复试。其他材料如焊条、焊丝等，均要有进场合格证，并注意保存方法。

(2) 钢结构加工

1) 构件加工详图绘制完毕报设计方审核后方可正式加工。

2) 编制钢结构构件加工工艺和焊接工艺，并报总包方和监理方审批。

3) 做焊接工艺评定试验，编制超声波无损探伤工艺。

4) 构件在制作前应编制施工方案，在制作过程中，驻厂工程师应随流程检查，对重点工序严格控制，如构件的拼装、焊接、超声波探伤等。

(3) 钢结构安装

1) 构件依据进场计划安排运输，分批进场，必要时对进场堆放的材料做临时支撑，运输构件时采取有效措施防止构件划伤。

2) 焊前检查接头坡口角度，钝边，间隙及错口量符合要求，坡口内和两侧之锈、油漆、油污、氧化皮等均应清除干净。装焊垫板及引弧板其表面清洁，要求与表面坡口相同，垫板与母材应贴紧，引弧板与母材焊接应牢固。遇雨天时应停焊，环境温度低于0℃时应按规定之预热、后热措施施工，构件焊口周围及上方应有挡风雨设施，风速大于6m/s时则应停焊。

8. 机电工程质量控制点及控制措施(表2-47)

机电工程质量控制点及控制措施　　表2-47

分项工程	质量控制点	质量控制措施
施工准备	材料计划、材料送审 施工方案	及时、准确 认真编制
电气工程		
结构预埋	位置标高正确、线管保护层、漏埋、错埋、管路弯扁度	确保按基准标高线施工，避免预埋的管路三层交叉，认真查阅图纸
孔洞留设	漏留、错留	编制孔洞留洞图和留洞检查表
桥架安装	位置、标高正确 与水管、风管间距正确 支架排列正确	绘制综合图解决
线槽安装	位置、标高正确，与水管、风管间距正确，支架排列正确	绘制综合图解决
母线安装	支架间距正确，母线垂直，接头处封闭	严格规范要求，认真检查 根据电气竖井图进行协调
管路暗敷	支架间距、与水管、风管间距正确，接线盒、过线盒接线正确，管路弯扁度	严格规范要求，认真检查 消除质量通病

续表

分项工程	质量控制点	质量控制措施
管路明敷	支吊架间距，与水管、风管间距正确，接线盒、过线盒接线正确，管路横平竖直 管路弯扁度	严格规范要求，认真检查 消除质量通病
穿线配线	导线涮锡，导线损伤	严格涮锡工艺，穿线时注意保护导线
电缆敷设	电缆平直、固定牢固、电缆弯扁度、电缆排列整齐、美观	根据电缆排布图进行协调 电缆按次序敷设
器具安装	器具固定方法正确 位置标高正确	研究照明器具的安装方法 准确定位
设备安装	安装方法、位置标高正确	制定专项施工方案
调　　试	绝缘摇测全面 开关动作可靠	制定专项调试方案
管 道 工 程		
预留预埋	孔洞位置、数量	仔细审图、编制表格、逐个检查
管道安装	管道甩口 支吊架间距 铸铁管水泥捻口	及时封堵 严格规范要求，认真检查 冬季防冻
保　　温	穿越隔墙、楼板处	严格规范要求，认真检查
管道冲洗	断开设备连接，拆下阀部件	认真检查
通 风 工 程		
风管制作	选料 下料 合风管 铆接法兰、风管成型	严把进货关，选择质优价廉的产品 必须用木锤 使用方尺靠边
风管安装	支吊架间距 风管连接	严格规范要求，认真检查 必须加阻燃胶带
保　　温	保温钉数量	严格规范要求，认真检查

第四节 项目安全管理实务

一、工程简介

1. 某工程位于北京市最为繁华某路口东南侧，该工程设计新颖、功能先进，是与三峡工程配套工程，集指挥、调度、控制、信息、办公于一体的智能型办公大楼，大楼的设计造型、功能、工艺 50 年不落后。

该工程建筑面积 73667m^2，结构形式为钢筋混凝土框架—剪力墙结构体系，上部结构梁采用有粘结和无粘结预应力混凝土施工，抗震设防烈度 9 度，最高建筑高度为 49.9m，外檐装饰采用设计工艺先进的单元式幕墙结构，机电设备安装工程为5A标准。以此工程为例分析其项目安全管理方案。

2. 安全管理方案编制依据

(1) 施工合同。

(2) 工程设计图纸及组织设计文件。

(3) 国家、当地建委、企业有关安全法规、规章标准、制度、文件等。

1) 工程项目安全管理标准包括：工程项目安全技术管理标准、安全生产责任制管理标准、工程项目安全生产教育标准、工程项目安全生产奖罚标准、工程项目安全生产组织管理标准、工程项目安全资料管理标准、工程项目机械管理标准、工程项目临时用电管理标准、工程项目劳动保护用品管理标准等。

2) 公司安全管理制度包括：责任制制度、安全教育制度、安全技术管理制度、安全技术交底制度、特种作业管理制度、安全检查制度、班前讲话制度、安全奖罚制度、事故处理制度、防护用品管理制度、临时用电制度、机械管理制度、领导值班制度。

3) 安全管理用表包括：安全生产责任制考核表、安全生产值班记录、文件接收登记表、安全活动记录、管理人员安全年审登记表、工人三级安全教育表、三级教育考核登记表、转场工人安全教育表、变换工种安全教育表、雨期施工安全教育表、冬期施工安全教育表、安全技术措施目录表、施工组织设计审批表、安全验收目录表、普通架子验收单、井架(龙门架)验收单、高大架子验收单、吊篮架子验收单、特殊脚手架验收单、插口架子验收单、安全技术交底目录、安全技术交底书、特种作业人员登记表、特种作业人员安全教育培训记录、安全生产检查隐患整改记录、班前安全活动交底记录、周一安全活动记录、安全奖励台账、安全罚款台账、未遂事故登记表、重要劳动保护用品使用情况登记表等。

4) 工程项目安全管理制度包括：项目安全管理制度、项目安全技术交底制度、项目安全检查制度、项目安全奖罚制度、项目安全生产教育制度、项目安全值班制度、项目班子管理制度、班组安全活动制度、项目厕所卫生管理制度、项目场容卫生、环保管理制度、项目成品保护管理制度、工地搅拌台管理制度、项目环境保护、生活卫生管理技术制度、项目机械设备管理制度、项目技术管理制度、项目临时用电安全管理制度、项目生活管理制度、项目宿舍管理制度、项目重要劳动保护用品管理制度等。

(4) 公司安全生产领导小组管理流程(图2-75)

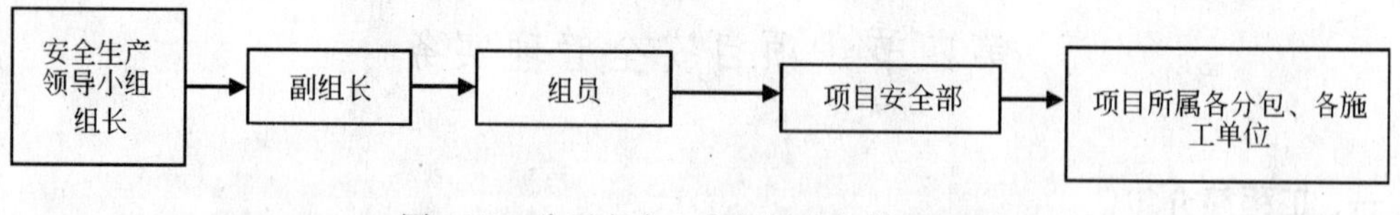

图2-75　公司安全生产领导小组管理流程

(5) 安全管理程序(图2-76)

(6) 安全资料管理目录：管理安全生产责任制目录、安全教育目录、施工组织设计目录、安全技术交底目录、特种作业目录、安全生产检查目录、班前安全活动目录、遵章守纪目录、因工伤亡事故处理目录、施工现场安全防护用品与安全标志目录、临电工程目

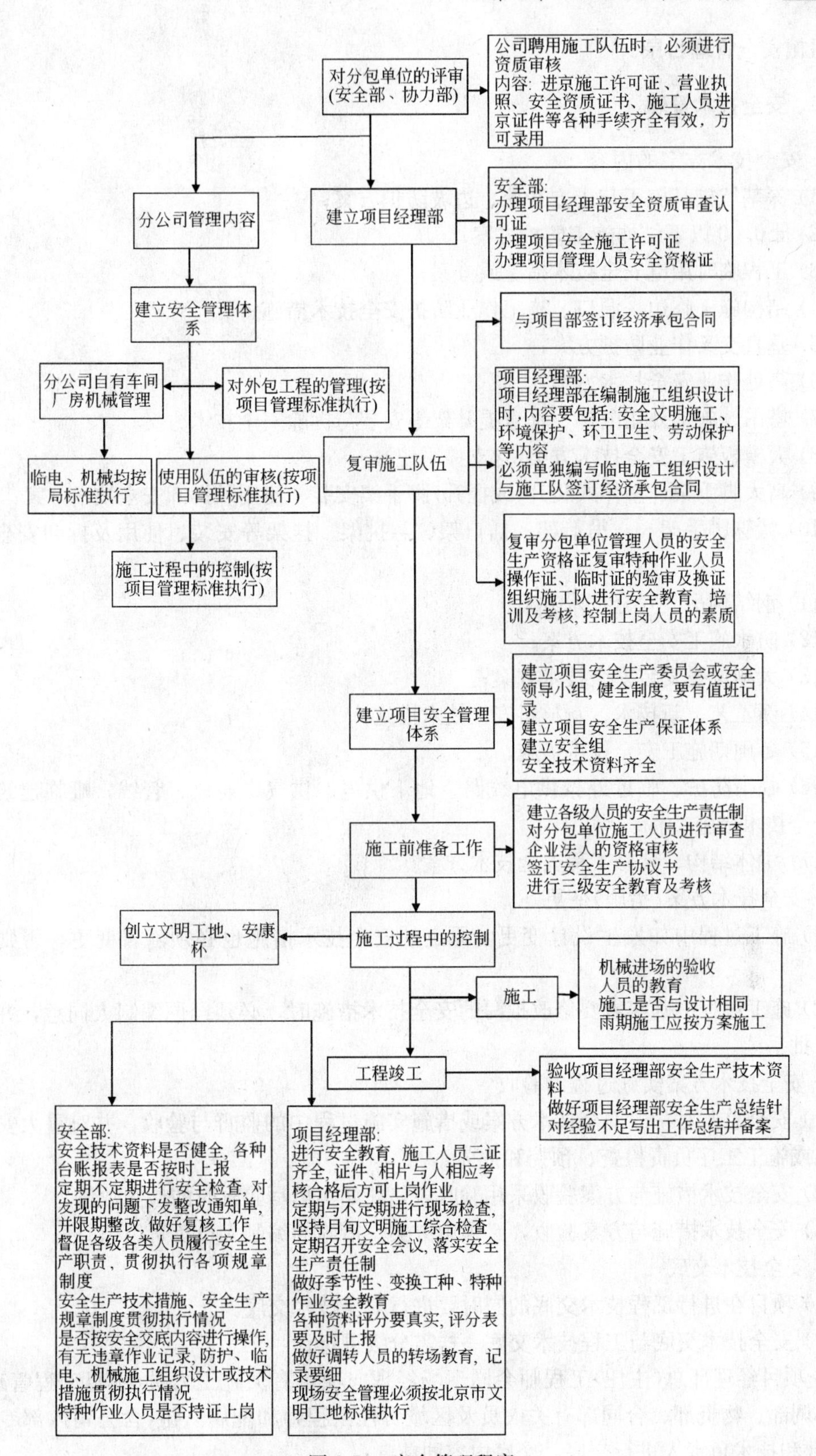
对分包单位的评审(安全部、协力部)
公司聘用施工队伍时，必须进行资质审核
内容：进京施工许可证、营业执照、安全资质证书、施工人员进京证件等各种手续齐全有效，方可录用
分公司管理内容
建立项目经理部
安全部:
办理项目经理部安全资质审查认可证
办理项目安全施工许可证
办理项目管理人员安全资格证
建立安全管理体系
与项目部签订经济承包合同
分公司自有车间厂房机械管理
对外包工程的管理(按项目管理标准执行)
项目经理部:
项目经理部在编制施工组织设计时,内容要包括: 安全文明施工、环境保护、环卫卫生、劳动保护等内容
必须单独编写临电施工组织设计
与施工队签订经济承包合同
复审施工队伍
临电、机械均按局标准执行
使用队伍的审核(按项目管理标准执行)
复审分包单位管理人员的安全生产资格证复审特种作业人员操作证、临时证的验审及换证
组织施工队进行安全教育、培训及考核, 控制上岗人员的素质
施工过程中的控制(按项目管理标准执行)
建立项目安全管理体系
建立项目安全生产委员会或安全领导小组, 健全制度, 要有值班记录
建立项目安全生产保证体系
建立安全组
安全技术资料齐全
施工前准备工作
建立各级人员的安全生产责任制
对分包单位施工人员进行审查
企业法人的资格审核
签订安全生产协议书
进行三级安全教育及考核
创立文明工地、安康杯
施工过程中的控制
施工
机械进场的验收
人员的教育
施工是否与设计相同
雨期施工应按方案施工
工程竣工
验收项目经理部安全生产技术资料
做好项目经理部安全生产总结针对经验不足写出工作总结并备案
安全部:
安全技术资料是否健全, 各种台账报表是否按时上报
定期不定期进行安全检查, 对发现的问题下发整改通知单, 并限期整改, 做好复核工作
督促各级各类人员履行安全生产职责，贯彻执行各项规章制度
安全生产技术措施、安全生产规章制度贯彻执行情况
是否按安全交底内容进行操作, 有无违章作业记录, 防护、临电、机械施工组织设计或技术措施贯彻执行情况
特种作业人员是否持证上岗
项目经理部:
进行安全教育, 施工人员三证齐全, 证件、相片与人相应考核合格后方可上岗作业
定期与不定期进行现场检查, 坚持月旬文明施工综合检查
定期召开安全会议, 落实安全生产责任制
做好季节性、变换工种、特种作业安全教育
各种资料评分要真实, 评分表要及时上报
做好调转人员的转场教育, 记录要细
现场安全管理必须按北京市文明工地标准执行

图 2-76 安全管理程序

录、机械安全管理目录。

二、安全技术管理

1. 安全技术方案的内容

(1) 深基坑桩基施工与土方开挖、边坡防护方案；

(2) ±0.00 以下结构施工防护方案；

(3) 工程临时用电安全技术措施或方案；

(4) 结构施工临边、洞口、施工作业防护安全技术措施；

(5) 垂直交叉作业防护方案；

(6) 高处作业安全技术方案；

(7) 塔吊、施工外用电梯、垂直提升架等安装与拆除安全技术方案；

(8) 大模板施工安全技术方案(含支撑系统)；

(9) 高大脚手架、整体式爬升(或提升)脚手架安装、使用及拆卸安全技术方案；

(10) 特殊脚手架——吊篮架、插口架、悬挑架、挂架等安装、使用及拆卸安全技术方案；

(11) 钢结构吊装安全技术方案；

(12) 防水施工安全技术方案；

(13) 大型设备安装安全技术方案；

(14) 新工艺、新技术、新材料安全技术措施；

(15) 冬雨期施工安全技术措施；

(16) 临街防护、临近外架供电线路、地下供电、供气、通风、管线，毗临建筑物防护等安全技术措施；

(17) 主体结构、装修工程安全技术方案。

2. 安全技术方案(措施)变更

(1) 施工过程中如发生设计变更，原定的安全技术措施也必须随着变更，否则不准施工。

(2) 施工过程中确实需要修改拟写的安全技术措施时，必须经原编制人同意，并办理修改审批手续。

3. 安全技术方案实施过程的验收

(1) 安全总监对一般安全技术方案或措施实施过程中的监督与验收，并对重大安全技术措施或施工工序负责检查、预控和把关。

(2) 安全技术措施与方案验收采用验收表，并如实填写验收时的检测数值。

(3) 安全技术措施与方案验收，必须由方案、措施的编制人员负责组织。

4. 安全技术交底

(1) 项目在进行工程技术交底的同时要进行安全技术交底。

(2) 安全技术交底与工程技术交底一样需分级进行。

1) 项目经理部总(主任)工程师会同现场经理向项目有关施工人员(项目工程管理部、工程协调部、物资部、合同部有关人员及区域责任工程师和配属队伍(含公司内部专业公司)行政和技术负责人进行交底、交底内容同前款；

2）配属队伍(含公司内部专业公司)技术负责人要对其管辖的施工人员进行详尽的交底；

3）项目责任工程师要对所管辖的配属队伍的工长向操作班组所进行的分部分项工程技术交底进行监督并在施工过程中予以检查控制；

4）各级安全技术交底都应按规定程序实施书面交底签字制度，并存档以备查用。

三、安全设施材料管理

1. 重要劳动防护用品范围

安全网：水平安全网、密目式安全网；安全带：常用安全带、防坠器；安全帽；漏电断路器；配电箱、开关箱；临时用电的电缆、电源线；脚手架扣件；安全标志。

2. 重要劳动防护用品监督控制

(1) 实行认定厂家认定产品的监督控制办法，由项目经理部安全总监进行监督，各配属队伍可从中选择认定厂家的认定产品。

(2) 项目经理部安全部负责对本工程项目重要劳动防护用品进行验收，并对使用和管理等实施检查监督。

3. 工程项目对工程进行专向分包时，必须同时就劳动保护和保健做相应的要求，劳动保护及保健的费用必须由总分包双方在合同(或协议)中做明确划分。

4. 项目经理部安全部对本工程项目重要劳动防护用品和保健执行情况进行经常性的检查和监督，发现问题应立即解决或上报解决。

四、安全实施与防护

1. 安全实施

(1) 钢筋工程

1）冷拉钢筋时，卷扬机前应设防护挡板，或将卷扬机与冷拉方向成90°，且应用封闭式的导向滑轮，沿线须设围栏禁止人员通行。冷拉钢筋应缓慢均匀，发现锚具异常，要先停车，放松钢筋后，才能重新进行操作。

2）切断钢筋，要待机械运转正常，方准断料。活动刀片前进时禁止送料。

3）切断机旁应设放料台，机械运转时严禁用手直接靠近刀口附近清料，或将手靠近机械传动部位。

4）严禁带手套在调直机上操作。

5）弯曲长钢筋，应有专人扶住，并站在钢筋弯曲方向外侧。

6）点焊操作人员应戴护目镜和手套，并站在绝缘地板上操作。

7）对接焊钢筋(含端头打磨人员)应戴护目镜，在架子上操作须系安全带。

8）多人运送钢筋时，起、落、转、停动作要一致，人工上下传递不得在同一垂直线上，钢筋要分散堆放，并做好标示。

9）绑扎立柱、墙体钢筋，严禁沿骨架攀登上下。当柱筋高在4m以上时，应搭设工作平台；4m以下时，可用马凳或在楼地面上绑好在整体竖立，已绑好的柱骨架应用临时支撑拉牢，以防倾倒。

10）绑扎圈梁、挑檐、外墙、边柱钢筋时，应搭设外挂架或悬挑架，并按规定挂好安全网。

11）起吊钢筋或骨架，下方禁止站人，待钢筋或骨架降落至安装标高1m以内方准靠近，并等就位支撑好后，方准摘钩。

（2）模板工程

1）现浇整体式模板的安装

① 单片柱模吊装时，应采用卸扣和柱模连接，严禁用钢筋钩代替，以避免柱模翻转时脱钩造成事故，待模板立稳后并拉好支撑，方可摘除吊钩。

② 支模应按工序进行，模板没有固定前，不得进行下道工序。

③ 支设4m以上的立柱模板和梁模板时，应搭设工作台，不足4m的，可使用马凳操作，不准站在柱模上操作或在梁底模上行走，更不许利用拉杆、支撑攀登上下。

④ 墙模板在未装对拉螺栓前，板面要向后倾斜一定角度并撑牢，以防倒塌。安装过程要随时拆换支撑或增加支撑，以保持墙模处于稳定状态。模板未支撑稳固前不得松动吊钩。

⑤ 安装墙模板时，应从内、外墙角开始，向相互垂直的二个方向拼装，连接模板的U形卡要正反交替使用，同一道墙(梁)的两侧模板应同时组合，以便确保模板安装时的稳定。当墙模板采用分层支模时，第一层模板拼装后，应立即将内、外钢楞、穿墙螺栓、斜撑等全部安设紧固稳定。当下层模板不能独立安设支撑件时，必须采取可靠的临时固定措施，否则严禁进行上一层模板的安装。

⑥ 五级以上大风、大雾等天气时，应停止模板的吊运作业。

2）台模(飞模)的安装

① 台模安装必须经过设计计算，确保其能承受全部施工荷载，并在反复周转使用时能满足强度、刚度和稳定性的要求。

② 堆放场地应平整坚实，严防地基下沉引起台模架扭曲变形。

③ 高而窄的台模架宜加设连杆互相牵牢，严防失稳倾倒。

④ 组装后及每次安装前，应设专人检查和整修，不符合标准要求，不得投入使用。

⑤ 拆下及移至下一施工段使用时，模架上不得放置板块及其他杂物，以防坠落伤人。待就位后，其后端与建筑物作可靠拉结后，方可上人。

⑥ 起飞台模用的临时平台，结构必须可靠，支搭坚固，平台上应设车轮的制动装置。

3）模板的拆除

① 拆除时应严格遵守“拆模作业”的要点规定。

② 高处、复杂结构模板的拆除，应有专人指挥和切实的安全措施，并在下方标出工作区，设专人看守，严禁非操作人员进入作业区。

③ 工作前应事先检查所使用的工具是否牢固，搬手等工具必须用绳系在身上，工作时要思想集中，防止钉子扎脚或从工具空中滑落。

④ 遇六级以上大风时，应停止室外的高空作业。有雨、雪、霜时应先清扫作业现场。

⑤ 拆除模板一般应采用长撬杠，严禁操作人员站在正拆除的模板上。并确认所有穿墙螺栓杆旋开拔出，方可示意信号工指挥起吊。

⑥ 已拆除的模板、拉杆、支撑等应及时运走或妥善堆放，严防操作人员因扶空、踏空而坠落。

⑦ 在楼面上有预留洞时，应在模板拆除后，随时将板的洞盖严及做好安全防护。

⑧ 拆模间隙时，应将已活动的模板、拉杆、支撑等固定牢固，严防突然掉落、倒塌

伤人。

⑨ 拆除板、柱、梁、墙板时应注意：

(A) 拆除4m以上模板时，应搭操作平台，设防护栏杆。

(B) 严禁在同一垂直面上操作。

(C) 拆除时应逐块拆卸，不得成片松动和撬落或拉倒。

(D) 拆除平台、楼层板的底模时，应设临时支撑，防止大片模板坠落，尤其是拆支柱时，更应严防模板突然全部掉落伤人。

(3) 混凝土工程

1) 浇筑混凝土操作，应站在脚手架上操作，不得站在模板或支撑上操作，操作时应带绝缘手套，穿胶鞋。

2) 泵车下料胶管、料斗都应设牵绳。料斗串筒节间必须连接牢固。使用溜槽时，人员不得站在槽帮上操作。

3) 用输送泵输送混凝土，料管卡子必须卡牢，检修时必须先卸压。清洗料管时，严禁人员正对料管口。

4) 浇筑漏斗形混凝土，其下口必须封严。斜屋面临边须设不低于1.5m的护身栏。

5) 浇筑圈梁、雨篷、阳台应有防护设施，以防坠落。

6) 夜间浇筑混凝土，必须保证足够的照明设备，并做好保护接零。

(4) 防水工程

1) 对有皮肤病、眼病、刺激过敏等人员，不得从事该项作业。施工过程中，如发生恶心、头晕、刺激过敏等症状时，应立即停止操作。

2) 操作时要注意风向，防止下风方向作业人员中毒或烫伤。

3) 存放卷材和胶粘剂的仓库和现场要严禁烟火，配备足够消防器材，如需用明火，必须有防火措施，且应设置一定数量的灭火器材和沙袋。

4) 屋面周围应设防护栏杆；孔洞应加盖封严，较大孔洞周边设置防护栏杆，并加设水平安全网。

5) 有雨、雪、霜天气时必须待屋面干燥后，方可继续作业，刮大风时应停止作业。

(5) 管道工程

安装管道时，可将结构或操作平台作为立足点，在安装中的管道上站立或行走，是十分危险的，尤其是横向的管道，尽管看起来表面上是平的，但并不具有承载施工人员重量的能力，稍不留意就会发生危险，所以决不可站立或依靠，要严格加以禁止。

2. 安全防护

(1) 基础施工

1) 基坑顶部四周应做挡水矮墙，同时还要设置防护栏杆，且临近坑边1m范围内处不得堆放重物。

2) 基坑内要搭设上下通道，通道两侧必须搭设防护栏杆，坡道面上应铺设防滑条。

(2) 脚手架

1) 所选用的钢管、扣件、跳板的规格和质量必须符合有关技术规定的标准要求。

2) 确保脚手架结构的稳定和具有足够的承载力。

3) 特殊工程脚手架和高度超过20m的脚手架必须进行设计和计算，并附简图。

4）要认真处理脚手架地基（如对地基平整夯实，抄平后设置垫木等）确保地基具有足够的承载能力（高层和重荷载脚手架应进行架子基础设计），避免脚手架发生不均匀沉降。

5）脚手架应设置足够牢固的连墙点，依靠建筑结构的整体刚度加强整片脚手架的稳定性，并按规定设置斜撑杆、剪力撑及地杆。

6）脚手板要铺满、铺平、不得有探头板。作业层的外侧面应设挡脚板。

7）脚手架作业层的下方应绑水平兜网。

8）脚手架必须有良好的防电、避雷装置、并应有接地。

9）六级以上大风、大雾、大雨或大雪天气暂停在脚手架作业。

10）脚手架在适当部位设置上下人员用斜道，斜道上应设防滑条，斜道两侧应搭设防护栏杆并设置安全立网封）。

11）大风或大雨后应对脚手架进行全面的检查。

12）脚手架搭设完毕后经有关人员进行验收后方可投入使用。

13）现浇楼层柱梁板施工，应搭设足够的脚手架以保证工人安全操作。

14）高层脚手架拆除前须有拆除方案。

（3）高处作业

1）高空作业的安全技术措施极其所需料具，必须列入工程的施工组织设计。

2）区域施工负责人应对高处作业安全技术负责并建立相应的责任制。施工前，应逐级进行安全技术教育及交底，落实所有安全技术措施和个人防护用品，未经落实不得进行施工。

3）攀登和悬空高处作业人员以及搭设高处作业安全设施的人员，必须经过专业技术培训及专业考试合格，持证上岗，并定期进行体格检查。

4）施工中对高处作业的安全设施，发现有缺陷及隐患时，必须及时解决；危及人身安全时，必须立即停止作业。

5）施工作业场所所有有坠落可能的物件，应一律先行撤除或加以固定。高处作业中所用的物料，均应堆放平稳，不妨碍通行及装卸。工具应随手放入工具袋；作业中的走道、通道板和马道，应随时清扫干净；拆卸下的物件及余料和废料应及时清理运走，不得任意乱置或向下丢弃。传递物件禁止抛掷。

6）雨天和雪天进行高处作业时，必须采取可靠的防滑、防寒和防冻措施。凡水、冰、霜、雪均应及时清除。遇有六级以上强风、浓雾等恶劣气候，不得进行露天攀登与悬空高处作业。

7）因作业必需，临时拆除或变动安全防护设施时，必须经施工负责人同意，并采取相应的可靠措施，作业后立即恢复。

8）防护棚搭设与拆除时，应设警戒区，并派专人监护。严禁上下同时拆除。

（4）临边防护

1）对临边高处作业，必须设置防护设施，并符合下列规定：

① 基坑周边、尚未安装栏杆或栏板的阳台、料台与挑平台周边、雨篷与挑檐边、无外脚手架的屋面与楼层、水箱周边等处，都必须设置防护栏杆。

② 头层墙高度超过 3.2m 的二层楼面周边，以及无外脚手架的超过 3.2m 的楼层周边，必须在外围架设安全平网一道。

③ 分层施工的楼梯口和楼梯边，必须安装临时护栏。顶层楼梯口应随工程结构进度

安装正式防护栏杆。

④ 井架与施工外用电梯和脚手架等与建筑物通道的两侧边，必须设防护栏杆。地面通道上部应设安全防护棚。

⑤ 各种垂直运输接料平台，除两侧必须设防护栏杆外，平台口应设置安全门或活动防护栏杆。

2）临边防护栏杆杆件的规格及连接要求，应符合下列规定：

① 钢筋横杆上杆直径不应小于16mm，下杆直径不应小于14mm，栏杆柱直径不应小于18mm，采用电焊或镀锌钢丝绑扎固定。

② 钢管横杆及栏杆柱均应采用ϕ48×(2.75～3.5)mm的管材，以扣件固定。

3）搭设临时防护栏杆，必须符合下列规定：

① 防护栏杆应由上下两道横杆及栏杆柱组成，上杆离地高度为1.0～1.2m，下杆离地高度为0.5～0.6m。坡度大于1∶22的屋面，防护栏杆应高于1.5m，并加挂安全立网。横杆长度大于2m时，必须加设栏杆柱。

② 栏杆柱的固定应符合下列要求：

(A) 当在基坑四周固定时，可采用钢管并打入地面50～70cm深。钢管离边口的距离不应小于50cm。

(B) 当在混凝土楼面、屋面或墙面固定时，可用预埋件与钢管或钢筋焊牢。

③ 栏杆柱的固定及其与横杆的连接，其整体构造应使防护栏杆在上杆任何处，能经受任何方向的1000N外力。

④ 防护栏杆必须自上而下用安全立网封闭，或在栏杆下边设置严密固定的高度不低于18cm的挡脚板。卸料平台两侧的栏杆，必须自上而下加挂安全立网。

⑤ 当临边的外侧面临街道时，除防护栏杆外，敞口立面必须满挂安全网或其他可靠措施作全封闭处理。

(5) 洞口防护

楼面上的所有施工洞口应及时覆盖以防人身坠落，严禁移动盖板(采取预留钢筋网的措施)；进行洞口作业以及在由于工程和工序需要而产生的，使人与物有坠落危险或危及人身安全的其他洞口进行高处作业时，必须按下列规定设置防护设施：

1）板与墙的洞口，必须设置牢固的盖板、防护栏杆、安全网或其他防坠落的防护设施。

2）梯井口必须设固定栅门。电梯井内(管道竖井内)自首层开始支设水平网，以上每隔两层支设一道水平接网，网边与井壁周边间隙不得大于20cm，网底距下方物体或横杆不得小于3m。施工层应搭设操作平台，并满铺跳板。

3）施工现场通道附近的各类洞口与坑槽边等处，除设置防护设施与安全标志外，夜间还应设红色示警灯。洞口根据具体情况采取防护栏杆，加盖板、张挂安全网与装栅门等措施时，必须符合下列要求：

① 楼板、屋面和平台等面上短边尺寸小于25cm但大于2.5cm的孔口，必须用坚实的盖板盖设。盖板应能防止挪动移位。

② 楼板面等处边长25～50cm的洞口、安装预制构件时的洞口以及缺件临时形成的洞口，可用木板作盖板，盖住洞口。盖板须能保持四周搁置均衡，并有固定其位置的措施。

③ 边长50～150cm的洞口，采用贯穿于混凝土板内的预埋钢筋构成防护网，钢筋网

格间距不得大于 20cm。

④ 边长 150cm 以上的洞口，四周设防护栏杆，洞口下设安全平网。

⑤ 墙面等处的竖向洞口，凡落地的洞口应加装下开式固定防护门，门栅网格的间距不应大于 15cm。

(6) 临时用电

1) 施工现场临时用电必须采用三相五线制供电体系。

2) 配电室：

① 配电室用房必须符合防灰尘，防介质腐蚀、防砸、防火等规定。

② 配电屏周围地面应铺设橡胶绝缘，应保证操作维修通道有足够宽度。

③ 门口配置危险标示及用于维修维护的专门标牌。

④ 设置专用制度牌。

3) 电缆选择与敷设：

① 电缆选择：

(A) 主干供电电必须选用五芯橡套电缆，塔吊等专用电缆选用四芯橡套电缆。

(B) 使用认定厂家橡套电缆。

② 电缆敷设：

(A) 主干供电线路埋地敷设，埋设深度不得小于 600mm。

(B) 架空敷设的主干电缆必须采用吊索与瓷瓶固定。

(C) 垂直敷设电缆应按规定间隔绝缘绑扎固定。

(D) 沿地面敷设电缆必须覆盖保护，并不得浸水。

③ 配电箱与开关箱：

(A) 需购买认定厂家的产品。

(B) 配电箱的安装和内部设置必须符合有关规定。

(C) 各级配电箱所选用的电器开关的额定值应相适应。

(D) 配电箱应符合标准规定。箱外有司徽、分级编号、安全色标，并满足 CI 标准要求。

(E) 实行三级配电箱供电，配电箱—分配电箱(含移动配电箱)—开关箱。

(F) 动力用电与照明用电分箱供电或设照明专用线路。

(G) 塔吊用电从总配电箱直接引出并设置专用配电箱。

(H) 消防用电从总配电箱单路引出。

(I) 开关箱内必须保持电器完好，不得有带电体明露。

④ 接零接地与防雷保护：

(A) 三相五线制供电体系只允许电器设备采取接零保护，严禁接地。

(B) 在整体供电系统设置重复接地，必须设置在主干供电线路的首、中、末端各选择一点。

(C) 保护零线，重复接地必须设置在明显位置。连接线必须是绝缘多股铜芯线。

(D) 高大设备、塔吊、高大架子等须设防雷接地装置。塔吊防雷接地装置须单独敷设。

⑤ 漏电保护：

(A) 现场供电必须达到两级漏电保护。

(B) 电焊机单独设漏电开关。

(C) 手持电动工具、照明电源一侧加装漏电开关。

⑥ 用电设备

(A) 固定式用电设备必须做到“一机一闸”。

(B) 固定式用电一次电源线不得超过 5m。

(C) I 类手持电动工具的外壳必须作接零保护。

(D) 建筑物内无条件正式架设照明的，必须采用 36V 以下低压照明器。

⑦ 临电维护

(A) 项目经理部必须设置专职监理责任师负责临电管理。

(B) 项目经理部应至少配置 2 名持证维护运行电工。

(C) 电气维护人员必须按规定做好电气设施维护与运行，并认真做好记录。

(7) 施工机械防护

1) 塔吊、垂直运输提升架、施工用电梯等大型设备

① 进场大型机械设备必须符合施工组织设计所选定的型号。

② 大型机械设备的机械性能必须经检测确认处于完好状态。

③ 大型机械设备的基础，行走路基必须按专门设计施工并达到专项质量标准。

④ 大型机械设备的安装必须由具有专门资质的专业施工队伍安装，并经专职部门验收合格，履行验收手续后方准投入使用。

⑤ 大型机械设备安全防护装置必须达到齐全、灵敏、有效。

⑥ 操作大型机械设备的特种作业工人必须持证上岗操作。

⑦ 大型机械设备必须建立管理、维护、保养制度，并得到严格执行。

⑧ 遇六级以上大风大雨天气，应暂停安装(拆卸)作业。

2) 中小型机具

① 进场中小型机具必须经检验合格，履行验收手续后方可使用。

② 应由专门人员使用操作并负责维护保养。

③ 必须建立中小型机具安全操作制度，并将安全操作制度牌挂在机具旁明显处。

④ 中小型机具的安全防护装置必须保持齐全、完好、灵敏有效。

⑤ 现场设置的中小型机具应有防雨、防砸措施，其噪声超标的应采取防噪声扩散扰民措施。

3) 气瓶压力容器及带压设备

① 压力容器必须装有合格的减压装置，并按规定定期检验。

② 压力容器在现场存放或使用过程中应严格执行防砸、防爆、防油渍污染措施及保持与明火有足够的安全距离。

③ 严禁带压设备超高压警戒限制运行。

4) 起重用吊索具

① 吊索具的选择应通过计算确定。

② 吊索具在使用过程中发现断股、裂纹等必须按规定降低等级使用或报废。

③ 吊索具使用前须经过检查，使用过程中必须维护保养。

五、安全检验验收管理

1. 安全技术方案实施情况的验收

(1) 项目的安全技术方案由项目总工程师牵头组织验收。

(2) 交叉作业施工的安全技术措施由工程管理部组织验收。

(3) 分部分项工程安全技术措施由区域责任工程师组织验收。

(4) 一次验收严重不合格的安全技术措施应重新组织验收。

(5) 安全总监要参与以上验收活动，并提出自己的具体或见解，对需重新组织验收的项目要督促有关人员尽快整改。

2. 设施与设备验收

(1) 一般防护设施和中小型机械设备由工程师会同配属队伍工长共同验收。

(2) 整体防护设施以及重点防护设施由项目总(主任)工程师组织区域责任工程及有关人员进行验收。

(3) 区域内的单位工程防护设施及重点防护设施由工程管理部组织区域责任工程师、配属队伍施工、技术负责人、工长进行验收。

(4) 项目经理部安全总监及相关配属队伍安全员都应参加验收，其验收资料归档。

(5) 以下高大防护设施、大型设备需在自检自验基础上报，请公司安全监督部验收：

① 20m 以上高大外脚手架、满堂红架；

② 吊篮、挑、外挂脚手架、卸料平台；

③ 整体式提升架；

④ 垂直卷扬提升架；

⑤ 施工用电梯；

⑥ 塔吊；

⑦ 其他大型防护设施。

(6) 因设计方案变更，重新安装、架设的大型设备及高大防护设施重新进行验收。

(7) 塔吊、施工外用电梯安装、顶升的验收。

3. 现场临时用电验收

(1) 现场临时用电按临时用电安全技术措施或方案验收合格，方可施工。

(2) 现场临时用电工程安装预检后先试运行，在试运行期间，经理部在现场临时用电管理、维护、设施设备的逐步完善方面接受公司安全监督站检查和指导，并及时整改和消除隐患。

六、安全奖罚

1. 安全奖励

(1) 经理部设年度安全生产奖励基金。

(2) 奖励对象为未发生重大安全事故，安全达标优良工程，市级、国家级检查取得好名次，为经理部争得声誉的有关部门、个人，以及在预防事故避免造成人身伤害方面的有功人员、部门。

2. 安全处罚

安全处罚以对个人违章和配属队伍安全管理存在隐患、失误以及对所接收安全隐患通知单逾期不改单位及个人，实行对个人处罚和配属单位处罚两种，由安全部负责实施，对个人处罚必须由个人交纳。

七、安全文明工地管理

为达到安全文明工地，需按以下方面进行准备。

1. 施工现场组织设计与管理

（1）施工围挡，见图 2-77。

（2）场容、场貌，见图 2-78。

图 2-77　施工围挡

图 2-78　场容、场貌

（3）标牌、标识，见图 2-79。

（4）作业条件、环境保护，见图 2-80。

图 2-79　标牌、标识

图 2-80　作业条件、环境保护

（5）防火、防爆、防毒，见图 2-81。

（6）创建安全文明工地，见图 2-82。

2. 施工安全达标

（1）安全管理。

（2）脚手架与平台，见图 2-83。

（3）施工用电，见图 2-84。

（4）模板支撑施工荷载。

（5）塔吊、施工电梯等提升设备。

（6）中小型机械设备。

图 2-81　防火、防爆、防毒

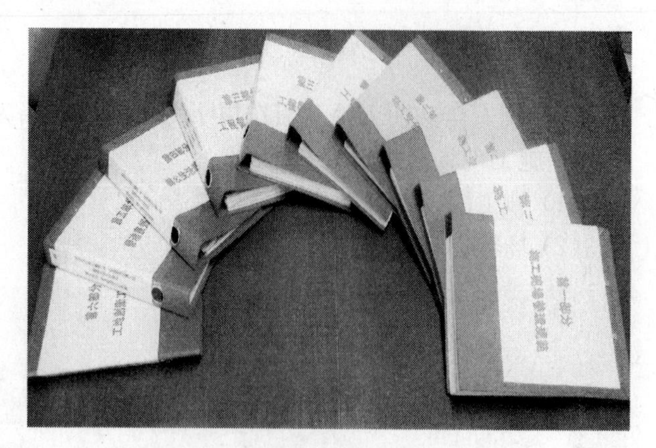

图 2-82　创建安全文明工地

图 2-83　脚手架与平台

图 2-84　施工用电

3. 工程质量创优

(1) 质量管理，见图 2-85。

(2) 电子计量控制台，见图 2-86。

图 2-85　质量管理

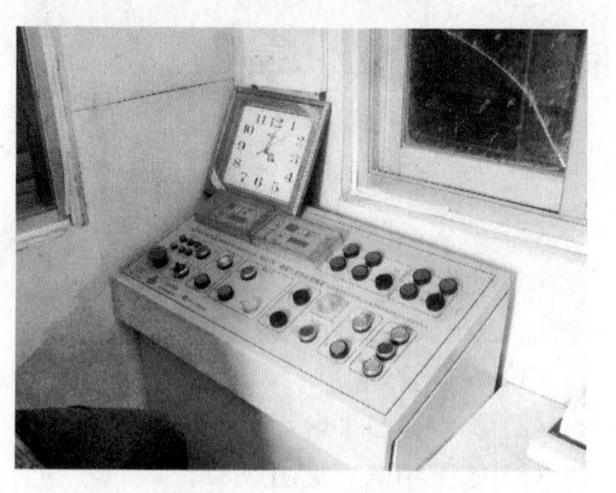

图 2-86　电子计量控制台

(3) 结构工程质量，见图 2-87。

(4) 水电管预留预埋，见图 2-88。

图 2-87 结构工程质量

图 2-88 水电管预留预埋

(5) 工程技术资料。

(6) 质量特色。

4. 办公生活设施整洁(图 2-89)

5. 营造良好文明氛围

(1) 文明教育。

(2) 综合治理。

(3) 宣传娱乐。

(4) 班组建设。

6. 工地创卫工作情况(图 2-90、图 2-91)

图 2-89 办公生活设施整洁

图 2-90 吸烟室

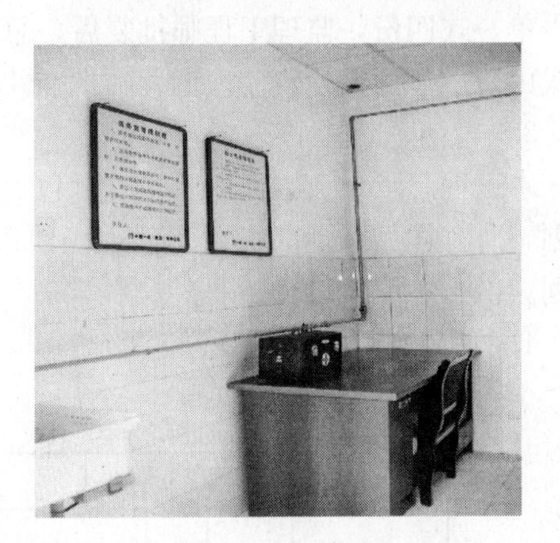

图 2-91 医务室

第五节 项目物资管理实务

一、物资管理职责

1. 按照物资采购管理办法进行管理。

2. 按时上报物资需用计划。

3. 办理收、发料手续及建立物资管理所需的各种台账。

4. 依据总部下达的项目制造成本对物资消耗实施控制性管理。

5. 建立现场物资盘点制度，按季进行项目物资盘点。

6. 负责项目的物资回收和统计管理。

7. 参与物资资金的申请，按有关规定及时上报物资管理报表。

8. 库房和业主直供物资的管理。

二、工程样品审批管理

1. 总则

所用材料、物品和工艺在应用于永久工程之前均需报经监理工程师审批。其中合同文件中约定的需报样品的工作，总承包商必须在施工前规定时间内保送样品供监理工程师审批。经审批同意的样品将成为检验相关工程的标准。

总承包商和各指定分包商所报送的样品必须来自为永久工程供货的实际源地，且样品的数量足以保证能够显示其质量、型号、颜色、表面处理、质地、误差和其他要求特征。

样品报送工作具体由项目物资部执行，公司物资部利用建立的工程物资信息库，在项目样品审批、物资定购过程中，作为总部进行指导。

2. 样品报送格式

总承包商报送的所有样品均贴有标明产品名称或类别、厂家名称、型号、品名、供应商的名称和出厂国等等地标签，以满足业主和监理工程师的要求。

在每次申报样品时，总承包商均附上一份申报单，其中列出上述样品的数据和资料，申报单一式四份，监理工程师批复后，总承包商将原始记录分发各有关承包商，申报单的格式由总承包商设计，监理工程师批准。

3. 样品审批计划

本工程总承包商中标以后，总承包商将在中标 28 天之内向监理工程师提交样品审批计划，所有样品审批都将在工程现场使用规定时间进行，并留给监理工程师足够的审批计划。

4. 样品审批程序(图 2-92)

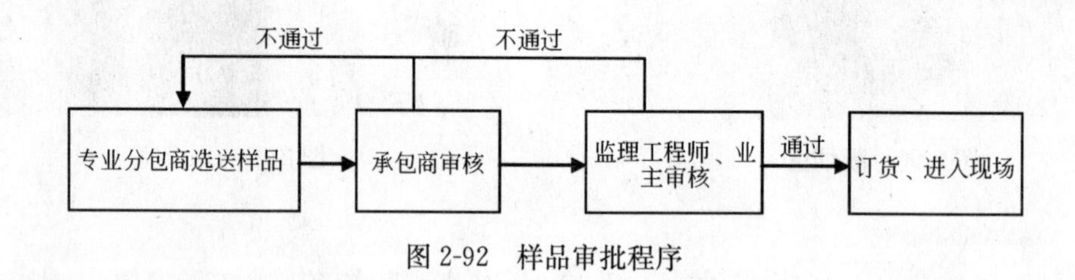

图 2-92 样品审批程序

三、现场工程物资管理

现场物资管理包括计划管理、现场材料管理、消耗管理、现场月盘点管理、物资回收管理、物资统计管理、物资资金管理。

1. 计划管理

工程所需物资严格按照经总包方审查认可的物资进场计划执行，进场前由分承包方提出进场申请，申请表应明确物资的名称、规格、型号、单位、数量，必要时还要附上有关详图，同时还要附上一份供货时间进度表。

验证资料不齐或对质量有怀疑的物资，要单独堆放，待资料齐全和复验合格后方可使用，对堆放的各类物资要予以明确标识。验证的计量检测设备必须经过检定、校对。

计划管理是现场物资管理的重要环节，是保证施工进度、降低工程成本、做好后勤保障的关键，是创造现场文明管理的重要环节。施工现场编制计划的程序与要求如下。

(1) 由技术部和生产部门按图纸提出各种材料的规格、型号、数量、使用部位、质量要求及材料的订货、加工及进场时间，如有专业技术要求的需提出专业的技术说明。

(2) 由项目物资部根据工程、技术部提出的材料规格、型号、及数量情况，根据工程进度计划、市场物资的难易程度、编制材料需用和采购计划。

2. 现场材料管理

现场材料管理主要包括现场材料的验收保管、现场材料的文明施工管理、对分包的材料管理、建立各种材料台账。现场物资管理的好与坏是对现场物资管理人员能否控制好材料成本、对进入现场物资的质量、数量及文明施工的专业能力的考核。

材料质量是保证工程质量的基础，总承包商制定以下控制措施来加强对材料的质量控制，对各专业分包商一律平等对待。

工程所选用的各种材料均需提供样品，报总承包商、监理审批后方可进行批量采购。

专业厂商根据审定的材料，成品计划组织采购供应，进场时由专业厂商会同总承包商物资部共同验证，由专业厂商提供出厂合格证、材质证明，由项目记录验证结果。

进入现场的物资一律由总承包商物资部组织验证。

验证不合格的物资由验证人填写“不合格品通知单”，报项目主管经理，按有关规定处理。

凡进入现场物资均需按要求进行检验或试验，合格后方可使用。

总承包商物资部根据技术部的有关要求和现行规范规定，对进场材料、半成品取样和进行检验、由总承包商委托有资质的试验室进行试验工作。对业主和监理单位要求认可的检验、试验结果，由质量部负责会同物资部选择、报验和实地检查。并按规格、批量，记录试验结果进行整理，并保存有关资料。

工程所用原材料，如：钢筋、商混、防水材料等，一旦生产厂家确定后，应及时向业主及监理单位申报(一般每种材料厂商提供三家)，申报单中要写明材料名称、型号、生产厂家，并附有材料的出厂合格证，材质证明及复试报告等资料，经业主及监理双方签字认可后方可进场使用。

进场材料堆放必须按照合格、不合格、检查未确定、未检查四种标识分类堆放，严禁误用和错用的现象发生，坚决杜绝不合格材料的使用，对不合格物资必须在总承包商物资部、质量监督部的监督下及时退场。

业主提供的物资的验证，由业主代表、监理方、项目总工、物资、质量、共同参加，并单独堆放建账、标识，总承包为业主保管。

(1) 物资进场验收保管

经验收合格的物资应按施工现场平面布置一次就位，并做好材料的标识。

1）材料的堆放地应平整夯实，并有排水、防扬尘措施。

2）各类物资应分品种、规格码放整齐，并且标识齐全清晰，料具码放高度不得超过1.5m。

3）库外物资存放应下垫上盖，怕雨怕潮材料应入库保管。

4）周转材料不得挪做它用，也不得随意切割打洞，严禁高空坠落，拆除后应及时退库。

5）施工现场散落材料必须及时清理分检归垛。

6）易燃、易爆、剧毒等危险品应设立专库保管，并有明显危险品标志。

7）物资进入现场，进行凭证、数量、外观的验收（外观的验收需填报外观检验记录），其中凭证验收包括发货明细、材质证明或合格证，进口物资应具有由国家商检局检验证明书。

数量验收包括数量是否与发货明细相符、是否与进场计划相符。计量方法为过磅或检尺，验收完成后进行实物挂牌标识，建立收料台账记录。

8）钢材、木材、地方材料等材料进场验收后进行待验标识，并通知有关人员送检，待复检合格后进行发放使用。

9）钢材、水泥应建立《材质台账》，机电材料应收集合格证。钢材、水泥材质证明的原件。技术部复印后加盖材质专用章及原材质存放处专用章，并进行材质编号，交还给项目经理部物资部门。

(2) 现场材料的文明管理

做好现场的验收和保管是现场物资文明的前提。凡进入施工现场的材料在装卸时都要注意文明装卸，减少噪声和扬尘。

工人操作能做到活完、料净、脚下清、施工垃圾集中存放、及时分检回收清运。现场余料及包装容器要及时回收，堆放整齐。

(3) 对分包材料的管理

项目上的物资部要了解项目上与各外协队伍签订的各项协议，对分包单位的进出场材料使用进行严格管理，项目经理部要与外协队伍签订奖罚协议，控制外协队伍材料的消耗，加强外协队伍的节约材料的意识。同时要做到项目经理部在合同规定内对分包材料自购的管理，对分包所用的低值易耗材料也要对其质量进行抽查，防止不符合质量要求的材料进入施工现场。对分包的材料库房要协助建立消防制度及库房的管理制度。

(4) 物资台账的建立

建立材料进场台账，是指各种物资进场经验收合格后，凭物资调拨单或进料单据记录台账、出库台账，对于甲供物资要单独建账。

(5) 甲供、甲指物资的管理

为了保障项目施工的需要，项目要提前制定物资需用计划上报业主进行审核，项目物资部应备有一份业主审核后的计划，以便于掌握甲供的产品和进货的时间。“甲指物资”，项目物资部在申报物资需用计划时要附“甲方物资采购指定函”，指定供货商的要附物资供货商资质，甲指物资采购函要有甲方主管领导签字并盖章。甲供物资进入现场的要做标识，检验合格的用红字在标识上注明“合格”，检验不合格的用黑字注明“不合格”字样。在甲供物资发放时，项目物资部要填写甲供物资领用表，并要记录物资名称、型号、发放的数量。在验收的过程中发现有质量、数量问题时要以书面形式报告甲方。

由业主负责采购的工程材料、设备，按照工程施工工程进度计划和材料设备进场计划由业主指定厂家按期进场。总承包商按计划的要求存放场地，并负责依据合同组织进场材料、设备交货的检验及验收后的保管工作。

(6) 总包方自供材料的管理

物资采购根据合同所规定由总承包商统一集中采购，总承包商负责现场对材料和设备的检验和管理，以保证物资的质量和及时性。

材料分供方均应向总承包商提供样板及相关资料(特别是贵重及大批量材料)，总承包商提供三家以上经评审合格的材料分供方交业主、监理公司审查，由业主代表、监理公司、总承包商三方确认后方可采购。由总承包商负责组织进场供应，提供批量的出厂合格证和材质证明报送业主、监理公司认可。

项目经理部按照材质单，合格证，材料计划清单对照样板组织验收，并组织检验，对有疑问的材料进行退货、更换。对成品、半成品按照清单的技术要求进行现场目测、实测，发现不合格的及时清点，单独存放，并通知供应商尽快更换。如与样板不符则拒绝入场。大型机电设施进场，包括业主、监理公司、总承包商及供应商在内的四方开箱验收。

(7) 对经业主考察确认由总包方供应的材料、设备的管理

由业主事先进行材料的考察，确定材料的材质、价格，而要求总包商供应的，总承包商将认真按合同规定和业主要求组织合同签订，并负责进场检验及验收，现场保管和使用，并准备足够的仓库存储业主直接供应的材料、设备。

3. 物资消耗管理

物资的供应是以合约部核定的项目制造成本为依据。项目物资部以核定的阶段性制造成本为发放物资的依据，在总量上控制各项材料的投入。要根据项目的实际情况有效的开展降低材料消耗工作，降低项目成本。进场物资达到一定数量时，物资部应及时向项目经理报告，根据工程的施工情况进行经济分析、引起重视。

(1) 项目物资部在发放物资时要凭据项目管理人员核对的领料单进行发放。(领料单可根据项目情况自行设置)

(2) 项目物资部要严格管理物资出场的制度，防止物资外流，门卫要认真的进行物品检查。

(3) 项目上领用钢材时，应注明单位工程、使用部位、使用数量，要根据抽筋情况发放 9～12m 的料合理套裁，减少浪费。项目上的短钢筋头要按规格、长度码放，可根据工程情况使用在二次结构上，降低材料损耗。

(4) 项目上在发放模板料时要严格按照审批的木模板方案，发放多层板、木材，并严格管理不准随意切割，加大模板的使用次数。

(5) 项目上在发放其他材料时都要以施工核定量为依据进行定量控制，项目上工长所出具的材料领用单必须经项目商务及物资人员核实工作量后才能签发料单，并要严格控制出库量，避免外协队伍各班组出现“小仓库”存料的现象，造成材料的积压浪费。

(6) 总之，在物资消耗的工作中要严把材料在消耗过程中的管理，认真作好限额用料的工作，配合相关部门合理地、有计划地组织物资供应，控制材料的投入和不合理的消耗，坚持修旧利废、利库挖潜工作，利用现场现有物资修复利用，以达到降低成本，减少

消耗的目的。

4. 建立月度、季度物资盘点制度

建立月度盘点制度(月成本控制表)是为了加强和提高对一些使用过程中控制难度大的，容易出现消耗超量的物资(如钢材、木材、木模板、钢管、扣件)必须坚持月度盘点。

(1) 月度盘点每月定时对所施工的工程分单项工程进行盘点，盘点内容包括项目上商务部门核定的制造成本阶段性控制量、进料数量、单项进度、核定消耗量、实际消耗量、库存量、是否超量。

(2) 项目要通过月盘点的实际情况核对出盈、亏数量，做为下一月的材料发放依据，如发现有超量的情况要书面通知项目相关部门及项目经理，并有权提出对超量的分包单位进行罚款处理意见。

(3) 季度盘点由项目的物资部组织、商务、工程部参与共同组成盘点小组，对所施工程的物资消耗情况进行详细的盘点，并把盘点情况上报。

5. 现场物资回收管理

执行公司关于《物资回收管理办法》的同时，要加强现场物资计划的准确性，以项目的制造成本进行总量控制、过程管理，避免工程完工后出现大量的余料。

(1) 项目物资部要掌握钢筋的配料单，根据所需长度，确定进料计划，减少钢筋的消耗，避免余料的退库。

(2) 项目完工后的余料要及时清理，按不同规格进行码放，及时退库，特别是对临建的电箱、电缆要及时保管回库。在模板的使用上，要严格按方案控制使用材料，控制拆模的方法，保护模板的完好性，加大模板的周转次数，工程完工后要把模板清理整洁后及时退库。

6. 物资统计管理工作

项目物资的统计工作是为项目上提供各种物资信息的来源。建立各种物资报表、上报盘点报表、做物资消耗分析及报表工作。

7. 物资资金的管理

(1) 总承包单位负责集中招标和单项招标工作，并签订供货合同。由总包项目履约合同，要求资金使用上，建立物资付款台账。

(2) 公司建立定期和不定期的对各项目现场物资管理工作的检查。检查的内容包括；计划管理，收、发台账的管理，消耗和物资回收的管理，甲供物资及库房的管理，现场管理，各种报表含(月度报表)，进场验收的管理。

(3) 表格的使用

1) 四季度的物资盘点盈亏表，可做为项目年终盘点上报。

2) 月度物资盘点表、材质证明台账、物资进场检验记录、钢材进场检验记录、一般材料进场记录等表格是项目上在过程控制中使用和备检查的资料。

四、案例

1. 工程概况

某工程采用筏形基础，按流水施工方案组织施工，在第一段施工过程中，材料已送检，为了在雨期来临之前完成基础工程施工，施工单位负责人未经监理许可，在材料送检时，擅自施工，待筏基浇筑完毕后，发现水泥实验报告中某些检验项目质量不合格，如果返工重做，工期将拖延15天，经济损失达1.32万元。

2. 问题

(1) 施工单位未经监理单位许可即进行混凝土浇筑，该做法是否正确？如果不正确，施工单位应如何做？

(2) 为了保证该工程质量达到设计和规范要求，施工单位对进场材料应如何进行质量控制？

(3) 简述材料质量控制的要点。

(4) 材料质量控制的内容有哪些？

3. 分析与答案

(1) 施工单位未经监理许可即进行筏基混凝土浇筑的做法是错误的。

正确做法：施工单位运进水泥前，应向项目监理机构提交《工程材料报审表》，同时附有水泥出厂合格证、技术说明书、按规定要求进行送检的检验报告，经监理工程师审查并确认其质量合格后，方准进场。

(2) 材料质量控制方法主要是严格检查验收，正确合理的使用，建立管理台账，进行收、发、储、运等环节的技术管理，避免混料和将不合格的原材料使用到工程上。

(3) 进场材料质量控制要点：

1) 掌握材料信息，优选供货厂家；

2) 合理组织材料供应，确保施工正常进行；

3) 合理组织材料使用，减少材料损失；

4) 加强材料检查验收，严把材料质量关；

5) 要重视材料的使用认证，以防错用或使用不合格的材料；

6) 加强现场材料管理。

(4) 材料质量控制的内容主要有：材料的质量标准，材料的性能，材料取样、试验方法，材料的适用范围和施工要求等。

第六节　分包管理工作流程

一、入场管理

1. 分包入场程序

(1) 分包进场必须通过同总包签订分包施工合同进行。

(2) 分包要在进场前一周内向总包项目经理部提供进场人员花名册、进场人员彩色照片及身份证复印件(花名册必须与身份证复印件相符)，经总包项目经理部审核后向分包出具进场通知，并通知现场警卫。分包要在指定时间按经审核的花名册组织人员如数进场。

(3) 分包人员要在入场规定时间内办理完以下证件：现场工作证、健康证、暂住证，证件不全人员应在规定时间内清退出场。

(4) 总包项目经理部应将进入施工现场的全体人员分类并建立数据档案，内容包括：身份证扫描件、正面免冠数码照片，现场工作证备份、健康证备份、暂住证备份、特种作业证扫描件(如有)，违章记录等。

(5) 总包项目经理部行政部根据分包合同统一安排分包的办公、住宿用房。

(6) 分包必须按教育培训管理的相关规定接受入场教育，教育后方能正式开始施工。

(7) 分包自分包合同签订后规定时间内，到当地劳动局办完用工手续，项目经理部配合提供相关的用工证明。

(8) 分包应当保证其雇用的全体员工身份的合法性和真实性，符合《中华人民共和国劳动法》的规定、当地政府颁布的用工管理制度，并对由此造成的一切法律后果负全责。

(9) 分包雇用的实际入场人员，每查出1人与总承包商批准的入场花名册不符的被查者要求立刻退场。

2. 分包备案资料

(1) 分包入场前一周内向总包项目经理部提交下列企业资信备案资料，以审核企业资信的真实性。

1) 企业资质证书、营业执照、本单位当年年审过《安全施工许可证》、外省市施工单位进京施工许可证复印件。

2) 公司概况介绍。

3) 参与本工程的组织系统表、人员名册(名册分管理层和操作层，写明职务工种，并附本单位安全管理体系表)及通讯联络表；电、气焊工《消防考试合格证》复印件。

4) 参与本工程施工的管理人员工作简历及职称、上岗证书原件及复印件；本单位员工身体检查表复印件或健康证。

5) 进场的物资、机械、机具一览表。(随进场时间提交)机械、机具安全证明，配接线图，注明型号等。项目经理部对中小型机械进行验收、相应资料备案后方能使用。

6) 分包人员进场必须提前24小时报总包项目经理部安全总监，以便安排入场安全教育。分包若私自调换施工人员，总包项目经理部将根据我公司相关文件和合同约定对分包进行处罚。

7) 特殊工种的《特种作业操作证》复印件(机械工、电工、电焊工、架子工、起重工等)。

(2) 分包单位所提交以上资料必须真实有效并与合同谈判时规定一致，否则所引起的一切后果由分包承担。

二、消防保卫管理

1. 基本要求

(1) 总包项目经理部制定消防、保卫制度，落实责任，认真执行，分包配合执行。

(2) 分包建立消防领导小组，成立义务消防队，由总包项目经理部统一指挥。

(3) 义务消防队要认真学习消防灭火知识，模范遵守各种消防规章制度，定期开展消防训练活动，爱护消防设施。

(4) 分包要配合组织开展消防防火宣传教育和学习活动，发现隐患及时报告。

(5) 义务消防队要积极参加火灾及事故的扑救工作。

(6) 易燃、易爆物品进入现场，必须经总包项目经理部安全部批准，在登记备案后，放在指定地点，派专人负责。

(7) 施工现场严禁吸烟，现场各重点部位按规定配备消防设施和消防器材。

(8) 施工现场不得随意使用明火，凡施工用火操作必须在使用前报总包项目经理部安全部检查批准，办理动火证手续，并有专人监视。

(9) 物资仓库、木工棚及易燃物品堆放处，机械修理处、油库区、油漆配料房等部位严禁烟火，未经批准任何人不得使用电炉作业。

(10) 施工现场必须设置消防车道，满足消防要求，并保证通畅。

(11) 消火栓处要有明显标志，配备足够的水龙带、灭火器。

(12) 施工区域和生活区域应有明确划分并设标志牌。

2. 现场重点消防管理

(1) 仓库

1) 仓库应用不燃或阻燃材料搭建。库房与库房间距不小于 8～10m，库房与生活区要分开。

2) 现场应设置易燃易爆等危险品专用仓库，该仓库应远离生活、办公区域并应设专人管理。

3) 库内各种材料必须分类存放、材料码放整齐。

4) 库区内的消防道路保持畅通、消防器材配备齐全、布局合理，并设有明显的防火标语、标牌。

5) 消防设备必须定期检查、更换并有检查和更换记录。

6) 仓库要保持良好通风，必要的情况下应设有排风设备。

7) 仓库内禁止使用电热器具。库内敷设的配电线路，须穿金属管或用非燃硬塑料管保护。

8) 库内不准使用碘钨灯和 60W 以上的白炽灯等照明灯具。保管员离库时，必须拉闸断电。

9) 库内不准住人或作休息室。

(2) 配电室

1) 非电工人员不得随便进入配电室。电工值班部位应与配电室隔离。

2) 室内禁止堆放无关物品。

3) 严禁使用明火取暖，严禁使用汽油、煤油擦洗清扫设备。

4) 配电室外 5m 内不准存放易燃材料。

(3) 电气焊作业

1) 电气焊工必须持证上岗操作。

2) 操作前应经总包项目经理部安全部检查、批准，领取动火证、采取安全措施后，方可操作。

3) 气瓶的运输、移动、存放等应由经过培训的专业人员负责。

4) 焊割操作时必须清除周围的可燃物。不准与油漆、喷漆、木工等易燃操作同部位、同时间交叉作业。氧气瓶和乙炔瓶的摆放距离不得小于 5m，作业点与两瓶间距不得小于 10m。

5) 开始操作时要设灭火器材等，有专人看火防护。操作结束离开现场时，必须切断气源、电源，并仔细检查现场，消除火险隐患。

6）施工现场动火证不得连续使用，每焊割一次应申报一次。固定部位作业动火证一次最长期限不能超过三天。

7）室外电焊作业，遇有五级以上大风时，须立即停止作业。

(4) 电器设备的防火管理

1）电气设备的安装、拆除、临时电源的架设在安装等工作必须由正式电工进行，临时电源用完后应立即拆除。

2）电工要严格遵守操作规程，在安装、拆除电器设备时要严格按照技术规范进行。

3）对电器设备要经常进行全面的检查，使之处于良好状态。

4）使用固定式和移动的电器设备时，要指定专人管理，用后必须切断电源。

5）在电器设备及附近不准存放易燃、易爆物品或其他杂物。

6）严禁滥用铜丝、铁丝代替熔断器的熔丝。

7）严禁使用纸类或其他可燃物品灯罩或包在灯泡上。

(5) 冬施防火管理

1）施工现场、生活区、办公室取暖用炉火，须经主管领导和消防保卫部门检查合格，持《用火合格证》方准安装使用，并设专人负责，制定必要的防火措施。

2）严禁用油类及油棉砂生火，严禁在生活区进行易燃液、气体操作，无人居住时，要做到人走火灭。

3）木工车间、材料库、清洗间、油漆料配料室、工具房等部位不准生火和使用电炉取暖，周围1.5m内严禁吸烟及明火作业。

4）在施工程内，一律不准设暂住用房，不准使用炉火和电炉、碘钨灯取暖，如因生产需要用火，技术部门应制定消防技术措施，使用日期列入冬施方案，并经消防保卫同意后，方能用火。

5）对各种砖砌火炉要严格防范，炉灶上严禁存放易燃物。

6）施工中使用的易燃材料，要控制使用，由专人管理，不准积压，现场堆放的易燃材料必须符合防火规定，工程拆下的木方要及时清理，码放在安全地方。

7）保温须用岩棉被等耐燃材料，禁止使用草帘、草袋、棉毡保温。冬期转常温后，应立即停止保温和拆除生产取暖火炉。

(6) 消防资料内容：

1）防火档案；

2）防火安全检查记录；

3）消防宣传情况记录；

4）消防会议记录；

5）动火证；

6）消防资料要求：每本台账的文件盒规格统一、整齐无破损；文字规范、字迹清晰；资料收集整理及时无遗漏、数据真实可靠。

三、安全生产管理

1. 一般规定

(1) 分包入场后作业前与总包项目经理部签订《安全生产与消防保卫协议》、《临时用电安全协议书》。

(2) 分包入场向总包项目经理部提供资料。

2. 安全教育

分包的入场教育：分包必须提前向总包项目经理部安全总监提出书面的入场教育申请。由总包项目经理部安全总监安排入场教育的内容和时间。入场教育合格者由总包项目安全总监发放《安全上岗资格证》方可上岗作业。

3. 临边、洞口、脚手架的安全管理

(1) 分包根据总包项目经理部方案进行脚手架搭设施工，施工完毕后报总包项目经理部安全部验收，脚手架验收单由总包项目经理部安全部存档备查。

(2) 结构施工阶段建筑物周围已设置的水平安全网不得随意改动；根据施工需要和总包项目经理部要求需要支搭安全网时，由总包项目经理部、分包联合验收，验收单由总包项目经理部安全部存档备查。

(3) 结构施工中洞口、临边应做好防护。各分包要对本方施工范围内的洞口、临边的防护进行检查、维护。

(4) 凡上述设施使用及搭设维护过程中造成的工伤事故和未遂事故要立即上报总包单位。

(5) 脚手架的搭设：

1) 凡作业高度在 2m 以上的施工必须搭设脚手架。

2) 脚手架搭设必须由专业架子工搭设，须持证上岗。

3) 所有脚手架的搭设标准执行 JGJ 80—1991《建筑施工高处作业安全技术规范》。

(6) 安全网的设置：

1) 凡有坠落危险的部位必须设置水平安全网。

2) 关键部位如电梯井、独立柱架、大于 1.5m×1.5m 的洞口等，按安全规范设置水平安全网和防护栏杆。

3) 水平安全网采用在当地备案合格的安全网。

4) 因施工需要拆除安全网必须向总包项目经理部安全总监提出书面申请，经同意后方可拆除。

(7) 洞口防护：

1) 凡一边超过 20cm 的洞口必须设置防护措施。

2) 电梯安装过程中，电梯防护门可做成活动式门挡，并悬挂安全标志。

3) 管道预留洞口在施工完成之前不得割除防护用预留钢筋。

4) 因施工需要拆除洞口防护应向总包项目经理部提出书面申请。经同意后方可施工，完毕后恢复。

5) 各分包装修、安装必须办理防护交接手续。

4. 临电管理

(1) 总包项目经理部负责现场一级和二级电箱的管理和维护。

(2) 总包项目经理部负责现场主电缆的检查维护。

(3) 总包项目经理部负责审核、验收各分包的临电设置方案、设施，负责监督各分包的临电管理。

(4) 总包项目经理部负责检查各分包临电用量情况。

(5) 分包必须从总包项目经理部指定的二级电箱接用电源。

(6) 分包按总包方案要求提供自身施工所需的临电线路和三级配电箱。

(7) 分包负责自身施工临电线路及电箱的日常维护，保证临电支路的安全和完好。

(8) 分包负责定期检查临电设施。

(9) 电气设置：

1) 电箱内闸具：单极漏电保护器必须对工作零线和相线起到同时分断能力。

2) 电缆：采用五芯电缆，其中塔吊专用电箱采用四芯电缆。

3) 三级电箱必须使用外插式电箱。

(10) 电箱编号：

1) 一级电箱编号为A；

2) 二级电箱编号为B；

3) 三级电箱编号为C。

(11) 临电检查：分包电工每日检查各电箱情况，并填表上交分包安全员。总包项目经理部有权抽查。

5. 机械管理

(1) 责任划分

1) 总包项目经理部提供的机械设备，其安全由总包项目经理部负责，总包监督。

2) 分包自带的机械设备及工具，其安全由分包负责。

3) 分包携带的机械设备必须是当地政府劳动部门检验合格产品。

(2) 日常管理：

1) 分包负责自有设备的保护、维修保养及安全检查，并做好保养维修记录。

2) 分包每日检查自有机械安全情况并记录。

3) 总包项目经理部随时抽查各分包机械情况，有强制停止使用权及勒令退场权。

4) 总包项目经理部、分包安全员每周对机械进行专项检查。

四、质量管理

1. 一般规定

分包入场前应与项目经理部签订《分包施工合同》，明确质量目标、质量管理职责、竣工后的保修与服务、工程质量事故处理等各方面双方的权利和义务。

2. 分包教育

(1) 项目开工前，由总包方组织，参与施工的各分包方的各级管理人员参加，学习我司的质量方针、质量保证体系。

(2) 由各分包方负责组织对操作人员的培训，熟悉技术法规、规程、工艺、工法、质量检验标准、以及我司的企业标准要求等。

3. 施工过程中的质量控制

(1) 在工程开始施工前，分包负责人首先组织施工、技术、质量负责人认真进行图纸学习，参加总包的图纸答疑。掌握工程特点、图纸要求、技术细节，对图纸交代不清或不能准确理解的内容，及时向总包技术、工程部门提出疑问。决不允许“带疑问施工”。

(2) 根据合同约定，分包负责填写、收集施工资料，交总包项目经理部审核后归档。分包施工负责人必须组织相关人员认真学习总包方施工组织设计和相关施工方案、措施，学习国家规范标准。接受总包技术、工程部门相关的技术、方案交底，签字认可，对不接受交底的禁止分项工程施工。

(3) 要求严格按照施工组织设计、施工方案和国家规范、总包标准组织施工。如对总包施工方案有异议，必须以书面形式反映，在没得到更改指令前，必须执行总包既定方案，严禁随意更改总包项目经理部方案或降低质量标准。

(4) 每一分项工程施工前，分包方要针对施工中可能出现的技术难点和可能出现的问题研究解决办法，并编制分包施工技术方案、措施、技术质量交底，报项目经理部技术部审批，审批通过后，方可实施施工。

(5) 每天施工前班组长必须提前对班组成员做班前交底，班前交底要求细致，交底内容可操作性强，贯彻到每一个操作工人。班前交底要求有文字记录、双方的签认。

(6) 对自身的施工范围要求加强过程控制，施工过程中按照“三检制”要求施工，即“自检、互检、交接检”，交接过程资料要求齐全，填写《交接检查记录》。总包责任师将不定期抽查。

(7) 过程施工坚持样板制，分项工程必须先由总包验收样板施工内容，样板得到确认后才能进入大面积施工。样板部位按总包要求挂牌明确样板内容、部位、时间、施工单位和负责人。

(8) 施工过程中出现问题要立即上报总包相关人员，不允许继续施工，更不允许隐瞒不报，欺上瞒下。质量问题的处理要得到总包批准按照总包指令进行。

(9) 施工过程中，每道工序完成检查合格后要及时向总包责任师报验。上道工序未经验收合格，严禁进入下道工序施工，尤其是隐蔽工程更要注意。

(10) 模板拆除必须在得到总包书面批准的情况下(即拆模申请单得到批准)才能进行，严禁过早拆模。

(11) 所有试验必须与施工同步，按总包要求进行操作，不得有缺项漏做，严禁弄虚作假。

(12) 分承包单位必须按照总包要求作好现场质量标识。在施工部位挂牌，注明施工日期、部位、内容、施工负责人、质检员、班组长及操作人员姓名。

(13) 分承包单位必须自行采购的物资，必须在总包指定合格分供方范围内采购，进场经总包验收合格后，各种质量证明资料报总包物资部备案，进场验收不合格的物资，立即退场。

五、计划管理

1. 计划种类

日计划、周计划、月计划。

2. 计划编制的原则

(1) 分包根据总包项目经理部下发的总控目标计划及参考现场实际工作量、现场实际工作条件，负责编制月度施工进度计划、周施工进度计划、日施工进度计划，并报总包项目经理部认可后方可实施。

(2) 坚持基本建设程序和施工顺序，确保重点、重要和有影响的工序。

(3) 信守合同，确保工期，讲求质量，以投产使用为目标，确保竣工与配套。

(4) 坚持调查研究，上下摸底，统筹安排，综合平衡，统一协调，使计划既积极可靠又留有余地。

3. 计划内容

(1) 各分包的月度施工计划包括：编制说明、工程形象进度计划、上月计划与形象进度计划对比、主要实物量计划、技术准备计划、劳动力使用计划、材料使用计划、质量检查计划、安全控制计划等。

(2) 各分包的周计划包括上周计划完成情况统计分析，本周进度计划，主要生产要素的调整补充说明，劳动力分布。

(3) 各分包要按总包项目经理部要求准时参加日生产碰头会，会议内容包括前日施工完成情况、第二天的计划安排、需总包项目经理部协调解决的问题等。

(4) 日计划：当日计划能够满足周计划进度时可在每日生产例会中口头汇报，否则应以书面形式说明原因及调整建议。

(5) 周计划：分包依据总包项目经理部月度施工进度计划编制，以保证月度计划的实施，周计划是班组的作业计划。

(6) 内容：作业项目，各工序名称及持续时间，工序报检时间(准确至小时)材料进场预定，混凝土浇筑时间，各工序所需工程量及所需劳动力数量。

(7) 月计划：分包依据总包项目经理部正式下达的阶段进度计划编制。

(8) 作业项目内容：及其持续时间，各工序所需工程量及所需劳动力数量。

4. 计划统计管理实施的保证措施

(1) 检查及考核建立计划统计管理的严肃性

1) 总包项目经理部、分包项目经理应树立强烈的计划管理意识，努力创造良好的工作环境，要求全员参与，使计划做到早、全、实、细，真正体现计划指导施工，工程形象进度每天有变化，工程得到有效控制。

2) 正式计划下达后，总、分包各职能部门应将指标层层分解、落实，并按指标的不同，实行各职能部门归口管理。

3) 计划的考核要严肃认真，上下结合，实事求是，检查形式分为分包自检和总包项目经理部检查两种，并以总包项目经理部考核结果为准。

(2) 考核要与经济利益挂钩

1) 通过与计划执行责任人签协议书等方式作为计划考核手段，尽量排除人为因素干扰。

2) 施工方案的制定能否满足计划要求，应与技术措施费的发放结合起来。

3) 工程进度款以完成实物工程量、质量为依据经考核(重点是成本、安全、进度、质量)后发放。

(3) 实行生产例会制

六、文明施工管理

分包从进入施工现场开始施工至竣工，从管理层到操作层，全过程各方位都必须按文明施工管理规定开展工作。

1. 文明施工责任

(1) 分包项目经理为本施工专业文明施工工作的直接负责人。

(2) 分包设文明施工检查员负责现场文明施工并将文明施工检查员名单报总包项目经理部工程部备案。

(3) 分包文明施工工作的保证项目：

1) 无因工死亡、重伤和重大机械设备事故；

2) 无重大违法犯罪事件；

3) 无严重污染扰民；

4) 无食物中毒和传染疾病；

5) 现场管理中的工完场清等工作。

2. 场容料具管理

(1) 工地主要环行道路做硬化处理，道路通畅。

(2) 温暖季节有绿化布置。

(3) 施工现场严禁大小便。

(4) 有材料进料计划，有材料进出场查验制度和必要的手续，易燃易爆物品分类存放。

(5) 现场内机具、架料及各种施工用材料按平面布置图放置并且堆码整齐，并挂名称、品种、规格等标牌，账物相符，做到杂物及时清理，工完场清。

(6) 按公司环境管理及其程序文件要求，设置封闭分类废弃物堆放场所，做到生活垃圾和施工垃圾分开；可再利用、不可再利用垃圾分开；有毒有害与无毒无害垃圾分开；悬挂标识及时回收和清运，建立垃圾消纳处理记录(垃圾消纳单位应有相关资质)。

(7) 消灭长流水和长明灯，合理使用材料和能源。

(8) 现场照明灯具不得照射周围建筑，防止光污染。

3. 防止大气污染

(1) 土方铲、运、卸等环节设置专人淋水降尘；现场堆放土方时，应采取覆盖、表面临时固化、及时淋水降尘措施等。

(2) 施工现场制定洒水降尘制度，配备洒水设备并指定专人负责，在易产生扬尘的部位进行及时洒水降尘。

(3) 现场道路按规定进行硬化处理，并及时浇水防止扬尘，未硬化部位可视具体情况进行临时绿化处理或指派专人洒水降尘。

(4) 清理施工垃圾，必须搭设封闭式临时专用垃圾道，严禁随意凌空抛撒。

(5) 运输车辆不得超量装载，装载工程土方，土方最高点不得超过槽帮上缘 50cm，两侧边缘低于槽帮上缘 10～20cm；装载建筑渣土或其他散装材料不得超过槽帮上缘；并指定专人清扫路面。

(6) 车辆出入口处，应设置车辆冲洗设施并设置沉淀池。

(7) 现场使用水泥和其他易飞扬的细颗粒材料应设置在封闭库房内，如露天堆放应严密遮盖，减少扬尘；大风时禁止易飞扬材料的搬运、拌制作业。

(8) 周边应进行封闭措施，并及时进行清洁处理。

(9) 垃圾站必须进行封闭处理，并及时清理。

4. 防止施工噪声污染

(1) 土方阶段噪声控制措施：

1) 土方施工前，施工场界围墙应建设完毕。

2) 所选施工机械应符合环保标准，操作人员需经过环保教育。

3) 加强施工机械的维修保养，缩短维修保养周期。

(2) 结构阶段噪声控制措施：

1) 尽量选用环保型振捣棒；振捣棒使用完毕后，及时清理保养；振捣时，禁止振钢筋或钢模板，并做到快插慢拔；要防止振捣棒空转。

2) 模板、脚手架支设、拆除、搬运时必须轻拿轻放，上下左右有人传递；钢模板、钢管修理时，禁止用大锤敲打。

3) 使用电锯锯模板、切钢管时，及时在锯片上刷油，且模板、锯片送速不能过快。

(3) 装修阶段噪声控制措施：

1) 尽量先封闭周围，然后装修内部；设立石材加工切割厂房，且有防尘降噪设施。

2) 使用电锤时，及时在各零部件间注油。

(4) 加强施工机械、车辆的维修保养，减少机械噪声。

(5) 施工现场木工棚做好封闭处理，防止噪声扩散。

(6) 废弃物管理

1) 废弃物分类(图 2-93)

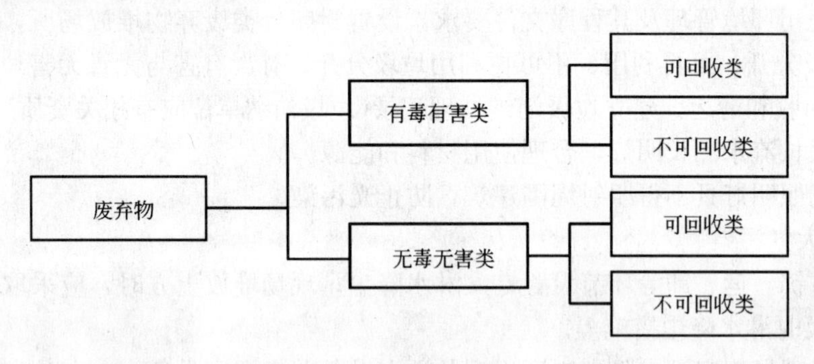

图 2-93　废弃物分类

2) 废弃物的存放

① 分包要将生活和施工产生的垃圾分类后及时放置到各指定垃圾站。

② 项目的垃圾站分为生活垃圾和建筑垃圾两类，其中建筑垃圾分为有毒有害不可回收类、有毒有害可回收类、无毒无害不可回收类、无毒无害可回收类。

5. 文明施工检查

定期或不定期检查。检查过程中进行评比，下发文字整改材料，分包必须在规定时间内按要求完成整改，请总包项目经理部人员验收。

七、成品保护管理

1. 成品保护的期限

各分包从进行现场施工开始至其施工的专业竣工验收为止均处于成品保护阶段，特殊专业按合同条款执行。

2. 成品保护的内容

(1) 工程设备：锅炉、高低压配电柜、水泵、空调机组、电梯、制冷机组、通风管机等。

(2) 结构和建筑施工过程中的工序产品：装饰墙面、顶棚、楼地面装饰、外墙立面、铝合金窗、木门、楼梯及扶手、及屋面防水、绑扎成型钢筋及混凝土墙、柱、门、窗、洞口、阳角等。

(3) 安装过程的工序产品：消防箱、配电箱、插座、开关、暖气片、空调风口、灯具、阀门、水箱、设备配件等。

3. 成品保护的职责

(1) 各分包项目经理为其所施工工程专业的成品保护直接责任人。

(2) 分包应设成品保护检查员一名，负责检查监督本专业的成品保护工作。

(3) 各分包的施工员根据责任制和区域划分实施成品保护工作，负管理责任。

4. 成品保护措施的制定和实施

(1) 分包要按总包项目经理部正确的施工工艺流程组织施工，不得颠倒工序，防止后道工序损坏或污染前道工序。

(2) 分包要把成品保护措施列入本专业施工方案，经总包项目经理部审核批准后，认真组织执行，对于施工方案中成品保护措施不健全，不完善的专业不允许其专业施工。

(3) 分包要加强对本单位员工的职业道德的教育，教育本单位的员工爱护公物，尊重他人和自己的劳动成果，施工时要珍惜已完和部分已完的工程项目，增强本单位员工的成品保护意识。

(4) 各专业的成品保护措施要列入技术交底内容，必要时下达作业指导书，同时分包要认真解决好有关成品保护工作所需的人员、材料等问题，使成品保护工作落到实处。

(5) 分包成品保护工作的检查员，要每天对本专业的成品保护工作进行检查，并及时督促专职施工员落实整改，并做好记录。同时每月5、15、25日参加总包项目经理部组织的成品保护检查(与综合检查同步进行)，并汇报本专业成品保护工作的状况。

(6) 工作转序时，上下道工序人员应向下道工序人员办理交接手续，并且履行签认手续。

八、物资管理

1. 职责

(1) 总包项目经理部物资部全面负责物资管理工作。

(2) 各分包的物资管理工作必须服从总包项目经理部物资部的指导，并对总包项目经理部负责。

(3) 各分包要设专职现场材料员，并且要有较高的业务水平和较强的责任心，与总包项目经理部共同做好现场料具管理工作。

2. 材料计划管理(属总包项目经理部供应的材料及特殊材料)

(1) 分包根据总包项目经理部月度材料计划及施工生产进度情况向总包项目经理部物

资部提前2～5天报送材料进场计划，并要注明材料品种、规格、数量、使用部位和分阶段需用时间。

(2) 材料计划要使用正式表格，要有主管、制表二人签字，报总包项目经理部物资部进行采购供应。

(3) 如果所需材料超出计划，为了不影响施工进度，分包提出申请计划由项目技术总工及商务经理审核后方可生效。

(4) 对变更、洽商增减的用料计划，必须及时报送总包物资部。

(5) 分包如果不按总包项目经理部要求报送材料计划(周转材料)，所影响工期和造成的损失由分包负责。

3. 材料消耗管理(劳务分包)

(1) 总包项目经理部根据分包合同承包范围内的各结算期的物资消耗数量，对分包实行总量控制。

(2) 分包所领用物资超出总量控制范围，其超耗部分由分包自行承担，总包项目经理部在其工程款中给予扣除。对故意浪费、以大代小、以次充好、偷盗和损坏物资的行为，按原物资价值的200%给予罚款。

(3) 分包要实行用料过程中的跟踪管理，督促班组做到工完场清，搞好文明施工。

严格按方案施工，合理使用材料，加强架料、模板、安全网等周转材料的保管和使用，对丢失损坏的周转材料由分包自行承担费用。

(4) 木材、竹胶板的使用要严格按《施工方案》配制，合理使用原材料，由分包、总包技术部和物资部对制做加工过程共同监督。

(5) 木材、竹胶板的边角下料，应充分利用。

(6) 使用过的模板应及时清理、整修、提高模板周转率和使用寿命并码放整齐。

(7) 钢筋加工要集中加工制作，并设专职清筋员，发料由清筋员按配筋单统一发放使用。

(8) 短料应充分利用，如制作垫铁、马铁等，严禁将长料废弃。

(9) 定期对钢筋加工制作进行检查，严格管理，防止整材零用、大材小用。

4. 材料验证管理

(1) 验收材料必须由各分包专职材料员进行验证并记录。

(2) 在验收过程中把好“质量关、数量关、单据关、影响环境和安全卫生因素关”，严格履行岗位职责。

(3) 分包自行采购的材料，在采购前必须分期、分批报送总包项目经理部物资部，所有材料必须要有出厂合格证、检验证明、营业执照，总包项目经理部要参与分供方评定、考核分供方是否符合质量、环境和职业安全健康管理体系要求。

(4) 物资进场要复查材料计划，包括材料名称、规格、数量、生产厂家、质量标准，并证随货到。

(5) 对证件不全的物资单独存放在“待验区”，并予以标识，及时追加办理。

(6) 对需取样做复试的物资单独存放在“质量未确定区”，并予以标识，由验证人员填写《不合格材料记录》，及时通知供货部门：供应部门根据材料的不合格情况，及时通知供方给予解决处理，并填写《不合格材料纠改记录》。

(7) 未经验证和验证中出现的上述三种不合格情况，不得办理入库(场)手续，更不得发放使用。

(8) 对合格材料及时办理入库手续，予以标识，并做材料检测记录，按月交总包物资部存档。

5. 场容管理

(1) 材料进场要按总包平面布置规划堆码材料，并分规格、品种、成方成垛、垫木一条线码放整齐，特殊材料要覆盖，有必要时设排水沟不积水，符合文明施工标准。

(2) 在平面布置图以外堆码材料，必须按总包项目经理部物资部指定地点码放并设标识。

(3) 材料堆场、场地要平整，特殊材料要覆盖，有必要时设排水沟，符合文明施工标准。

(4) 根据不同施工阶段，材料消耗的变化合理调整堆料需要，使用时由上直下，严禁浪费。

(5) 要防止材料丢失、损坏、污染，并做好成品保护。

(6) 仓库要符合防火、防雨、防潮、防冻保管要求，避免材料保管不当造成变形、锈蚀、变质、破损现象，对易燃品要单独保管。

(7) 现场所有材料出门，必须由总包项目经理部物资部开出门条，分包调进、调出的材料必须通知总包项目经理部物资部办理进、出手续。

6. 基础资料要求：

分包每月定期必须向总包项目经理部物资部按要求报送以下报表：

(1) 各种物资检测记录；

(2) 材料采购计划(化学危险品单独提)；

(3) 月度进料统计清单；

(4) 危险品发放台账；

(5) 月度盘点表。

九、合约管理

(1) 工程的分包合同和物资供应合同应在施工前签订。

(2) 包工包料及劳务分包或扩大劳务分包承包方，于每月必须结算清工程款(含当月全部民工工资)，有相关负责人签字并加盖公章，报项目经理部审核。

(3) 属材料物资采购或设备订货的供应单位在结算期，根据订购合同(视为进场计划)的内容与项目经理部物资部材料人员验收(料)小票，并报至物资部审核，物资部审核确认签字，再报项目审核确认签字。最终，由项目财务部根据审核意见转账。

十、质量、环境、职业安全健康体系管理

1. 基本要求

(1) 协议：各分包入场前要与总包项目经理部签订《环保协议书》、《消防保卫协议书》、《安全协议书》、《职业安全健康与环境管理协议书》否则不得入场施工。

(2) 分包入场一周内要成立分包质量、环境、职业安全健康体系领导小组：

1）组　长：分包项目经理；

2）体系管理员：分包技术负责人；

3）组　员：分包各部门经理。

2. 体系管理

（1）要求：分包每一名员工要掌握总包项目经理部质量、环境、职业安全健康体系方针、目标。

质量环境职业健康安全方针：

满足顾客，保护环境，珍惜生命，用我们的承诺和智慧，雕塑时代的艺术品。

质量目标：

分项工程一次交验合格率100%；

分项工程优良率在90%以上；

不合格点率10%以内；

分部工程优良率100%。

（2）管理过程控制

1）噪声排放达标

土方施工：昼间<75dB，夜间<55dB；

打桩施工：昼间<85dB，夜间禁止施工；

结构施工：昼间<70dB，夜间<55dB；

装修施工：昼间<65dB，夜间<55dB。

（夜间指22：00至次日6：00）

2）现场扬尘排放达标：现场施工扬尘排放达到目测无尘的要求，现场主要运输道路硬化率达到100%。其他材料堆场采取满铺级配石，达到既防止扬尘，又能减少建筑施工临时垃圾的作用。暂存土必须覆盖。现场砂浆搅拌采取喷淋降尘措施。水泥等易飞的细颗粒材料设置封闭库房，使用过程应采取有效的防尘措施。

3）运输遗洒达标：确保运输无遗洒（运土车辆采用封闭车厢）。加固工程拆除施工时应采取洒水措施或封闭施工措施。

4）生活及生产污水达标排放：生活污水中的COD达标（COD=200mg/L），污水经沉淀池沉淀后排放。现浇水磨石施工，必须采取专门措施，保证污水分级沉淀，避免直接排污。

5）施工现场夜间无光污染：施工现场夜间照明不影响周围社区，夜间施工照明灯罩的使用率达到100%。

6）最大限度防止施工现场火灾、爆炸的发生。地面遗撒的油料、油漆要用纱棉擦净，并将擦过的易燃物及时清扫，不得随意丢弃。

7）固体废弃物实现分类管理，提高回收利用量。固体废物逐步实现资源化、无害化、减量化。

8）项目经理部最大限度节约水电能源消耗。项目经理部最大限度节约水电能源，项目在整个施工过程中完成下面指标：水：按本工程预算用水量下调10%；电：按本工程预算用电量下调30%。

3. 体系培训

(1) 分包要按照总包项目经理部要求，准时参加总包项目经理部组织的体系培训。

(2) 分包要组织体系培训，以保证体系的有效运行。

(3) 分包要做好培训记录，报总包项目经理部行政部备案。

(4) 污染物及噪声重大环境因素评价。

第三章　施工现场的协调管理

第一节　施工现场生产要素管理

一、一般规定

1. 企业应建立和完善项目生产要素配置机制，适应施工项目管理需要。

2. 项目生产要素管理应实现生产要素的优化配置、动态控制和降低成本。

3. 项目生产要素管理的全过程应包括生产要素的计划、供应、使用、检查、分析和改进。

二、项目人力资源管理

1. 项目经理部应根据施工进度计划和作业特点优化配置人力资源，制定劳动力需求计划，报企业劳动管理部门批准，企业劳动管理部门与劳务分包公司签订劳务分包合同。远离企业本部的项目经理部，可在企业法定代表人授权下与劳务分包公司签订劳务分包合同。

2. 劳务分包合同的内容应包括：作业任务、应提供的劳动力人数；进度要求及进场、退场时间；双方的管理责任；劳务费计取及结算方式；奖励与处罚条款。

3. 项目经理部应对劳动力进行动态管理。劳动力动态管理应包括下列内容：

(1) 对施工现场的劳动力进行跟踪平衡、进行劳动力补充与减员，向企业劳动管理部门提出申请计划。

(2) 向进入施工现场的作业班组下达施工任务书，进行考核，并兑现费用支付和奖惩。

4. 项目经理部应加强对人力资源的教育培训和思想管理；加强对劳务人员作业质量和效率的检查。

三、项目材料管理

1. 施工项目所需的主要材料和大宗材料即A类材料(钢材、商混凝土、砂石、构件、防水建材等)、应由企业物资部门订货或市场采购，按计划供应给项目经理部。企业物资部门应制定采购计划，审定供应人，建立合格供应人目录，对供应方进行考核，签订供货合同，确保供应工作质量和材料质量。项目经理部应及时向企业物资部门提供材料需要计划。远离企业本部的项目经理部，可在法定代表人授权下就地采购。

2. 施工项目所需的特殊材料和零星材料B类材料(工程设备、机电材料、模板、木材、保温材料等)和C类材料(钉子、安全帽、火烧丝等)、应按承包人授权由项目经理部采购。项目经理部应编制采购计划，报企业物资部门批准，按计划采购。特殊材料和零星材料的品种，在“项目管理目标责任书”中约定。

3. 项目经理部的材料管理应满足下列要求：

(1) 按计划保质、保量、及时供应材料。

(2) 材料需要量计划应包括材料需要量总计划、年计划、季计划、月计划、日计划。

(3) 材料仓库的选址应有利于材料的进出和存放，符合防火、防雨、防盗、防风、防变质的要求。

(4) 进场的材料应进行数量验收和质量认证，做好相应的验收记录和标识。不合格的材料应更换、退货或让步接收(降级使用)，严禁使用不合格的材料。

(5) 材料的计量设备必须经具有资格的机构定期检验，确保计量所需要的精确度。检验不合格的设备不允许使用。

(6) 进入现场的材料应有生产厂家的材质证明(包括厂名、品种、出厂日期、出厂编号、试验数据)和出厂合格证。要求复检的材料要有取样送检证明报告。新材料未经试验鉴定，不得用于工程中。现场配制的材料应经试配，使用前应经认证。

(7) 材料储存应满足下列要求：

1) 入库的材料应按型号、品种分区堆放，并分别编号、标识。

2) 易燃易爆的材料应专门存放、专人负责保管，并有严格的防火、防爆措施。

3) 有防湿、防潮要求的材料，应采取防湿、防潮措施，并做好标识。

4) 有保质期的库存材料应定期检查，防止过期，并做好标识。

5) 易损坏的材料应保护好外包装，防止损坏。

6) 应建立材料使用限额领料制度。超限额的用料，用料前应办理手续，填写领料单，注明超耗原因，经项目经理部材料管理人员审批。

7) 建立材料使用台账，记录使用和节超状况。

8) 应实施材料使用监督制度。材料管理人员应对材料使用情况进行监督；做到工完、料净、场清；建立监督记录；对存在的问题应及时分析和处理。

9) 班组应办理剩余材料退料手续。设施用料、包装物及容器应回收，并建立回收台账。

10) 制定周转材料保管、使用制度。

四、项目机械设备管理

1. 项目所需机械设备可从企业自有机械设备调配，或租赁，或购买，提供给项目经理部使用。远离公司本部的项目经理部，可由企业法定代表人授权，就地解决机械设备来源。

2. 项目经理部应编制机械设备使用计划报企业审批。对进场的机械设备必须进行安装验收，并做到资料齐全准确。进入现场的机械设备在使用中应做好维护和管理。

3. 项目经理部应采取技术、经济、组织、合同措施保证施工机械设备合理使用，提高施工机械设备的使用效率，用养结合，降低项目的机械使用成本。

4. 机械设备操作人员应持证上岗、实行岗位责任制，严格按照操作规范作业，搞好班组核算，加强考核和激励。

五、项目技术管理

1. 项目经理部应根据项目规模设项目技术负责人。项目经理部必须在企业总工程师和技术管理部门的指导下，建立技术管理体系。

2. 项目经理部的技术管理应执行国家技术政策和企业的技术管理制度。项目经理部可自行制定特殊的技术管理制度，并报企业总工程师审批。

3. 项目经理部的技术管理工作应包括下列内容：

(1) 技术管理基础性工作。

(2) 施工过程的技术管理工作。

(3) 技术开发管理工作。

(4) 技术经济分析与评价。

4. 项目技术负责人应履行下列职责：

(1) 主持项目的技术管理。

(2) 主持制定项目技术管理工作计划。

(3) 组织有关人员熟悉与审查图纸，主持编制项目管理实施规划的施工方案并组织落实。

(4) 负责技术交底。

(5) 组织做好测量及其核定。

(6) 指导质量检验和试验。

(7) 审定技术措施计划并组织实施。

(8) 参加工程验收，处理质量事故。

(9) 组织各项技术资料的签证、收集、整理和归档。

(10) 领导技术学习，交流技术经验。

(11) 组织专家进行技术攻关。

5. 项目经理部的技术工作应符合下列要求：

(1) 项目经理部在接到工程图纸后，按过程控制程序文件要求进行内部审查，并汇总意见。

(2) 项目技术负责人应参与发包人组织的设计会审，提出设计变更意见，进行一次性设计变更洽商。

(3) 在施工过程中，如发现设计图纸中存在问题，或因施工条件变化必须补充设计，或需要材料代用，可向设计人提出工程变更洽商书面资料。工程变更洽商应由项目技术负责人签字。

(4) 编制施工方案。

(5) 技术交底必须贯彻施工验收规范、技术规程、工艺标准、质量检验评定标准等要求。书面资料应由签发人和审核人签字，使用后归入技术资料档案。

(6) 项目经理部应将分包人的技术管理纳入技术管理体系，并对其施工方案的制定、技术交底、施工试验、材料试验、分项工程预检和隐检、竣工验收等进行系统的过程控制。

(7) 对后续工序质量有决定作用的测量与放线、模板、翻样、预制构件吊装、设备基础、各种基层、预留孔、预埋件、施工缝等应进行施工预验并做好记录。

(8) 各类隐蔽工程应进行隐检、做好隐验记录、办理隐验手续，参与各方责任人应确认、签字。

(9) 项目经理部应按项目管理实施规划和企业的技术措施纲要实施技术措施计划。

(10) 项目经理部应设技术资料管理人员，做好技术资料的收集、整理和归档工作，并建立技术资料台账。

六、项目资金管理

1. 项目资金管理应保证收入、节约支出、防范风险和提高经济效益。

2. 企业应在财务部门设立项目专用账号进行项目资金的收支预测、统一对外收支与结算。项目经理部负责项目资金的使用管理。

3. 项目经理部应编制年、季、月度资金收支计划，上报企业财务部门审批后实施。

4. 项目经理部应按企业授权配合企业财务部门及时进行资金计收。资金计收应符合下列要求：

(1) 新开工项目按工程施工合同收取预付款或开办费。

(2) 根据月度统计报表编制“工程进度款结算单”，在规定日期内报监理工程师审批、结算。如发包人不能按期支付工程进度款且超过合同支付的最后限期，项目经理部应向发包人出具付款违约通知书，并按银行的同期贷款利率计息。

(3) 根据工程变更记录和证明发包人违约的材料，及时计算索赔金额，列入工程进度款结算单。

(4) 发包人委托代购的工程设备或材料，必须签订代购合同，收取设备订货预付款或代购款。

(5) 工程材料价差应按规定计算，发包人应及时确认，并与进度款一起收取。

(6) 工期奖、质量奖、措施奖、不可预见费及索赔款应根据施工合同规定与工程进度款同时收取。

(7) 工程尾款应根据发包人认可的工程结算金额及时回收。

5. 项目经理部应按企业下达的用款计划控制资金使用，以收定支，节约开支；应按会计制度规定设立财务台账记录资金支出情况，加强财务核算，及时盘点盈亏。

6. 项目经理部应坚持做好项目的资金分析，进行计划收支与实际收支对比，找出差异，分析原因，改进资金管理。项目竣工后，结合成本核算与分析进行资金收支情况和经济效益总分析，上报企业有关主管部门备案。企业应根据项目的资金管理效果对项目经理部进行奖惩。

第二节 现场总体平面规划

一、施工总平面图设计

施工总平面图是建设项目或群体工程的施工布置图，由于栋号多、工期长、施工场地紧张及分批交工的特点，使施工平面图设计难度大，应当坚持以下原则：

(1) 在满足施工要求的前提下布置紧凑，少占地，不挤占交通道路。

(2) 最大限度地缩短场内运输距离，尽可能避免二次搬运。物料应分批进场，大件置于起重机下。

(3) 在满足施工需要的前提下，临时工程的工程量应该最小，以降低临时工程费。故应利用已有房屋和管线，永久工程前期完工的为后期工程使用。

(4) 临时设施布置应利于生产和生活，减少工人往返时间。

(5) 充分考虑当地环境要求、劳动保护、环境保护、技术安全、防火要求及当地环境要求等。

(6) 施工总平面图的设计依据；设计资料；调查收集到的地区资料包括《建设工程施工现场生活区设置和管理标准》、《建设工程施工现场安全防护、场容卫生、环境保护及保卫消防标准》等；施工部署和主要工程施工方案；施工总进度计划；资源需要量表；工地业务量计算参考资料。

1. 施工总平面图的设计步骤

施工总平画图的设计步骤应是：引入场外交通道路→布置仓库→布置加工厂和混凝搅拌站→布置内部运输道路→布置临时房屋→布置临时水电管线网和其他动力设施→绘制正式的施工总平面图。

2. 施工总平面图的设计要求

(1) 场外交通道路的引入与场内布置。一般建筑工程附近都有公用道路、建筑，可提前为修建工程服务，同时确定公用道路和进场位置，考虑转弯半径和坡度限制，有利于施工场地的利用。采用进场位置与施工区、加工区、仓库、办公区、生活区的位置相结合布置，与场外道路连接，符合标准要求。

(2) 仓库的布置。一般应接近使用地点，其纵向宜与交通线路平行，装卸时间长的仓库应远离路边。

(3) 加工厂和混凝土搅拌站的布置。总的指导思想是应使材料和构件的运输量小，有关联的加工厂适当集中。

(4) 内部运输道路的布置：提前修建永久性道路的路基和简单路面为施工服务；临时道路要把仓库、加工厂、堆场和施工点贯穿起来。按货运量大小设计双行环行干道或单行支线，道路末端要设置回车场。路面一般为土路、砂石路或焦渣路。尽量避免临时道路与铁路、塔轨交叉，若必须交叉，其交叉角宜为直角，至少应大于30°。

(5) 临时房屋的布置：尽可能利用已建的永久性房屋为施工服务，不足时再修建临时房屋。临时房屋应尽量利用活动房屋。

1) 全工地行政管理用房宜设在全工地入口处。工人用的生活福利设施，如商店、俱乐部等，宜设在工人较集中的地方，或设在工人出入必经之处。

2) 工人宿舍一般宜设在场外，按人均面积考虑宿舍面积，同时考虑消防要求，并避免设在低洼潮湿地及有烟尘不利于健康的地方。

3) 食堂宜布置在生活区，也可视条件设在工地与生活区之间。

(6) 临时水电管网和其他动力设施的布置：尽量利用已有的和提前修建的永久线路。

1) 临时总变电站应设在高压线进人工地处，避免高压线穿过工地。

2) 临时水池、水塔应设在用水中心和地势较高处。管网一般沿道路布置，供电线路应避免与其他管道设在同一侧。主要供水、供电管线采用环状，孤立点可设枝状。

3）管线穿过道路处均要套以铁管，一般电线用$\phi51\sim\phi76$管，电缆用$\phi102$管，并埋入地下0.6m处。

4）过冬的临时水管须埋在冰冻线以下或采取保温措施。

5）排水沟沿道路布置，纵坡不小于0.2%，通过道路处须设涵管，在山地建设时应有防洪设施。

6）消火栓间距不大于120m，距拟建房屋不小于5m，不大于25m，距路边不大于2m。各种管道间距应符合规定要求。

二、施工场地综合优化使用

1. 单位工程施工平面图设计要求与要点

（1）要求：布置紧凑，占地要省，不占或少占施工现场；短运输，少搬运；临时工程要在满足需要的前提下，少用资金；利于生产、生活、安全、消防、环保、市容、卫生、劳动保护等，符合国家有关规定和法规。

（2）设计步骤：确定起重机的位置→确定搅拌站、仓库、材料和构件堆场、加工厂的位置→布置运输道路→布置办公文化、生活、施工生产利用临时设施→布置水电管线→计算技术经济指标。

（3）要点：

1）起重机械布置：井架、门架等固定式垂直运输设备的布置，要结合建筑物的平面形状、高度、材料、构件的重量，考虑机械的负荷能力和服务范围，做到便于运送，便于组织分层分段流水施工，便于楼层和地面的运输，运距要短。

塔式起重机的布置要结合建筑物的形状及四周的场地情况布置。起重高度、幅度及起重量要满足要求，使材料和构件可达到建筑物的任何使用地点。路基按规定进行设计和建造。

履带吊和轮胎吊等自行式起重机的行驶路线要考虑吊装顺序，构件重量、建筑物的平面形状、高度、堆放场位置以及吊装方法，避免机械能力的浪费。

2）运输道路的修筑：应按材料和构件运输的需要，沿着仓库和堆场进行布置，使之畅行无阻。宽度要符合消防规定。

3）临水设施的布置：临时供水首先要经过计算、设计，然后进行设置，其中包括水源选择、取水设施、贮水设施、用水量计算（生产用水、机械用水、生活用水、消防用水）、配水布置、管径的计算等，单位工程施工组织设计的供水计算和设计可以简化或根据经验进行安排。一般5000～10000m^2的建筑物施工用水主管径为50mm，支管径为40mm或25mm。消防用水一般利用城市或建设单位的永久消防设施。

4）临时供电设施；临时供电设计，包括用电量计算、电源选择、电力系统选择和配置。用电量包括电动机用电量、电焊机用电量、室内和室外照明容量。

2. 施工现场管理

（1）施工现场管理的目的：使场容美观整洁、道路畅通、材料放置有序、施工有条不紊、安全有效保障、利益相关者都满意；赢得广泛的社会信誉；使现场各种活动良好开展；贯彻城市规划、市容整洁、交通运输、消防安全、文物保护、居民生活、文明建设、绿化环保、卫生健康等有关法律法规；处理好各项管理工作的关系。

(2) 现场管理的总体要求；文明施工、安全有序、整洁卫生、不扰民、不损害公众利益；现场入口处的醒目位置，公示“五牌”、“二图”(安全纪律牌；防火须知牌；安全无重大事故计时牌；安全生产、文明施工牌；施工总平面图；项目经理部组织构架及主要管理人员名单图)；项目经理部应经常巡视检查施工现场，认真听取各方意见和反映，及时抓好整改。

(3) 规范场容：

1) 施工平面图设计要科学合理化和物料器具定位标准化，保证施工现场场容规范化。

2) 施工平面图的设计、布置、使用和管理的要求是：结合施工条件；按施工方案和施工进度计划的要求；按指定用地范围和内容布置；按施工阶段进行设计；使用前通过施工协调会确认。

3) 已审批的施工平面图和划定的位置进行物料器具的布置。

4) 根据不同物料器具的特点和性质，规范布置的方式与要求，并执行其有关管理标准。

5) 施工现场周边按规范要求设置临时维护设施。

6) 施工现场设置畅通的排水沟渠系统。

7) 场地地面应做硬化处理。

(4) 环境保护。工程施工可能对环境造成的影响有：大气污染，室内空气污染，水污染，土壤污染，噪声污染，光污染，垃圾污染等。

1) 根据《环境管理系列标准》(GB/T 24000—ISO 14000)建立环境监控体系。

2) 经处理的泥浆和污水不得直接外排。

3) 不得在施工现场焚烧可能产生有毒、有害烟尘和有恶臭气味的废弃物：禁止将有毒、有害废弃物作土方回填。

4) 妥善处理垃圾、渣土、废弃物和冲洗水。

5) 居民和单位密集区进行爆破、打桩要执行有关规定。

6) 对施工机械的噪声和振动扰民，应采取措施予以控制。

7) 保护、处置好施工现场的地下管线、文物、古迹、爆炸物、电缆。

8) 按要求办理停水、停电、封路手续。

9) 在行人、车辆通行的地方施工，应当设置沟、井、坎、穴覆盖物和标志。

10) 温暖季节对施工现场进行绿化布置。

第三节 工程项目施工现场临建管理实务

一、现场临建管理实务

1. 现场临建布置概况

某工程地处西安，现场临建布置按施工现场划分为办公区和生产区、生活区三部分设置。现场临建设置如下：临建办公室、宿舍、食堂、厕所、工人厕所、警卫宿舍、警卫室，临时用长方形水池，工地围墙(包括大门一及大门二)、现场道路、加工场及堆料场、搅拌站、塔吊、临时仓库、配电室、木工棚等的临建设施。

2. 临建设计及施工

(1) 临建办公室

采用单体制作的5.4m×3.45m×3m钢框整体组合式临建双面彩钢保温盒子房。在自然地面上进行场地平整，夯实处理，做长方格形素混凝土300mm×300mm的地梁作为盒子房支承，地梁的分格与临建盒子房的分格相同，首层地面为瓷砖地面，二层地面为复合木地板地面。临建盒子房结构分二层，共设办公室15间、会议室1间、餐厅1间、厕所2间、洗手间1间。在临建盒子房的东侧设一楼梯，用定型制作的钢楼梯与整个结构相连。走廊用钢立柱支撑(钢立柱制作混凝土基础)，并与临建盒子房焊接，使整个结构连接在一起。走廊、雨棚用钢梁、钢板悬挑，地面为水泥砂浆地面。内部做封闭电缆、局域网线。

(2) 宿舍、食堂、标养室、厕所、配电室、仓库

墙均采用240mm砖砌筑，屋面采用150mm厚彩钢保温板，每间房配置木门和窗各一扇。细部作法符合相应规范要求，做到结构安全，满足使用功能要求，屋面、地面能够顺畅排水即可。

(3) 警卫室：采用厂家定作铝合金警卫室，直接搬到现场大门口安装使用即可。

(4) 围墙及门柱：西侧围墙采用原有围墙，其余围墙用240mm砖砌筑。现场设大门3个，即南侧2个、北侧一个。

(5) 临时钢筋加工棚和木工棚：用钢管搭设一层高，双层防坠落物护板(上层设置50mm厚木脚手板或竹跳板，下层设置石棉瓦)。

(6) 化粪池和沉淀滤油池、排水沟：化粪池和沉淀滤油池均采用240mm砖墙砌筑，外抹防水砂浆，上盖100mm厚预制混凝土板。排水沟采用120mm厚砖墙砌筑，外抹防水砂浆。

(7) 工地大门：采用定做钢结构焊制门。

(8) 现场道路：现场道路采用现浇混凝土路面，强度等级C15，厚度150mm，宽度6000mm，路基必须夯实。

3. 现场临建形象

(1) 临建办公室：屋檐为标准蓝色，墙体和门为白色或灰白色，门窗及框为标准蓝色，前后有公司标志。护栏为钢管焊接，内墙、顶棚刷白色乳胶漆，地面为蓝色与灰色相间的地板革。

(2) 警卫宿舍、食堂、标养室、工人厕所、配电室：墙体为白色或灰白色，门窗及框为蓝色，屋檐为蓝色，在房间的门牌上有各个办公室标识。

(3) 厕所、洗车台：墙体镶贴白瓷砖一直到顶，卫生间隔断用木门，刷米黄混漆制作。在现场施工出口处将路面做成10%坡度、7m长洗车台，同时设置高压冲水设备一台。

(4) 围墙及门柱：高度为2m，白色，其中围墙上端0.2m，下端0.3m高为标准蓝色，待围墙做完后，其上写有关字样。门柱通体为蓝色。

(5) 现场其他建筑必须符合当地规定。

4. 质量要求及措施

(1) 质量要求

临时建筑多为混凝土结构，外部抹灰并制作乳胶漆，因此必须达到下列质量标准：

1）抹灰、墙体乳胶漆符合相关质量验收标准；

2）屋顶做法必须符合屋顶质量验收标准。

以上两项都包括主控项目和一般项目。

（2）质量措施

在施工中严格按照正规工程的做法来要求配属队伍，把正规工程的各个分项质量标准用于临建，现场的责任工程师要对质量严格把关。

由于临建示意图比较粗略，是个总体布置及施工方向，现场工作人员在施工时，发现不明确的地方要及时与有关部门联系，以进一步明确细部作法。

5. 安全消防措施

（1）在临建开工时，同样要按照正规工程的有关安全规范进行多级、分层分级交底，对工人进行安全教育，定期召开安全会。

（2）在临建盒子房组装时，要特别注意对工人进行高空作业、防火等安全交底(按有关安全规范)。

（3）环保、消防、防噪。

1）在场地上容易起灰的地方植草或硬化。

2）对地下障碍物、管线等地方，在挖基础要与有关部门配合，弄清楚后，方可按有关要求进行施工。

3）在夜间禁止施工。

二、施工现场临电工程实务

某施工现场临电总电源业主提供 500kVA 的容量。

设计说明：有 600kVA 的容量供施工用电。将 YJV4×240＋1×120 的电缆供电至现场西南角。配电室位于现场西南角。该工程用电实行动力、照明电分开计量，项目分别设动力柜和照明柜各一台。同时，为了使基坑降水不受意外停电影响，项目部特定制一台双路电源切换柜，主电源是 AP 总上口电源，备用电源是项目租赁的一台柴油发电机，型号为 150GF，输出功率为 150kW，编号为 047015018。

配电室情况：配电室位于现场西南角，避开了施工危险地段，配电室外墙为 240mm 红砖实墙两侧用水泥抹光，室内地面比室外高出 260mm，电缆沿室内预留电缆沟敷设，配电室门为外开式，门的下侧钉白铁皮，做挡鼠防护，窗户安装防鸟钢丝网。

1. 临电设计

（1）阐述用电量计算理论

根据施工用电设备、设施配置(见表 3-1)，明确数量和各种设备单台功率及总功率。

施工用电设备、设施配置　　表 3-1

序　号	用电设备名称	铭牌技术数据	单　位	数　量	换算后设备总容量 P_e(kW)	备　注
1	塔吊	100kW，380V，J_c=15%	台	1	77.5	动力设备
2	塔吊	100kW，380V，J_c=15%	台	1	77.5	动力设备

续表

序　号	用电设备名称	铭牌技术数据	单　位	数　量	换算后设备总容量 P_e(kW)	备　　注
3	外用施工电梯	22kW，380V，$\cos\phi$=0.82，η=0.8	台	2	44	动力设备
4	钢筋调直切断机	7.5kW，380V，$\cos\phi$=0.83，η=0.84	台	2	14	动力设备
5	直螺纹套丝机	4kW，380V，$\cos\phi$=0.88，η=0.85	台	2	8	动力设备
6	木工机械	3kW，380V，$\cos\phi$=0.88，η=0.85	台	4	12	动力设备
7	钢筋弯曲机	4kW，380V，$\cos\phi$=0.85，η=0.85	台	1	4	动力设备
8	切割机	3kW，380V，$\cos\phi$=0.85，η=0.85	台	3	9	动力设备
9	套丝机	2.5kW，380V，$\cos\phi$=0.85，η=0.85	台	3	8	动力设备
10	台钻	2kW，380V，$\cos\phi$=0.85，η=0.85	台	3	6	动力设备
11	生活用电	70kW，380V，$\cos\phi$=0.85，η=0.85			70	照明和电热设备
12	电焊机	21kW，380V，J_c=65%，$\cos\phi$=0.87	台	4	204	焊接设备
13	混凝土搅拌机	1台20kW，380V，$\cos\phi$=0.82，η=0.8，一台10kW，380V，$\cos\phi$=0.82，η=0.8	台	1	30	动力设备
14	砂浆搅拌机	3kW，380V，$\cos\phi$=0.82，η=0.8	台	1	3	动力设备
15	振捣器	1.5kW，380V，$\cos\phi$=0.85，η=0.85	台	6	9	动力设备
16	施工照明	每台镝灯4kW	台	10	40	照明设备
17	蛙式打夯机	2kW，380V，$\cos\phi$=0.85，η=0.85	台	5	10	动力设备
18	消防泵	15kW，380V，$\cos\phi$=0.82，η=0.8	台	1	15	动力设备
19	地泵	110kW，380V，$\cos\phi$=0.8，η=0.8	台	1	110	动力设备
20	降水设备	1kW，380V，$\cos\phi$=0.8，η=0.8		30	30	动力设备
21	柴油发电机	150GF	台	1	150	备用电源
22	不可预见用电				20	

按以下公式计算总用电量：

$$P=1.05\sim1.10(K_1\sum P_1/\cos\phi+K_2\sum P_2+K_3\sum P_3+K_4\sum P_4)$$

式中　　P——供电设备总需要容量(kW)；

P_1——动力总功率(kW)；

P_2——焊机总功率(kW)；

P_3——室内照明总功率(kW)；

P_4——室外照明总功率(kW)；

$\cos\phi$——电动机平均功率因数(在施工现场最高为0.75～0.78，一般为0.65～0.75)；

K_1、K_2、K_3、K_4——需要系数，参见表3-2。

需要系数　　　**表3-2**

用电名称	数量	需要系数		备注
		K	数值	
电动机	3～10台	K_1	0.7	动力和照明用电需根据不同工作性质分类计算
	11～30台		0.6	
	30台以上		0.5	
加工厂动力设备			0.5	
电焊机	3～10台	K_2	0.6	
	10台以上		0.5	
室内照明		K_3	0.8	
室外照明		K_4	1.0	

经计算，供电500kVA的容量可满足施工用电。

(2) 配电箱布置及导线布置要求

根据现场用电需求，配电室设两个配电柜(动力配电柜、照明配电柜)，一台双电源切换柜，主电源为业主提供的YJV-3×240+1×120电缆，备用电源由柴油发电机(150kW)输出箱引来。

动力柜下口分出4个回路AP2、AP11、AP5、AP9。照明柜下口分出四个回路施工照明AL1、AL2、AL3、办公室照明AL4、生活区照明的AL5；双电源切换柜下口分出5个回路AP1、AP10、AP4、AP6，消防泵接母排。供不能间断的降水用电。配电室共引出十二个支路：

第一路：地泵用配电箱AP1；

第二路：搅拌站用配电箱AP10；

第三路：降水用电和二区施工现场用配电箱AP4、食堂电热设备和降水用电及二区施工现场用配电箱，AP12；

第四路：施工现场3区用配电箱AP2、1区用配电箱AP8；

第五路：4区用用配电箱AP3、AP11；

第六路：消防泵用配电箱AP13；

第七路：1号塔吊或施工电梯用配电箱AP5、2号塔吊或施工电梯用配电箱AP_9；

第八路：降水、钢筋加工及木工棚用电AP7，配电箱降水AP6；

第九路：施工照明用配电箱AL1；

第十路：施工照明用配电箱 AL2、AL3；

第十一路：办公区照明用电 AL4；

第十二路：生活区照明用电 AL5。

1）金属箱架、箱门、安装板、不带电的金属外壳及靠近带电部分的金属护栏等，均需采用绿黄双色多股软绝缘导线与 PE 保护零线做可靠连接。

2）施工现场临时用电的配置，以“三级配电、二级漏保”，“一机、一闸、一漏、一箱、一锁”为原则，推荐“三级配电、三级漏保”配电保护方式。A 级箱、B 级箱采用线路保护型开关。控制电动加工机械的 C 级箱，采用具有电动机专用短路保护和过载保护脱扣特性的漏电开关保护，如 DZ15LE-40/3902、DZL25-63/3902。

漏电开关的漏电动作电流分级设置：

A 级分配箱：$I\Delta n \leqslant 100\text{mA}$，$T\Delta n < 0.1\text{s}$；

B 级分配箱：$I\Delta n \leqslant 50\text{mA}$，$T\Delta n < 0.1\text{s}$；

C 级开关箱：$I\Delta n \leqslant 30\text{mA}$，$T\Delta n < 0.1\text{s}$。

手持电动工具、夯土电动机械、潮湿场所，活动箱内须采用 $I\Delta n \leqslant 15\text{mA}$、$T\Delta n < 0.1\text{s}$ 的漏电保护开关。

3）配电箱(柜)必须使用定型产品，不允许使用开放式配电屏与明露带电导体和接线端子的配电箱(柜)。

4）配电箱内的漏电保护开关，须每周定期检查，保证其灵敏可靠，并有记录。配电箱出线有三个及以上回路时，电源端须设隔离开关。配电箱的漏电保护开关有停用 3 个月以上、转换现场、大电流短路掉闸情况之一，漏电保护开关应采用漏电保护开关专用检测仪重新检测，其技术参数须符合相关标准要求方可投入使用。

5）配电箱(柜)内须分别设置 N 线连接端子板和 PE 线连接端子板，并按规定安装在箱体内下方两侧，N 线、PE 线板凳形端子统一采用不小于 30×4 搪锡铜板制作，并配置 M10 以上内六角螺栓。

6）配电箱电器元件采用绝缘安装板固定时，一级配电箱(A 级配电箱)、二级分配箱(B 级分配箱)绝缘安装板厚度≥10mm，三级配电箱(C 级分配箱)绝缘安装板厚度≥5mm。

7）交、直流焊机须配置弧焊机防触电保护器，设专用箱。

8）塔吊配电系统、供电电缆应逐步进行改造、更新，与 TN-S 供电系统相匹配。新置塔吊配电系统须符合 TN-S 供电系统要求。

9）消防供用电系统、消防泵保护，须设专用箱，配电箱内设置漏电声光报警器，空气开关采用无过载保护型。消防漏电声光报警配电箱由专门指定厂生产。

10）空气开关、漏电保护器、电焊机二次降压保护器等临电工程电器产品，必须采用有电工产品安全认证、试验报告、工业产品生产许可证厂家的产品。

11）订购配电箱时应对电气开关、导体进行选择计算，并明确标示电气系统图、开关电器的主要型号、技术参数和技术要求。

12）经过负荷开关选择计算，总开关的额定值、动作整定值，与分开关的额定值、动作整定值相适应。分开关的额定值、动作整定值与用电设备容量相适应。

13）行灯变压器箱，应保证通风良好。行灯变压器与控制开关采用金属隔板隔离。

14）箱门内侧，贴印标示明晰、符号准确、不易擦涂的电气系统图。电气系统图内容有，开关型号、额定动作值、出线截面、用电设备和次级箱号。N 线连接端子板和 PE 线连接端子板应有明显的区别标识。

15）箱体外标识应有：

二级公司标识；用电危险专用标识；箱体级别及箱号标识；颜色标识为通体的橘黄色；箱体文字字体采用楷体、英文字母大写。

16）开关箱、配电箱(柜)，箱体钢板厚度必须≥1.5mm，柜体钢板厚度必须≥2mm。配电箱体钣金规矩、缝隙严密一致。箱(柜)内外先刷一层防腐漆，后罩一遍橘黄色面漆。漆面要求光洁美观。

(3) 选择导线截面的理论和公式

导线截面的选样要满足以下基本要求：

1）按机械强度选择：导线必须保证不致因一般机械损伤折断。

2）允许电流选择：导线必须能承受负载电流长时间通过所引起的温升。

3）允许电压降选择：导线上引起的电压降必须在一定限度之内。

所选用的导线截面应同时满足以上三项要求，即以求得的三个截面中的最大者为准，从电线产品目录中选用线芯截面，也可根据具体情况抓住主要矛盾。一般在道路工地和给排水工地作业线比较长，导线截面由电压降选用；在建筑工地配电线路比较短，导线截面可由容许电流选定；在小负荷的架空线路中往往以机械强度选定。

4）现场总电源线截面、开关整定值选择计算。

① 按最小机械强度选择导线截面：

架空：$BX=10\text{mm}^2$；$BLX=16\text{mm}^2$(BX 为外护套橡皮线；BLX 为橡皮铝线)

② 按安全载流量选择导线截面：

$$I_{js}=K_x\cdot\sum(P_{js})/3\cdot U_e\cos\phi$$

式中 I_{js}——计算电流；

K_x——同时系数(取 0.7～0.8)；

P_{js}——有功功率；

U_e——线电压；

$\cos\phi$——功率因数。

③ 按容许电压降选择导线截面：

$$S=K_x\cdot\sum(P_e\cdot L)/C_{cu}\cdot\Delta U$$

式中 S——导线截面；

P_e——额定功率；

L——负荷到配电箱的长度；

C_{cu}——常数(三相四线制为 77，单相制为 12.8)；

ΔU——允许电压降，临电取 8%，正式电路取 5%。

电缆电压降核算

经计算和设计主要临建情况、施工现场临电情况详见图 3-1～图 3-2。

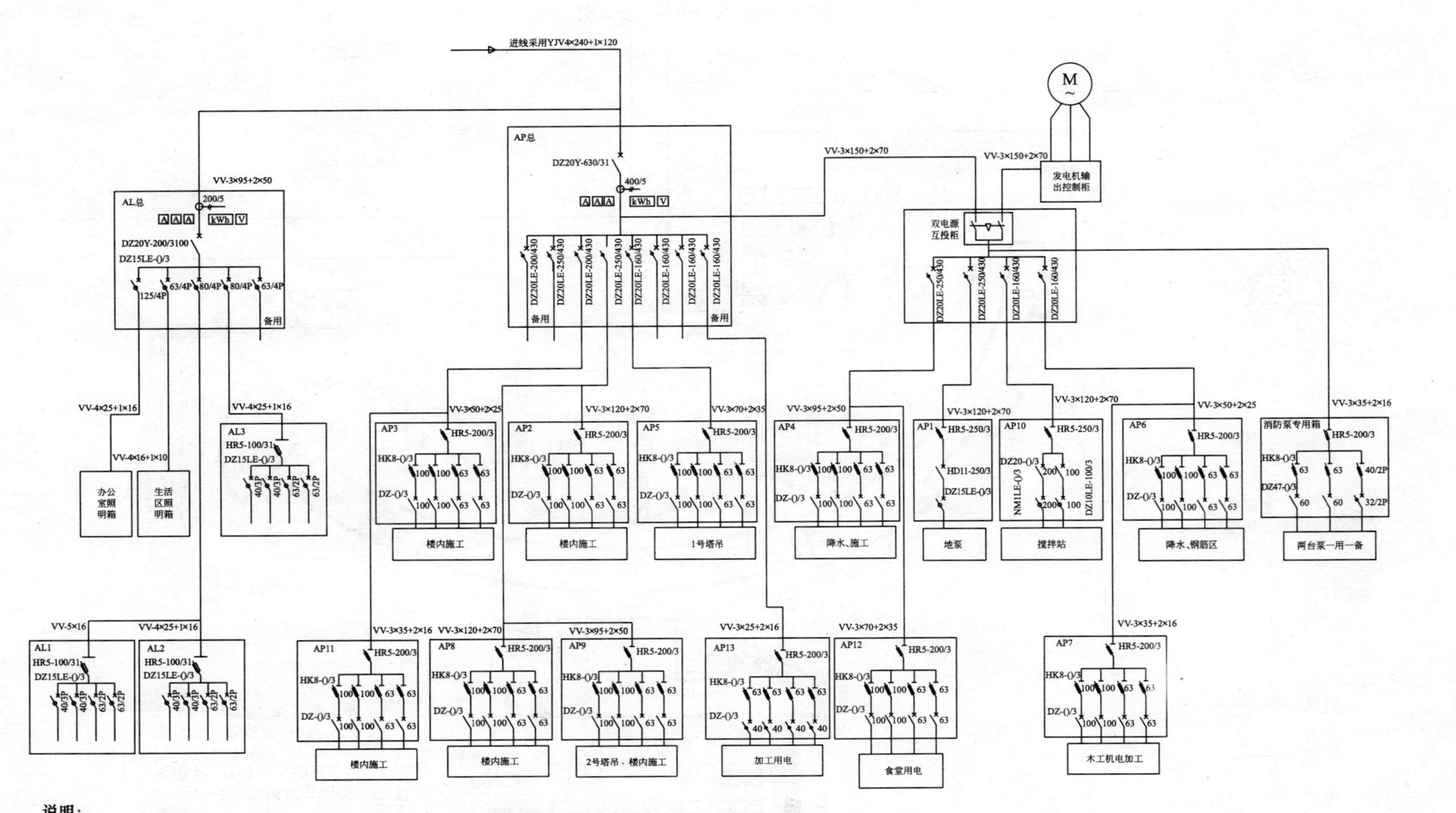

说明：
主体配合时施工电梯电箱回路可做施工用,结构到十层电梯安装后施工不可用电梯专用箱。消防泵单独由一级配电柜引来一路VV-3×35+2×16至消防泵自带控制箱。楼层内配电箱随进度设置。

图 3-1　供电系统图

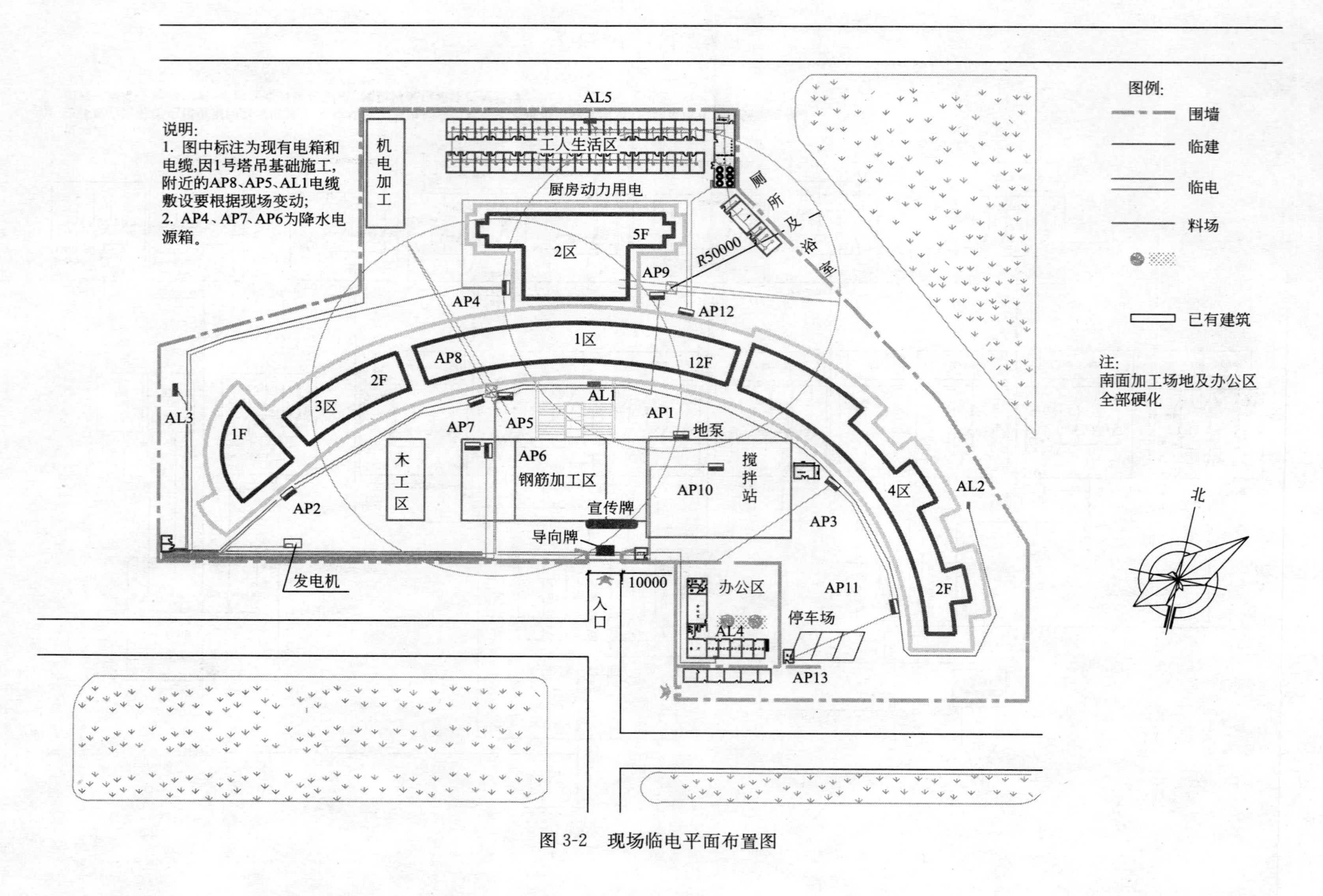

图 3-2　现场临电平面布置图

三、施工现场临水工程实务

1. 工程概况

拟建的某工程，根据现场给排水平面布置需要进行临时用水设计。生产临水给水管工作压力0.60MPa；现场临水由水箱和水泵加压供给。

2. 临时用水水源设计

本工程采用两个水源，消防和现场施工用水引自东南角原有机井的水源，接入现场后加装水表计量。生活用水引自东北角的水源，接入现场后加装水表计量。

3. 消防系统

(1) 消火栓系统用水量：

本工程设计同一时间内火灾发生次数为1次，按需水量最大的主楼建筑计算，室外消火栓系统用水量为8L/s，室内消火栓用水量设计为7L/s，消火栓系统总用水量为15L/s。

(2) 室内、外消火栓系统设计：

室外消火栓设计采用消防泵环管加压给水系统，平时管网内水压较低，仅满足施工生产用水即可，当火场灭火时，水枪所需压力，由消防泵加压产生。

给水干管各处按用水点需要预留甩口及引入建筑物内，并按不小于50m的间距布置室外地下式消火栓，消火栓规格为*DN*65。

室内消火栓系统设计采用统一给水系统。在现场机井旁设消防泵房及临时水箱，泵房内可设两台消防水泵，一用一备；但根据项目及当地施工现场消防管理要求的实际情况，考虑降低施工初期投资时，也可以不设备用，但必须保证该消防泵随时运行良好。

由于是临时消火栓系统和本建筑的跨度距离较大，故按一股充实水柱到达任何部位考虑，楼内设计两根*DN*65竖管。竖管上按层设室内消火栓，并预留甩口，以供施工用水。竖管的具体位置应满足位置明显、易于取用、位于建筑中部的原则，现场确定。室内消火栓设计采用19mm喷嘴，Φ65栓口，25m长麻质水龙带。

(3) 现场临时消防管网敷设：

本设计施工现场的临时消防管沿建筑环状敷设，并逐渐接高主楼的临时消防竖管。

4. 生活/生产给水系统

根据需要由生活用水水源预留甩口，分别供给厨房、厕所。施工现场各预留用水点的支管不单设阀门井，只在入户后的立管上设阀门控制。

5. 排水系统

本方案设计污/废水合流排放。排水干管接至现场附近的市政排水管网。为满足市政、环卫部门的规定，现场搅拌站应设置沉淀池，同时可将池内经沉淀后的清水二次利用做现场洒水等用，起到节约用水的目的。

现场的厨房应根据实际情况安装地上式隔油器或隔油池，污/废水排放前先除油。安装隔油器的。厕所的污/废水先排入化粪池处理后，再进入管网。公共厕所(男女厕)的化粪池按400人考虑，清掏周期是3个月，化粪池有效容积是50m^3，选用11号化粪池。化粪池的施工具体参见国标。

6. 管材设计

本方案室外给水环管采用焊接钢管，生活区及办公室等的生活给水管道采用镀锌钢管，室内消防及生产用水管道采用焊接钢管。排水系统采用排水铸铁管。

7. 临时用水设计计算书

(1) 施工工程用水量计算

1) 计算公式

$$q_1=K_1\sum Q_1\cdot N_1/(T_1\cdot t)\times K_2/(8\times 3600)$$

式中　q_1——施工用水量(L/s)；

K_1——未预计的施工用水系数(1.05～5)；

Q_1——年(季)度工程量(以实物计量单位表示)；

N_1——施工用水定额；

T_1——年(季)度有效作业天数；

t——每天工作班数；

K_2——用水不均衡系数。

2) 工程实物工程量及计算系数确定

由于工程结构施工阶段相对于装修阶段施工用水量大，故 Q_1 主要以混凝土工程量为计算依据，因本工程混凝土量尚未进行统计，所以，根据施工经验暂确定混凝土的大概实物工作量为 23000m³，混凝土现场搅拌施工用水定额取 250L/m³，混凝土养护用水定额取 700L/m³；拟定结构及前期阶段施工工期为 300d；每天按照 1.5 各工作班计算；因此：

$$K_1=1$$

$$Q_1=23000\text{m}^3$$

$$N_1=950\text{L/m}^3$$

$$T_1=300\text{d}$$

$$t=1.5\text{班}$$

$$K_2=1.5$$

3) 工程用水计算

$$\begin{aligned}q_1&=K_1\sum Q_1\cdot N_1/(T_1\cdot t)\times K_2/(8\times 3600)\\&=1\times(23000\times 950)/(300\times 1.5)\times 1.5/(8\times 3600)\\&=2.78\text{L/s}\end{aligned}$$

(2) 施工现场生活用水

1) 计算公式

$$q_2=(P_1N_2K_3)/(t\times 8\times 3600)$$

式中　q_2——施工现场生活用水量(L/s)；

P_1——施工现场高峰昼夜人数(拟定 500 人)；

N_2——施工现场生活用水定额(20L/人·班)；

t——每天工作班数(班)；

K_3——用水不均衡系数(1.30～1.50)。

2）施工现场生活用水计算

$$\begin{aligned} q_2 &= (P_1 N_2 K_3)/(t \times 8 \times 3600) \\ &= (500 \times 20 \times 1.4)/(1.5 \times 8 \times 3600) \\ &= 0.32\text{L/s} \end{aligned}$$

(3) 工人生活区用水

1）计算公式

$$q_3 = (\sum P_2 N_3 K_4)/(24 \times 3600)$$

式中　q_3——生活区生活用水量(L/s)；

P_2——生活区居住人数(拟定 500 人)；

N_3——生活区生活用水定额(20 升/人・班)；

K_4——用水不均衡系数(2.00～2.50)。

2）工人生活用水系数确定

生活区生活用水定额其中包括：卫生设施用水定额为 25L/人；食堂用水定额为 15L/人；洗浴用水定额为 30L/人(人数按照出勤人数的 30%计算)；洗衣用水定额为 30L/人。

3）用水量计算

$$\begin{aligned} q_3 &= (\sum P_2 N_3) K/(24 \times 3600) \\ &= (500 \times 25 + 500 \times 15 + 500 \times 30\% \times 30 + 500 \times 30) \times 2.00/(24 \times 3600) \\ &= 0.91\text{L/s} \end{aligned}$$

4）总用水量计算

因为该区域工地面积小于 5ha(约 2.2ha)，如果假设该工地同时发生火灾的次数为一次，则消防用水的定额为 10～15L/s，取 $q_4 = 10\text{L/s}$ (q_4——消防用水施工定额)。

$\because q_1 + q_2 + q_3 = 2.78 + 0.32 + 0.91 = 4.01\text{L/s} < q_4 = 10\text{L/s}$

$\therefore$ 计算公式：$Q = q_4$

$$Q = q_4 = 10\text{L/s}$$

(4) 给水主干管管径计算

1）计算公式

$$D = \sqrt{4Q/(\pi V \cdot 1000)}$$

式中　D——水管管径(m)；

Q——耗水量(m/s)；

V——管网中水流速度(m/s)。

2）消防主干管管径计算

$$\begin{aligned} D &= \sqrt{4Q/(\pi V \cdot 1000)} \\ &= \sqrt{4 \times 10/(3.14 \times 2.5 \times 1000)} \\ &= 0.0714\text{mm} \end{aligned}$$

其中，根据消防用水定额：$Q = 10\text{L/s}$。

消防水管中水的流速经过查表：$V = 2.5\text{m/s}$。

根据北京市消防管理的有关规定，消防用管的主干管管径不得小于 100mm，因此，消防供水主干管的管径确定为 100mm。

3）施工用水主干管管径计算

耗水量 Q 经过前面计算：Q=4.01L/s。

管网中水流速 V 经过查表：V=1.5m/s

$$D=\sqrt{4Q/(\pi V\cdot 1000)}$$
$$=\sqrt{4\times 4.31/3.14\times 1.5\times 1000}$$
$$=0.061\text{m}$$

（5）给水主干管确定

由于施工用水及消防用水采用同一管线供水，因此根据消防用水的有关管理规定，供水水管管径确定为 100mm，以满足消防及施工用水使用。

根据计算，消防环管的管径采用 $DN100$，主楼的立管管径采用 $DN65$。

（6）水泵的选择

1）室内水泵扬程计算公式如下：

$$H=H_1+H_2+H_3$$

式中　H——水泵扬程(m)；

H_1——水泵吸水口到最不利点高差(m)；

H_2——管道水头损失(m)，按 H_1 的 10%计算；

H_3——最不利用水点出水水压(m)。

根据室内消防及生产加压泵流量 7L/s，主楼高度按 60m 考虑，室内消防水泵扬程计算如下：

$$H_1=70\text{m}$$
$$H_2=H_1\times 10\%=7\text{m}$$
$$H_3=10\text{m}$$
$$H=H_1+H_2+H_3=70+7+10=87\text{m}$$

2）水泵选型

根据以上计算，室内消防及施工用水加压泵的流量 4L/s，扬程 87m，设计选用 DL 型立式多级分段式离心泵：100DLX8 级泵，该立式泵转速为 1450r/min，电机功率为 22kW、扬程为 110～130m。

8. 临时用水系统的维护与管理

（1）应注意保证消防管路畅通，消火栓箱内设施完备且箱前道路畅通，无阻塞或堆放杂物。

（2）现场消防及生产用水干管管顶的埋深应在本地区冻土层以下。

（3）现场平面应及时清扫，保证干净、无积水。

（4）临水管道系统和水泵房应设专人维护与运行，并设值班制度及运行操作规程。

本工程临水平面布置情况见图 3-3。

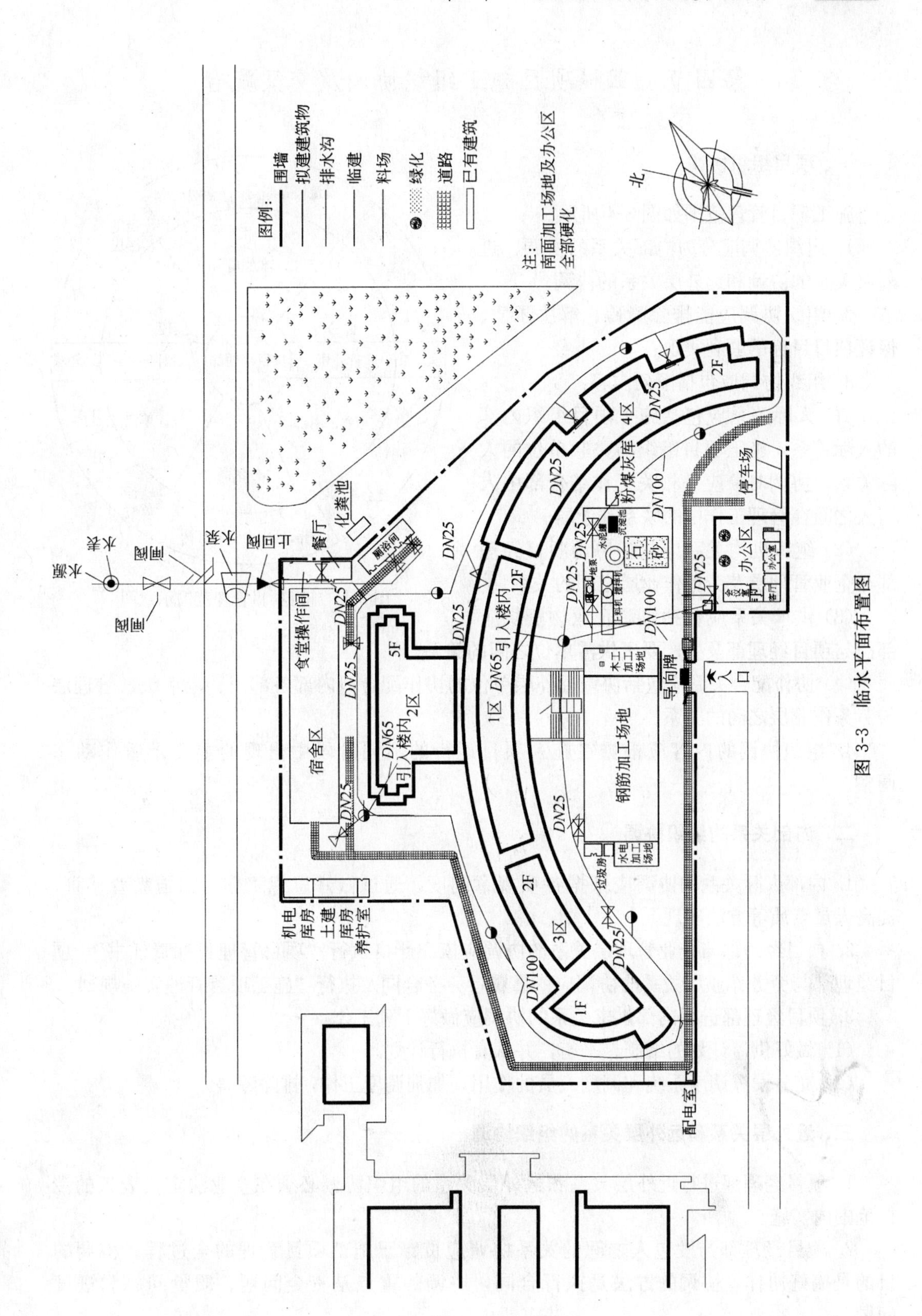
图例：
围墙
拟建建筑物
排水沟
临建
料场
绿化
道路
已有建筑
注：
南面加工场地及办公区
全部硬化
北
水源
水表
闸阀
水泵
止回阀
化粪池
餐厅
厕浴间
食堂操作间
宿舍区
DN25
DN65
引入楼内
2区
5F
1区
12F
DN100
粉煤灰库
4区
2F
停车场
办公区
钢筋加工场地
木工加工场地
导向牌
入口
3区
1F
机电库房
土建库房
养护室
配电室

图 3-3 临水平面布置图

第四节　工程项目施工组织协调及交叉配合

一、项目组织协调

施工项目管理范围如图 3-4 所示。

1. 组织协调应分为内部关系的协调、近外层关系的协调和远外层关系的协调。

2. 组织协调应能排除障碍、解决矛盾、保证项目目标的顺利实现。

3. 组织协调应包括下列内容：

(1) 人际关系应包括施工项目组织内部的人际关系，施工项目组织与关联单位的人际关系。协调对象应是相关工作结合部中人与人之间在管理工作中的联系和矛盾。

(2) 组织机构关系应包括协调项目经理部与企业管理层及劳务作业层之间的关系。

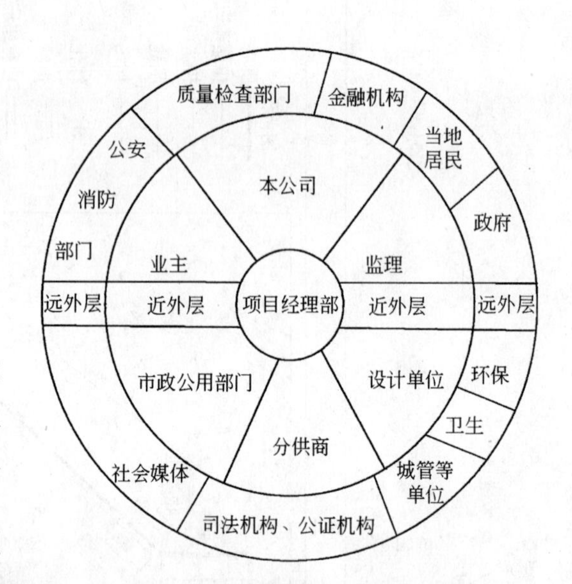

图 3-4　施工项目管理范围示意图

(3) 供求关系应包括协调企业物资供应部门与项目经理部及生产要素供需单位之间的关系。

(4) 协作配合关系应包括协调近外层单位的协作配合，内部各部门、上下级、管理层与劳务作业层之间的关系。

4. 组织协调的内容应根据在施工项目运行的不同阶段中出现的主要矛盾作动态调整。

二、内部关系的组织协调

1. 内部人际关系的协调应依据各项规章制度，通过做好思想工作，加强教育培训，提高人员素质等方法实现。

2. 项目经理部与企业管理层关系的协调应依靠严格执行“项目管理目标责任书”；项目经理部与劳务作业层关系的协调应依靠履行劳务合同及执行“施工项目管理实施规划”。

3. 项目经理部进行内部供求关系的协调应做好下列工作：

(1) 做好供需计划的编制、平衡，并认真执行计划。

(2) 充分发挥调度系统和调度人员的作用，加强调度工作，排除障碍。

三、近外层关系和远外层关系的组织协调

1. 项目经理部进行近外层关系和远外层关系的组织协调必须在企业法定代表人的授权范围内实施。

2. 项目经理部与发包人之间的关系协调应贯穿于施工项目管理的全过程。协调的目的是搞好协作，协调的方法是执行合同，协调的重点是资金问题、质量问题和进度问题。

3. 项目经理部在施工准备阶段应要求发包人，按规定的时间履行合同约定的责任，保证工程顺利开工。项目经理部应在规定时间内承担合同约定的责任，为开工后连续施工创造条件。

4. 项目经理部应及时向发包人或监理机构提供有关的生产计划、统计资料、工程事故报告等。发包人应按规定时间向项目经理部提供技术资料。

5. 项目经理部应按现行《建设工程监理规范》的规定和施工合同的要求，接受监理单位的监督和管理，搞好协作配合。

6. 项目经理部应在设计交底、图纸会审。设计洽商变更、地基处理、隐蔽工程验收和交工验收等环节中与设计单位密切配合，同时应接受发包人和监理工程师对双方的协调。

7. 项目经理部与材料供应人应依据供应合同，充分运用价格机制、竞争机制和供求机制搞好协作配合。

8. 项目经理部与公用部门有关单位的关系应通过加强计划性和通过发包人或监理工程师进行协调。

9. 项目经理部与分包人关系的协调应按分包合同执行，正确处理技术关系、经济关系，正确处理项目进度控制、项目质量控制、项目安全控制、项目成本控制、项目生产要素管理之间的关系。

10. 处理远外层关系必须严格守法，遵守公共道德，并充分利用中介组织和社会管理机构的力量。

四、案例

1. 施工项目经理部的内部关系协调

(1) 背景

某施工项目经理部承接某办公楼工程，在施工过程中对内部关系进行了很好的协调。

(2) 问题

1) 该项目管理部中技术部的员工主要应负责哪些工作?

2) 应从哪几个方面与监理工程师进行协调才能保证工作的顺利进行?

3) 周围居民对污水排放对施工单位提出申诉，如何处理?

4) 某班组与另一班组在施工过程中需交接，请你协助拟定一份交接表。

5) 施工过程中如何协调好与劳务作业层之间的关系?

(3) 分析与答案

1) 组织图纸会审和负责工程洽商工作；编制施工组织设计与施工技术方案，呈报公司总工程师审批；编制施工工艺标准及工序设计；特殊工程或复杂工程在公司设计所的领导下，做好土建施工详图和安装综合布线图；编写项目质量计划及质量教育实施计划；负责组织项目技术交底工作；负责引进与推广指导有实用价值的新技术、新工艺、新材料；负责对工程材料、设备的选型，报批工作及材质的控制；负责做好项目的技术总结工作；参与项目结构验收和竣工验收工作。

2) 要求：①施工过程中，严格按照监理工程师批准的施工组织设计、施工方案进行管理，接收监理工程师的验收及检查，如有问题，按监理工程师要求的有关规定进行整改；②对分包单位严格管理，杜绝现场施工分包单位部服从监理工程师的监理，使监理工程师的一切指令得到全面的执行；③所有进入现场的成品、半成品、设备、材料、器具等主动向监理工程师提交合格证或质保书、复试报告；④严格进行质量检查，确保监理工程师能顺利开展工作；对可能出现工作意见不一致的情况，遵循“先在监理工程师的指导下，按科学办事，后磋商统一”的原则，维护好监理工程师的权威性。一切工作保证监理工程师满意。

3）施工前公布连续施工时间，向工程周围居民、单位作好解释工作；按要求报批工程所在地的建设行政主管部门审核批准；按要求报环保部门，经环保部门检测并出具检测报告书，如出现不合格现象，及时按要求进行整改；及时和当地行政主管部门、环保部门联系沟通，取得以上部门的理解和支持；若工地周围有市政管线，需到市政主管部门报批；若工地周围没有市政管线，需按要求设置化粪池；在施工过程中采取如下措施：职工食堂要有隔油池并按要求定期进行清理，污水排入市政管网或化粪池；对施工用水要经沉淀池沉淀后排入市政管网或化粪池。

4）交接表如下：

交接表　　表 3-3

<table>
<tr><td>楼　层</td><td>部　位</td><td>房间编号</td><td>房间名称</td></tr>
<tr><td></td><td></td><td></td><td></td></tr>
<tr><td colspan="2">移交方完成情况</td><td colspan="2">接收方检查意见</td></tr>
<tr><td colspan="4">交接结论：　　同意　　　　不同意</td></tr>
<tr><td colspan="2">接收单位：
接收人：
接收日期：</td><td colspan="2">移交单位：
移交人：
移交日期：</td></tr>
<tr><td colspan="4">备注：</td></tr>
</table>

5）由于项目经理部与劳务作业层之间实行两层分离，实质二者已经构成了甲乙双方平等的经济合同关系，所以在组织施工过程中，难免发生一些矛盾。在处理这方面矛盾时必须做到三个坚持：坚持履行合同；坚持相互尊重、支持，协商解决问题；坚持服务为本，不把自己放在高级地位，而是尽量为作业层创造条件，特别是要保证劳务作业层的利益，同时要严惩无礼要赖者。

2. 施工项目经理部的外部关系协调

(1) 背景

某施工项目经理部承接某办公楼工程，在施工过程中对外部关系进行了很好的协调。

(2) 问题

1）施工项目管理组织的主要形式有哪些？

2）最适合该工程的项目组织形式是什么？说明原因。

3）项目经理部的外部关系协调包括哪几个方面？

4）施工过程中，如何处理扬尘问题？

（3）分析与答案

1）施工项目管理组织的主要形式有：线性项目组织、职能式项目组织、矩阵制项目组织、事业部式项目组织四种。

2）最适合该工程的项目组织形式是：线性项目组织。因为：该项目较适中、工期紧、建筑面积较大，属于中型项目；建筑企业为国家一级企业，且项目经理为国家一级项目经理，能力较强，管理人员及员工素质较高，管理水平较高。

3）外部关系协调包括：①协调总分包之间的关系。②协调好与劳务作业层之间的关系。③协调土建与安装分包的关系。④重视公共关系。施工中要经常和建设单位、设计单位、质量监督部门以及政府主管部门、行业管理部门取得联系，主动争取它们的支持和帮助，充分利用它们各自的优势，为工程项目服务。

4）施工前公布连续施工时间，向工程周围居民、单位作好解释工作；按要求报批工程所在地的建设行政主管部门审核批准，报公安交通管理部门核发制定行车路线的专用通行证；按要求报环保部门，经环保部门检测并出具检测报告书；及时和当地建设行政主管部门、环保部门、环卫部门、城管部门联系沟通，取得以上部门的理解和支持；提高施工单位员工自觉意识，积极采取措施如对易产生灰尘的沙、回填土等松散材料表面及时覆盖，对进出车辆做好封闭，对拖泥带水等车辆在离开工地时做好清理工作等，确保减少扬尘现象的产生。

第四章　工程项目目标计划管理

第一节　工程项目计划

一、工程项目计划系统

1. 计划工作流程

计划是项目管理系统的一个子系统，必须建立合理的计划工作程序，提出具体的规范化的计划文件要求，见图 4-1。工程项目的各种计划工作构成一个完整的体系，包括：

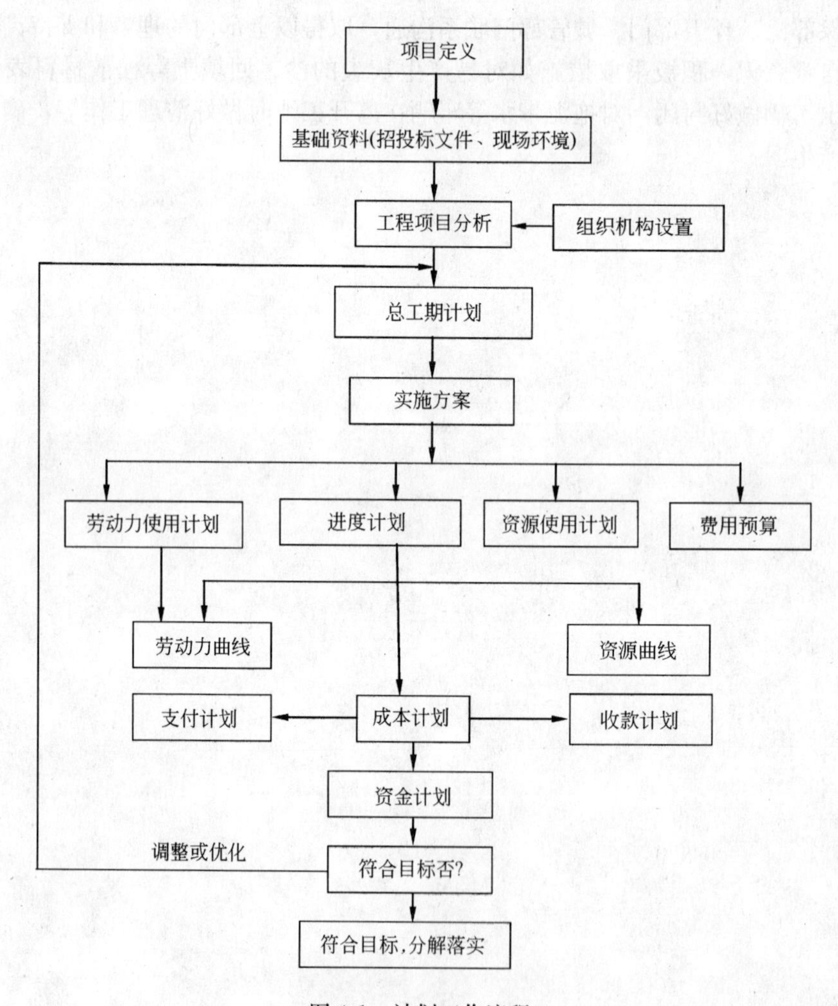

图 4-1　计划工作流程

(1) 各种计划有一个过程上的联系，按照计划工作逻辑关系有先后的顺序。

(2) 计划内容之间的联系和制约。计划存在综合性，即工期、成本、财务、资源、质量计划内容之间互相影响，互相制约，存在着复杂的关系。

2. 计划中的协调

一个科学的可行的计划在内容上不仅要完整、周密，而且要协调。计划的协调包括许多内容。由于项目单元由不同的人承担，而且他们之间都是合同关系，所以在委托任务时(编招标文件、合同谈判及签约)应注意：

(1) 按照总目标、总任务和总体计划，起草招标文件、签订合同。承包商的计划应纳入业主的整个项目计划体系中；分包商的计划应纳入到总承包商的计划体系中；项目的计划应与企业的总计划协调；使不同层次的计划之间协调。

(2) 投标人的投标书后面所列的计划(实施方案、工期安排、承包商的项目组织)也属于合同的一部分，应纳入整个项目的计划中。

(3) 注意合同之间的协调，即总承包合同、供应合同、安装合同、项目管理(监理)合同之间，在责权利关系、工作程序的安排、时间的安排上应协调。

例如，某工程，在设备供应合同签订时未注意到总体计划、供应合同和安装合同之间的协调，工程刚开工生产设备就到场，由于未到安装规定时间，供应比实际需要提前一年多，不仅造成资金积压，损失资金时间价值，而且占用现场仓库，增加保管费，使设备闲置造成损失；而且设备尚未安装(不要说运行了)保修期就已过，如果有问题无法向供应商索赔。这属于计划的严重失调。

(4) 不同层次的计划协调。计划逐渐细化、深入，并由上层向下层发展，所以就要形成一个上下协调的过程，既要保证上层计划对下层计划的控制，又要通过下层计划保证上层计划的落实。所以计划必须由上层与下层共同参与制定。

长期计划和短期计划的协调，必须在长期计划的控制下编制短期计划；短期计划则要能够帮助相关联的长期计划取得成功。

要加强专业之间、不同计划者之间的协调。在项目中由于计划常常掌握在不同的人手中或由不同的部门完成，如进度计划、成本计划、供应计划、运输计划、财务计划都由不同的部门编制和完成。无论在计划阶段或实施阶段，要经常举行协调会议。例如由于资金无法保证，或由于运输力量不足，材料、设备供应不及时，必须调整进度计划。

(5) 由于计划过程又是资源的分配过程，在计划过程中必须保证组织之间的协调，特别是在企业或上层系统管理多项目的情况下，计划的效率和可行性取决于参加者的满意程度。

3. 计划编制后的工作

(1) 计划的批准。在作出决策之前，所有的工作仅是一种计划研究、分析或建议，尚不是一种真正的计划。计划要在作出了决策后才真正落实。在对计划决策前应组织专家对计划的基础资料、计划过程、计划的结果文件进行评审，要检查计划对目标的满足程度和适应性，计划的完备性、科学性和可行性。

(2) 要争取各方面，包括业主、上层管理者、顾客、项目经理、承包商、供应商对计划结果达成共识。应将相应的计划作为信息提供给上层管理者、顾客及有关利益相关者，如需要，应经其认可(或批准)，并争取他们的支持。

(3) 计划做好后，它作为目标的分解，作为各参加单位的工作责任，应落实到各部门或单位，得到他们同意，并形成承诺。例如各承包商应承诺按计划的时间、工作量和质量完成工程；供应商应承诺及时供应；业主应承诺提供各种施工条件，如场地、图纸；项目经理负责提供必要的实施条件和管理服务。

(4) 计划下达后，还要使人们了解他们面临的目标和应完成的任务，以及为完成目标和任务应当遵循的指导原则，他们完成计划所拥有必要的权力、手段和信息。

二、工程项目计划的控制

1. 工程项目控制的任务

在现代管理理论和实践中，控制有着十分重要的地位。在管理学中，控制包括提出问题、研究问题、计划、控制、监督、反馈等工作内容。实质上它已包括了一个完整的管理全过程，是广义的控制。而本节中的控制指在计划阶段后对项目实施阶段的控制工作，即实施控制，它与计划一起形成一个有机的项目管理过程。

项目实施控制的总任务是保证按预定的计划实施项目，保证项目总目标的圆满实现。

2. 实施控制的必要性

在现代工程项目中，实施控制作为项目管理的一个独特的阶段，对项目的成败具有举足轻重的作用。其原因有：

(1) 项目管理主要采用目标管理方法，由前期策划阶段确定的总目标和经过设计和计划分解的详细目标必须通过实施控制才能实现。目标是控制的灵魂，没有控制，目标和计划无法实现；没有目标则不需要控制，也无法进行控制。

(2) 现代工程项目规模大、投资大、技术要求高、系统复杂，其计划实施的难度很大，不进行有效的控制，则必然会导致项目的失败。

(3) 由于专业化分工，参加项目实施的单位多，项目的顺利实施需要各单位在时间上、空间上协调一致。但由于项目各参加者有自已的利益，有其他项目或其他方面的工作，会造成行为的不一致、不协调或利益的冲突，使项目实施过程中断或受到干扰。所以对他们必须有严格的控制。

(4) 由于多种经营、灵活经营、抗御风险的需要，在许多企业中跨部门、跨行业、跨地区、甚至跨国的项目越来越多，例如国际投资、海外工程等，这给项目管理带来了新的问题，给控制提出了新的课题和要求。项目失控现象无论在国际上，还是在国内都十分普遍，现代项目管理必须要解决跨地区(跨国)、跨行业的远程控制问题。

(5) 项目计划是在许多假设条件基础上对项目实施过程预先的安排，它会有许多不符合现实的情况及错误。同时工程项目在实施过程中由于各种干扰的作用使实施过程偏离项目的目标，偏离计划，如果不进行控制，会造成偏离的增大，最终可能导致项目的失败。这些干扰因素可能有：

1) 外界环境的变化。包括恶劣的气候条件使运输拖延造成材料拖延，或发生了一些人力不可抗拒的灾害。

2) 其他方面供应不足，如停水、断电、材料和设备供应受阻，资金短缺，或未达到实际的生产能力，各项目参加者的协调出现问题。

3) 设计和计划的错误。如设计频繁修改，使正常的施工秩序被打乱，实施过程中管理工作或技术工作的失误，管理者缺少经验。

4）业主新的要求，政府新的干预，造成对项目目标的干扰。上述各方面都会导致对工程的干扰，造成工程实施与目标和计划的偏离。只有进行严格的控制才能不断地调整实施过程，从而保证实施的结果符合目标，与计划一致。

3. 现场控制

项目管理者在项目的实施阶段不仅仅是提出咨询意见、作计划、指出怎样做，而且直接组建项目组，在现场负责，是管理任务的承担者。

项目管理注重实务，为了使项目管理有效，使控制得力，项目管理人员必须介入项目的具体的实施过程，亲自安排、布置工作，监督现场实施状况，参与现场的各种会议。所以现场工程一开始，项目管理工作就转移到施工现场。

4. 工程项目控制的矛盾性

工程项目控制并非在项目实施阶段才开始，它在项目构思、目标设计阶段即已开始，对项目阶段工作成果的审查、批准都是控制工作。而且按照项目生命期的影响看，项目早期控制的效果最大，它能影响整个生命期。所以控制措施越早作出，对工程、对成本（投资）影响越大、越有效。但遗憾的是在项目早期对其功能、技术标准要求、实施方法等各方面的目标尚未明确，或没有足够的说明，使人们控制的依据不足。所以人们常常疏于在项目前期的控制工作，这似乎是很自然的，但常常又是非常危险的。所以应该强调项目前期的控制。项目前期的控制主要是企业（即项目上层系统）管理的任务，主要表现为在项目的目标确定、项目范围、组织设置、可行性研究、项目策划中的阶段决策和各种审批工作。

在项目实施阶段，由于技术设计、计划、合同等已经全面定义，控制的目标十分明确，所以人们十分强调这个阶段的控制工作，将它作为项目管理的一个独特的阶段。它是项目管理工作最为活跃的阶段。但它的影响比前期控制要小多了。工程前期多花 1 元钱，也许可使施工阶段少花 10 元钱，或更有效地使用这 10 元钱，控制措施采取得越早越有效。

5. 控制的内容

项目实施控制包括极其丰富的内容，以前人们将它归纳为三大控制，即工期（进度）控制、成本（投资、费用）控制、质量控制，这是由项目管理的三大目标引导出的。在确保安全基础上的这三个方面包括了工程实施控制最主要的工作，此外还有一些重要的控制工作，例如：

（1）合同控制。现代工程项目参加单位通常都用合同连接，以确定在项目中的地位和责权利关系，合同定义着工程的目标、工期、质量和价格。它具有综合的特点，它还定义着各方的责任、义务、权力、工作，所以与合同相关的工作也应受到严格的控制。

（2）风险控制。目前项目管理中，人们对风险控制作了许多研究，它是项目管理的一个热点问题。

（3）项目变更管理及项目的形象管理。控制经常要采取调控措施，而这些措施必然会造成项目目标、对象系统、实施过程和计划的变更，造成项目形象的变化。

尽管按照结构分解方法，控制系统可以分解为几个子系统，本节也是分别介绍各种控制工作内容，但要注意，在实际工程中，这几个方面是互相影响、互相联系的，所以强调综合控制。在分析问题、作项目实施状况诊断时，必须综合分析成本、工期、质量、工作效率状况并作出评价。在考虑调整方案时也要综合地采取技术、经济、合同、组织、管理等措施，对工期、成本、质量进行综合调整。如果仅控制一两个参数容易造成误导。

6. 项目控制的依据

工程项目控制的依据从总体上来说是定义工程项目目标的各种文件，如项目招投标文件、现场环境、项目任务书、设计文件、合同文件等，此外还应包括如下 4 个部分：

(1) 对工程适用的法律、法规文件。工程的一切活动都必须符合这些要求，它们构成项目实施的边界条件之一。

(2) 项目的各种计划文件、合同分析文件等。

(3) 在工程中的各种变更文件。

(4) 工程施工方案。

7. 项目控制的主要工作

(1) 管理和监督项目实施

实施控制的首要任务是监督，通过经常性的监督以保证整个项目和各个工程活动按照计划和合同(预定的质量要求、预计的花费、预定的工期)有效地和经济地实施，达到预定的项目目标。工程监督包括许多工作内容，例如：

1) 领导整个项目工作，作工作安排，沟通各方面的关系，提供工作条件，培训人员。

2) 工作过程中的各项工作、各个参加者之间的协调，处理矛盾，发布工作指令，划分各方面责任界面，解释合同。

3) 各种工作的检查，例如，各种材料和设备进场及使用、工艺过程、隐蔽工程、部分工程及整个工程的检查、验收、试验等，并管理现场秩序。

4) 工程过程中对各种干扰和潜在的危险的预测，并及时采取预防性措施。

5) 记录各种实际工程实施情况及环境状况，并收集各种原始资料。例如每日每周每月的工程进度、成本记录、质量报告、人力、物力、材料使用及消耗报告，各工程小组和分包商的状况报告，工程中的气象记录、市场价格变动记录、交通情况记录等。情况记录和报告是控制的主要手段之一。通过监督应能获得正确的第一手资料，这是控制工作的基础。

6) 各种工作和文件的审查、批准。

(2) 监督工作必须保证实时性，必须立足现场

通过对实施过程的监督获得反映工程实施情况的资料和对现场情况的了解。将这些资料经过信息处理，管理者可以获得项目实施状况的报告。将它与项目的目标、项目的计划相比较，可以确定实际与计划的差距，认识何处何时哪方面出现偏差。在整个过程中，项目管理者一方面必须一直跟踪项目的实施过程，对它有清楚的了解，另一方面还必须一直把握项目的目标和项目的边界条件。

1) 及时地认识偏差，可以及时分析问题，及时采取措施，这样控制简单而有效，反应时间短，使花费或损失尽可能地小。通常项目控制过程中的反应时间由如下几部分构成：

① 偏差出现到识别的时间。这需要迅速提供信息，反映项目实施问题，建立有效的早期预警系统。

② 原因分析和措施提出时间。

③ 决策时间，即要迅速选定措施。

④ 措施应用时间。

⑤ 措施产生效果的时间。

实践证明，如果控制过程太长，反应太慢，措施滞后，会加大纠正偏差的难度，造成更大的损失。当然反应时间还与控制期的长短和控制对象的划分细度有关。

2）对偏差的分析应是全面的，从宏观到微观，由定性到定量，包括每个控制的对象。在工程中偏差可能表现在：

① 工程(整个工程、各部分工程)的完备性、工作量和质量；

② 生产效率：控制期内完成的工作量和相应的劳动消耗；

③ 费用/成本：各工作包费用、各费用项目剩余成本；

④ 工期：如工作包最终工期、剩余工期。

这些应在报告中确定，并详细说明。在控制中应注意并抓住重大的差异，特别是在控制点上的差异。

这里应注意到，由于项目实施中环境不断变化，业主常会有新的要求，从而造成计划的变更。例如工程量的增加和减少，增加附加工程，业主指令停工或加速。这会导致目标的变更和新的计划版本。这样实际工程与原计划甚至原目标(指实施前制定的)可比性不大，应该在原计划的基础上考虑各种变更的影响。所以通常有三类数据的互相比较：

① 原计划的数据。即在工程初期由任务书、合同文件、合同分析文件、实施计划确定。

② 在原计划的基础上考虑到各种变更，包括目标的变化，设计、工程实施过程的变化等确定的状况。计划的变更是使计划更适应实际，而实施的控制是使实际更符合计划(或变更了的计划)。

③ 实际的情况，即实际工程的进度、成本、工作量、质量的状况。

这三种状态的比较代表着不同的意义和内容。如果仅用实际和原计划对比可能会导致错误的结果。对管理者更有实际意义的(特别对成本分析和责任分析)是变更了的计划和实际状况的对比。

在实际工作中作跟踪比较必须是对相同的对象，相同的内容，同时要有与项目目标要求一致的、能反映实际情况的报告体系，作为对实际实施状况的系统描述，并保证其正确性、真实性和客观性。

但由于计划的单位、对象较粗(例如计划劳动力以人·月计，而实际核算以人·小时计)，同时又有许多不确定因素，例如计划时工作包的技术方案，劳动力安排尚不清楚，存在一定的风险，所以有的对比容易产生错误和误导。

(3) 实施过程诊断

实施诊断包括极其复杂的内容：

1）对工程实施状况的分析评价。这是一个对项目工作业绩(项目过程和输出结果)的总结和评价过程。按照计划、项目早期确定的组织责任和衡量业绩的标准(如实物、成本、收益、工作量、质量等指标)，评价项目总体的和各部分的实施状况。

2）对产生问题和偏差原因的分析，即为什么会产生偏差，怎么引起的。偏差原因很多：可能有目标的变化；新的边界条件和环境条件的变化；计划错误；新的解决方案；不可预见的风险发生；上层系统的干扰等。

由于项目的实施计划是经过一定程度的优化的，所以通常偏差很少是有积极作用的和有益的，大多数是消极的。原因的分析必须是客观的，定量和定性相结合的。原因分析可以采用因果关系分析田等方法。

3）原因责任的分析。

① 责任分析的依据是原定的目标分解所落实的责任，它由任务书、任务单(对工程小组任务下达文件)、合同(分包合同)、项目手册等定义。通过分析确定是否是由于项目组织中的成员未能完成规定的责任而造成偏差。

② 在实际工程中常常存在多方面责任，或多种原因的综合，则必须按责任者、按原因进行分解。

有时对重要的偏差要提出专题分析报告。

4）实施过程趋向的预测。在项目实施控制中趋向分析是极为重要的，它比跟踪有更大的意义，特别对上层决策者。实施趋向预测是在目前实际状况的基础上对后期工程活动作新的费用预算，新的工期计划(或调整计划)。预测包括如下几方面：

① 偏差对项目的结果状况有什么影响，即按目前状况继续实施工程，不采取新的措施会有什么结果。例如工期、质量、成本开支的最终状况，所受到的处罚(如合同违约金)，工程的最终收益(利润或亏损)，完成最终目标的程度。

② 如果采取调控措施，以及采取不同的措施，工程项目将会有什么结果。项目管理者的这个估计(预测)是措施选择和决策的基点。在实际工程中，人们(项目经理和业主)经常对实际状况的认识不客观，会有过于乐观的但却是错误的估计，特别当不直接接触项目实施过程时。

③ 事先预测和评价潜在的危险和将来可能发生的干扰，以准备采取预防性行动，否则会加大调整的难度。

在现代工程中，人们对预警的要求越来越高，已将其作为项目全过程的一项管理工作。FIDIC合同规定，只有当发生一个有经验的承包商不能预见的情况，才能给承包商免责。有些国际工程合同规定，承包商有责任对可能引起工期拖延、成本超支的情况提出预见警告，否则将承担一定的责任。

在诊断中如果仅依赖报告数据，会产生误导。项目管理者要深入现场，直接了解现场情况，特别注重软信息的收集和分析。

(4) 采取调控措施

对项目实施的调整通常有两大类：

1）对项目目标的修改。即根据新的情况确定新目标或修改原定的目标。例如修改设计或计划、重新商讨工期、追加投资等，而最严重的措施是中断项目，放弃原来的目标。对于已发现项目决策存在重大失误，项目是没有前途的，常常中断项目是一个较有利的选择，可以避免更大的损失。但在实际工程中，常常由于如下原因，使项目不能中断：

决策者或项目管理者由于情感或面子原因不愿意否定过去，不愿意否定自己；

已有大量投入，不愿意承担责任；

对项目的将来还有侥幸心理，希望通过努力挽回失败，但通常都事与愿违。

2）按目前新发生的情况(新环境、新要求、工程的实际实施状态)作出新的计划，或对计划作出调整。利用对项目实施过程的调控手段，如技术的、经济的、组织的、管理的或合同的手段，干预实施过程，协调各单位、各专业的设计和施工工作。项目调整中，首先要最大限度地利用合同赋予的权力和可能性，同时将对方要求降到最小。

在工程过程中调整是一个连续的滚动的过程，在每个控制结束，都有相应的协调会议，进行常规的工作调整、修改计划、安排下期的工作、预测未来的状况。当发现意外情况(发生重大偏差)时，还必须进行特殊的调整会议。

采取调控措施是一个复杂的决策过程，会带来许多问题，例如：

如何提出对实施过程进行干预的可选择方案，以及如何进行方案的组合。对差异的调整有的只需一个措施，有的却要几个措施综合，有的仅需局部调整，有的却需要系统调整。

对方案(或其组合)进行技术经济分析，选择(决定)投入省、影响小而且行之有效的方案。新的方案同样会造成目标系统的争执。

调控决策应有专门的书面文件，避免个人决断的随意性。重大的修改或调控方案的决策必须通过决策会议，并及时作出报告，有时必须经过权力部门的批准。

在采取调控措施时必须与职能人员、下层的操作人员充分协商，取得共识，多听取他们的意见。措施的有效性常常是由项目组织来保证的。

按照实际工程新的情况(新环境、新的要求，工程实施状态)作出新的(或修改原定的)计划。在计划中对措施的行使状况应有一个合理的预测。这是一个新的计划过程，但它又没有合理的计划期和计划过程(如项目初期一样)，由于时间紧迫，需要管理者“即兴而作”，毫不拖延地解决问题。所以它更加困难，更容易造成损失。

任何措施都会带来新的问题和风险，有附加作用。例如采用增加劳动力投入以解决工期的拖延，需要追加费用，所以损失常常又需用其他损失来弥补，但要选择损失最小的方案。

新的计划一经形成，必须将它与原定目标进行比较，分析各种变量，以预测项目将提前还是延期完成，是低于还是超过预算完成。

进入下一个控制循环，对过程实施新的控制，包括措施投入的安排、监督。

(5) 变更管理

1) 变更的种类。在项目过程中变更是十分频繁的，这里所指的变更主要有如下几种：

① 目标的变更。由于新的情况，要求对原定的目标进行修改。这是对项目可能产生根本性影响的最大的变更。

② 工程技术系统的变更，如功能的修改、质量标准的提高、工程范围增加。

③ 实施计划或实施方案的修改。

④ 其他，如投资者的退出。

在一个工程中，变更的次数、范围和影响的大小与该工程的完备性、技术设计的正确性、以及实施方案和实施计划的科学性直接相关。

2) 变更的影响。变更会导致项目系统状态的变化，对项目实施影响很大，主要表现在如下几方面：

① 定义工程目标和工程实施的各种文件，如设计图纸、规范、各种计划、合同、施工方案、供应方案等，都应作相应的修改和变更。有些重大的变更会打乱整个施工部署。

② 引起项目组织责任的变化和组织争执。

③ 有些工程变更还会引起已完工程的返工，现场工程施工的停滞，施工秩序打乱，已购材料的损失等。

变更的影响程度常常取决于作出变更的时间。同样一个变更，发生在项目早期对项目目标，以及实施过程的影响要比发生在项目实施中小。

3）变更的处理要求：

① 变更应尽可能快地作出。在实际工作中，变更决策时间过长和变更程序太慢会造成很大的损失，常有这两种现象：

(A) 现场施工停止，承包商等待变更指令或变更会谈决议，造成拖延。

(B) 变更指令不能迅速作出，而现场继续施工，造成更大的返工损失。

这就要求变更程序非常简单和快捷。

② 变更指令作出后，应迅速、全面、系统地落实变更指令。

(A) 全面修改相关的各种文件，例如图纸、规范、施工计划、采购计划等，使它们迅速反映和包容最新的变更。

(B) 在相关的实施者的工作中落实变更指令，并提出相应的措施，对新出现问题作解释和对策，同时又要做好与项目其他过程和其他工作的协调。

在实际工程中，由于变更时间紧，难以详细地计划和分析，使责任落实不全面，容易造成计划、安排、协调方面的漏洞，引起混乱，导致损失。

4）变更程序。变更应有一个正规的程序，应有一整套申请、审查、批准、通知(指令)等手续。

(A) 工程变更申请。在工程项目管理中，工程变更通常要经过一定的申请手续。工程变更申请表的格式和内容可以按具体工程需要设计。

(B) 变更审查与批准。

变更必须授权，即变更必须有相应层次的管理者批准，这是项目目标控制的要求。变更的批准权力应与项目的批准权力一致。通常涉及项目总目标的变更、技术系统重大技术方案的变更、实施过程重大的调控，必须经过高层决策，并应经顾客及其他利益相关者同意。

提出变更的需求和影响说明文件。

对变更进行全面评审。

应将变更的情况通知项目参加者，如果变更影响大，则应通知修改各方。

有关项目范围、进度计划和预算变更的信息，一旦被列入计划并取得了各参加者同意，就必须建立一个新的实施计划。

8. 其他控制手段的使用

前述的控制过程从系统分类上来说属于反馈控制系统过程，即根据工程实施状况的报告与目标(计划)对比，以发现、分析问题，采取措施，这在工作中是十分有用的。但很显然，它的控制存在时滞，即已出现问题了再调整，往往难免造成损失，为此可以综合采用：

(1) 前馈控制。它不是按照已获得的结果，而是事先考虑将产生的或可能产生的结果采取措施。它不依据工程报告、报表和统计数字，而是根据项目投入(如工艺、材料、人力、气候、信息、技术方案)分析研究，预测结果，将这种结果与目标相比较，再控制投入和实施过程。例如常见的前馈控制措施有：

通过详细的调查研究、详细设计和计划，科学地安排实施过程；

在材料采购前进行样品认可和入库前检查；

对供应商、承(分)包商进行严格的资格审查；

进行严格的库存控制；

收听天气预报以调整下期计划，特别在雨期和冬期施工中；

加强项目前期的各种开发和研究性工作；

对风险进行预警等。

(2) 防护性控制。即在实施过程进行中采取控制手段。例如通过严密的组织落实责任体系，建立管理程序和规章制度，在各职能管理之间建立权力制衡，定期的审计等，项目管理系统设计应贯彻防护性控制原则。

此外，会计程序、采购程序、人事程序等都体现防护性控制。

在防护性控制中，应注重合同的作用，例如通过合同加强承包商自我控制的责任和积极性。在一些新的国际工程承包合同中越来越体现这种精神。

第二节　工程项目施工组织计划与控制管理实务

一、工程项目施工组织计划实务

1. 案例一

(1) 背景

如图 4-2 所示是某建筑公司中标的建筑工程的网络计划，计划工期 12 周，其持续时间和预算费用额列入表 4-1 中。工程进行到第 9 周时，D 工作完成了 2 周，E 工作完成了 1 周，H 工作已经完成。

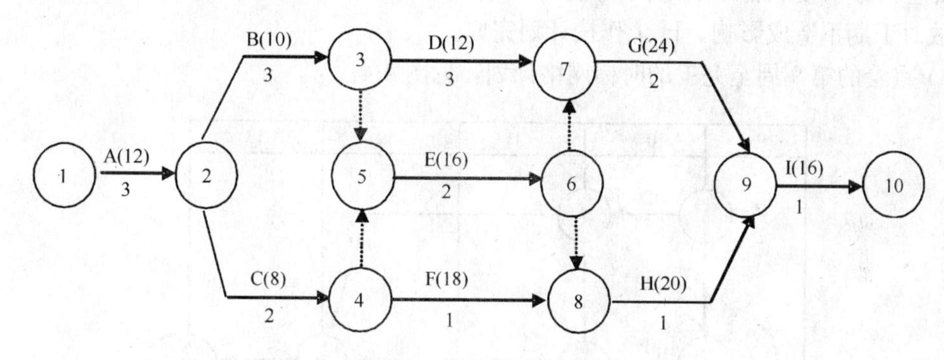

图 4-2　某工程网络计划

网络计划的工作时间和费用　　表 4-1

工作名称	A	B	C	D	E	F	G	H	I	合计
持续时间(周)	3	3	2	3	2	1	2	1	1	
费用(万元)	12	10	8	12	16	18	24	20	16	136

(2) 问题

1) 绘制实际进度前锋线，并计算累计完成投资额。

2) 如果后续工作按计划进行，试分析上述三项工作对计划工期产生了什么影响。

3) 重新绘制第 9 周至完工的时标网络计划。

4) 如果要保持工期不变，第 9 周后需压缩哪项工作？

(3) 分析与解答

1) 根据第 9 周的进度情况绘制的实际进度前锋线见图 4-3。为绘制实际进度前锋线，必须将图 4-2 绘成时标网络计划，然后再打点连线。完成的投资为：

12+10+8+2/3×12+1/2×16+18+20=84(万元)。

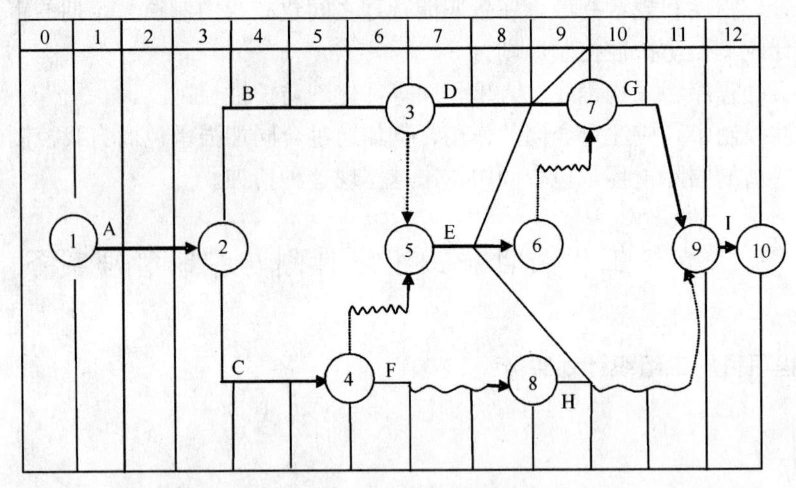

图 4-3 实际进度前锋线(一)

2) 从图 4-3 中可以看出，D、E 工作均未完成计划。D 工作延误一周，这一周是在关键线路上，故将使项目工期延长一周。E 工作虽然也延误一周，但由于该工作有一周总时差，故对工期不造成影响。H 工作按计划完成。

3) 重绘的第 9 周至完工的时标网络计划，见图 4-4。

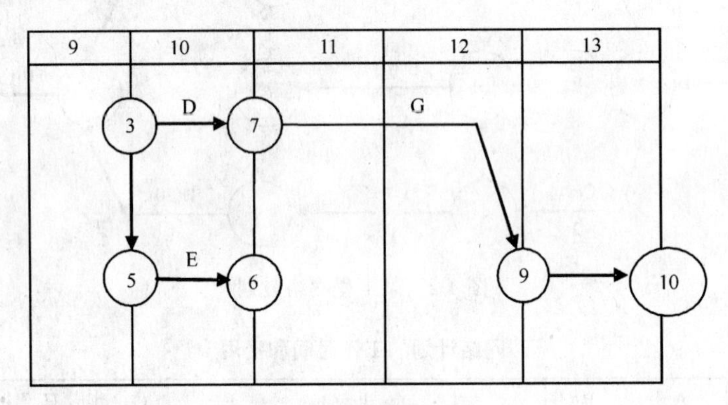

图 4-4 实际进度前锋线(二)

4) 如果要使工期保持 12 周不变，在第 9 周检查之后，应立即组织压缩 G 工作的持续时间一周，因为 G 工作既在关键线路上，且它的持续时间又长，压缩一周可节约 12 万元，大于其他工作的压缩节约额。

2. 案例二

(1) 背景

某单项房屋建筑工程的网络计划见图 4-5，图中箭线之下括弧外的数字为正常持续时间：括弧内的数字是最短时间，箭线之上是每天的费用。由于种种原因，工程延误了 15d 才开工。

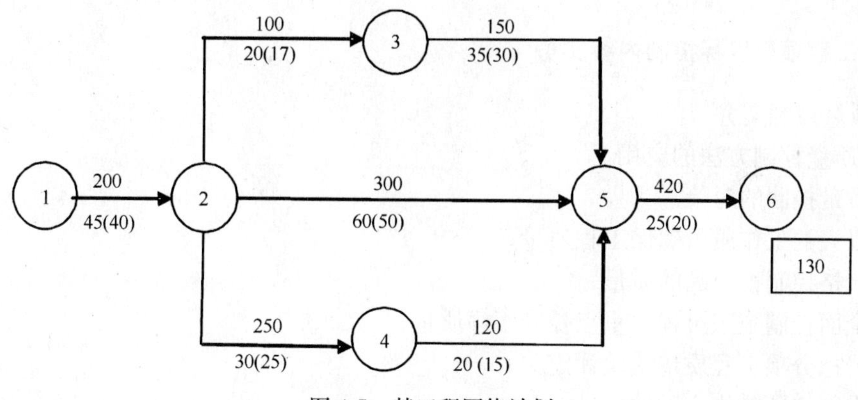

图 4-5　某工程网络计划

（2）问题

1）试述赶工的对象。

2）要在以后的时间进行赶工，使合同工期不拖期，问怎样赶工才能使增加的费用最少？

（3）分析与解答

工期费用调整的原则是：压缩有压缩潜力的、增加的赶工费最少的关键工作。因此，要在关键工作上寻找调整对象。

第一步：在 1—2、2—5 和 5—6 工作中挑选费用最小的工作，故应首先压缩工作 1—2，利用其可压缩 5d 的潜力，增加费用 5×200＝1000 元，至此工期压缩了 5d。

第二步：删去已压缩的工作，在 2—5 和 5—6 中挑选 2—5 工作压缩 5d，因为与 2—5 平行进行的工作中，最小总时差为 5d，增加费用 5×300＝1500 元。至此，工期累计压缩了 10 天，累计增加费用 1000＋1500＝2500 元。1—2—5 成了关键线路。

第三步：同时压缩 2—3、2—5，但压缩量 2—3 最小、只有 3d 潜力，故只能压缩短 3d，增加费用 3×(300＋100)＝1200 元，累计压缩工期 13d；累计增加费用为 2500＋1200＝3700 元。

第四步：压缩工作 5—6，压缩 2d，至此，拖延的时间可全部赶回来，增加的费用为 2×420＝840 元，累计增加费用为 3700＋840＝4540 元。调整后的网络计划见图 4-6。

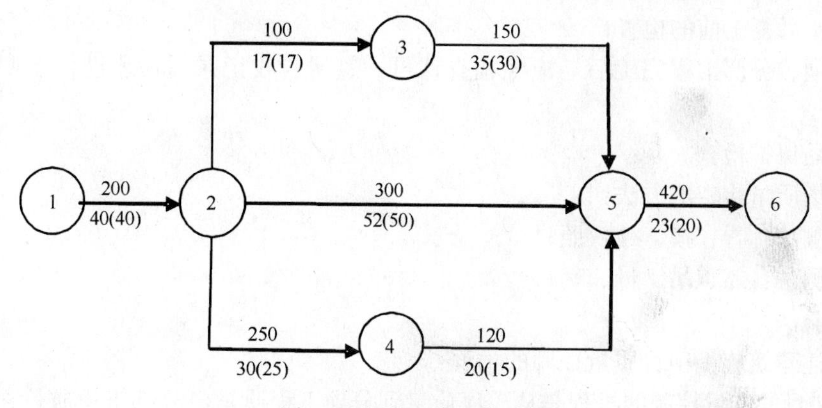

图 4-6　调整后的网络计划

二、工程项目目标控制内容实务

1. 质量控制实务

(1) 质量控制方法的应用

1) 质量控制的对策：

① 以人的工作质量确保工程质量；

② 严格控制投入品的质量；

③ 全面控制施工过程，重点控制工序质量；

④ 严把分项工程质量检验评定关；

⑤ 贯彻“预防为主”的方针；

⑥ 严防系统性因素的质量变异。

2) 质量控制的方法：

① 审核有关技术文件和报告：

(A) 审核有关技术资质证明文件；

(B) 审核开工报告，并经现场核实；

(C) 审核施工方案、施工组织设计和技术措施；

(D) 审核有关材料、半成品的质量检验报告；

(E) 审核反映工序质量动态的统计资料或控制图表；

(F) 审核设计变更、修改图纸和技术核定书；

(G) 审核有关质量问题的处理报告；

(H) 审核有关应用新工艺、新材料、新技术、新结构的技术鉴定书；

(I) 审核有关工序交接检查，分项、分部工程质量检查报告；

(J) 审核并签署现场有关技术签证、文件等。

② 直接进行现场质量检验或必要的试验等。

3) 现场质量检查的内容：

① 开工前检查；

② 工序交接检查；

③ 隐蔽工程检查；

④ 停工后复工前的检查；

⑤ 分项、分部工程完工后，应经检查认可，签署验收记录后，才进行下一工程项目施工；

⑥ 成品保护检查。

4) 现场质量检查的方法：

① 目测法：看、摸、敲、照；

② 实测法：靠、吊、量、套；

③ 试验法。

5) 简述建筑施工项目质量控制的过程：

施工项目的质量控制的过程是从工序质量到分项工程质量、分部工程质量、单位工程质量的系统控制过程；也是一个由投入原材料的质量控制开始，直到完成工程质量检验为止的全过程的系统过程。

(2) 案例

某安装公司承接某住宅楼工程设备安装工程的施工任务，为了降低成本，项目经理通过关系购进廉价电线，并隐瞒了工地甲方和监理人员，工程完工后，通过验收交付使用单位使用，过了保修期后的某一年，大批用户反映电线满足不了用电荷载。

1) 问题

① 为避免出现质量问题，施工单位应事前对哪些因素进行控制?

② 该工程出现质量问题的主要原因是项目经理组织使用不合格材料，为了防止质量问题的发生，应如何对参与施工人员进行控制。

③ 该工程电线满足不了用电荷载，已过保修期，施工单位是否对该质量问题负责，为什么?

④ 施工单位未经监理，该做法是否正确? 如果不正确，施工单位应如何做?

⑤ 为了保证该工程质量达到设计和规范要求，施工单位对进场材料应如何进行质量控制?

⑥ 简述材料质量控制的要点。

⑦ 材料质量控制的内容有哪些?

2) 分析与答案

① 影响施工项目的质量因素主要有五个方面，即4M1E，指人、材料、机械、方法和环境。

② 人，作为控制对象，要避免产生错误；作为控制的动力，要充分调动人的积极性，发挥人的主导作用。

③ 虽然已过保修期，但施工单位仍要对该质量问题负责。原因是：该质量问题的发生是由于施工单位采用不合格材料造成，是施工过程中造成的质量隐患，不属于保修的范围，因此不存在过了保修期的说法。

④ 施工单位未经监理单位对电线材料验收即用在该工程上做法是错误的。

正确做法：施工单位运进电线前，应向项目监理机构提交《工程材料报审表》，同时附有合格证、技术说明书、按规定要求进行送检的检验报告，经监理工程师审查并确认其质量合格后，方准进场。

⑤ 材料质量控制方法主要是严格检查验收，正确合理的使用，建立管理台账，进行收、发、储、运等环节的技术管理，避免混料和将不合格的原材料使用到工程上。

⑥ 进场材料质量控制要点：

(A) 掌握材料信息，优选供货厂家；

(B) 合理组织材料供应，确保施工正常进行；

(C) 合理组织材料使用，减少材料损失；

(D) 加强材料检查验收，严把材料质量关；

(E) 要重视材料的使用认证，以防错用或使用不合格的材料；

(F) 加强现场材料管理。

⑦ 材料质量控制的内容主要有：材料的质量标准，材料的性能，材料取样、试验方法，材料的适用范围和施工要求等。

(3) 施工工序质量控制的要点

1) 内容：

① 严格遵守工艺规程；

② 主动控制工序活动条件的质量；

③ 及时检查工序活动效果的质量；

④ 设置工序质量控制点。

2) 工序质量检查的内容：标准具体化、度量、比较、判定、处理、记录。

3) 质量控制点设置的原则，是根据工程的重要程度，即质量特性值对整个工程质量的影响程度来确定。设置质量控制点时，首先要对施工的工程对象进行全面分析、比较，以明确质量控制点；尔后进一步分析所设置的质量控制点在施工中可能出现的质量问题、或造成质量隐患的原因，针对隐患的原因，相应地提出对策措施予以预防。

4) 控制步骤：实测、分析、判断。

5) 质量预控措施

① 绘制关键性轴线控制图，每层复查轴线标高一次，垂直度以经纬仪检查控制；

② 绘制预留、预埋图，在自检基础上进行抽查，看预留、预埋是否符合要求；

③ 回填土分层夯实，支撑下面应根据荷载大小进行地基验算、加设垫块；

④ 重要模板要经过设计计算，保证有足够的强度和刚度；

⑤ 模板尺寸偏差按规范要求检查验收。

(4) 质量问题的原因、处理程序、基本要求及处理方法

1) 质量问题的原因

① 违反建设程序；

② 工程地质勘查原因；

③ 未加固处理好地基；

④ 设计计算问题；

⑤ 建筑材料及制品不合格；

⑥ 施工和管理问题；

⑦ 自然条件影响；

⑧ 建筑结构使用不当。

2) 处理程序

① 进行事故调查：了解事故情况，并确定是否需要采取防护措施；

② 分析调查结果，找出事故的主要原因；

③ 确定是否需要处理，若需处理，施工单位确定处理方案；

④ 事故处理；

⑤ 检查事故处理结果是否达到要求；

⑥ 事故处理结论；

⑦ 提交处理方案。

3) 基本要求

① 处理应达到安全可靠、不留隐患、满足生产和使用要求、施工方便、经济合理的目的。

② 重视消除事故原因。

③ 注意综合治理。

④ 正确确定处理范围。

⑤ 正确选择处理时间和方法。

⑥ 加强事故处理的检查验收工作。

⑦ 认真复查事故的实际情况。

⑧ 确保事故处理期的安全。

4) 处理方法：封闭防护、结构卸荷、加固补强、限制使用、拆除重建等。

(5) 质量通病的原因及防治

1) 某办公楼采用现浇钢筋混凝土框架结构，地面采用细石混凝土，施工过程中，发现房间地坪质量不合格，因此对该质量问题进行了调查，发现有80间房间起砂。

问题：

① 该工程质量问题会造成什么危害?

② 试分析造成该质量通病的原因及采取的防治措施。

2) 分析与答案

① 危害：破坏地面的使用功能，不能正常使用。

② 原因：

(A) 细石混凝土水灰比过大，塌落度过大；

(B) 地面压光时机掌握不当；

(C) 养护不当；

(D) 细石混凝土地面尚未达到足够强度就上人或机械等进行下道工序，使地面表层遭受摩擦等作用导致地面起砂；

(E) 冬施保温差；

(F) 使用不合格的材料。

③ 防治措施：

(A) 严格控制水灰比；

(B) 正确掌握压光时间；

(C) 地面压光后，加强养护；

(D) 合理安排工序流程，避免上人过早；

(E) 在冬施条件下做地面应防止早期受冻，要采取有效保温措施；

(F) 不得使用过期、受潮水泥。

(6) 质量验收的内容、程序和组织

1) 分项工程应由监理工程师(建设单位项目负责人)组织施工单位项目专业质量(技术)负责人进行验收。

2) 分部工程应由总监理工程师(建设单位项目负责人)组织施工单位项目负责人和技术、质量负责人、勘察、设计单位工程项目负责人和施工单位技术、质量部门负责人进行工程验收。

3) 单位工程完工后，施工单位应自行组织有关人员进行检查评定，并向建设单位提交工程验收报告；建设单位收到工程验收报告后，应由建设单位(项目)负责人组织施工

(含分包单位)、设计、监理等单位(项目)负责人进行单位工程验收；分包单位对所承包工程项目检查评定，总包派人参加，分包完成后，将资料交给总包；当参加验收各方对工程质量验收不一致时，可请当地建设行政主管部门或工程质量监督机构协调处理；单位工程质量验收合格后，建设单位应在规定时间内将工程竣工验收报告和有关文件，报建设行政管理部门备案。

2. 安全控制实务

(1) 施工项目安全管理体系

安全管理体系是项目管理体系中的一个子系统，其循环也是整个管理系统循环的一个子系统。安全管理体系的运行主要依赖于逐步提高，持续改进。是一个动态的、自我调整和完善的安全管理系统，同时也是职业安全卫生管理体系的基本内容。

安全生产长期以来一直是我国的一项基本国策。施工项目必须紧密围绕“企业负责、行业管理、国家监察、群众监督、劳动者遵章守纪”这一安全生产管理体制，坚持“管生产必须管安全”的基本原则，贯彻落实“安全第一、预防为主”的方针，积极创建文明安全的施工环境，确保施工生产顺利进行。

施工项目安全管理制度包括建立安全管理体系，制定施工安全管理责任制，掌握施工安全技术措施，做好施工安全技术措施交底，加强安全生产定期检查、安全教育与培训工作以及掌握伤亡事故的调查与处理程序等各方面。

施工项目安全管理同时应做好施工过程的安全控制，加强施工机械和施工用电管理及安全检查验收工作。

(2) 案例

某商厦建筑面积25000m^2，钢筋混凝土框架结构，地上5层，地下2层，由市建筑设计院设计，某建筑工程公司施工。2001年4月8日开工。在主体结构施工到地上2层时，柱混凝土施工完毕，为使楼梯能跟上主体施工进度，施工单位在地下室楼梯未施工的情况下直接支模施工第一层楼梯混凝土。支模方法是：在±0.00m处的地下室楼梯间侧壁混凝土墙板上放置四块预应力混凝土空心楼板，在楼梯上面进行一楼楼梯支模。另外在地下室楼梯间采取分层支模的方法对上述四块预制楼板进行支撑。－1层的支撑柱直接顶在预制楼板下面。7月30日中午开始浇筑一层楼梯混凝土，当混凝土浇筑即将完工时，楼梯整体突然坍塌，致使7名现场施工人员坠落并被砸入地下室楼梯间内。造成4人死亡，3人轻伤，直接经济损失10.5万元的重大事故。经事后调查发现，第一层楼梯混凝土浇筑的技术交底和安全交底均为施工单位为逃避责任而后补。

1) 问题

① 本工程这起重大事故可定为哪种等级的重大事故？依据是什么？

② 伤亡事故处理的程序是什么？

③ 分部(分项)工程安全技术交底的要求和主要内容是什么？

2) 分析与答案

① 按照《生产安全事故报告和调查处理条例》规定：具备下列条件之一者为较大事故：是指造成3人以上9人以下死亡，或者10人以上50人以下重伤，或者1000万元以上5000万元以下直接经济损失的事故；

② 伤亡事故处理的程序一般为：

(A) 迅速抢救伤员并保护好事故现场；

(B) 组织调查组；

(C) 现场勘察；

(D) 分析事故原因，明确责任者；

(E) 制定预防措施；

(F) 提出处理意见，写出调查报告；

(G) 事故的审定和结案；

(H) 员工伤亡事故登记记录。

③ 安全技术交底要求：安全技术交底工作在正式作业前进行，不但口头讲解，而且应有书面文字材料，并履行签字手续，施工负责人、生产班组、现场安全员三方各留一份。安全技术交底是施工负责人向施工作业人员进行责任落实的法律要求，要严肃认真地进行，不能流于形式。交底内容不能过于简单，千篇一律，应按分部分项工程和针对具体的作业条件进行。

安全技术交底内容：①按照施工方案的要求，在施工方案的基础上对施工方案进行细化和补充；②对具体操作者讲明安全注意事项，保证操作者的人身安全。

三、项目的计划统计管理

1. 工程质量统计方法

统计质量管理是 20 世纪 30 年代发展起来的科学管理理论与方法，它把数理统计方法应用于产品生产过程的抽样检验，利用样本质量特性数据的分布规律，分析和推断生产过程总体质量的状况，改变了传统的事后把关的质量控制方式，为工业生产的事前质量控制和过程质量控制，提供了有效的科学手段。它的作用和贡献成为质量管理有代表性的一个历史发展阶段，至今仍是质量管理的不可缺少工具。可以说没有数理统计方法就没有现代工业质量管理，建筑业虽然是现场型的单件性建筑产品生产，数理统计方法直接在现场生产过程工序质量检验中的应用，受到客观条件的限制，但在进场材料的抽样检验、试块试件的检测试验等方面，仍然有广泛的用途。尤其是人们应用数理统计原理所创立的分层法、因果分析法、直方图法、排列图法、管理图法、分布图法、检查表法等定量和定性方法，对施工现场质量管理都有实际的应用价值。本节要求掌握排列图法、因果分析图法、分层法、调查分析法、直方图法的应用。

2. 排列图法和因果分析图法

(1) 排列图法

排列图法又叫巴氏图法或巴雷特图法，也叫主次因素分析图法，是分析影响质量主要问题的方法。

排列图由两个纵坐标、一个横坐标、几个长方形和一条曲线组成。左侧的纵坐标是频数或件数，右侧的纵坐标是累计频率，横轴则是项目(或因素)，按项目频数大小顺序在横轴上自左而右画长方形，其高度为频数，并根据右侧纵坐标，画出累计频率曲线，又称巴雷特曲线，常用的排列图作法有以下两种，现以地坪起砂原因排列图为例说明。

【例】 某建筑工程对房间地坪质量不合格问题进行了调查，发现有 80 间房间起砂，调查结果统计如表 4-2。

地坪起砂原因调查 **表 4-2**

地平起砂原因	出现房间数	地平起砂原因	出现房间数
砂含泥量过大	16	水泥强度等级太低	2
砂粒径过细	45	砂浆终凝前压光不足	2
后期养护不良	5	其　他	3
砂浆配合比不当	7		

画出地坪起砂原因排列图。

首先做出地坪起砂原因的排列表，如表 4-3 所示。

地坪起砂原因排列表 **表 4-3**

项　目	频　数	累计频数	累计频率
砂粒径过细	45	45	56.2%
砂含泥量过大	16	61	76.2%
砂浆配合比不当	7	68	85%
后期养护不良	5	73	91.3%
水泥强度等级太低	2	75	93.8%
砂浆终凝前压光不足	2	77	96.2%
其他	3	80	100%

根据表 4-3 中的频数和累计频率的数据画出“地坪起砂原因排列图”，如图 4-7 所示。其左侧的纵坐标高度为累计频数 $N=80$，从 80 处作一条平行线交右侧纵坐标处即为累计频率的 100%，然后再将右侧纵坐标等分为 10 份。

排列图的观察与分析，通常把累计百分数分为三类：0～80%为 A 类，A 类因素是影响产品质量的主要因素；80%～90%为 B 类，B 类因素为次要因素；90%～100%为 C 类，C 类因素为一般因素。

画排列图时应注意的几个问题：

1）左侧的纵坐标可以是件数、频数，也可以是金额，也就是说，可以从不同的角度去分析问题；

2）要注意分层，主要因素不应超过 3 个，否则没有抓住主要矛盾；

3）频数很少的项目归入“其他项”，以免横轴过长，“其他项”一定放在最后；

4）效果检验，重画排列图。针对 A 类因素采取措施后，为检查其效果，经过一段时间，需收

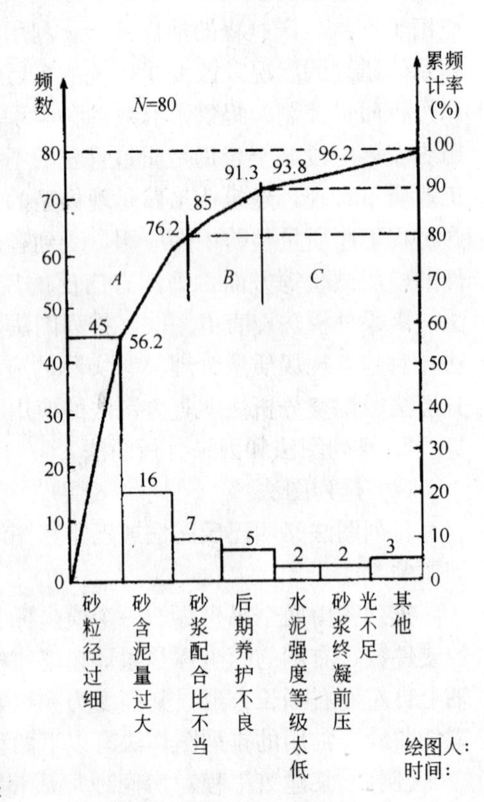

图 4-7 地坪起砂原因排列图

集数据重画排列图，若新画的排列图与原排列图主次换位，总的废品率(或损失)下降，说明措施得当，否则，说明措施不力，未取得预期的效果。

排列图广泛应用于生产的第一线，如车间、班组或工地，项目的内容、数据、绘图时间和绘图人等资料都应在图上写清楚，使人一目了然。

(2) 因果分析图法

因果分析图又叫特性要因图、鱼刺图、树枝图。这是一种逐步深入研究和讨论质量问题的图示方法。在工程实践中，任何一种质量问题的产生，往往是多种原因造成的。这些原因有大有小，把这些原因依照大小顺序分别用主干、大枝、中枝和小枝图形表示出来，便可一目了然地系统观察出产生质量问题的原因。运用因果分析图可以帮助我们制定对策，解决工程质量上存在的问题，从而达到控制质量的目的。

现以混凝土强度不足的质量问题为例来阐明因果分析图的画法，如图 4-8 所示。

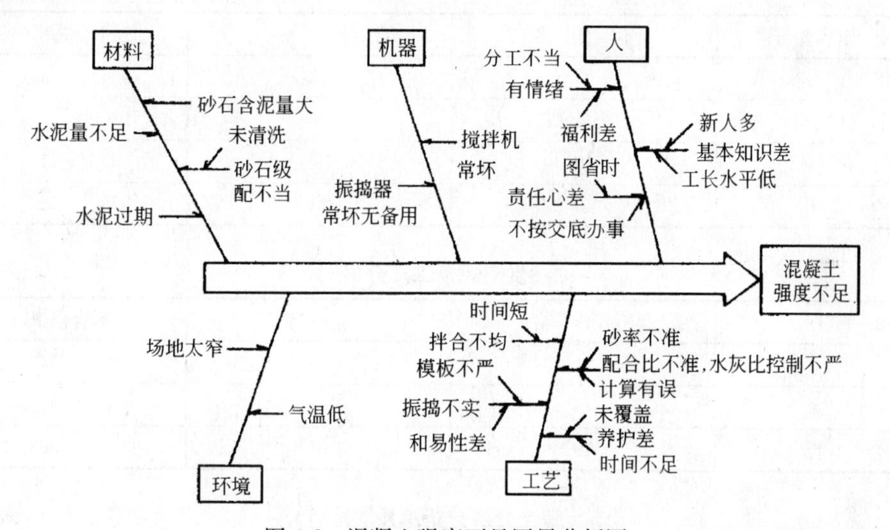

图 4-8　混凝土强度不足因果分析图

1) 决定特性。特性就是需要解决的质量问题，放在主干箭头的前面。

2) 确定影响质量特性的大枝。影响工程质量的因素主要是人、材料、工艺、设备和环境等五方面。

3) 进一步画出中、小细枝，即找出中、小原因。

4) 发扬技术民主，反复讨论，补充遗漏的因素。

5) 针对影响质量的因素，有的放矢地制定对策，并落实到解决问题的人和时间，通过对策计划表的形式列出，限期改正。

3. 分层法和调查分析法

(1) 分层法

分层法又称分类法或分组法，就是将收集到的质量数据，按统计分析的需要，进行分类整理，使之系统化，以便于找到产生质量问题的原因，及时采取措施加以预防。

分层的方法很多，可按班次、日期分类；按操作者、操作方法、检测方法分类；可按设备型号、施工方法分类；也可按使用的材料规格、型号、供料单位分类等。

多种分层方法应根据需要灵活运用，有时用几种方法组合进行分层，以便找出问题的症结。如钢筋焊接质量的调查分析，调查了钢筋焊接点50个，其中不合格的19个，不合格率为38%，为了查清不合格原因，将收集的数据分层分析。现已查明，这批钢筋是由三个师傅操作的，而焊条是两个厂家提供的产品，因此，分别按操作者分层和按供应焊条的工厂分层，进行分析，表4-4是按操作者分层，分析结果可看出，焊接质量最好的B师傅，不合格率达25%；表4-5是按供应焊条的厂家分层，发现不论是采用甲厂还是乙厂的焊条，不合格率都很高而且相差不多。为了找出问题之所在，又进行了更细的分层，表4-6是将操作者与供应焊条的厂家结合起来分层，根据综合分层数据的分析，问题即可清楚，解决焊接质量问题，可采取如下措施：

1）在使用甲厂焊条时，应采用B师傅的操作方法；

2）在使用乙厂焊条时，应采用A师傅的操作方法。

按操作者分层　　**表4-4**

操作者	不合格	合格	不合格率(%)
A	6	13	32
B	3	9	25
C	10	9	53
合计	19	31	38

按供应焊条工厂分层　　**表4-5**

工厂	不合格	合格	不合格率(%)
甲	9	14	39
乙	10	17	37
合计	19	31	38

综合分层分析焊接质量　　**表4-6**

操作者		甲厂	乙厂	合计
A	不合格	6	0	6
	合格	2	11	13
B	不合格	0	3	3
	合格	5	4	9
C	不合格	3	7	10
	合格	7	2	9
合计	不合格	9	10	19
	合格	14	17	31

（2）调查分析法

调查分析法又称调查表法，是利用表格进行数据收集和统计的一种方法。表格形式根据需要自行设计，应便于统计、分析。

如图4-9所示为工序质量特性分布统计分析图。该图是为掌握某工序产品质量分布情况而使用的，可以直接把测出的每个质量特性值填在预先制好的频数分布空白格上，每测出一个数据就在相应值栏内划一记号组成“正”字，记测完毕，频率分布也就统计出来了。此法较简单，但填写统计分析图时若出现差错，事后无法发现，为此，一般都先记录数据，然后再用直方图法进行统计分析。

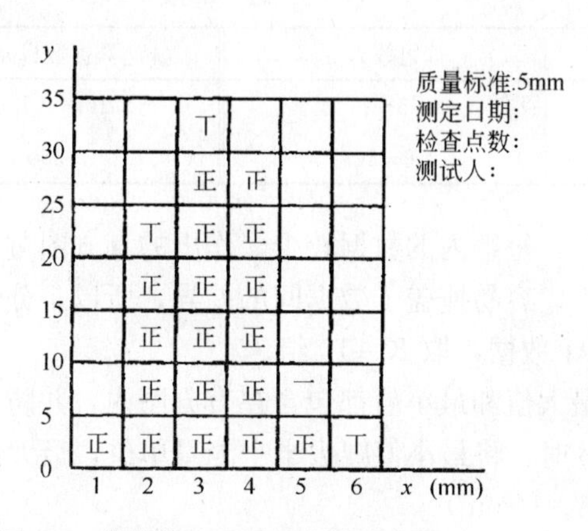

图 4-9 某墙体工程平整度统计分析

4. 直方图法

直方图又称质量分布图、矩形图、频数分布直方图。它是将产品质量频数的分布状态用直方形来表示，根据直方的分布形状和与公差界限的距离来观察、探索质量分布规律，分析、判断整个生产过程是否正常。

利用直方图，可以制定质量标准，确定公差范围，可以判明质量分布情况，是否符合标准的要求。但其缺点是不能反映动态变化，而且要求收集的数据较多(50～100 个以上)，否则难以体现其规律。

(1) 直方图的作法

直方图由一个纵坐标、一个横坐标和若干个长方形组成。横坐标为质量特性，纵坐标是频数时，直方图为频数直方图；纵坐标是频率时，直方图为频率直方图。

现以大模板边长尺寸误差的测量为例，说明直方图的作法。表 4-7 为模板边长尺寸误差数据表。

模板边长尺寸误差表 **表 4-7**

−2	−3	−3	−4	−3	0	−1	−2
−2	−2	−3	−1	+1	−2	−2	−1
−2	−1	0	−1	−2	−3	−1	+2
0	−5	−1	−3	0	+2	0	−2
−1	+3	0	0	−3	−2	−5	+1
0	−2	−4	−3	−4	−1	+1	+1
−2	−4	−6	−1	−2	+1	−1	−2
−3	−1	−4	−1	−3	−1	+2	0
−5	−3	0	−2	−4	0	−3	−1
−2	0	−3	−4	−2	+1	−1	+1

1）确定组数、组距和组界

一批数据究竟分多少组，通常根据数据的多少而定，可参考表 4-8。

组 数 表 4-8

数据数目 n	组数 K	数据数目 n	组数 K
＜50	5～7	100～250	7～12
50～100	6～10	＞250	10～20

若组数取得太多，每组内的数据较少，作出的直方图过于分散；若组数取得太少，则数据集中于少数组内，容易掩盖了数据间的差异，所以，分组数目太多或太少都不好。

本例收集了 80 个数据，取 $K=10$ 组。

为了将数据的最大值和最小值都包含在直方图内，并防止数据落在组界上，测量单位（即测量精确度）为 δ 时，将最小值减去半个测量单位，最大值加上半个测量单位。

本例测量单位 $\delta=1$(mm)

$$x'_{\min}=x_{\min}-\frac{\delta}{2}=-6-\frac{1}{2}=-6.5(\text{mm})$$

$$x'_{\max}=x_{\max}+\frac{\delta}{2}=3+\frac{1}{2}=3.5(\text{mm})$$

计算极差为：

$$R'=x'_{\max}-x'_{\min}=3.5-(-6.5)=10(\text{mm})$$

分组的范围 R' 确定后，就可确定其组距 h。

$$h=\frac{R'}{K}$$

所求得的 h 值应为测量单位的整倍数，若不是测量单位的整倍数时可调整其分组数。其目的是为了使组界值的尾数为测量单位的一半，避免数据落在组界上。

本例：$h=\frac{R'}{K}=\frac{10}{10}=1$(mm)

组界的确定应由第一组起。

本例各组界限值计算结果见表 4-9。

2）编制频数分布表

按上述分组范围，统计数据落入各组的频数，填入表内，计算各组的频率并填入表内，如表 4-9 所示。

频数分布表 表 4-9

组 号	分组区间	频 数	频 率	组 号	分组区间	频 数	频 率
1	−6.5～−5.5	1	0.0125	6	−1.5～−0.5	17	0.2125
2	−5.5～−4.5	3	0.0375	7	−0.5～0.5	12	0.15
3	−4.5～−3.5	7	0.0875	8	0.5～1.5	6	0.075
4	−3.5～−2.5	13	0.1625	9	1.5～2.5	3	0.0375
5	−2.5～−1.5	17	0.2125	10	2.5～3.5	1	0.0125

据频数分布表中的统计数据可做出直方图，本例的频数直方图如图 4-10 所示。

(2) 直方图的观察分析

1) 直方图图形分析

直方图形象直观地反映了数据分布情况，通过对直方图的观察和分析可以看出生产是否稳定，及其质量的情况：常见的直方图典型形状有以下几种，如图 4-11 所示：

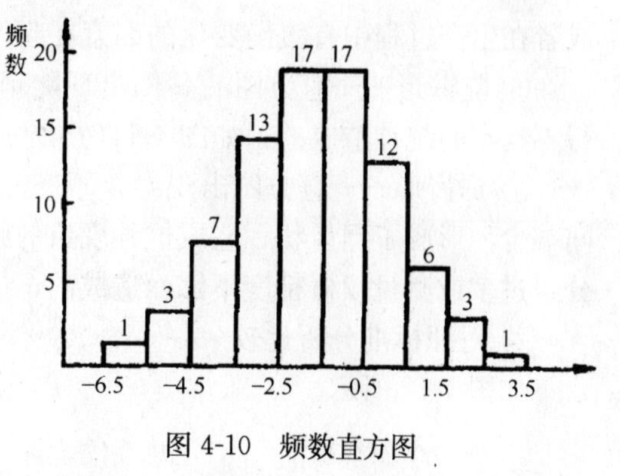

图 4-10　频数直方图

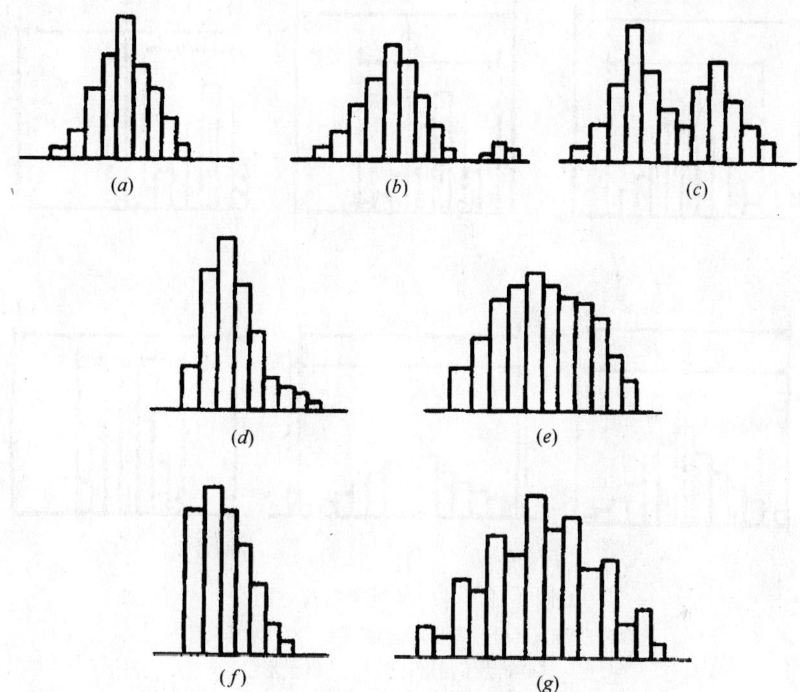

图 4-11　常见直方图形

(a)正常形；(b)孤岛形；(c)双峰形；(d)偏向形；
(e)平顶形；(f)陡壁形；(g)锯齿形

① 正常形——又称为“对称形”。它的特点是中间高、两边低，并呈左右基本对称，说明相应工序处于稳定状态，如图 4-11(a)所示。

② 孤岛形——在远离主分布中心的地方出现小的直方，形如孤岛，如图 4-11(b)所示。孤岛的存在表明生产过程中出现了异常因素。

③ 双峰形——直方图出现两个中心，形成双峰状。这往往是由于把来自两个总体的数据混在一起作图所造成的。如图 4-11(c)所示。

④ 偏向形——直方图的顶峰偏向一侧，故又称偏坡型，它往往是因计数值或计量值只控制一侧界限或剔除了不合格数据造成，如图 4-11(d)所示。

⑤ 平顶形——在直方图顶部呈平顶状态。一般是由多个母体数据混在一起造成的，

或者在生产过程中有缓慢变化的因素在起作用所造成。如图 4-11(*e*)所示。

⑥ 陡壁形——直方图的一侧出现陡峭绝壁状态。这是由于人为地剔除一些数据，进行不真实的统计造成的，如图 4-11(*f*)所示。

⑦ 锯齿形——直方图出现参差不齐的形状，即频数不是在相邻区间减少，而是隔区间减少，形成了锯齿状。造成这种现象的原因不是生产上的问题，而主要是绘制直方图时分组过多或测量仪器精度不够而造成的，如图 4-11(*g*)所示。

2) 对照标准分析比较

如图 4-12 所示。

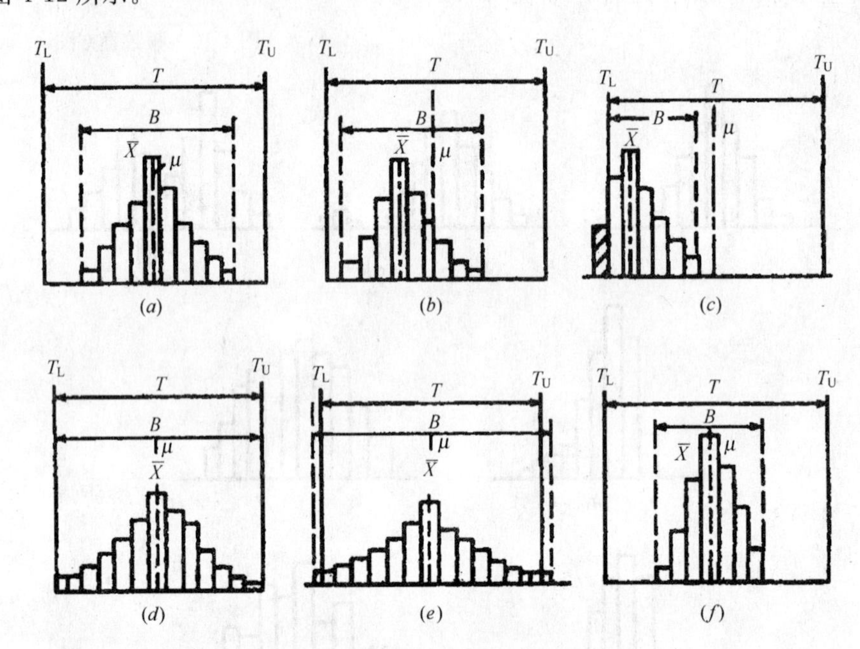

图 4-12　与标准对照的直方图

(*a*)理想形；(*b*)偏向形；(*c*)陡壁形；(*d*)无富余形；
(*e*)能力不足形；(*f*)能力富余形

当工序处于稳定状态时(直方图为正常形)，还需进一步将直方图与规格标准进行比较，以判定工序满足标准要求的程度。其主要是分析直方图的平均值 $\overline{X}$ 与质量标准中心重合程度，比较分析直方图的分布范围 B 同公差范围 T 的关系。图 4-12 在直方图中标出了标准范围 T，标准的上偏差 T_U 和下偏差 T_L，实际尺寸范围 B。对照直方图图形可以看出实际产品分布与实际要求标准的差异。

① 理想形——实际平均值 $\overline{X}$ 与规格标准中心 μ 重合，实际尺寸分布与标准范围两边有一定余量，约为 $T/8$。

② 偏向形——虽在标准范围之内，但分布中心偏向一边，说明存在系统偏差，必须采取措施。

③ 双侧压线形——又称无富余形。分布虽然落在规格范围之内，但两侧均无余地，稍有波动就会出现超差、出现废品。

④ 能力富余形——又称过于集中形。实际尺寸分布与标准范围两边余量过大，属控

制过严，质量有富余，不经济。

⑤ 能力不足形——又称双侧超越线形。此种图形实际尺寸超出标准线，已产生不合格品。

⑥ 陡壁形——此种图形反映数据分布过分地偏离规格中心，造成超差，出现不合格品。这是由于工序控制不好造成的，应采取措施使数据中心与规格中心重合。

以上产生质量散布的实际范围与标准范围比较，表明了工序能力满足标准公差范围的程度，也就是施工工序能稳定地生产出合格产品的工序能力。

第五章　工程项目法规及相关知识

第一节　工程项目现场管理法规知识

一、施工许可制度

1. 建筑工程施工许可的范围

在我国境内从事各类房屋建筑及其附属设施的建造、装修装饰和与其配套的线路、管道、设备的安装，以及城镇市政基础设施工程的施工，建设单位在开工前应当依照规定，向工程所在地的县级以上人民政府建设行政主管部门(以下简称发证机关)申请领取施工许可证。

工程投资额在30万元以下或者建筑面积在300m^2以下的建筑工程，可以不申请办理施工许可证。

省、自治区、直辖市人民政府建设行政主管部门可以根据当地的实际情况，对限额进行调整，并报国务院建设行政主管部门备案。

按照国务院规定的权限和程序批准开工报告的建筑工程，不再领取施工许可证。

抢险救灾工程、临时性建筑工程、农民自建两层以下(含两层)住宅工程，不适用此规定。

军事房屋建筑工程施工许可的管理，按国务院、中央军事委员会制定的办法执行。

按规定必须申请领取施工许可证的建筑工程未取得施工许可证的，一律不得开工。

任何单位和个人不得将应该申请领取施工许可证的工程项目分解为若干限额以下的工程项目，回避申请领取施工许可证。

2. 申请领取施工许可证的条件

建设单位申请领取施工许可证，应当具备下列条件，并提交相应的证明文件：

(1) 已经办理该建筑工程用地批准手续。

(2) 在城市规划区的建筑工程，已经取得建设工程规划许可证。

(3) 施工场地已经基本具备施工条件，需要拆迁的，其拆迁进度符合施工要求。

(4) 已经确定施工企业。按照规定应该招标的工程没有招标，应该公开招标的工程没有公开招标，或者肢解发包工程，以及将工程发包给不具备相应资质条件的，所确定的施工企业无效。

(5) 有满足施工需要的施工图纸及技术资料，施工图设计文件已按规定进行了审查。

(6) 有保证工程质量和安全的具体措施。施工企业编制的施工组织设计中有根据建筑工程特点制定的相应质量、安全技术措施，专业性较强的工程项目编制了专项质量、安全施工组织设计，并按照规定办理了工程质量、安全监督手续。

(7) 按照规定应该委托监理的工程已委托监理。

(8) 建设资金已经落实。建设工期不足1年的，到位资金原则上不得少于工程合同价的50%，建设工期超过1年的，到位资金原则上不得少于工程合同价的30%。建设单位应当提供银行出具的到位资金证明，有条件的可以实行银行付款保函或者其他第三方担保。

(9) 法律、行政法规规定的其他条件。

建设单位申请领取施工许可证的工程名称、地点、规模，应当与依法签订的施工承包合同一致。

3. 申请领取施工许可证程序

申请办理施工许可证，应当按照下列程序进行：

(1) 建设单位向发证机关领取《建筑工程施工许可证申请表》。

(2) 建设单位持加盖单位及法定代表人印鉴的《建筑工程施工许可证申请表》，并附规定的证明文件，向发证机关提出申请。

(3) 发证机关在收到建设单位报送的《建筑工程施工许可证申请表》和所附证明文件后，对于符合条件的，应当自收到申请之日起15日内颁发施工许可证；对于证明文件不齐全或者失效的，应当限期要求建设单位补正，审批时间可以自证明文件补正齐全后作相应顺延；对于不符合条件的，应当自收到申请之日起15日内书面通知建设单位，并说明理由。

(4) 建筑工程在施工过程中，建设单位或者施工单位发生变更的，应当重新申请领取施工许可证。

4. 有关施工许可证的其他规定

(1) 施工许可证放置在施工现场备查。

(2) 施工许可证不得伪造和涂改。

(3) 建设单位应当自领取施工许可证之日起3个月内开工。因故不能按期开工的，应当在期满前向发证机关申请延期，并说明理由；延期以两次为限，每次不超过3个月。既不开工又不申请延期或者超过延期次数、时限的，施工许可证自行废止。

(4) 在建的建筑工程因故中止施工的，建设单位应当自中止施工之日起1个月内向发证机关报告，报告内容包括中止施工的时间、原因、在施部位、维护管理措施等，并按照规定做好建筑工程的维护管理工作。

(5) 建筑工程恢复施工时，应当向发证机关报告；中止施工满1年的工程恢复施工前，建设单位应当报发证机关核验施工许可证。

二、建筑工程施工质量管理法规

1. 建筑业企业应具备的条件及资质管理

(1) 建筑业企业应具备的条件

从事建筑活动的建筑施工企业(现统一称为建筑业企业)应当具备下列条件：

1) 有符合国家规定的注册资本；

2) 有与其从事的建筑活动相适应的具有法定执业资格的专业技术人员；

3) 有从事相关建筑活动所应有的技术装备；

4）法律、行政法规规定的其他条件。

(2) 建筑业企业的资质管理

从事建筑活动的建筑业企业按照其拥有的注册资本、专业技术人员、技术装备和已完成的建筑工程业绩等资质条件，划分为不同的资质等级，经资质审查合格，取得相应的等级的资质证书后，方可在其资质等级许可的范围内从事建筑活动。

建筑业企业资质分为施工总承包、专业承包和劳务分包三个序列。

获得施工总承包资质的企业，可以对工程实行施工总承包或者对主体工程实行施工承包。承担施工总承包的企业可以对所承接的工程全部自行施工，也可以将非主体工程或者劳务作业分包给具有相应专业资质或者劳务分包资质的其他建筑业企业。

获得专业承包资质的企业，可以承接施工总承包企业分包的专业工程或者建设单位按照规定发包的专业工程。专业承包企业可以对所承接的工程全部自行施工，也可以将劳务作业分包给具有相应劳务分包资质的劳务分包企业。

获得劳务分包资质的企业，可以承接施工总承包企业或者专业承包企业分包的劳务作业。施工总承包资质、专业承包资质、劳务分包资质序列按照工程性质和技术特点分别划分为若干资质类别。

各资质类别按照规定的条件划分为若干等级。

2. 建筑业企业的质量责任及权利

(1) 建筑业企业的质量责任

建筑工程实行总承包的，工程质量由工程总承包单位负责，总承包单位将建筑工程分包给其他单位的，应当对分包工程的质量与分包单位承担连带责任。分包单位应当接受总承包单位的质量管理。

建筑业企业对工程的施工质量负责：

建筑业企业必须按照工程设计图纸和施工技术标准施工，不得偷工减料。工程设计的修改由原设计单位负责，建筑业企业不得擅自修改工程设计。

建筑业企业必须按照工程设计要求、施工技术标准和合同的约定，对建筑材料、建筑构配件和设备进行检验，不合格的不得使用。

建筑物在合理使用寿命内，必须确保地基基础工程和主体结构的质量。

建筑工程竣工时，屋顶、墙面不得留有渗漏、开裂等质量缺陷；对已发现的质量缺陷，建筑业企业应当修复。

交付竣工验收的建筑工程必须符合规定的建筑工程质量标准，有完整的工程技术经济资料和经签署的工程保修书，并具备国家规定的其他竣工条件。

建筑工程竣工经验收合格后，方可交付使用；未经验收或者验收不合格的，不得交付使用。建筑工程实行质量保修制度。

(2) 建筑业企业的权利

国家对从事建筑活动的单位推行质量体系认证制度。建筑业企业根据自愿原则可以向国务院产品质量监督管理部门或者国务院产品质量监督管理部门授权的部门认可的认证机构申请质量体系认证。经认证合格的，由认证机构颁发质量体系认证证书。

建设单位不得以任何理由，要求建筑业企业在工程施工作业中，违反法律、行政法规和建筑工程质量、安全标准，降低工程质量。

建筑业企业对建设单位违反上述规定提出的降低工程质量的要求，有权且应当予以拒绝。

(3) 房屋建筑工程质量保修范围、保修期限、保修程序及经济责任

1) 房屋建筑工程质量保修的概念

所谓房屋建筑工程质量保修，是指对房屋建筑工程竣工验收后在保修期限内出现的质量缺陷，予以修复。而质量缺陷，是指房屋建筑工程的质量不符合工程建设强制性标准以及合同的约定。

建设单位和施工单位应当在工程质量保修书中约定保修范围、保修期限和保修责任等，双方约定的保修范围、保修期限必须符合国家有关规定。

2) 房屋建筑工程质量保修的范围

在我国境内新建、扩建、改建各类房屋建筑工程(包括装修工程)都实行质量保修制度。

房屋建筑工程在保修范围和保修期限内出现质量缺陷，施工单位应当履行保修义务。

建筑工程的保修范围应当包括地基基础工程、主体结构工程、屋面防水工程和其他土建工程，以及电气管线、上下水管线的安装工程。

但下列情况不属于保修范围：

① 因使用不当或者第三方造成的质量缺陷；

② 不可抗力造成的质量缺陷。

3) 建筑工程保修的最低期限

在正常使用条件下，房屋建筑工程的最低保修期限为：

① 地基基础工程和主体结构工程，为设计文件规定的该工程的合理使用年限；

② 屋面防水工程、有防水要求的卫生间、房间和外墙面的防漏，为5年；

③ 供热与供冷系统，为2个采暖期、供冷期；

④ 电气管线、给排水管道、设备安装为2年；

⑤ 装修工程为2年。

其他项目的保修期限由建设单位和施工单位约定。

房屋建筑工程保修期从工程竣工验收合格之日起计算。

4) 房屋建筑工程质量保修的程序

房屋建筑工程在保修期限内出现质量缺陷，建设单位或者房屋建筑所有人应当向施工单位发出保修通知。施工单位接到保修通知后，应当到现场核查情况，在保修书约定的时间内予以保修。发生涉及结构安全或者严重影响使用功能的紧急抢修事故，施工单位接到保修通知后，应当立即到达现场抢修。

发生涉及结构安全的质量缺陷，建设单位或者房屋建筑所有人应当立即向当地建设行政主管部门报告，采取安全防范措施；由原设计单位或者具有相应资质等级的设计单位提出保修方案，施工单位实施保修，原工程质量监督机构负责监督。

保修完成后，由建设单位或者房屋建筑所有人组织验收。涉及结构安全的，应当报当地建设行政主管部门备案。

施工单位不按工程质量保修书约定保修的，建设单位可以另行委托其他单位保修，由原施工单位承担相应责任。

5）房屋建筑工程质量保修的经济责任

保修费用由质量缺陷的责任方承担。

在保修期限内，因房屋建筑工程质量缺陷造成房屋所有人、使用人或者第三方人身、财产损害的，房屋所有人、使用人或者第三方可以向建设单位提出赔偿要求。建设单位向造成房屋建筑工程质量缺陷的责任方追偿。

因保修不及时造成新的人身、财产损害，由造成拖延的责任方承担赔偿责任。

房地产开发企业售出的商品房保修，还应当执行《城市房地产开发经营管理条例》和其他有关规定。

三、建筑工程施工安全及施工现场管理法规

1. 施工现场的文明施工管理

(1) 施工现场的布置

施工单位应当按照施工总平面布置图设置各项临时设施。堆放大宗材料、成品、半成品和机具设备，不得侵占场内道路及安全防护等设施。

建设工程实行总包和分包的，分包单位确需进行改变施工总平面布置图活动的，应当先向总包单位提出申请，经总包单位同意后方可实施。

施工机械应当按照施工总平面布置图规定的位置和线路设置，不得任意侵占场内道路，施工单位应该保证施工现场道路畅通，排水系统处于良好的使用状态；保持场容场貌的整洁，随时清理建筑垃圾。

施工现场必须设置明显的标牌，标明工程项目名称、建设单位、设计单位、施工单位、项目经理和施工现场总代表人的姓名、开、竣工日期、施工许可证批准文号等。施工单位负责施工现场标牌的保护工作。

施工现场的主要管理人员在施工现场应当佩戴证明其身份的证卡。

(2) 施工现场的安全生产和劳动保护

施工单位必须执行国家有关安全生产和劳动保护的法规，建立安全生产责任制，加强规范化管理，进行安全交底、安全教育和安全宣传，严格执行安全技术方案。施工现场的各种安全设施和劳动保护器具，必须定期进行检查和维护，及时消除隐患，保证其安全有效。

建设单位或者施工单位应当做好施工现场安全保卫工作，采用必要的防盗措施，在现场周边设立围护设施。施工现场在市区的，周围应当设置遮挡围栏，临街的脚手架也应当设置相应的围护设施。非施工人员不得擅自进入施工现场。

施工现场的用电线路、用电设施的安装和使用必须符合安装规范和安全操作规程，并按照施工组织设计进行架设，严禁任意拉线接电。施工现场必须设有保证施工安全要求的夜间照明；危险潮湿场所的照明以及手持照明灯具，必须采用符合安全要求的电压。在车辆、行人通行的地方施工，应当设置沟井坎穴覆盖物和施工标志。施工机械进场的须经过安全检查，经检查合格的方能使用。施工机械操作人员必须建立机组责任制，并依照有关规定持证上岗，禁止无证人员操作。

施工单位应当严格依照《中华人民共和国消防条例》的规定，在施工现场建立和执行防火管理制度，设置符合消防要求的消防设施，并保持完好的备用状态。在容易发生火灾

的地区施工或者储存、使用易燃易爆器材时，施工单位应当采用特殊的消防安全措施。

施工现场应当设置各类必要的职工生活设施，并符合卫生、通风、照明等要求。职工的膳食、饮水供应等应当符合卫生要求。

2. 施工现场特殊情况的处理

(1) 征用临时道路、架设临时电网及施工必需的封路、停水、停电

建设工程施工应当在批准的施工场地内组织进行。需要临时征用施工场地或者临时占用道路的，应当依法办理有关批准手续。

建设工程施工中需要架设临时电网、移动电缆等，施工单位应当向有关主管部门提出申请，经批准后在有关专业技术人员指导下进行。

施工中需要停水、停电、封路而影响到施工现场周围地区的单位和居民时，必须经有关主管部门批准，并事先通告受影响的单位和居民。

(2) 爆破作业

建设工程施工中需要进行爆破作业的，必须经上级主管部门审查同意，并持说明使用爆破器材的地点、品名、数量、用途、四邻距离的文件和安全操作规程，向所在地县、市公安局申请《爆破物品使用许可证》，方可使用。进行爆破作业时，必须遵守爆破安全规程。

(3) 发现文物、化石等特殊物品

施工单位进行地下或者基础工程施工时，发现文物、古化石、爆炸物、电缆等应当暂停施工，保护好现场，并及时向有关部门报告，在按用有关规定处理后，方可继续施工。

3. 工程重大事故的概念，发生重大事故后的报告和调查程序

(1) 工程建设重大事故的概念

工程建设重大事故根据中华人民共和国国务院令第493号

根据生产安全事故(以下简称事故)造成的人员伤亡或者直接经济损失，事故一般分为以下等级：

1) 特别重大事故，是指造成30人以上死亡，或者100人以上重伤(包括急性工业中毒，下同)，或者1亿元以上直接经济损失的事故；

2) 重大事故，是指造成10人以上30人以下死亡，或者50人以上100人以下重伤，或者5000万元以上1亿元以下直接经济损失的事故；

3) 较大事故，是指造成3人以上10人以下死亡，或者10人以上50人以下重伤，或者1000万元以上5000万元以下直接经济损失的事故；

4) 一般事故，是指造成3人以下死亡，或者10人以下重伤，或者1000万元以下直接经济损失的事故。

国务院安全生产监督管理部门可以会同国务院有关部门，制定事故等级划分的补充性规定。

本条第一款所称的“以上”包括本数，所称的“以下”不包括本数。

(2) 重大事故的报告与现场保护

1) 简要报告：

重大事故发生后，事故发生单位必须以最快方式，将事故的简要情况向上级主管部门和事故发生地的市、县级建设行政主管部门及检察、安全生产监督(如有人身伤亡)部门报

告，事故发生单位属于国务院部委的，应同时向国务院有关主管部门报告。

事故发生地的市、县级建设行政主管部门接到报告后，应当立即向人民政府和省、自治区、直辖市建设行政主管部门报告；省、自治区、直辖市建设行政主管部门接到报告后应当立即向人民政府和建设部报告。

2）书面报告：

重大事故发生后，事故发生单位应当在24小时内写出书面报告，按上述程序和部门逐级上报。

重大事故书面报告应当包括以下内容：

事故发生的时间、地点、工程项目、企业名称；

事故发生的简要经过、伤亡人数和直接经济损失的初步估计；

事故发生原因的初步判断；

事故发生后采取的措施及事故控制情况；

事故报告单位。

3）现场保护

事故发生后，事故发生单位和事故发生地的建设行政主管部门，应当严格保护事故现场，采取有效措施抢救人员和财产，防止事故扩大。

因抢救人员、疏导交通等原因，需要移动现场物件时，应当做出标志，绘制现场简图并做出书面记录，妥善保存现场重要痕迹、物证，有条件的可以拍照或录像。

（3）重大事故的调查

1）调查组：

重大事故的调查由事故发生地的市、县级以上建设行政主管部门或国务院有关主管部门组织成立调查组负责进行。

调查组由建设行政主管部门、事故发生单位的主管部门和劳动等有关部门的人员组成，并应邀请人民检察机关和工会派员参加。

必要时，调查组可以聘请有关方面的专家协助进行技术鉴定、事故分析和财产损失的评估工作。

2）调查组的权力：

调查组有权向事故发生单位、各有关单位和个人了解事故的有关情况，索取有关资料，任何单位和个人不得拒绝和隐瞒。

任何单位和个人不得以任何方式阻碍、干扰调查组的正常工作。

3）调查组的职责：

重大事故调查组的职责如下：

组织技术鉴定；

查明事故发生的原因、过程、人员伤亡及财产损失情况；

查明事故的性质、责任单位和主要责任者；

提出事故处理意见及防止类似事故再次发生所应采取措施的建议；

提出对事故责任者的处理建议；

写出事故调查报告。

4）调查报告：

调查组在调查工作结束后10日内，应当将调查报告报送批准组成调查组的人民政府和建设行政主管部门以及调查组其他成员部门。经组织调查的部门同意，调查工作即告结束。

第二节　工程技术标准

企业采用的技术标准不得低于国家和行业标准的规定，并必须执行国家强制性标准。技术标准包括：国家标准、建筑工程行业标准、城镇建设标准、公路桥梁标准、行业标准、工程建设标准化协会标准、北京市地方标准、企业标准、人防工程专业标准等。

一、工程建设标准的分类

《标准化法》按照标准的级别不同，把标准分为国家标准、行业标准、地方标准和企业标准。

1. 国家标准

《标准化法》第6条规定，对需要在全国范围内统一的技术标准，应当制定国家标准。《工程建设国家标准管理办法》规定了应当制定国家标准的种类。

2. 行业标准

《标准化法》第6条规定，对没有国家标准而又需要在全国某个行业范围内统一的技术要求，可以制定行业标准。《工程建设行业标准管理办法》规定了可以制定行业标准的种类。

3. 地方标准

《标准化法》第6条规定，对没有国家标准和行业标准而又需要在省、自治区、直辖市范围内统一的工业产品的安全、卫生要求，可以制定地方标准。

4. 企业标准

《标准化法实施条例》第17条规定，企业生产的产品没有国家标准、行业标准和地方标准的，应当制定相应的企业标准，作为组织生产的依据。

二、工程建设强制性标准和推荐性标准

根据《标准化法》第7条的规定，国家标准、行业标准分为强制性标准和推荐性标准。保障人体健康，人身、财产安全的标准和法律、行政法规规定强制执行的标准是强制性标准，其他标准是推荐性标准。省、自治区、直辖市标准化行政主管部门制定的工业产品的安全、卫生要求的地方标准，在本行政区域内是强制性标准。与上述规定相对应，工程建设标准也分为强制性标准和推荐性标准。

1. 根据《工程建设国家标准管理办法》第3条的规定，下列工程建设国家标准属于强制性标准：

(1) 工程建设勘察、规划、设计、施工(包括安装)及验收等通用的综合标准和重要的通用的质量标准；

(2) 工程建设通用的有关安全、卫生和环境保护的标准；

(3) 工程建设通用的术语、符号、代号、量与单位、建筑模数和制图方法标准；

(4) 工程建设重要的通用的试验、检验和评定方法等标准；

(5) 工程建设重要的通用的信息技术标准；

(6) 国家需要控制的其他工程建设通用的标准。

2. 根据《工程建设行业标准管理办法》第3条的规定，下列工程建设行业标准属于强制性标准：

(1) 工程建设勘察、规划、设计、施工(包括安装)及验收等行业专用的综合性标准和重要的行业专用的质量标准；

(2) 工程建设行业专用的有关安全、卫生和环境保护的标准；

(3) 工程建设重要的行业专用的术语、符号、代号、量与单位和制图方法等标准；

(4) 工程建设重要的行业专用的试验、检验和评定方法等标准；

(5) 工程建设重要的行业专用的信息技术标准；

(6) 行业需要控制的其他工程建设标准。

为了更加明确必须严格执行的工程建设强制性标准，《实施工程建设强制性标准监督规定》进一步规定，“工程建设强制性标准是指直接涉及工程质量、安全、卫生及环境保护等方面的工程建设标准强制性条文。国家工程建设标准强制性条文由国务院建设行政主管部门会同国务院有关行政主管部门确定。”据此，自2000年起，国家建设行政主管部门对工程建设强制性标准进行了全面的改革，严格按照《标准化法》的规定，把现行工程建设强制性国家标准、行业标准中必须严格执行的直接涉及工程安全、人体健康、环境保护和公众利益的技术规定摘编出来，以工程项目类别为对象，编制完成了包括城乡规划、城市建设、房屋建筑、工业建筑、水利工程、电力工程、信息工程、水运工程、公路工程、铁道工程、石油和化工建设工程、矿业工程、人防工程、广播电影电视工程和民航机场工程在内的《工程建设标准强制性条文》。同时，对于新批准发布的，除明确其必须执行的强制性条文外，已经不再确定标准本身的强制性或推荐性。

三、建设工程法律责任

法律责任是行为人因违反法律义务而应承担的不利的法律后果。法律义务不同，行为 人所需要承担法律责任的形式也不同。法律责任的形式主要可分为民事责任、行政责任、刑事责任等。有时，法律关系主体的同一行为可能违反多项法律义务，而需承担多种形式的法律责任。如产品致人损害就有可能导致民事法律责任和行政法律责任的产生。

法律责任有两个特征：(1)法律责任以违反法律义务(包括法定义务和契约义务)为前提，法律义务是认定法律责任的前提基础。(2)法律责任具有国家强制性，表现在它是由国家强制力实施或潜在保证的。

1. 民事责任

民事责任，是指行为人违反民事法律上的约定或者法定义务所应承担的对其不利的法律后果，其目的主要是恢复受害人的权利和补偿权利人的损失。我国《民法通则》根据民事责任的承担原因将民事责任主要划分为两类，即违反合同的民事责任(违约责任)和侵权的民事责任。

(1) 违约责任(略)

(2) 侵权责任

侵权责任，是指行为人不法侵害社会公共财产或者他人财产、人身权利而应承担的民事责任。

侵权责任不同于违约责任，其区别主要体现在以下三个方面：

1) 侵权行为违反的是法定义务，违约行为违反的是约定义务；

2) 侵权行为侵犯的是绝对权，违约行为侵犯的是相对权；

3) 侵权行为的法律责任包括财产责任和非财产责任，违约行为的责任仅限于财产责任。

根据《民法通则》及相关司法解释的有关规定，工程建设领域较常见的侵权行为有：

① 侵害公民身体造成伤害的侵权行为

侵害公民身体造成伤害的，应当赔偿医疗费、因误工减少的收入、残废者生活补助费等费用；造成死亡的，并应当支付丧葬费、死者生前扶养的人必要的生活费等费用。例如，施工单位将工程违法分包给不具有相应资质和用人单位资格的“包工头”，后者雇佣的雇员在从事施工活动中因安全生产事故遭受人身损害的，施工单位与该“包工头”构成共同侵权，应当承担连带赔偿责任。

② 环境污染致人损害的侵权行为

违反国家保护环境防止污染的规定，污染环境造成他人损害的，应当依法承担民事责任。例如，施工单位在城市市区施工，向周边环境排放的建筑施工噪声超出国家规定的建筑施工场界环境噪声排放标准的，受到环境噪声污染危害的单位和个人，有权要求加害人排除危害；造成损失的，依法赔偿损失。

③ 地面施工致人损害的侵权行为

在公共场所、道旁或者通道上挖坑、修缮安装地下设施等，没有设置明显标志和采取安全措施造成他人损害的，施工人应当承担民事责任。例如，被告浙江省某市城市发展有限公司承建由该市国道指挥部和该市公路管理段发包的329国道改建工程，施工中安全保护措施不到位，未设明显安全警示标志，致使驾摩托车上夜班的原告之子吴某撞上公路路面掘起的水泥石块，造成吴某重伤致死的后果。经法院公开审理查明，吴某为有证驾驶，被告该城市发展有限公司被判承担侵权责任，法院判决该城市发展有限公司赔偿原告抢救医疗费死亡补助费、丧葬费等共计人民币25000元。

④ 建筑物及地上物致人损害的侵权行为

建筑物或者其他设施以及建筑物上的搁置物、悬挂物发生倒塌、脱落、坠落造成他人损害的，其所有人或者管理人应当承担民事责任，但能够证明自己没有过错的除外。道路、桥梁、隧道等人工建造的构筑物因维护、管理瑕疵致人损害的，也适用上述规定，而且如果是因设计、施工缺陷造成损害的，由所有人、管理人与设计、施工者承担连带责任。比如被告黑龙江省某市某银行于1980年在该市建设一幢3层砖混结构楼房作为员工宿舍，三楼屋面建有砖砌花格女儿墙，年久失修，曾于1991年10月间因居民晒被子倒塌过一小段，但未引起被告重视。1992年1月28日，原告程某(8岁)随父母到居住在该楼的祖母家中，在院中玩耍，恰逢该女儿墙倒塌，被掉下的砖块砸中头部，当即昏迷。经抢救并数次治疗，被诊断为甲级重伤。程某之父与被告交涉请求赔偿，被告声称不应由自己承担责任，于是原告诉至法院。人民法院经审理认为：被告用花格砖砌方式建女儿墙是不安全、不符合规范设计要求的建筑物，据此被告无法证明自己没有过错，构成建筑物及其他地上物致人损害的责任，故人民法院判决被告承担赔偿责任。

2. 行政责任

行政责任，是指有违反有关行政管理的法律规范的规定，但尚未构成犯罪的行为所依法应当受到的法律制裁。行政责任主要包括行政处罚和行政处分。

工程建设领域常见的行政责任种类：

(1) 行政处罚

行政处罚是指国家行政机关及其他依法可以实施行政处罚权的组织，对违反经济、行政管理法律、法规、规章，尚不构成犯罪的公民、法人及其他组织实施的一种法律制裁。

在我国工程建设领域，对于建设单位、勘察、设计单位、施工单位、工程监理单位等参建单位而言，行政处罚是更为常见的行政责任承担形式。《中华人民共和国行政处罚法》(以下简称《行政处罚法》)是规范和调整行政处罚的设定和实施的法律依据。

1) 行政处罚的种类

行政处罚包括治安、工商行政、财政金融、文教卫生、环境保护等方面的各类处罚。根据《行政处罚法》第8条的规定，行政处罚的种类包括：

① 警告。这是违法者承担的行政责任中最为轻微的一种。它是由行政机关依法对违法者提出的一种谴责性的警示。

② 罚款。这是行政机关对违法者的一种经济制裁，是行政机关责令违法者交纳一定数额金钱的责任形式。在违反工程建设法律规范的行政责任中，罚款是适用范围较为广泛的一种。

③ 没收违法所得、没收非法财物。比如，根据《招标投标法》的规定，投标人相互串通投标或者与招标人串通投标的，投标人以向招标人或者评标委员会成员行贿的手段谋取中标的，中标无效，处中标项目金额5‰以上10‰以下的罚款，对单位直接负责的主管人员和其他直接责任人员处单位罚款数额5‰以上10‰以下的罚款；有违法所得的，并处没收违法所得。

④ 责令停产停业。它是行政主体对违反行政法律规范的企业，在一定期限内剥夺其从事生产或经营活动权利的一种行政处罚。责令停产停业有一定期限，指令违法企业在此期间整改。在违法企业整改并认识到自己的违法行为之后，应允许其恢复营业。比如，某市消防部门在检查中发现该市某石油液化气公司违法储存易燃易爆危险化学物品，就可以依据其职权对该公司采取责令停产停业的行政处罚措施。

⑤ 暂扣或者吊销许可证、暂扣或者吊销执照。它是指行政主体对于具有违法行为的相对人，暂时地扣留或者吊销其许可证或执照，从而停止或撤销了违法者从事某项活动或享有某项权利的一种处罚。这是一种比责令停产停业更为严厉的处罚，主要适用比较严重的违法行为。例如，根据《安全生产法》的规定，生产经营单位不具备《安全生产法》和其他有关法律、行政法规和国家标准或者行业标准规定的安全生产条件，经停产停业整顿仍不具备安全生产条件的，予以关闭；有关部门应当依法吊销其有关证照。

⑥ 行政拘留。这是行政责任中一种较为严厉的责任形式，是公安机关短期剥夺违法者人身自由的行政责任形式。行政拘留的期限是1日以上，15日以下。

⑦ 法律、行政法规规定的其他行政处罚。

结合《行政处罚法》规定的六种具体行政处罚种类，我国工程建设领域的法律、行政法规所设定的行政处罚种类主要有：警告、罚款、没收违法所得、没收违法建筑、构筑物和其他设施、责令停业整顿、责令停止执业业务、降低资质等级、吊销资质证书(同时吊销营业执照)、吊销执业资格证书或其他许可证、执照等。

2) 行政处罚的设定

行政处罚的设定，是指国家有权依法设立行政处罚，赋予行政机关行政处罚职权的立法活动。《行政处罚法》根据我国的立法体系，对不同法律规范性文件设定各类行政处罚的权限划分作出了规定：

① 法律

法律可以设定各种行政处罚。其中，限制人身自由的行政处罚，只能由法律设定。

② 行政法规

行政法规可以设定除限制人身自由以外的行政处罚。

③ 地方性法规

地方性法规可以设定除限制人身自由、吊销企业营业执照以外的行政处罚。

④ 部门规章

部门规章可以在法律、行政法规规定的给予行政处罚的行为、种类和幅度的范围内作出具体规定。尚未制定法律、行政法规的，部门规章对违反行政管理秩序的行为，可以设定警告或者一定数量罚款的行政处罚。

⑤ 地方政府规章

地方政府规章可以在法律、法规(包括行政法规和地方性法规)规定的给予行政处罚的行为、种类和幅度的范围内作出具体规定。尚未制定法律、法规的，地方政府规章可以设定警告或者一定数量罚款的行政处罚。

根据《行政处罚法》第14条的规定，除了法律、法规、规章(包括部门规章和地方政府规章)以外，其他规范性文件不得设定行政处罚。

(2) 行政处分

《中华人民共和国公务员法》(以下简称《公务员法》)第55条规定："公务员因违法违纪行为应当承担纪律责任的，依照本法给予处分"。

依据《公务员法》第56条，行政处分分为：警告、记过、记大过、降级、撤职、开除。受撤职处分的，按照规定降低级别。受行政处分期间，不得晋升职务和级别；其中受到除警告以外的行政处分的，不得晋升工资档次。

第三节　工程项目现场管理相关法规

一、工程项目现场管理相关法规

主要包括《建筑法》、《招投标法》、《安全生产法》、《建筑工程安全生产管理条例》、《安全生产许可证条例》、《建设工程质量管理条例》、《环境保护法》、《水污染防治法》、《大气污染防治法》、《环境影响评价法》。

1. 防治噪声污染的规定

《环境噪声污染防治法》中与工程建设有关的噪声是建筑施工噪声和交通运输噪声，建筑施工噪声，是指在建筑施工过程中产生的干扰周围生活环境的声音。交通运输噪声，是指机动车辆、铁路机车、机动船舶、航空器等交通运输工具在运行时所产生的干扰周围生活环境的声音。具体规定有：

(1) 在城市市区范围内向周围生活环境排放建筑施工噪声的，应当符合国家规定的建筑施工场界环境噪声排放标准。

(2) 在城市市区范围内，建筑施工过程中使用机械设备，可能产生环境噪声污染的，施工单位必须在工程开工 15 日以前向工程所在地县级以上地方人民政府环境保护行政主管部门申报该工程的项目名称、施工场所和期限、可能产生的环境噪声值以及所采取的环境噪声污染防治措施的情况。

(3) 在城市市区噪声敏感建筑物集中区域内，禁止夜间进行产生环境噪声污染的建筑施工作业。但抢修、抢险作业和因生产工艺上要求或者特殊需要必须连续作业的除外。

因特殊需要必须连续作业的，必须有县级以上人民政府或者其有关主管部门的证明。前款规定的夜间作业，必须公告附近居民。

(4) 建设经过已有的噪声敏感建筑物集中区域的高速公路和城市高架、轻轨道路，有可能造成环境噪声污染的，应当设置声屏障或者采取其他有效的控制环境噪声污染的措施。

“噪声敏感建筑物”是指医院、学校、机关、科研单位、住宅等需要保持安静的建筑物。“噪声敏感建筑物集中区域”是指医疗区、文教科研区和以机关或者居民住宅为主的区域。

(5) 在已有的城市交通干线的两侧建设噪声敏感建筑物的，建设单位应当按照国家规定间隔一定距离，并采取减轻、避免交通噪声影响的措施。

2. 固体废物污染防治

固体废物污染环境是指固体废物在产生、收集、贮存、运输、利用、处置的过程中产生的危害环境的现象。

(1) 固体废物污染防治的原则性规定

1) 固体废物污染的环境影响评价

建设产生工业固体废物的项目以及建设贮存、处置固体废物的项目，必须遵守国家有关建设项目环境保护管理的规定。

建设项目的环境影响报告书，必须对建设项目产生的固体废物对环境的污染和影响作出评价，规定防治环境污染的措施，并按照国家规定的程序报环境保护行政主管部门批准。环境影响报告书经批准后，审批建设项目的主管部门方可批准该建设项目的可行性研究报告或者设计任务书。

2) 固体废物污染环境防治设施

建设项目的环境影响报告书确定需要配套建设的固体废物污染环境防治设施，必须与主体工程同时设计、同时施工、同时投产使用。固体废物污染环境防治设施必须经原审批环境影响报告书的环境保护行政主管部门验收合格后，该建设项目方可投入生产或者使用。对固体废物污染环境防治设施的验收应当与对主体工程的验收同时进行。

(2) 固体废物污染环境的具体规定

固体废物，是指在生产建设、日常生活和其他活动中产生的污染环境的固态、半固态废弃物质。依据《固体废物污染环境防治法》，与工程建设有关的具体规定包括：

1）产生固体废物的单位和个人，应当采取措施，防止或者减少固体废物对环境的污染。

2）收集、贮存、运输、利用、处置固体废物的单位和个人，必须采取防扬散、防流失、防渗漏或者其他防止污染环境的措施。不得在运输过程中沿途丢弃、遗撒固体废物。

3）在国务院和国务院有关主管部门及省、自治区、直辖市人民政府划定的自然保护区、风景名胜区、生活饮用水源地和其他需要特别保护的区域内，禁止建设工业固体废物集中贮存、处置设施、场所和生活垃圾填埋场。

4）转移固体废物出省、自治区、直辖市行政区域贮存、处置的，应当向固体废物移出地的省级人民政府环境保护行政主管部门报告，并经固体废物接受地的省级人民政府环境保护行政主管部门许可。

5）禁止中国境外的固体废物进境倾倒、堆放、处置。

6）国家禁止进口不能用作原料的固体废物；限制进口可以用作原料的固体废物。

7）露天贮存冶炼渣、化工渣、燃煤灰渣、废矿石、尾矿和其他工业固体废物的，应当设置专用的贮存设施、场所。

8）施工单位应当及时清运、处置建筑施工过程中产生的垃圾，并采取措施，防止污染环境。

(3) 危险废物污染环境防治的特别规定

危险废物，是指列入国家危险废物名录或者根据国家规定的危险废物鉴别标准和鉴别方法认定的具有危险特性的废物。依据《固体废物污染环境防治法》，与工程建设有关的具体规定有：

1）对危险废物的容器和包装物以及收集、贮存、运输、处置危险废物的设施、场所，必须设置危险废物识别标志。

2）以填埋方式处置危险废物不符合国务院环境保护行政主管部门的规定的，应当缴纳危险废物排污费。危险废物排污费征收的具体办法由国务院规定。危险废物排污费用于危险废物污染环境的防治，不得挪作他用。

3）从事收集、贮存、处置危险废物经营活动的单位，必须向县级以上人民政府环境保护行政主管部门申请领取经营许可证，具体管理办法由国务院规定。禁止无经营许可证或者不按照经营许可证规定从事危险废物收集、贮存、处置的经营活动。禁止将危险废物提供或者委托给无经营许可证的单位从事收集、贮存、处置的经营活动。

4）收集、贮存危险废物，必须按照危险废物特性分类进行。禁止混合收集、贮存、运输、处置性质不相容而未经安全性处置的危险废物。禁止将危险废物混入非危险废物中贮存。

5）转移危险废物的，必须按照国家有关规定填写危险废物转移联单，并向危险废物移出地和接受地的县级以上地方人民政府环境保护行政主管部门报告。

6）运输危险废物，必须采取防止污染环境的措施，并遵守国家有关危险货物运输管理的规定。禁止将危险废物与旅客在同一运输工具上载运。

7）收集、贮存、运输、处置危险废物的场所、设施、设备和容器、包装物及其他物品转作他用时，必须经过消除污染的处理，方可使用。

8）直接从事收集、贮存、运输、利用、处置危险废物的人员，应当接受专业培训，经考核合格，方可从事该项工作。

9）产生、收集、贮存、运输、利用、处置危险废物的单位，应当制定在发生意外事故时采取的应急措施和防范措施，并向所在地县级以上地方人民政府环境保护行政主管部门报告；环境保护行政主管部门应当进行检查。

10）禁止经中华人民共和国过境转移危险废物。

3. 消防法

《中华人民共和国消防法》（以下简称《消防法》）于1998年4月29日第九届全国人民代表大会常务委员会第二次会议通过，自1998年9月1日起施行。

《消防法》的立法目的在于预防火灾和减少火灾危害，保护公民人身、公共财产和公民财产的安全，维护公共安全，保障社会主义现代化建设的顺利进行。

《消防法》分为六章，共五十四条。本书仅节选其中与工程建设相关的规定进行介绍。

（1）消防设计的审核与验收

1）消防设计的审核

根据《消防法》第10条的规定，按照国家工程建筑消防技术标准需要进行消防设计的建筑工程，设计单位应当按照国家工程建筑消防技术标准进行设计，建设单位应当将建筑工程的消防设计图纸及有关资料报送公安消防机构审核；未经审核或者经审核不合格的，建设行政主管部门不得发给施工许可证，建设单位不得施工。

经公安消防机构审核的建筑工程消防设计需要变更的，应当报经原审核的公安消防机构核准；未经核准的，任何单位和个人不得变更。

同时，根据《消防法》第11条的规定，建筑构件和建筑材料的防火性能必须符合国家标准或者行业标准。公共场所室内装修、装饰根据国家工程建设消防技术标准的规定，应当使用不燃、难燃材料的，必须选用依照《中华人民共和国产品质量法》等法律、法规确定的检验机构检验合格的材料。

2）消防设计的验收

根据《消防法》第10条第3款的规定，按照国家工程建筑消防技术标准进行消防设计的建筑工程竣工时，必须经公安消防机构进行消防验收；未经验收或者经验收不合格的，不得投入使用。

（2）工程建设中应采取的消防安全措施

1）机关、团体、企事业单位应当履行的消防安全职责

根据《消防法》第14条的规定，机关、团体、企业、事业单位应当履行下列消防安全职责：

① 制定消防安全制度、消防安全操作规程；

② 实行防火安全责任制，确定本单位和所属各部门、岗位的消防安全责任人；

③ 针对本单位的特点对职工进行消防宣传教育；

④ 组织防火检查，及时消除火灾隐患；

⑤ 按照国家有关规定配置消防设施和器材、设置消防安全标志，并定期组织检验、维修，确保消防设施和器材完好、有效；

⑥ 保障疏散通道、安全出口畅通，并设置符合国家规定的消防安全疏散标志。

2）工程建设中应当采取的消防安全措施

① 根据《消防法》第15条的规定，在设有车间或者仓库的建筑物内，不得设置员工集体宿舍。在设有车间或者仓库的建筑物内，已经设置员工集体宿舍的，应当限期加以解决。对于暂时确有困难的，应当采取必要的消防安全措施，经公安消防机构批准后，可以继续使用。

② 根据《消防法》第17条的规定，生产、储存、运输、销售或者使用、销毁易燃易爆危险物品的单位、个人，必须执行国家有关消防安全的规定。进入生产、储存易燃易爆危险物品的场所，必须执行国家有关消防安全的规定。禁止携带火种进入生产、储存易燃易爆危险物品的场所。储存可燃物资仓库的管理，必须执行国家有关消防安全的规定。

③ 根据《消防法》第18条的规定，禁止在具有火灾、爆炸危险的场所使用明火；因特殊情况需要使用明火作业的，应当按照规定事先办理审批手续。作业人员应当遵守消防安全规定，并采取相应的消防安全措施。进行电焊、气焊等具有火灾危险的作业人员和自动消防系统的操作人员，必须持证上岗，并严格遵守消防安全操作规程。

④ 根据《消防法》第19条的规定，消防产品的质量必须符合国家标准或者行业标准。禁止生产、销售或者使用未经依照《产品质量法》的规定确定的检验机构检验合格的消防产品。禁止使用不符合国家标准或者行业标准的配件或者灭火剂、维修消防设施和器材。公安消防机构及其工作人员不得利用职务为用户指定消防产品的销售单位和品牌。

⑤ 根据《消防法》第20条的规定，电器产品、燃气用具的质量必须符合国家标准或者行业标准。电器产品、燃气用具的安装、使用和线路、管路的设计、敷设，必须符合国家有关消防安全技术规定。

⑥ 根据《消防法》第21条的规定，任何单位、个人不得损坏或者擅自挪用、拆除、停用消防设施、器材，不得埋压、圈占消火栓，不得占用防火间距，不得堵塞消防通道。公用和城建等单位在修建道路以及停电、停水、截断通信线路时有可能影响消防队灭火救援的，必须事先通知当地公安消防机构。

二、工程建设领域重大责任事故犯罪构成

1. 重大责任事故罪

根据《刑法》第134条及《刑法修正案》(六)的规定，重大责任事故罪，是指在生产、作业中违反有关安全管理的规定，或者强令他人违章冒险作业，因而发生重大伤亡事故或者造成其他严重后果的行为。重大责任事故罪的犯罪构成及其特征是：

(1) 犯罪客体

本罪的客体，是生产安全。

(2) 犯罪的客观方面

本罪的客观方面，表现为在生产、作业中违反有关安全管理的规定，或者强令他人违章冒险作业，因而发生重大伤亡事故或者造成其他严重后果的行为。

(3) 犯罪主体

本罪的主体是一般主体，包括建筑企业的安全生产从业人员、安全生产管理人员以及对安全事故负有责任的包工头、无证从事生产、作业的人员等。

(4) 犯罪的主观方面

本罪的主观方面表现为过失。这种过失不论是表现为疏忽大意，还是表现为过于自信，行为人在主观上的心理状态都是一样的，即在主观上都不希望发生危害社会的严重后果。但行为人对于在生产、作业中违反有关安全管理的规定，或者强令他人违章冒险作业行为本身，则可能是故意的。

(5) 刑罚

《刑法修正案》(六)规定："在生产、作业中违反有关安全管理的规定，因而发生重大伤亡事故或者造成其他严重后果的，处三年以下有期徒刑或者拘役；情节特别恶劣的，处三年以上七年以下有期徒刑。

强令他人违章冒险作业，因而发生重大伤亡事故或者造成其他严重后果的，处五年以下有期徒刑或者拘役；情节特别恶劣的，处五年以上有期徒刑。"

2. 重大劳动安全事故罪

根据《刑法》第135条及《刑法修正案》(六)的规定，重大劳动安全事故罪，主要指安全生产设施或者安全生产条件不符合国家规定，因而发生重大伤亡事故或者造成其他严重后果的行为。重大劳动安全事故罪的犯罪构成及其特征是：

(1) 犯罪客体

本罪的客体，是劳动安全。

(2) 犯罪的客观方面

本罪的客观方面，表现为安全生产设施或者安全生产条件不符合国家规定，因而发生重大伤亡事故或者造成其他严重后果的行为。

(3) 犯罪主体

本罪的主体是特殊主体，即直接负责的主管人员和其他直接责任人员。其中，"直接负责的主管人员"包括生产经营单位的负责人，生产经营的指挥人员、实际控制人、投资人。"其他直接责任人员"包括对安全生产设施、安全生产条件负有提供、维护、管理职责的人。

(4) 犯罪的主观方面

本罪的主观方面表现为过失，即在主观上都不希望发生危害社会的严重后果。但行为人对安全生产设施或者安全生产条件不符合国家规定，则可能是故意的，也可能是过失。

(5) 刑罚

《刑法修正案》(六)规定："安全生产设施或者安全生产条件不符合国家规定，因而发生重大伤亡事故或者造成其他严重后果的，对直接负责的主管人员和其他直接责任人员，处三年以下有期徒刑或者拘役；情节特别恶劣的，处三年以上七年以下有期徒刑。"

3. 工程重大安全事故罪

根据《刑法》第137条的规定，工程重大安全事故罪，是指建设单位、设计单位、施工单位、工程监理单位违反国家规定，降低工程质量标准，造成重大安全事故的行为。工程重大安全事故罪的犯罪构成及其特征是：

(1) 犯罪客体

本罪的客体，是公共安全和国家有关工程建设管理的法律制度。

(2) 犯罪的客观方面

本罪的客观方面，表现为违反国家规定，降低工程质量标准，造成重大安全事故的行为。

(3) 犯罪主体

本罪的主体是特殊主体，仅限于建设单位、设计单位、施工单位和工程监理单位。

(4) 犯罪的主观方面

本罪的主观方面表现为过失。但行为人违反国家规定、降低质量标准可能是故意，也可能是过失。

(5) 刑罚

《刑法》第137条规定："建设单位、设计单位、施工单位、工程监理单位违反国家规定，降低工程质量标准，造成重大安全事故的，对直接责任人员，处五年以下有期徒刑或者拘役，并处罚金；后果特别严重的，处五年以上十年以下有期徒刑，并处罚金。"

三、施工单位法律责任

见表5-1。

施工单位法律责任　　表5-1

行为类别	违法行为	法律法规依据	处罚依据
1. 资质	未取得资质证书承揽工程的，或超越本单位资质等级承揽工程的	《建筑法》第十三条、第二十六条，《建设工程质量管理条例》第二十五条	《建筑法》第六十五条，《建设工程质量管理条例》第六十条
	以欺骗手段取得资质证书承揽工程的	《建筑法》第十三条，《建设工程质量管理条例》第二十五条	《建设工程质量管理条例》第六十条
	允许其他单位或个人以本单位名义承揽工程的	《建筑法》第二十六条，《建设工程质量管理条例》第二十五条	《建设工程质量管理条例》第六十一条
	未在规定期限内办理资质变更手续的	《建筑业企业资质管理规定》第三十一条	《建筑业企业资质管理规定》第三十六条
2. 承揽业务	利用向发包单位及其工作人员行贿、提供回扣或者给予其他好处等不正当手段承揽的	《建筑法》第十七条	《建筑法》第六十八条
	相互串通投标或者与招标人串通投标的；以向招标人或者评标委员会成员行贿的手段谋取中标的	《招标投标法》第三十二条	《招标投标法》第五十三条
	以他人名义投标或者以其他方式弄虚作假，骗取中标的	《招标投标法》第三十三条	《招标投标法》第五十四条
	不按照与招标人订立的合同履行义务，情节严重的	《招标投标法》第四十八条	《招标投标法》第六十条
	将承包的工程转包或者违法分包的	《建筑法》第二十八条、第三十四条，《建设工程质量管理条例》第二十五条	《建筑法》第六十七条，《建设工程质量管理条例》第六十二条
3. 工程质量	在施工中偷工减料的，使用不合格的建筑材料、建筑构配件和设备的，或者不按照工程设计图示或者施工技术标准施工的其他行为的	《建筑法》第五十八条、第五十九条，《建设工程质量管理条例》第二十八条	《建筑法》第七十四条，《建设工程质量管理条例》第六十四条

续表

行为类别	违法行为	法律法规依据	处罚依据
3. 工程质量	未按照节能设计进行的	《民用建筑节能管理规定》第二十条	《民用建筑节能管理规定》第二十七条
	未对建筑材料、建筑构配件、设备和预拌混凝土进行检验，或者未对设计结构安全的试块、试件以及有关材料取样检测的	《建筑法》第五十九条，《建设工程质量管理条例》第三十一条	《建筑法》第七十四条，《建设工程质量管理条例》第六十五条
	工程竣工验收后，不向建设单位出具质量保修书的，或质量保修的内容、期限违反规定的	《建设工程质量管理条例》第三十九条	《房屋建筑工程质量保修办法》第十八条
	不履行保修义务或者拖延履行保修义务的	《建设工程质量管理条例》第四十一条	《建设工程质量管理条例》第六十六条
4. 工程安全	主要负责人在本单位发生重大生产安全事故时，不立即组织抢救或者在事故调查处理期间擅离职守或者逃逸的；主要负责人对生产安全事故隐瞒不报、谎报或者拖延不报的	《安全生产法》第七十条，《建设工程安全生产管理条例》第五十条、第五十一条	《安全生产法》第九十一条
	对建筑安全事故隐患不采取措施予以消除的	《建筑法》第四十四条	《建筑法》第七十一条
	未设立安全生产管理机构、配备专职安全生产管理人员或者分部分项工程施工时无专职安全生产管理人员现场监督的	《建设工程安全生产管理条例》第二十三条	《安全生产法》第八十二条
	主要负责人、项目负责人、专职安全生产管理人员、作业人员或者特种作业人员，未经安全教育培训或者经考核不合格及从事相关工作的	《建设工程安全生产管理条例》第三十六条、第二十五条	《安全生产法》第八十二条，《建设工程安全生产管理条例》第六十二条
	未在施工现场的危险部位设置明显的安全警示标志，或者未按照国家有关规定在施工现场设置消防通道、消防水源、配备消防设施和灭火器材的	《建设工程安全生产管理条例》第二十八条、第三十一条	《安全生产法》第八十三条，《建设工程安全生产管理条例》第六十二条
	未向作业人员提供安全防护用具和安全防护服装的	《建设工程安全生产管理条例》第三十二条	《安全生产法》第八十三条，《建设工程安全生产管理条例》第六十二条
	未按照规定在施工起重机械和整体提升脚手架、模板等自升式架设设施验收合格后登记的	《建设工程安全生产管理条例》第三十五条	《安全生产法》第八十三条，《建设工程安全生产管理条例》第六十二条
	使用国家明令淘汰、禁止使用的危及施工安全的工艺、设备、材料的	《建设工程安全生产管理条例》第三十四条	《安全生产法》第八十三条，《建设工程安全生产管理条例》第六十二条

续表

行为类别	违法行为	法律法规依据	处罚依据
4. 工程安全	挪用列入建设工程概算的安全生产作业环境及安全施工措施所需要费用的	《建设工程安全生产管理条例》第二十二条	《建设工程安全生产管理条例》第六十三条
	施工前未对有关安全施工的技术要求作出详细说明的	《建设工程安全生产管理条例》第六十三条	《建设工程安全生产管理条例》第六十四条
	未根据不同施工阶段和周围环境及季节、气候的变化，在施工现场采取相应的安全施工措施，或者在城市市区内的建设工程的施工现场未实行封闭围挡的	《建设工程安全生产管理条例》第二十八条、第三十条	《建设工程安全生产管理条例》第六十四条
	在尚未竣工的建筑物内设置员工集体宿舍的	《建设工程安全生产管理条例》第二十九条	《建设工程安全生产管理条例》第六十四条
	《建设工程安全生产管理条例》第六十四条	施工现场临时搭建的建筑物不符合安全使用要求的	《建设工程安全生产管理条例》第二十九条
	未对因建设工程施工可能造成损害的毗邻建筑物、构筑物和地下管线等采取专项防护措施的	《建设工程安全生产管理条例》第三十条	《建设工程安全生产管理条例》第六十四条
	安全防护用具、机械设备、施工机具及配件在进入施工现场前未经查验或者查验不合格仍投入使用的	《建设工程安全生产管理条例》第三十四条	《建设工程安全生产管理条例》第六十五条
	使用未经验收或者验收不合格的施工起重机械和整体提升脚手架、模板等自升式架设设施的	《建设工程安全生产管理条例》第三十五条	《建设工程安全生产管理条例》第六十五条
	委托不具有相应资质的单位承担施工现场安装、拆卸施工起重机械和整体提升脚手架、模板等自升式架设设施的	《建设工程安全生产管理条例》第十七条	《建设工程安全生产管理条例》第六十五条
	《建设工程安全生产管理条例》第六十五条	在施工组织设计中未编制安全技术措施、施工现场临时用电方案或者专项施工方案的	《建设工程安全生产管理条例》第二十六条
	主要负责人、项目负责人未履行安全生产管理职责的，或不服管理、违反规章制度和操作规程冒险作业的	《建设工程安全生产管理条例》第二十一条、第三十三条	《建设工程安全生产管理条例》第六十六条
	施工单位取得资质证书后，降低安全生产条件的；或经整改仍未达到与其资质等级相适应的安全生产条件的	《安全生产许可证条例》第十四条	《建设工程安全生产管理条例》第六十七条、《建筑施工企业安全生产许可证管理规定》第二十三条
	取得安全生产许可证发生重大安全事故的	《安全生产许可证条例》第十四条	《建设工程安全生产管理条例》第二十二条
	未取得安全生产许可证擅自进行生产的	《安全生产许可证条例》第二条	《安全生产许可证条例》第十九条、《建筑施工企业安全生产许可证管理规定》第二十四条

续表

行为类别	违法行为	法律法规依据	处罚依据
4. 工程安全	安全生产许可证有效期满未办理延期手续，继续进行生产的，或逾期不办理延期手续，继续进行生产的	《安全生产许可证条例》第九条	《安全生产许可证条例》第十九条、第二十条、《建筑施工企业安全生产许可证管理规定》第二十四条、第二十五条
	转让安全生产许可证的；接受转让的；冒用或者使用伪造的安全生产许可证的	《安全生产许可证条例》第十三条	《安全生产许可证条例》第十九条、第二十一条、《建筑施工企业安全生产许可证管理规定》第二十六条、第二十四条
5. 其他	恶意拖欠或克扣劳动者工资	《劳动法》第五十条	《劳动法》第九十一条，《劳动保障监察条例》第二十六条

四、案例及案例分析

【案例1】

某建筑公司承揽了某开发公司开发的某宾馆工程的施工项目，建筑面积5万m^2。2006年3月12日，在没有办理施工许可证的情况下开始施工。经群众举报，有关主管部门到施工现场命令建筑公司必须立即停止施工，补办施工许可证。但是考虑到《建筑法》并没有强制要求予以罚款，也就没有对建筑公司予以处罚。你认为主管部门的处理正确吗?

分析：主管部门这样处理是不正确的。

在没有领取施工许可证的情况下施工，的确要补办施工许可证。但是，是否停工要取决于是否具备申请施工许可证的条件。主管部门在没有确认是否具备申请施工许可证的条件的前提下就要求施工现场停工是不合法的。

另外，是否要对建设单位和施工单位予以处罚，也是取决于是否具备申请施工许可证的条件。如果不具备申请施工许可证的条件，就必须要对建设单位和施工单位予以处罚。因为即使《建筑法》没有对处罚作出强制性的规定，但是《建筑工程施工许可管理办法》对此是有强制性规定的。《建筑工程施工许可管理办法》第10条规定："对于未取得施工许可证或者为规避办理施工许可证将工程项目分解后擅自施工的，由有管辖权的发证机关责令改正，对于不符合开工条件的责令停止施工，并对建设单位和施工单位分别处以罚款。"

《建筑法》是上位法，《建筑工程施工许可管理办法》是下位法，在下位法不违反上位法的前提下，下位法是有效的。而《建筑工程施工许可管理办法》的适用范围为"在中华人民共和国境内从事各类房屋建筑及其附属设施的建造、装饰装修和与其配套的线路、管道、设备的安装，以及城镇市政基础设施工程的施工"。所以，此处应适用《建筑工程施工许可管理办法》的规定，如果不符合申请许可证的条件，应当对建设单位和施工单位予以处罚。

【案例2】

某建筑公司于2005年6月1日将某办公楼的空调施工任务直接发包给了某机电公司。但是，双方并没有签订书面合同。

2005年12月8日，某机电公司完成了空调施工任务并经有关部门验收交付使用。建筑公司以没有书面合同不符合《合同法》中关于“建设工程合同应当采用书面形式”为由，拒绝支付施工费。建筑公司的做法是否正确?

分析：某建筑公司的做法是不正确的。

尽管《合同法》第270条对建设工程合同的形式作出了规定，使得签订建设工程合同成为了要式民事行为，但是，《合同法》第36条同时规定，法律、行政法规规定或者当事人约定采用书面形式订立合同，当事人未采用书面形式但一方已经履行主要义务，对方接受的，该合同成立。

因此，我们对于要式民事行为的理解不能僵化，认为只要属于要式民事行为就都必须要按照法律、法规要求的形式去做。事实上，这些要式民事行为是要在法律、法规所规定原则的基础上结合具体情况、参照具体的特殊规定来确认其效力的。

【案例3】

赵某是某监理公司派出的监理人员，由于工作的需要，赵某需要长年住在施工单位。长时间的接触使得赵某与施工单位的人员建立起了很好的私人关系。

一天，施工单位的主要负责人找到了赵某，向赵某述说了目前的困难。原来，施工单位目前正在施工沥青混凝土面层，但是由于所在地区不生产碱性石料，导致进度迟缓，希望赵某能够允许施工单位以一部分酸性石料代替碱性石料使用。赵某很清楚拌制沥青混凝土不可以使用酸性石料；但是碍于双方的密切关系，赵某同意了这个要求。

后来，使用酸性石料拌制的沥青混凝土出现了沥青与石料的剥离现象，不得不进行大面积返工，给建设单位造成了巨大损失。为此，建设单位要求监理公司予以赔偿，这个要求是否合理?

分析：要求是合理的。工程监理单位接受建设单位的委托，代表建设单位进行项目管理。工程监理单位就是建设单位的代理人。赵某是监理公司派出的监理人员，工程监理单位应为其行为负责。赵某与施工单位串通，为施工单位谋取非法利益，工程监理单位和施工单位要为此承担连带责任。因此，建设单位要求工程监理单位予以赔偿是合理的要求。

【案例4】

某建筑公司(施工单位)与某房地产开发公司(建设单位)签订了一个施工承包合同，由建筑公司承建一栋20层的办公楼。合同中约定开工日期为2003年4月8日，竣工日期为2004年8月8日。每月26日，按照当月所完成的工程量，开发公司向建筑公司支付工程进度款。这个法律关系的构成要素如下：

1. 主体：

建筑公司、开发公司。

2. 客体：

办公楼、工程款。

3. 内容：

(1) 建筑公司按期开工、按期竣工并提交合格工程；

(2) 开发公司按合同约定支付工程进度款。

【案例5】

某建筑公司与某装饰公司组成了一个联合体去投标，他们在共同投标协议中约定如果在施工的过程中出现质量问题而遭遇建设单位的索赔，各自承担索赔额的50%。后来在施工的过程中果然由于建筑公司的施工技术问题出现了质量问题并因此遭到了建设单位的索赔，索赔额是10万元。但是，建设单位却仅仅要求装饰公司赔付这笔索赔款。

装饰公司拒绝了建设单位的请求，其理由有两点：

1. 质量事故的出现是建筑公司的技术原因，应该由建筑公司承担责任。

2. 共同投标协议中约定了各自承担50%的责任，即使不由建筑公司独自承担，起码建筑公司也应该承担50%的比例，不应该由自己拿出这笔钱。

你认为装饰公司的理由成立吗?

分析：理由不成立。

依据《建筑法》，联合体中共同承包的各方对承包合同履行承担连带责任。也就是说，建设单位可以要求建筑公司承担赔偿责任，也可以要求装饰公司承担赔偿责任。已经承担责任的一方，可以就超出自己应该承担的部分向对方追偿。但是却不可以拒绝先行赔付。

【案例6】

张某是某监理公司派出的监理工程师。自2003年入驻施工现场之后，张某勤勤恳恳地工作，积极为施工单位出谋划策，为施工单位解决了不少技术难题。出于感激，施工单位决定每个月为张某提供补助费1000元。张某认为自己确实为施工单位作出了不少工作，就收下了这些补助费。你认为张某可以收下这些补助费吗?

分析：不可以。

如果张某收下了这些补助费，张某实质上就与施工单位存在了实质上的利害关系，这是与《建筑法》的规定不符的，是一种违法行为。

【案例7】

张某是来某建筑公司实习的学生，在某工程地下室抽烟，导致刚施工完的积水坑聚氨酯防水被点燃，这次火灾将所作防水全部烧毁，张某本人也在着火的过程中被轻度烧伤。事后，该建筑公司要求张某对此事故负全部责任。张某以建筑公司没有告知作业场所和工作岗位存在的危险为由，要求该建筑公司承担部分责任。但是建筑公司认为张某在进入新岗位之前并没有询问现场是否存在危险因素，已经放弃了知情权，自己就不需要为没有告知作业场所和工作岗位存在的危险因素而承担责任了。你认为该建筑公司的观点正确吗?

分析：该建筑公司的观点是错误的。

询问现场是否存在安全隐患是从业人员的权利，这个权利可以放弃。但是告知作业场所和工作岗位存在的危险因素也同样是施工单位的义务，这个义务并不以从业人员是否已经询问为前提。即使没有询问，施工单位也必须要告知存在的危险因素。本案例中，施工单位没有尽到告知的义务，需要对此事故承担部分责任。

【案例8】

张某是项目经理部新聘用的架子工人，其职责是负责搭设和拆除脚手架。一天，现场经理要求张某在没有配给安全带的情况下拆除某建筑物10m高处外脚手架，张某拒绝这个要求。现场经理以张某没有按照劳务合同履行义务为由要求张某承担违约责任。你认为该现场经理的理由成立吗?

分析：现场经理的理由不成立。

拒绝权是法律赋予安全生产从业人员的权利，如果合同约定了张某不享有拒绝权，则合同将由于违法而无效。因此张某的拒绝不属于违约，也不需要承担违约责任。

【案例 9】

2005 年 7 月 6 日，某施工现场挖了 2m 深的管井坑。为了避免有人掉入孔中，工人王某在坑旁设立了明显的警示标志，并设置钢管围挡。但是，当晚这些警示标志、围挡用的钢管被当地居民盗走。工人王某看到坑旁没有了警示标志和围挡钢管，感到缺少了警示标志和围挡钢管后容易出现安全事故，于是通告了自己宿舍的工友，提醒他们路过这些孔时要小心一些。

次日晚，有人落入孔中，造成重伤。你认为王某对此是否应承担一定责任？

分析：王某应为此承担一定的责任。

根据《安全生产法》第 51 条，从业人员发现事故隐患或者其他不安全因素，应当立即向现场安全生产管理人员或者本单位负责人报告。而不仅仅是通告本宿舍的工友。危险报告义务是从业人员必须要遵守的，而王某并没有履行这个法定义务，与工人掉入孔中有间接关系，应为此承担一定的法律责任。

【案例 10】

某施工现场发生了安全生产事故，堆放石料的料堆坍塌，将一些正在工作的工人掩埋，最终导致了三名工人死亡。工人张某在现场目睹了整个事故的全过程，于是立即向本单位负责人报告。由于张某看到的是掩埋了五名工人，他就推测这五名工人均已经死亡。于是向本单位负责人报告说五名工人遇难。此数字与实际数字不符，你认为该工人是否违法？

分析：不违法。

依据《安全生产法》，事故现场有关人员应当立即报告本单位负责人，但并不要求如实报告。因为在进行报告的时候，报告人未必能准确知道伤亡人数。所以，即使报告数据与实际数据不符，也并不违法。

但是，如果报告人不及时报告，就会涉嫌违法。因为可能由于其报告得不及时而使得救援迟缓，伤亡扩大。

【案例 11】

某建筑公司首次进入某省施工，为了“干一个工程，竖一块丰碑”，创造良好的社会效益，现场经理李某决定暗自修改混凝土的配合比，使得修改后的混凝土强度远高于原配合比的混凝土强度，项目经理部也愿意承担所增加的费用。

你认为这个决定可取吗？

分析：不可取。

根据《建设工程质量管理条例》，施工单位不得擅自修改工程设计。这样做的结果仍属违约行为，要承担违约责任。

【案例 12】

某装饰公司承揽了某办公楼的装饰工程。合同中约定保修期为 1 年。竣工后 2 年，该装饰工程出现了质量问题，装饰公司以已过保修期限为由拒绝承担保修责任。你认为装饰公司的理由成立吗？

分析：不成立。

1 年的保修期违反了国家强制性规定，该条款属于违法条款，是无效的条款。装修公司必须继续承担保修责任。

【案例 13】

某质量监督站派出的监督人员到施工现场进行检查，发现工程进度相对于合同中约定的进度严重滞后。于是，质量监督站的监督人员对施工单位和监理单位提出了批评，并拟对其进行行政处罚。你认为质量监督站的决定正确吗？

分析：不正确。

首先，政府监督的依据是法律、法规强制性标准，不包括合同。所以，进度不符合同要求不属于监督范围之内。

【案例 14】

某机电专业承包企业(下称买方)与某机电供应商(下称卖方)是长期的机电产品供应合作伙伴。2001 年 10 月，买卖双方签订了一份机电设备买卖合同，约定由卖方向买方供应风机 10 台，但未明确约定是高压风机还是低压风机。但是，根据双方长期交易以及合同价格可以确定买方希望购买高压风机，买方强调因工程需要，应在 15 天内交付，为此双方约定了逾期交货违约金为 2 万元。合同签订后，卖方在约定期限内并未认真组织货源。在买方提货时，便准备了等数量的库存低压风机交付给买方。因双方是长期合作关系，在接货时买方并未仔细检验。买方将货物运至现场，发现卖方所供风机与合同约定不符，即向卖方提出异议，并要求卖方支付违约金并立即交付 10 台高压风机。在双方争议期间，卖方又组织货源，更换了低压风机。但是，其拒绝承担逾期交付违约责任，理由是合同内并未约定高压风机还是低压风机，容易使人误解，应由买方自行承担损失。

分析：虽然合同未明确约定标的物规格，但是，根据诚实信用原则，交易习惯应当受到尊重。而且，卖方作为买方的长期合作伙伴，也有善意提醒义务。卖方在组织货源上的懈怠造成的损失不应由买方承担。

【案例 15】

某钢材供应商向某建筑公司发出了一份本厂所生产的各种规格、型号钢材的性能的广告，你认为该广告是要约还是要约邀请？

分析：不一定，需要看具体的条件。如果该广告上仅仅写明了各种规格、型号钢材的价格，而没有其他的内容，则该广告属于要约邀请。而如果该广告的内容不仅仅包含各种规格、型号的钢材的性能，同时还包括合同的一般条款，也即只要建筑公司同意，双方就可以按照该广告上面的内容完成钢材的采购，则该广告就不再视为要约邀请了，而要视为要约。

【案例 16】

2007 年 8 月 8 日，某建筑公司向某钢材供应商发出了一份购买钢材的要约。要约中明确规定承诺期限为 2007 年 8 月 12 日 12：00。为了保证工作的快捷，要约中约定了采用电子邮件方式作出承诺并提供了电子信箱。钢材供应商接到要约后经过研究，同意出售给建筑公司钢材。钢材供应商于 2007 年 8 月 12 日 11：30 给建筑公司发出了同意供应钢材的电子邮件。但是，由于建筑公司所在地区的网络出现故障，直到当天下午 15：30 才收到邮件。你认为该承诺是否有效？

分析：该承诺是否有效由建筑公司决定。

根据《合同法》，采用数据电文形式订立合同的，收件人指定特定系统接收数据电文的，该数据电文进入该特定系统的时间，视为到达时间。同时，《合同法》第29条规定："受要约人在承诺期限内发出承诺，按照通常情形能够及时到达要约人，但因其他原因承诺到达要约人时超过承诺期限的，除要约人及时通知受要约人因承诺超过期限不接受该承诺的以外，该承诺有效。"

钢材供应商于2007年8月12日11：30发出电子邮件，正常情况下，建筑公司即时即可收到承诺，但是却由于外界原因而没有在承诺期限内收到承诺。此时，根据《合同法》第29条，建筑公司可以承认该承诺的效力，也可以不承认。如果不承认该承诺的效力，就要及时通知钢材供应商。若不及时通知，就视为已经承认该承诺的效力。

【案例17】

2004年6月26日，某建筑公司(甲方)委托某货运服务有限公司(乙方)办理公路货物运输业务，双方在乙方提供的托运单上完成签署，约定了收货人、发货单位、货物名称笔记本电脑，件数2台，运费40元。在该托运单上附有运输协议条款，其中载明：发货人应保价运输，保价运输的，在承运期内造成货物丢失损坏的按托运单填写的实际价值的80%赔偿；未保价的，按运费的5～10倍赔偿，最高不超过800元。低于运费10倍的按实际金额赔偿；保价栏未填写内容和未付保价金的视为放弃保价运输。

托运单签署后，甲方将某品牌某型号笔记本电脑2台交付给乙方。但乙方未将托运标的物送达，后确认均已丢失。

随后，甲方起诉乙方，要求其赔偿2台笔记本电脑价款2.6万元损失；乙方抗辩认为，应当按照托运单上约定的赔偿办法赔偿甲方损失(最高不超过800元)。

生效判决认为，托运单上的条款是乙方事先拟定，未经双方充分协商且反复使用，属于"格式条款"。在使用前，乙方并未采取合理方式提醒甲方注意，且该格式条款免除了乙方部分赔偿责任，违反了《合同法》第40条的禁止性规定，属于无效条款。乙方无权援用托运单上的条款免除自身赔偿责任。

分析：《合同法》第40条规定，"提供格式条款一方免除其责任、加重对方责任、排除对方主要权利的，该条款无效。"本案中，作为格式条款提供方的运输人，在托运单上事先载明未保价者自身最高赔偿限额为800元的条款，违反了上述禁止性规定而无效。

【案例18】

甲建筑公司作为施工总承包单位，将所承揽的施工项目分包给了乙建筑公司。双方仅仅口头约定了合同中的事项而没有签订书面合同。2006年9月8日，乙建筑公司完成了甲方要求完成的施工项目后，向甲建筑公司要求支付工程款，甲建筑公司以没有签订书面合同不符合法律规定为由拒绝承担支付工程款的义务。你认为甲建筑公司的观点正确吗?

分析：不正确。《合同法》第270条规定："建设工程合同应当采用书面形式。"这里的"应当"是必须的意思，也就是说当事人必须签订书面合同。但是，《合同法》第36条就规定了例外的情况。《合同法》第36条规定："法律、行政法规规定或者当事人约定采用书面形式订立合同，当事人未采用书面形式但一方已经履行主要义务，对方接受的，该合同成立。"施工分包合同作为建设工程合同应当采用书面形式而没有采用，但是乙建筑公司已经履行了主要义务，因此该合同是成立的，甲建筑公司应当支付工程款。

【案例19】

1997年9月，某电炉厂(甲方)与某建筑安装公司(乙方)签订建设工程施工合同，约定：甲方的某厂房工程由乙方承建，1998年9月15日开工，1999年9月1日具备投产条件；从乙方施工到完成1000万工程量的当月起，甲方按月计划报表的50%支付工程款，月末按统计报表结算。合同签订后，乙方按照约定完成工程，但甲方未交付全额工程款，截至2000年6月尚欠应付工程款1117万元。2000年7月3日，乙方起诉甲方要求支付工程款、延期付款利息及滞纳金。甲方主张，因合同中含有带资承包条款，所以合同无效，甲方不应承担违约责任。

分析：就合同中带有垫资承包条款是否影响合同效力，生效判决认定：虽然垫资条款违反了政府行政主管部门的规定，但是不违反法律、行政法规的禁止性、强制性规定，只要符合合同成立生效的其他条件，合同应为有效。

【案例20】

2003年6月，某建筑施工企业从水泵厂购得20台A级水泵，在现场使用后反映效果良好。因进一步需要，该施工企业决定派采购员王某再购进同样水泵35台。王某从2003年6月所购水泵所嵌的铭牌上抄下品名、规格、型号、技术指标等，出示介绍信及前述铭牌内容，与同一厂家签订了购买35台A级水泵合同。该施工企业收到35台水泵后，即投入使用，与2003年6月所购水泵在性能上存在较大差异，怀疑水泵厂第二次提供的水泵质量有问题，要求更换。水泵厂以提供产品均合格为由，拒绝更换。该施工企业递诉至法院要求更换并赔偿损失。经查明：2003年6月所供水泵实际上是B级水泵，由于水泵厂出厂环节的失误，所镶铭牌错为A级水泵；第二次所供水泵实际上是A级水泵。

分析：施工企业本意是购买B级水泵，但由于水泵厂的原因，使其将本希望采购的B级水泵，错误地表达为A级水泵，与其真实意思表示发生重大错误。属于重大误解，因此，施工企业对第二次采购合同享有撤销权或者变更权，其主张变更标的物的主张很可能获得支持。

【案例21】

某施工企业派出采购员王某去参加某次工业品展览会，并授权其采购一批外墙面砖。在展会期间，王某出示购买墙面砖的授权委托书及确定样品后，与某建筑材料公司签订一份外墙面砖供应合同。因洽谈顺利，王某发现该公司生产的卫生洁具质量上乘，且价格优惠，而现场正准备组织洁具供货，遂以公司名义又签订了50套洁具供应合同。合同成立后，王某便随同建材公司送货车回到项目现场。施工企业以王某自作主张为由，不承认其所签订的洁具合同为由，拒收货物。

分析：王某在授权范围以公司名义所签订的墙面砖合同，具有效力；而签订洁具合同是无权代理，属于效力待定，视其公司是否追认。现公司拒绝追认，则该洁具合同对该施工企业不具效力。

【案例22】

2001年11月，李某以某建筑公司(下称甲方)的名义与某出租房屋中介公司(下称乙方)签订房屋租赁合同，约定租期3年，年租金30万，每年分两次缴纳，违约金为年租金的15%。2001年12月10日，李某以甲方的名义向乙方支付定金2万元，12月15日，李某通过甲方银行的账户向乙方支付13万元，并于当月完成交接。2002年4月，李某因在所租房屋内使用电褥子不慎引发火灾，虽经消防队扑灭，但导致家具毁损严重，房屋局部破坏。2001年5月底，李某搬出，乙方将房屋收回，并修复家具和房屋。

2002年6月，乙方向法院起诉，要求甲方承担违约金4.5万元，赔偿损失221万元。甲方辩称，李某并非其公司人员，甲方未曾与乙方签订过任何租赁合同，也未实际使用房屋，不应承担任何责任。

分析：法院查明，虽然没有单位介绍信或者授权书等代理权文件，但是，如下事实使乙方相信李某具有建筑公司的授权，包括：①李某以甲方的名义签订了房屋租赁合同；②支付第一期租金是通过甲方账户；③甲方的经销商均指认甲方的办事处设于涉案所租赁房屋。因此，李某构成对甲方的表见代理，甲方应对其行为承担责任。

【案例23】

2002年7月底，甲建筑公司将一台柴油发电机A交给乙修理厂修理，修理前经评估，A发电机残值为1万元。根据发电机故障状况，甲乙双方的修理合同约定：如果在2002年8月20日前修好，甲公司将支付4000元修理费；如果在2002年9月1日前修好，甲公司将支付3000元修理费；如果在2002年10月1日前还未修好，则修理厂向甲公司支付1.2万元，发电机归修理厂所有。2002年8月初起，该地区持续大面积停电，二手发电机价格骤涨。经修理厂抢修，A发电机于当年8月6日修好。当时，许多单位向修理厂求购二手发电机，修理厂便于8月10日将刚修好的A发电机以1.75万元价格出售给丙食品厂。甲公司分别于8月15日、8月26日、9月18日询问修理进展状况，乙公司均回答未完成。乙公司于2002年9月24日，向甲公司支付了约定的1.2万元。两个多月后，甲公司从丙公司处了解到实情，与修理厂发生争议。

分析：当事人双方为修理合同设定了合同付款条件（“在2002年8月20日前修好”或者“2002年9月1日前修好”）；还约定了修理合同解除条件（“在2002年10月1日前还未修好”）及处理办法。事实上，修理合同付款条件成就（8月6日修好），则应当继续履行修理合同，但是，修理厂违反诚实信用原则，擅自出售发电机，则应当承担违约责任。

【案例24】

2002年2月，某建筑公司（买方）与本市某水泥厂（卖方）签订一份水泥供货合同，约定卖方在一年内分四期向买方供水泥900t（分别为350、350、100、100t），但未明确各期具体供货时间，每吨单价110元，货到付款。第一批350t于3月中旬交货，买方支付了该批货款。第二批，按照双方交易惯例及当地惯例，应于6月份交付，此时正值施工旺季，水泥需求量极大，卖方为图更高利益，将库存水泥全部高价卖给其他单位。买方因现场急需水泥，多次派人向卖方催货无果，无奈之下只好向他处购买高价水泥。2002年9月，施工进入淡季，卖方向买方送去未交付的三批水泥计550t，被买方拒收。双方为此出现争议，并诉至法院。卖方认为，因合同未约定履行时间，所以其可以随时履行，并未违约，有权要求买方收货、付款。

分析：诚实信用是合同履行的重要原则。合同没有约定履行期限。但是，可以根据双方交易习惯及当地交易习惯确定，而且，买方已多次催货，并给予了卖方足够准备时间。因此，合理的履行期限可以确定。卖方为图更高利益无法向买方供货，应承担违约责任。买方解除合同的主张具有法律依据。

【案例 25】

2004 年底，某发包人与某施工承包人签订施工承包合同，约定施工到月底结付当月工程款进度款。2005 年初承包人接到开工通知后随即进场施工，截至 2005 年 4 月，发包人均结清当月应付工程进度款。承包人计划 2005 年 5 月完成的当月工程量约为 1200 万元，此时承包人获悉，法院在另一诉讼案中对发包人实施保全措施，查封了其办公场所；同月，承包人又获悉，发包人已经严重资不抵债。2005 年 5 月 3 日，承包人向发包人发出书面通知称，“鉴于贵司工程款支付能力严重不足，奉公司决定暂时停工本工程施工，并愿意与贵司协商解决后续事宜。”

分析：上述情况属于有证据表明发包人经营状况严重恶化，承包人可以中止施工，并有权要求发包人提供适当担保，并可根据是否获得担保再决定是否终止合同。属于行使不安抗辩权的典型情形。

【案例 26】

2000 年元旦，某甲(该公司职员)与某建筑安装公司(下称建筑公司)签订内部承包协议，约定某甲承包该公司第一项目部并作为项目经理，向公司上交管理费，其所联系的工程以公司名义签订合同但由某甲组织实施。

2000 年 8 月 17 日，某电炉厂就某 1 号厂房施工招标，某甲代表建筑公司投标并中标，中标价 336.4 万元，暂估建筑面积 5100m^2，次日，某甲以建筑公司委托代理人身份与该电炉厂签订施工合同，工期 330 天，价款 336.4 万元，单价每平方米 540 元，建筑面积 6896m^2，最后以实际竣工面积计算，单价不得改变。

2002 年 3 月 20 日，工程竣工验收合格并交付使用。某电炉厂与建筑公司双方对竣工建筑面积为 5932m^2 无异议，但就结算总价款出现争议。2003 年上半年．双方就结算事宜达成和解，但是，某电炉厂并未支付结算款。

2004 年 7 月某甲以建筑公司怠于行使对某电炉厂到期债权而损害其应得款项为由，以某电炉厂为被告，代位建筑公司请求法院判令某电炉厂支付剩余工程款及利息 158 万元，提起代位权诉讼。

分析：某甲提起代位权诉讼并可能得到支持，应当符合下列条件；①某甲对建筑公司的债权合法；②建筑公司怠于行使对某电炉厂的到期债权，对某甲造成损害；③某甲对建筑公司的债权已到期；④建筑公司对某电炉厂的债权不是专属于建筑公司自身的债权。经两级法院判决认定，某甲代位权诉讼的第一项条件成立，即某甲基于内部合同对建筑公司的债权合法成立；第三项条件成立，即根据承包合同，建筑公司尚有对某甲未付款项；第四项条件成立，即建筑公司对某电炉厂的债权(如有)，不是具有人身性质等专属权利；但是，第二项条件不具备，根据建筑公司与某电炉厂合同约定的单价，结合合同履行情况－建筑公司实际完成工程量、某电炉厂向建筑公司实际付款金额，发现某电炉厂已经超付工程款，建筑公司对某电炉厂不享有到期债权。因此，某甲代位权诉讼请求被驳回。

【案例 27】

2001 年 3 月，某咨询公司向某银行支行(下称“银行”)贷款 300 万美元，并由某科技公司提供连带责任保证。由于咨询公司未按期偿还贷款，科技公司作为保证人与咨询公司向银行承担连带清偿责任。2004 年 6 月，经各方协商，某电子公司同意代替科技公司承担保证责任，向该银行支行偿还本金 200 万美元、利息 47 万美元，并代替科技公司向咨询公司行使追索权。此后，电子公司陆续履行前述支付义务，并按照协议向咨询公司追偿，均未果。2005年，电子公司起诉咨询公司，要求追偿其已支付的前述款项，获得生效判决的支持。但是，咨询公司的资产状况不能满足该生效判决的执行需要。

执行期间，电子公司获悉以下事实：2001年8月6日，咨询公司与某物业管理中心(下称“物业中心”)签订“股权转让协议”，将咨询公司所持有某贸易中心的50%股权无偿转让给物业中心；同年9月该转让获得主管部门批准；同年11月，国家工商行政管理局企业注册局作出变更登记，将贸易中心的股东由咨询公司变更登记为物业中心；2002年1月25日，《证券报》在贸易中心的招股说明书上载明咨询公司曾转让股权。2006年，电子公司以咨询公司无偿转让股权，恶意侵害其债权为由，诉至法院请求撤销该无偿转让股权行为。法院以电子公司不具备行使撤销权的债权人资格，驳回电子公司诉讼请求。

分析：根据《合同法》，债权人对债务人处分财产的行为行使撤销权的条件之一是：债务人处分财产的行为发生在债权人的债权成立之后。在本案中，咨询公司无偿处分财产的行为发生在2001年；而电子公司对咨询公司的追偿权发生在2004年6月电子公司向银行支付贷款及利息之时。财产处分行为时间与债权发生时间，与撤销权要件相悖。因此，电子公司的撤销权不成立。

此外，2002年1月25日，《证券报》曾刊载咨询公司转让股权。从该日期起，电子公司就知道或者应当知道贸易中心股权转让一事，并能知道是无偿转让的，撤销权行使期间应从该日起算。而电子公司是2006年主张行使撤销权的，已经超过撤销权行使的一年期限。因此，即使电子公司享有撤销权，也因期限已过而不能得到支持。

【案例28】

某建筑公司在施工的过程中发现所使用的混凝土强度无法满足要求，于是将该情况报告给了建设单位，请求改变混凝土强度。建设单位经过与施工单位负责人协商认为可以将混凝土的强度做一下调整。于是双方就改变混凝土强度重新签订了一个协议，作为原合同的补充部分。你认为该新协议有效吗?

分析：无效。尽管该新协议是建设单位与施工单位协商一致达成的，但是由于违反法律强制性规定而无效。《建设工程勘察设计管理条例》第28条规定：“建设单位、施工单位、监理单位不得修改建设工程勘察、设计文件；确需修改建设工程勘察、设计文件的，应当由原建设工程勘察、设计单位修改。经原建设工程勘察、设计单位书面同意，建设单位也可以委托其他具有相应资质的建设工程勘察、设计单位修改。”所以，没有设计单位的参与，仅仅建设单位与施工单位达成的协议是无效的。

【案例29】

某开发公司是某宾馆的建设单位；某建筑公司是该项目的施工单位；某混凝土搅拌站是为建筑公司提供建筑混凝土的材料供应商。

2007年8月18日，宾馆工程竣工。按照施工合同约定，开发公司应该于2007年8月30日向建筑公司支付工程款。而按照材料采供合同约定，建筑公司应该于同一天向混凝土搅拌站支付材料款。

2007年8月28日，建筑公司负责人与混凝土搅拌站负责人协议并达成一致意见，由开发公司代替建筑公司向混凝土搅拌站支付材料款。建筑公司将该协议的内容通知了开发公司。

2007 年 8 月 30 日，混凝土搅拌站请求开发公司支付材料款，但是开发公司却以未经其同意为由拒绝支付。你认为开发公司的拒绝应该予以支持吗？

分析：不应该予以支持。《合同法》第 80 条规定："债权人转让权利的，应当通知债务人。未经通知，该转让对债务人不发生效力。债权人转让的通知不得撤销，但经受让人同意的除外。"可见，债权转让的时候无须征得债务人的同意，只要通知债务人即可。该案例中，建筑公司已经将债权转让事宜通知了债务人开发公司，所以，该转让行为是有效的。建设单位必须支付材料款。

【案例 30】

建筑公司与混凝土搅拌站签订了一个购买混凝土的合同，合同中约定了违约金的比例。为了确保合同的履行，双方还签订了定金合同。建筑公司交付了 5 万元定金。

2007 年 4 月 5 日是合同中约定交货的日期，但是混凝土搅拌站却没能按时供应混凝土。建筑公司要求其支付违约金并返还定金。但是混凝土搅拌站认为如果建筑公司选择适用了违约金条款，就不可以要求返还定金了。你认为混凝土搅拌站的观点正确吗？

分析：不正确。

《合同法》第 116 条规定："当事人既约定违约金，又约定定金的，一方违约时，对方可以选择适用违约金或者定金条款。"混凝土搅拌站违约，建筑公司可以选择违约金条款，也可以选择定金条款。

建筑公司选择了违约金条款，并不意味着定金不可以收回。定金无法收回的情况仅仅发生在给付定金的一方不履行约定的债务的情况下。本案例中不存在这个前提条件，建筑公司是可以收回定金的。

【案例 31】

2006 年 4 月 5 日，某建筑公司与建设单位签订了某宾馆的施工承包合同。合同中约定 2006 年 6 月 8 日开始施工，于 2007 年 10 月 28 日竣工。结果建筑公司在 2007 年 11 月 3 日才竣工。建设单位要求建筑公司承担违约责任。但是建筑公司以施工期间累计下了 10 天雨，属于不可抗力为由请求免除违约责任。你认为建筑公司的理由成立吗？

分析：我们首先分析下雨是否属于不可抗力。

下雨要分为两种情况：正常的下雨与非正常的下雨。正常的下雨不属于不可抗力，因为每年都会下雨属于常识，谈不上不能预见。而且，对其结果也是可以采取措施减少损失的；非正常的下雨属于不可抗力，例如多年不遇的洪涝灾害。但是正常与非正常的界限在法律上并没有严格的界定。

本案例中的施工期间累计下雨 10 天显然不属于非正常的下雨，不属于不可抗力。在投标的时候是可以预见的，不能以此作为免责的理由。

【案例 32】

2006 年 3 月 20 日，某房地产开发公司与某水泥厂签订了购买水泥的合同。合同中约定 2006 年 4 月 20 日水泥厂将水泥运至房地产开发公司的施工现场，房地产开发公司验货后支付水泥款。为了保证合同的顺利履行，水泥厂要求房地产开发公司提供担保。于是某建筑公司作为房地产开发公司的保证人与水泥厂签订了保证合同。合同中约定保证方式为一般保证，但没有约定保证期间。

2006 年 4 月 20 日，水泥厂按照合同约定将水泥运至房地产开发公司施工现场。房地产开发公司对水泥进行了验货，证明符合合同的要求。但是房地产开发公司却以目前资金紧张为由拒绝支付水泥款。2006年7月20日，水泥厂将房地产开发公司告上了法庭，要求其支付水泥款。2006年7月31日，法庭开庭，支持了水泥厂的诉讼请求。在房地产开发公司无力支付水泥款的情况下，2006年12月3日，水泥厂要求建筑公司代为支付水泥款。你认为法院会支持水泥厂的请求吗?

分析：会支持。《担保法》第25条规定："一般保证的保证人与债权人未约定保证期间的，保证期间为主债务履行期届满之日起六个月。在合同约定的保证期间和前款规定的保证期间，债权人未对债务人提起诉讼或者申请仲裁的，保证人免除保证责任；债权人已提起诉讼或者申请仲裁的，保证期间适用诉讼时效中断的规定。"2006年7月31日，房地产开发公司提起了诉讼，则导致保证期间因适用诉讼时效中断的规定而中断，也就是建筑公司后面的保证期间依然是六个月。2006年12月3日属于保证期间范围，所以，建筑公司依然要承担保证责任。

【案例33】

2006年8月7日，某建筑公司作为中标的施工单位与建设单位签订了某宾馆施工承包合同，合同中约定的工程款为5000万元。双方按照法律规定将此合同进行了备案。三天后，建设单位主要负责人邀请建筑公司的负责人见面，提出重新签订一个施工承包合同，将合同价改为4000万元。由于建筑公司担心失去该施工任务，就违心答应了这个要求。

2007年10月7日，工程竣工。建筑公司要求按照第一个合同结算工程款，遭到了建设单位的拒绝。建筑公司打算提起诉讼。但是建筑公司的负责人被某人士告知："你这个官司是打不赢的。因为你们已经签订了第二个合同，这个合同的效力高于第一个合同，也就是用第二个合同修改了第一个合同。"

你认为这位人士的观点正确吗?

分析：不正确。

这是上文中谈到的阴阳合同的问题。第二个合同由于违反《招标投标法》是无效的合同。自然就不存在效力高于第一个合同的问题。

【案例34】

2007年5月4日，某建筑公司所承揽的某宾馆施工项目竣工。按照施工承包合同的约定，建设单位应该在2007年5月20日支付全部剩余工程款。但是建设单位却没有按时支付。考虑到人际关系问题，建筑公司没有立即对建设单位提起诉讼。

2007年12月20日，建筑公司听说银行正计划将此宾馆拍卖，理由是建设单位没有偿还贷款。而这些住宅则是作为贷款的抵押物。于是建筑公司提出自己对该小区拍卖所得价款享有优先受偿权。你认为建筑公司的理由成立吗?

分析：不成立。根据《最高人民法院关于建设工程价款优先受偿权问题的批复》，建设工程承包人行使优先权的期限为六个月，自建设工程竣工之日或者建设工程合同约定的竣工之日起计算。2007年11月20日已经超过了行使优先权的期限，因此该理由是不成立的。

【案例35】

2007年7月2日，某建筑公司与某采砂场签订了一个购买砂子的合同，合同中约定砂子的含泥量不大于5%。但是在交货的时候，经试验确认所运来的砂子的含泥量为8%。

于是建筑公司要求采砂场承担违约责任。2007年7月3日，经过协商，达成了一致意见，建筑公司同意接收这批砂子，但是只需要支付90%的价款就可以了。

2007年7月20日，建筑公司反悔，要求按照原合同履行并要求采砂场承担违约责任。

你认为建筑公司的要求是否应予支持?

分析：不予支持。双方和解后达成的协议不具有强制约束力，指的是不能成为人民法院强制执行的直接根据。但是，并不意味着达成的和解协议是没有法律效力的。该和解协议是对原合同的补充，不仅是有效的，而且其效力要高于原合同。因此，建筑公司提出的按照原合同履行的要求不应予以支持。

参 考 文 献

[1] 中华人民共和国建设部、国家质量监督检验检疫总局. 建设工程项目管理规范 GB/T 50326—2001

[2] 北京市建设委员会. 北京市建设工程施工现场生活区设置和管理标准 DBJ 01—72—2003

[3] 全国一级建造师执业资格考试用书编写委员会. 建设工程项目管理. 北京：中国建筑工业出版社，2007

[4] 全国一级建造师执业资格考试用书编写委员会. 建设工程法规及相关知识. 北京：中国建筑工业出版社，2007

[5] 全国一级建造师执业资格考试用书编写委员会. 房屋建筑工程管理与实务. 北京：中国建筑工业出版社，2007

[6] 中国建筑业协会、清华大学、中国建筑工程总公司. 房屋建筑工程项目管理. 北京：中国建筑工业出版社，2004

[7] 成虎. 工程项目管理. 北京：中国建筑工业出版社，1997

[8] 叶万和、周显峰. 建筑施工企业管理人员相关法规知识. 北京：中国建筑工业出版社，2007